U0305331

"十四五"时期国家重点出版物出版专项规划项目
湖南省新闻出版发展基金会资助项目

有色金属理论与技术前沿丛书

重金属固废资源环境属性解析与界定

Analysis and Determination of Resource and Environmental Attributes of Heavy Metal Solid Wastes

王云燕　唐巾尧　柴立元　著
Wang Yunyan, Tang Jinyao, Chai Liyuan

中南大學出版社 www.csupress.com.cn ·长沙

内容简介

Introduction

有色金属冶炼固体废物源多，量大，同时具有资源与环境双重属性，且二者相互关联，交互影响。为了更好地指导重金属固废高质高值资源化及环境风险最小化，对固废的资源环境属性进行解析与界定具有重要的意义。

本书基于铜冶炼多源固废工艺矿物学、长期稳定性及金属释放特性的大量研究数据，以解析清单建立—界定模型构建—资源环境属性判别—数据库建立为主线，系统介绍了多源固废资源环境属性的解析与界定的相关研究成果。全书分为5章，分别为绪论，重金属固废资源环境属性解析，重金属固废长期稳定性及金属元素的释放特性，固废资源环境属性的判别与界定方法，固废资源环境属性解析数据库的构建。

本书可供从事冶金环境工程相关领域的科研人员和工程技术人员使用，可作为高校和科研院所研究生的参考书，也可作为大专院校师生参考用书。

作者简介

About the Author

王云燕　博士，中南大学教授，博士生导师、教育部课程思政教学名师、中南大学课程思政教指委委员/教学督导，全国首批高校黄大年式教师团队核心骨干、湖南省首届优秀研究生导师团队核心骨干，中国再生资源产业技术创新战略联盟专家委员会委员。研究方向为有色冶金环境工程，主要涉及重金属废水治理与回用、固废资源环境属性的解析与资源化技术开发。近年来，主持国家重点研发计划项目、湖南省自然科学基金重大项目等10余项。科研成果获国家发明二等奖，湖南省科技进步一等奖等7项。发表论文200余篇，获授权发明专利20余件，参与制订团体标准3项。参编教材/专著《Arsenic pollution control - principles and technologies》《现代冶金环境工程》《冶金环境工程学》《有色冶金与环境保护》《有色冶炼砷污染源解析及废物控制》等8部。

唐巾尧　中机国际工程设计研究院有限责任公司工程师，研究方向主要涉及重金属固废资源环境属性的解析与资源化技术开发领域。参与多项国家重点研发计划项目课题、国家杰出青年科学基金资助项目、国家自然科学基金项目。发表论文3篇，获授权发明专利1件、软件著作权2件。

柴立元　中国工程院院士，中南大学教授，国家重金属污染防治工程技术研究中心主任，中国共产党第十九次全国代表大会代表，兼任中国有色金属学会有色冶金资源综合利用专业委员会主任、东亚资源再生国际会议中方主席、应对联合国环境规划署汞问题政府间谈判专家。全国首批高校黄大年式教师团队、湖南省首届优秀研究生导师团队带头人。长期致力于有色冶金环境工程领域的研究。发明含砷多金属物料清洁冶金、冶炼废酸资源化治理、重金属废水净化回用等多项有色冶炼污染控制与资源化技术。研究成果实现大规模推广应用，推动了我国有色行业产业转型升级与绿色发展。作为第一完成人获国家技术发明二等奖2项、国家科技进步二等奖1项、省部级科技进步一等奖8项。

前言

Foreword

铜火法冶炼产生的固体废物种类多、数量大，并且含有多种金属元素，除含有铜、锌、钨、锡、钼等有价金属元素外，还含有砷、镉、汞、铅、锑等有毒金属元素。据统计，每年全球产生的铜冶炼渣约有80%未经处理，我国铜冶炼企业产生的固废综合回收利用率不足12%，大部分固废堆存于渣场，浪费资源，也可能造成环境污染，是铜冶炼行业绿色发展的主要障碍之一。

铜冶炼过程排出的固体废物同时具有资源与环境双重属性，且二者相互关联、交互影响。固废中有价金属元素的回收对充分利用资源、缓解有色金属矿物对外依存状况、延缓矿物资源的枯竭具有重要意义。固废中含有的有毒有害重金属元素可能迁移释放至环境中，对周边的环境造成一定的影响，因此固废的环境属性也需要引起高度重视。目前，关于固废资源属性的研究主要是针对特定固废，基于工艺矿物学特性分析结果提出固废的回收利用方案，未进行综合回收利用价值的解析、判别与界定。关于固废环境风险的研究大多是采用单次静态浸出方法对固废的环境毒性进行分析，对于固废长期风险的研究较少，鲜见有对固废同时从资源、环境两方面开展的系统性研究。铜冶炼多源固废资源环境属性的解析与界定可科学指导固废中有价金属元素资源回收的最大化，有害金属元素环境风险的最小化。

作者现场调研并采集了某铜冶炼企业工艺过程的13种固废，系统测定了固废样品的含水率、粒径分布、表面形貌等物理特性，全面分析了固废的化学元素及含量、物相结构等资源特性，详细研究了固废中金属元素的浸出浓度、化学形态等环境特性，建立了铜冶炼系统多源固废的解析清单，提出了各种固废处理与处置的科学建议；并对固废开展了为期6个月的模拟堆存及静态/半动态侵蚀实验，详细评价了固废的长期环境风险及环境稳定性，揭示了固废中各元素释放过程特性与释放机制。另外，采用层次分析法建立了指标体系，构建了铜冶炼系统多源固废资源环境属性的界定模型。发明了属性判别方法，实现了固废属性的精准判别与界定。然后，根据固废样品的判别与界定结果提出了固废管理与处理处置的建议。基于研究结果及构建的界定模型，借助MySQL数据库及ORM框架，开发了铜冶炼系统多源固废资源环境属性解析数据库，实现了数据查询、数据分析、数据解析三大功能模块，为铜冶炼系统多源固废的管理、处理与处置提供了数据支撑。

本书的研究工作得到了国家重点研发计划项目“铜铅锌综合冶炼基地多源固废协同利用集成示范”课题中“多源固废资源环境属性与过程溯源(2018YFC1903301)”的资助，共同承担课题研究的株冶集团、五矿铜业等单位给予了大力支持与协作，在此表示感谢。中南大学博士后、中北大学孙竹梅特聘副教授参与了第1章的编写及全书的校对工作；中南大学颜旭教授参与了第4章的编写及部分校对工作，在此表示感谢。另外，还要感谢国家重金属污染防治工程技术研究中心的闵小波教授、林璋教授，研究生徐慧、罗永健、张李敏、朱明飞、杜嘉丽等为本书所做的贡献。书中所引用文献资料已列入参考文献中，部分做了取舍、补充或变动，而对于没有说明之处，敬请作者或原资料引用者谅解，在此表示衷心的感谢。

由于作者水平所限，书中错误之处在所难免，敬请读者批评指正。

目录

Contents

第 1 章　绪论

1.1　铜冶炼工艺过程概述

有色冶炼行业普遍存在能源消耗量高、资源消耗量大、环境污染严重等问题。作为现代工业的重要基础原材料，铜一直被视为十分重要的有色金属品种之一。中国是铜的生产和消费中心，铜的产量和消费量均居全球第一。2021 年中国精炼铜产量 1049 万 t，约占世界总产量的 42.82%。

根据炼铜原料的不同特性，铜冶炼可分为火法和湿法两大类，硫化铜矿易于选矿和富集，采用火法直接提取；而不易采选的氧化铜矿及低品位或难选的硫化铜矿采用湿法工艺生产电积铜。据统计，目前全球采用火法冶炼产出的精铜产量大于 80%，而我国采用火法炼铜的比例更是高达 95%以上。铜的火法冶炼通常包括造锍熔炼、铜锍吹炼、粗铜精炼等生产工序以及环保工序，几乎每一道工序都会产生或排出固废。

1.1.1　熔炼工序

熔炼过程是把铜精矿、熔剂、返料、燃料按一定比例配料后送入熔炼炉中，鼓入氧气或空气，使氧气与熔化物料内的各元素反应的过程。熔炼过程可以实现铁、硫、铜分离，并分别形成炉渣、铜锍及高浓度 SO_2 烟气，铜锍送吹炼，烟气经余热锅炉、收尘系统等净化后制酸。

传统的鼓风炉、反射炉和电炉炼铜已被淘汰，取而代之的是富氧熔炼。富氧熔炼利用纯氧或富氧空气作为氧化剂，脱硫程度高，反应速度快，具有熔炼强度大、单炉生产能力高、能源消耗低等特点，冶炼烟气中 SO_2 浓度高可用于制酸，解决了传统火法铜冶炼过程烟气污染问题。富氧熔炼主要分为闪速熔炼和熔池熔炼两种。

闪速熔炼技术用富氧空气将深度干燥后的精矿喷入闪速炉炉膛，利用气流作用使得精矿细粉充分弥散，从而形成优越的气体包裹粒子的化学动力学条件，推动反应高速进行。闪速熔炼充分利用粉状精矿的巨大表面积，使悬浮状铜精矿在高温环境下迅速进行物理化学反应，所生成的铜锍、炉渣落入沉淀池后澄清和分离。闪速熔炼法克服了焙烧、熔炼等缺点，可以减少能源消耗，提高硫利用率，从而达到改善环境的效果。奥托昆普、因科、旋涡熔炼等技术，单炉处理量大，具有很强的耐用性，多在大中型铜冶炼厂中应用。

熔池熔炼技术往高温铜锍和炉渣的熔池内鼓入富氧空气，并加入铜精矿，在三相流体熔池的强烈搅动中，使铜精矿颗粒发生强烈的氧化反应，炉中的混合物经排放口排至澄清炉分离。熔池熔炼的炉型有卧式、立式、回转式或固定式等，按照送风方式分为底吹、侧吹和顶吹，如底吹的水口山法，侧吹的诺兰达法、瓦纽科夫法，顶吹的艾萨法、澳斯麦特法等。熔池熔炼处理简单，对入炉物料要求较低，具有良好的适应性，且炉子容积小，热损失小，烟尘率明显低于闪速熔炼，因此广泛应用于生产中。中国水口山炼铜法就是一种氧气底吹熔池熔炼法，该法的主体设备为一座沿水平轴旋转 90°的卧式密闭转炉，由炉顶投入原料，喷枪从炉底送入富氧空气，从而引发熔体的剧烈搅动，在炉内快速完成反应过程，产出的铜锍、炉渣、烟气分别从铜锍口、渣口以及烟气口排出。

1.1.2 吹炼工序

吹炼工序是向熔融状态的铜锍中鼓入空气或氧气，同时加入石英砂等配料。鼓入的氧与熔体反应，FeS 被氧化为 FeO 并与 SiO_2 造渣，Cu_2S 被氧化生成 Cu_2O，同时与 Cu_2S 交互反应放出 SO_2，并生成金属铜，产生的烟气经余热锅炉、收尘系统等净化后制酸。

1905 年，Peirce 和 Smith 成功地将卧式转炉运用于铜的吹炼，自此 P-S 转炉吹炼技术一直处于主导地位。P-S 转炉吹炼法采用间歇式周期性作业，分为造渣期与造铜期两个阶段。该法成熟可靠，目前全世界 90%的铜锍由 P-S 转炉吹炼，我国也主要采用此种方法进行铜锍吹炼。但由于 P-S 转炉采用周期性作业，存在炉口漏风的问题，导致烟气量大且波动大，SO_2 烟气低空污染难以控制。随着环保要求日益严格，近年来也发展了一些连续吹炼技术，较为成功的有三菱法连续炼铜工艺和“双闪”工艺，虽然解决了 SO_2 烟气低空污染的问题，但存在着投资及运行成本高等不足。

1.1.3 精炼工序

吹炼后得到的粗铜，一般需经火法精炼和电解精炼两道工序制得产品精铜。

火法精炼工序是首先将吹炼得到的粗铜中含有的各类杂质元素氧化除去，再通过还原熔炼得到精炼铜，精炼铜被铸成阳极板，之后电解精炼。在火法精炼过程中，Zn、As、Sb 等杂质的低价氧化物会在高温下变成气体挥发，Fe、Pb、As 和

Sb 等杂质的高价氧化物则会与加入的熔剂反应生成各种盐类进入炉渣。以反射炉为主的传统火法精炼，已被回转式阳极炉取代，该工艺具有机械化强度低、炉体密闭性高、操作方式简单等优点。

电解精炼工序是铜冶炼的最后一步，火法精炼铜中一般仍含有 0.5%左右的杂质，需将杂质含量进一步降低以达到产品质量标准要求。电解精炼过程以火法精炼产出的阳极板作为阳极，以不锈钢或纯铜始极片作为阴极，以硫酸铜和硫酸溶液作为电解液，在电解槽中进一步提纯得到电解铜。我国的铜电解工艺技术已经达到了国际先进水平，艾萨不锈钢阴极电解工艺采用较大电流密度和较小极距，利用自动化剥片机组剥离阴极铜，产品质量和工作效率均有了极大提升。

1.1.4 环保工序

为了治理熔炼及吹炼过程中产生的高浓度 SO_2 烟气，一般铜冶炼企业均会配套建设烟气制酸系统。熔炼炉和吹炼转炉排出的烟气先经余热锅炉和收尘设施净化，然后再进入制酸系统。铜冶炼企业也会排放生产废水，主要是污酸及酸性废水，这种废水一般采用硫化法、石灰-铁盐法两段处理，将会产生沉渣。

1.2 铜冶炼多源固废概述

1.2.1 铜冶炼固废产排特性

由于铜冶炼的工艺流程较长，因此铜冶炼系统多源固废的种类繁多且成分复杂。铜冶炼固废主要分为以下几类。

(1) 火法冶炼过程中产生的各种冶炼炉渣，主要包括熔炼渣、吹炼渣和精炼渣，其中精炼渣一般直接返回配料系统循环利用，部分企业也将吹炼渣贫化后返回配料系统。炉渣在铜冶炼过程中产生量较大，富含有价金属，同时具有较好的机械和物理特性。

(2) 火法冶炼配套烟气净化系统所收集的烟尘，其中含有大量的重金属，可以返回熔炼炉循环利用，但转炉烟气中收集的白烟尘由于含有较多的砷、铅，长期返回利用将导致有毒有害金属在系统中累积，也会影响生产系统的稳定，因此必须定期开路。

(3) 阳极泥是铜电解精炼过程中产生的一种固体沉泥，其主要成分取决于电解的技术条件，一般富含砷、铅等有害元素和金、银、锑、铋等有价成分，在当前的生产实践中一般会在厂内进行进一步精炼以提取其中的金、银等有价金属。

(4)各类污泥。铜冶炼烟气制酸过程中需先用稀酸进行洗涤，而且烟尘进入清洗酸中将产生大量的污酸，这部分污酸过滤还将产生酸泥(铅滤饼)，其中含有砷、铅等有害元素。其他各类生产废水的处理过程中也将产生大量的污泥，其中同样含有砷、铅等有毒重金属。

铜火法冶炼过程属于高污染、高耗能过程，产生的固废种类多、数量大，并且含有多种金属。铜冶炼固废相比一般工业固体废物主要有以下特点。

(1)排放量大

铜冶炼企业生产规模大，在生产精铜的同时也会产生大量的固体废物。据统计，每年全球铜产业将产生大概 4000 万 t 冶炼渣，我国每生产 1 t 精炼铜将产生 2~3 t 冶炼渣、0.05 t 烟尘、0.2~0.3 t 水处理污泥。我国目前存放的铜渣已超过 1.2 亿 t。大量固废的长期堆存将占用大量空间，同时也可能引发一系列环境问题。

(2)成分复杂

铜冶炼过程产生的固废成分复杂，除含有铜、锌、钨、锡、钼等多种有价金属元素外，还含有砷、镉、汞、铅、锑等有毒金属。固废中含有大量的金属元素，本身是潜在的资源，但同时其浸出液里也含有大量重金属，存在环境污染的风险。

(3)利用率低

据统计，全球每年产生的铜冶炼渣中有 80%以上未妥善处理，我国铜冶炼企业产生的固废综合回收利用率不足 12%，大部分固废堆存于渣场，不仅浪费资源，也可能造成环境污染，是铜冶炼行业持续发展的主要障碍之一。

固废中有价金属的回收对充分利用资源、延缓矿物资源的枯竭具有重要意义。同时，对于固废中有毒金属的环境风险也必须给予高度重视。固废资源环境属性的解析是实现其高质高值资源化、环境风险最小化的前提。

火法炼铜工艺流程及固废产排节点图详见图 1-1。

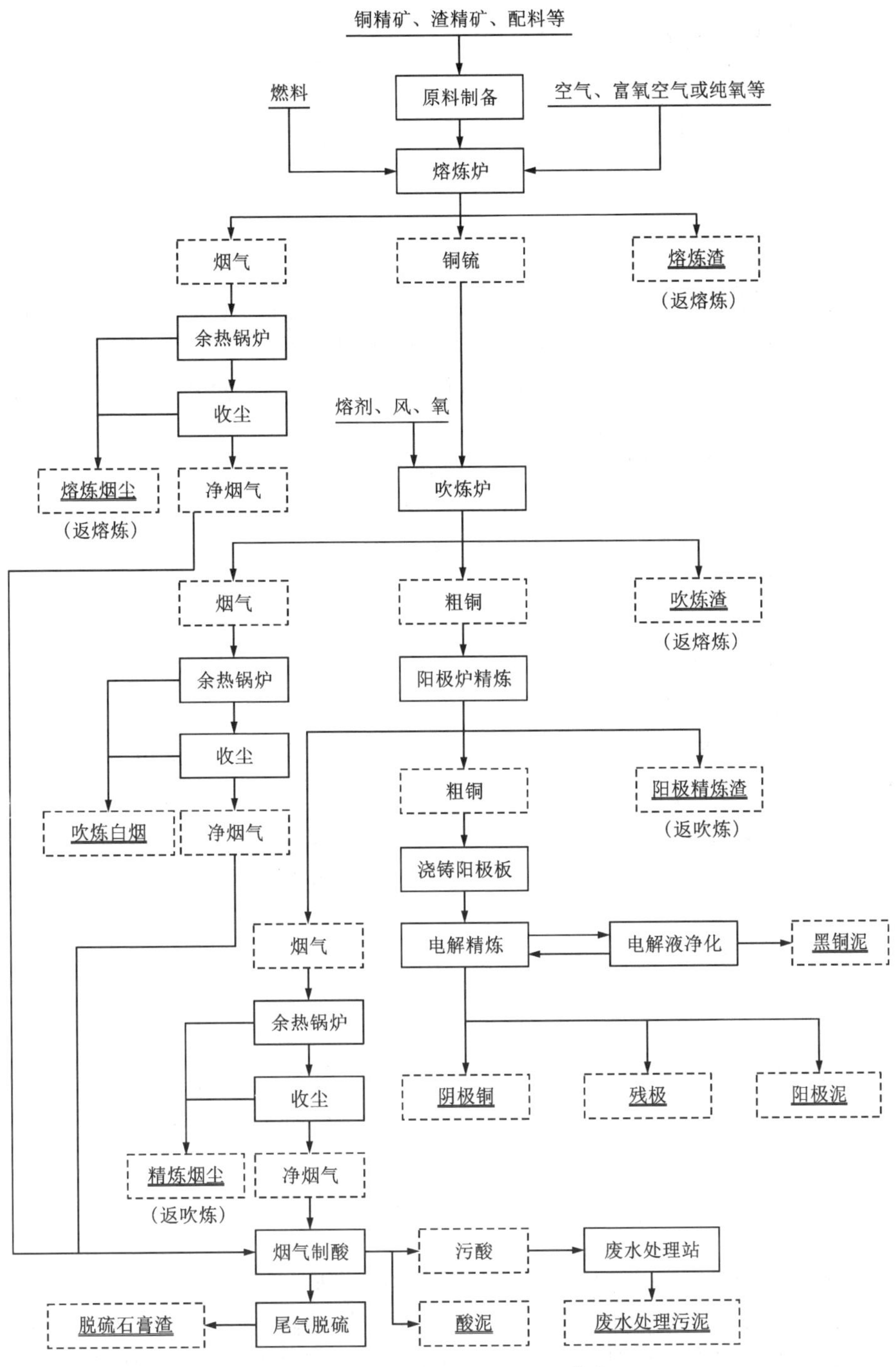

图 1–1　铜冶炼系统固废产排节点图

1.2.2 多源固废的形成原理

(1)原料粉尘

原料粉尘是在精矿仓上料、破碎、转运收尘装置收集的卫生收尘，以铜精矿为主，还有部分回用的固体废料。

(2)熔炼烟尘

熔炼烟尘是熔炼炉烟气经电收尘收集所得，混合精矿中的 Cu 主要被硫化进入铜锍相，Zn 被氧化生成 ZnO，机械夹杂于铜锍或弃渣中，进入烟尘中的量较少；Cd 与 Zn 的化学性质类似，多被氧化后进入铜锍相，少量进入烟尘；As 在熔炼阶段多直接以 As_2O_3 的形式挥发进入烟气和烟尘；Pb 在熔炼过程中被氧化为 PbO，与石英熔剂反应生成硅酸盐，但仍有部分 PbO 会挥发进入烟气并与 SO_3 反应生成 $PbSO_4$。熔炼过程发生的主要反应如下：

$$2MeS + 3O_2 = 2MeO + 2SO_2 \tag{1-1}$$

$$MeO + SO_3 = MeSO_4 \tag{1-2}$$

(3)熔炼渣

熔炼渣是来自熔炼炉的浮渣，铜熔炼过程投加的物料以铁、铜的硫化物及氧化物为主，熔炼过程中铜被硫化进入铜锍相，而矿物中的氧化物、硫化物在没有二氧化硅的情况下会共价结合形成 Cu-Fe-O-S 相，加入二氧化硅则可与氧化物结合生成硅酸阴离子，硅酸盐产物聚合形成渣相，熔炼过程发生的主要反应如下：

$$2CuFeS_2 + 13/4O_2 \longrightarrow Cu_2S \cdot 1/2FeS + 3/2FeO + 5/2SO_2 \tag{1-3}$$

$$2FeO + SiO_2 \longrightarrow 2FeO \cdot SiO_2 \tag{1-4}$$

(4)渣选厂尾矿

熔炼渣在渣选厂选铜后得到渣选厂尾矿，其元素组成、物相组成与熔炼渣类似。

(5)吹炼白烟尘

吹炼白烟尘是收集的吹炼炉烟尘。P-S 转炉吹炼过程中，铜锍中的熔融硫化物会与氧气发生氧化反应，大部分金属的氧化物会与加入的石英熔剂反应，并以硅酸盐的形式进入炉渣，由于 CdO、PbO 的挥发性较强，会较多地进入烟尘，并与烟气中的 SO_2 进一步反应生成硫酸盐，具体反应见式(1-1)、式(1-2)。

(6)废耐火材料

废耐火材料来自吹炼炉内衬砖等。所使用的耐火砖为镁铬砖，具有热膨胀率低、热稳定性好、长期使用不开裂、抗剥落性好等特点。在冶炼过程中，由于熔体温度高且流动性好，极易渗入耐火材料内，因此镁铬耐火材料中常渗入有价金属。

(7)黑铜泥

在阳极铜电解精炼过程中，铜浓度基本保持稳定，阳极中的杂质随铜一起发生电化学溶解进入电解液，电解液中杂质的浓度不断升高，富集的杂质可通过机械夹杂和化学沉积的方式在阴极上积聚，从而导致阴极铜中的杂质含量无法达到质量要求，因此必须定期对电解液成分进行调整。电解液电积脱砷过程中阳极首先产生铅氧化物和硫酸盐，然后在氧化膜和硫酸盐表面析出氧气，阴极析出金属铜、铜砷合金(即黑铜泥)，主要的化学反应如下：

$$As^{5+} + 2e^- \longrightarrow As^{3+} \tag{1-5}$$

$$Cu^{2+} + 2e^- \longrightarrow Cu \tag{1-6}$$

$$xCu^{2+} + yAs^{2+} + ne^- \longrightarrow Cu_xAs_y \tag{1-7}$$

(8)阳极渣

火法精炼主要包括氧化和还原两个过程，利用杂质对氧的亲和力大于铜对氧的亲和力，且杂质氧化物不溶于液态金属铜的原理，使氧化亚铜与杂质发生氧化还原反应去除杂质，主要化学反应如下：

$$Cu_2O + Me = MeO + 2Cu \tag{1-8}$$

(9)脱硫石膏渣

脱硫石膏渣产生于石灰石-石膏脱硫工艺阶段，石灰石-石膏烟气脱硫系统设在除尘系统末端，石灰石制备浆液后用作洗涤剂在反应塔内进行洗涤，从而除去烟气中的 SO_2，主要化学反应如下：

$$SO_2 + H_2O \rightleftharpoons H_2SO_3 \tag{1-9}$$

$$H_2SO_3 \rightleftharpoons H^+ + HSO_3^- \rightleftharpoons H^+ + SO_3^{2-} \tag{1-10}$$

$$CaCO_3 + H^+ \rightleftharpoons Ca^{2+} + HCO_3^- \tag{1-11}$$

$$Ca^{2+} + SO_3^{2-} + 2H_2O \rightleftharpoons CaSO_3 \cdot 2H_2O \tag{1-12}$$

$$CaSO_3 \cdot 2H_2O + 0.5O_2 \rightleftharpoons CaSO_4 \cdot 2H_2O \tag{1-13}$$

(10)硫化砷渣

硫化砷渣主要来源于污酸处理工序，冶炼厂产生的高砷污酸要先进行硫化脱砷。在强酸性溶液中，As 主要以 H_3AsO_3、H_3AsO_4 的形式存在，S 主要以 H_2S 的形式存在，H_2S 首先与 H_3AsO_4 按 1∶1 发生配体交换，生成 H_3AsO_3S，并可能会进一步进行多次交换，所生成的配合物在 H_2S 过剩环境中将进一步反应，最终生成 As_2S_3 沉淀，可能发生的反应如下：

$$H_2AsO_4^- + H_2S \rightleftharpoons H_2AsO_3S^- + H_2O \tag{1-14}$$

$$H_2AsO_3S^- + H_2S \rightleftharpoons H_2AsO_2S_2^- + H_2O \tag{1-15}$$

$$H_2AsO_2S_2^- + H^+ \rightleftharpoons H_3AsO_2S \cdots S \tag{1-16}$$

$$H_3AsO_2S \cdots S \rightleftharpoons H_3AsO_2S + 1/8S_8 \tag{1-17}$$

$$H_3AsO_2S + H_2S \rightleftharpoons H_2AsOS_2^- + H^+ + H_2O \quad (1-18)$$

$$3H_2AsOS_2^- + 2H^+ \rightleftharpoons H_2As_3S_6^- + 3H_2O \quad (1-19)$$

$$H_2AsOS_2^- + H^+ + 2H_2O \rightleftharpoons H_3AsO_3^0(aq) + 2H_2S(aq) \quad (1-20)$$

$$H_2As_3S_6^- + H^+ + 9H_2O \rightleftharpoons 3H_3AsO_3^0(aq) + 6H_2S(aq) \quad (1-21)$$

$$2H_2AsOS_2^- + 2H^+ \rightleftharpoons As_2S_3 + H_2S + 2H_2O \quad (1-22)$$

$$2H_2As_3S_6^-(aq) + 2H^+ \rightleftharpoons 3As_2S_3(s) + 3H_2S \quad (1-23)$$

$$2H_3AsO_3^0(aq) + 3H_2S(aq) \rightleftharpoons As_2S_3(s) + 6H_2O \quad (1-24)$$

(11)中和渣

中和渣产生于污酸处理的最后一个阶段——中和阶段，金属离子在中和剂作用下形成氢氧化物沉淀，且残余铁盐会形成 $Fe(OH)_3$ 胶体，其巨大的吸附表面能进一步吸附金属离子，主要化学反应如下：

$$Me^{n+} + nOH^- = Me(OH)_n\downarrow \quad (1-25)$$

$$Fe^{3+} + 3OH^- = Fe(OH)_3\downarrow \quad (1-26)$$

(12)污酸处理石膏渣

高砷污酸经硫化处理后投加石灰中和处理，可利用外源铁盐脱除溶液中的砷，使其以砷酸铁沉淀的形式分离，石灰与酸反应保证体系 pH 在有利于砷酸铁沉淀生成的范围内，主要化学反应如下：

$$AsO_4^{3-} + Fe^{3+} = FeAsO_4\downarrow \quad (1-27)$$

$$Ca(OH)_2 + H_2SO_4 = CaSO_4\downarrow + 2H_2O \quad (1-28)$$

(13)铅滤饼

铅滤饼来自烟气洗涤与沉淀工段。制酸系统中稀硫酸洗下的烟尘杂质经固液分离后得到的沉淀物为铅滤饼，因此其物质组成与烟尘类似。

1.2.3 固废的资源化途径

(1)冶炼炉渣资源化

铜冶炼渣的主要矿物组成包括铁硅酸盐、磁性氧化铁、铁橄榄石、磁铁矿和脉石等，同时含有多种有价金属。资源化利用的主要方法有选矿法、贫化法、酸浸提取法、建材利用等。其中以选矿法的应用最为普遍，但目前工业实践中 Cu、Fe 的回收率均不高，且处理后仍会产生大量的渣选尾矿。国内对于渣选厂尾矿的综合利用主要是外售，紫金铜业有限公司、贵溪冶炼厂、山东方圆有色金属集团等铜冶炼企业均将渣选厂尾矿外送至水泥厂综合利用。贫化法对于低品位铜冶炼渣的回收率低。酸浸提取法主要用于处理含铜量较高的冶炼渣以回收 Cu，无法实现 Fe 的综合回收。铜渣作为建材无法充分利用渣中富含的有价金属，且其中少量的有毒有害金属有一定生态风险。

由于铜冶炼渣一般含有多种金属氧化物，其中多为碱性氧化物，而 SO_2 和 NO_x 均为酸性气体，因此可用铜冶炼渣进行脱硫脱硝处理，相关理论已通过前人的论证和试验证明，铜渣表面的碱性金属氧化物可以增强吸收剂的表面活性，提升脱硫脱硝效果，陈其洲等利用铜渣汽化脱硫，使脱硫率为98%以上。

(2)冶炼烟尘资源化

冶炼烟尘产生于冶炼烟气净化系统，一般含有较多的Cu、Pb、As，实际工业应用中，通常直接返回铜冶炼系统，但由于As的累积可能会导致炉况恶化，降低冶炼系统的处理能力，影响后续电铜产品的质量，因此必须进行开路处理。关于冶炼烟尘的资源化回收利用也开展了大量研究，早期常采用火法处理铜冶炼烟尘，利用As及其氧化物饱和蒸气压大的特点使其与有价金属化合物分离，但存在回收率低、操作条件差等问题，同时还会造成严重的二次污染，因此近年来国内外学者的研究主要集中在湿法工艺上。铜冶炼烟尘中的有价金属主要以氧化物、硫酸盐等形式存在，易溶于硫酸，因此工业应用中常采用硫酸体系浸出。硫酸浸出法在日本小坂冶炼厂、云南铜业有限公司等企业已得到了良好的应用。为了进一步提高浸出率，可通过鼓入空气或添加氧化剂等方式进行氧化浸出。硫酸浸出时大部分铜、锌会进入酸浸液，我国工业生产中常采用铁粉置换生产海绵铜，再经中和除砷、铁，最终溶液蒸发结晶生产硫酸锌或溶液中和沉锌，砷以砷酸铁渣的形式堆存；而铅大多以硫酸铅的形式赋存于浸出渣中，可以采用鼓风炉还原熔炼回收铅、铋。

(3)阳极泥资源化

铜阳极泥中赋存有大量的金、银、铂族、硒、碲、铜、镍等有价金属，一般铜冶炼厂配套有后续的阳极泥回收车间。国内的大型铜冶炼厂中，江西铜业集团有限公司贵溪冶炼厂、大冶冶炼厂等采用湿法工艺回收有价金属，而阳谷祥光铜业有限公司、铜陵有色金属集团控股有限公司等则采用火法工艺进行综合回收利用。湿法工艺包括硫酸化焙烧，硒蒸汽吸收还原，蒸硒渣硫酸提铜，碱浸提碲，氯化分金，亚钠分银，电解金、银等工序；火法工艺则包括氧化浸出，置换银、硒和碲，电解回收铜、镍，卡尔多炉产贵铅，电解产金、银等工序。

(4)污泥资源化

铜冶炼系统产生的污泥可以大致分为两类，一类是酸泥，包括烟气制酸洗涤过程产生的铅滤饼以及污酸处理过程产生的硫化砷渣，其中Pb、As等重金属含量较高，环境风险很大，属于危险废物；另一类是环保污泥，主要是后续的酸性废水处理和脱硫过程产生的污泥，主要成分为中和后的钙盐和重金属氢氧化物。

铅滤饼产生于污酸洗涤过程，主要成分与冶炼烟尘基本一致，含有大量的重金属，同样可作为提取有价金属的原料进行综合回收利用。硫化砷渣的处理可大致分为火法与湿法两种，火法处理包括氧化焙烧、还原焙烧、真空焙烧等，使砷以蒸气的形式升华从而实现分离，技术成熟、流程短且成本较低，但最大的问题是会造成严重的二次污染，且得到的产品纯度不高；湿法处理通过酸浸、碱浸、盐浸等方式使砷以砷酸盐的形式分离，相对能耗较低，且对于环境的污染可控，是目前研究的主流方向。

环保污泥一般含水率较高，难以直接返回冶炼流程，国内的冶炼企业大多外售给有资质的企业进行综合回收利用。最常见的是将石膏渣外售给水泥厂，按一定比例与其他材料掺和后作为水泥原料。环保污泥中 Ca 含量极高，赵占冲采用碳热还原分解法处理含砷石膏渣，砷以 As_2O_3 的形式挥发，经处置后的石膏渣可以替代有色重金属火法冶炼中的含钙熔剂；部分环保污泥中的重金属含量也较高，因此有学者从综合回收利用角度开展研究；杜冬云、倪冲等研究了采用氨浸法从含砷石灰铁盐渣中回收锌、铜的方法。但上述方法尚在实验室研究阶段，仍需通过进一步研究以实现工业应用。

1.3 固废资源属性解析

固废中富含有大量有价金属，是被忽视的资源。近年来，越来越多的学者着手研究各类固废的大宗综合回收利用方法，而对于固废特性的研究则是实现资源高效回收利用的理论基础。

现有研究一般是从工艺矿物学的角度对固废开展性质的分析。工艺矿物学最早是用于阐释选矿机理、制定选矿工艺的一门学科，主要研究矿石的物质成分、矿物组成、结构与构造及其物理和化学性质。国内外学者对于固废资源属性的研究主要集中在粒度分布、微观结构、化学元素组成、矿物组成、嵌布特征、元素赋存状态等方面。Kierczak 等分析了镍渣的工艺矿物学特性、化学元素组成，运用扫描电子显微镜(scanning electron microscopy, SEM)、能量色散 X 射线光谱仪(energy dispersive spectroscopy, EDS)、电子探针分析(electron microbe analysis, EMPA)等研究镍渣的物相组成及各物相内的元素含量，采用 X 射线衍射(X-ray diffraction, XRD)确定矿物组成，最终明确了在堆存过程中镍渣的风化行为。Visa Isteri 等为了评估富铁冶金废渣用于生产水泥熟料的可行性，采用 X 射线荧光光谱分析(X - ray fluorescence, XRF)、电感耦合等离子光谱发生仪(inductively coupled plasma emission spectrometer, ICP)测定化学元素含量，采用 XRD 识别不同晶相，采用 SEM-EDS 观察表面形貌及物相分布。Fabian Imanasa Azof 等为了更有效地利用三元 $CaO-Al_2O_3-SiO_2$ 渣，从工艺矿物学的角度，采用 XRF、SEM、背散射电子成像(back scattered electron, BSE)、EDS、EMPA、元素 mapping、XRD 等技术手段分析了三元渣的化学成分、表面形貌、矿物组成、元素赋存情况等特性，从而为科学有效地开展浸出实验提供了理论支持。王巍等针对经过物理分选后的废杂铜冶炼渣，利用自动矿物解离分析仪（mineral liberation analyzer，MLA），结合SEM、XRD等手段，对冶炼渣的性质进行深入研究，并据此提出了一种从废杂铜冶炼渣中回收铜、锌的高效方法。Pritii Wai Yin Tam等采用XRF、XRD、SEM、EDS等对铝土矿渣的化学元素组成、矿物组成、物相组成等进行分析，结合热力学计算结果，指导如何从铝土矿中高效回收钠、铝。Misagh Khanlarian等为了有效利用锌浸渣，采用XRF、ICP、XRD等对其资源特性进行了研究。杨建文等利用MLA等综合手段对贵州泥堡金尾矿进行了工艺矿物学分析，基于矿物组成、物相分布、矿物嵌布粒度及嵌布特征等，提出了非氰化金工艺处理的建议。吕子虎等采用化学分析、XRD、MLA等对钒钛铁矿尾矿开展工艺矿物学研究，在查明其化学组成、矿物组成、嵌布特征、粒度分布、钛赋存状态等的基础上提出了综合利用方案。吴玉元等为了制订更合理的分选方案，采用SEM、MLA等对铜铁矿尾矿及分选后精矿进行了工艺矿物学研究，进一步加深对尾矿中元素的赋存状态、矿物解离情况等的掌握。于雪通过工艺矿物学研究查明了铜炉渣的化学成分、矿物组成、物相分布、元素赋存、粒度特征、结构构造等特性，并基于此提出了对铜炉渣回收利用工艺的建议。张代林通过对铜转炉渣进行化学组成、物相组成、矿物组成、嵌布特征等工艺矿物学研究，提出了铜转炉渣回收利用的改进方案，成功将后续选铜回收率提高了3个百分点。莎茹拉等利用MLA、XRD、SEM等对铜浮选尾渣的矿物物相及其嵌布特征等进行了较为系统的分析，提出了采用直接还原磁选工艺选铁的建议工艺。金建文等以铜冶炼渣为研究对象，采用化学分析、物相分析、显微镜观察、SEM等进行工艺矿物学综合分析，为其综合回收利用提供了基础。刘长东等采用MLA、SEM等分析水淬渣、转炉渣和转炉底渣的化学成分、矿物组成、物相分布、嵌布特征等工艺矿物学特性，最终提出了采用混选工艺来实现固废中有价金属的资源化。

综上所述，目前关于固废资源属性的研究主要是针对特定固废，基于工艺矿物学特性分析结果提出固废的回收利用方案，未从科学的角度进行综合回收利用价值的解析、判别与界定。

1.4　固废环境属性解析

固废中含有的有毒有害重金属元素可能迁移释放至环境中，对周边环境造成一定的影响，因此固废的环境属性也应引起高度重视。

目前，关于固废环境属性的研究主要有三个方面：①通过不同种类的浸出实验对固废中各元素的迁移能力进行测试，通过浸出实验可以帮助预测其长期环境行为；②采用连续浸提方法，用不同的浸提液分步从固废中提取金属元素，从而确定元素的化学形态及环境活性；③利用成熟的风险评估方法，对固废的环境风险进行综合评估。

Martina Vítková 等采用 48 小时 pH 恒定浸出实验(CEN/TS 14997)研究了铜冶炼厂电收尘的浸出行为，通过实验数据分析发现 pH 在 3~4.5 的环境中金属浸出浓度最高。Irene Buj 等以含有高浓度重金属的磷酸镁骨水泥固化体为研究对象，分别进行了批次实验(EN 12457-2)、平衡浸出实验、有效性测试(NEN 7371)、酸中和能力测试(ANC)四种浸出实验，结果证实了磷酸镁骨水泥的固化效果良好。Francisco Macías 等对矿山酸性废水中和污泥的研究发现，采用 EN 12457-2 和 TCLP(Toxicity Characteristic Leaching Procedure, US EPA, Method 1311)两种标准方法得出的浸出结果存在一定差异，在 EN 12457-2 实验中金属浓度更高，结合 BCR(Community Bureau of Reference)连续浸提法分析结果可知，污泥对环境存在有害影响，需要进行严密管理。Miklos Hegedus 等采用 CEN/TS 14429 浸出实验研究了赤泥在不同 pH 环境下的释放行为，通过 Tessier 连续浸提法研究了金属的化学形态，结果表明利用赤泥与黏土混合生产黏土砖可以有效降低其放射性及环境风险。牛学奎等对鼓风炉炼铅工艺产生的干渣及水淬渣开展环境风险研究，分别采用硫酸硝酸法、水平振荡法对炉渣进行属性检测并研究其浸出特性，采用 Tessier 连续浸提法分析重金属的化学形态，结果表明鼓风炉炼铅工艺产生的炉渣均不存在浸出超标情况，但镉的溶出风险较大，应重点防控，铅、砷为次要污染物。Josep Torras 等为了研究水泥固化体的长期浸出行为，分别进行了 ANS 16.1 实验和 ASTM C1308 实验两种半动态浸出实验，通过对比实验前后的 XRD 图谱发现浸出过程中生成了白磷镁石，因此固化体的金属浸出量较低。Martina Vítková 等分别采用 EN12457-2 批次实验、CEN/TS 14997 pH 恒定浸出实验对铜冶炼渣进行浸出，发现在中性环境下铜冶炼渣的浸出浓度较低，但 pH<4 时浸出浓度急剧增大，说明其在区域酸性土壤环境下有一定环境风险。郭朝晖等采用 BCR 连续浸提法对某有色冶炼废渣的重金属赋存状态、环境活性进行研究，发现废渣中 Cd、Pb、Zn 的可提取态绝对含量很高，对生态环境存在极大危害，结合 SEM、XRD 结果分析发现，废渣中的重金属释放机理是金属矿物氧化分解后酸雨、微生物及原电池效应共同促进的。代群威等采用 XRD、XRF、Tessier 连续浸提法等手段，对铜冶炼烟尘的矿物组成、元素组成、重金属赋存状态及浸出行为等开展研究，发现铜冶炼烟尘中 Cd、Cu、Zn 有较高的迁移性，烟尘在酸性环境中的重金属浸出率远大于中性及碱性环境。Mihone Kerolli-Mustafa 等采用改进的 BCR 和潜在生态风险指数(potential ecological risk index, PERI)法对尾矿库中不同深度的尾矿进行环境活性与潜在生态风险的评估，并配合 XRD、化学成分分析等确定不同深度的尾矿中各金属的潜在生态风险顺序由大到小均为 Cd、Zn、Cu、Ni。Yun Pan 等对中国典型市政垃圾焚烧飞灰中重金属的释放行为进行了研究，采用改进的 BCR 连续浸提法分析重金属的化学形态分布，采用

TCLP 研究浸出行为，利用风险评估指数(Risk assessment code，RAC)评估环境风险，发现 Cd 和 Pb 对环境有极高的风险。薛柯等分别采用 BCR、TCLP 及 PERI 对锌冶炼过程产生的中和渣进行重金属环境活性与潜在生态风险评价，结果表明重金属的环境活性及潜在生态风险顺序由大到小为 Cd、Zn、Cu、As，中和渣对环境有很高的生态风险。尹鑫等采用 BCR 对者海铅锌中和渣及水淬渣进行重金属形态分布研究，并分别通过单因子污染指数法、PERI 和 RAC 进行环境风险评价，结果表明中和渣总体表现为严重生态风险等级，水淬渣总体表现为中等生态风险等级。

由以上研究可知，有色冶炼固废中，产生于破碎配料环节的固废，重金属浸出浓度较低，经鉴别大多属于一般工业固废；而产生于冶炼过程、提纯回收、收尘净化、污酸处理、废水处理等环节的固废，重金属浸出毒性相对较高，超过我国《危险废物鉴别标准——浸出毒性鉴别》(GB 5085.3—2007)，具有较大的环境风险。

但目前关于固废环境风险的研究大多是采用单次静态浸出方法对固废的环境毒性进行分析，对于固废环境长期风险的研究较少。另外，鲜见有对固废同时从资源、环境两方面开展的系统性研究，王黎阳虽对有色冶炼固废的资源与环境属性分别进行了表征，但仅进行简单判别和分类，其总结得到的有色冶炼各工艺单元固废的基本特征，构建的有色冶炼固废共性产生源分类清单可用于初步判别不明来源有色冶炼固废的资源环境属性，主要为完善有色冶炼固废的共性分类管理体系提供支持，但未构建资源环境属性的解析与界定方法，无法对固废的处理处置提供可靠的科学依据。

1.5　固废中金属释放动力学

为研究固废中金属的释放机理，国内外已有不少专家学者开展了具有针对性的浸出动力学研究。Inyang 研究发现 Elovich 方程可以很好地描述钠蒙脱石和高岭石对 Pb、Cd 的吸附。Filipe 采用准一级、准二级、Elovich 和粒子内扩散方程研究了富铜土壤中一种土壤杀菌剂 thiram 的吸附情况，结果显示粒子内扩散模型可以较好地描述此过程。2019 年，Fan 等研究了在硫酸环境下合成的含铟氧化铁中铟的浸出动力学，研究发现未反应收缩核模型能够较好地描述铟的浸出动力学过程。王翼文研究了模拟酸雨条件下硫化矿尾矿中重金属的溶出特性，发现对于不同的硫化矿尾矿，分别可以用双常数方程、Elovich 方程等经验式较好地描述其浸出动力学过程。李淑君对不同地区垃圾焚烧飞灰中重金属的浸出行为进行了研究，发现多数样品的浸出行为符合内扩散模型，均符合界面-扩散控制模型。邝薇采用不同的动力学方程拟合垃圾焚烧飞灰中 Pb、Zn 的浸出过程，发现内扩散模型能更好地描述飞灰中重金属的浸出过程。

固废中重金属的浸出过程属于液-固多相反应动力学范畴，可能包括溶解、离子交换、吸附等多种综合作用，常用的动力学方程有双常数模型、Elovich 方程、Avrami 方程等。

双常数模型本质上就是修正的 Frendlich 方程，亦是经验式，研究表明该方程同样适用于反应较为复杂的动力学过程。

Elovich 方程解释的是包含一系列反应机制的反应过程，如溶质在溶液体相或界面处的扩散作用，在表面处的活化与失活作用等。Elovich 方程可以用来描述慢反应的扩散机制，如果实验数据和 Elovich 方程的拟合性较好，则可说明浸出过程为非均相扩散反应过程，更适用于活化能变化较大的反应过程，而非单一的反应机制过程。Elovich 方程也可用于化学的吸附解析过程，尤其是非均相的化学反应，且可描述其他动力学方程所忽略的不规律性。式中常数 b 为重金属从固态向液态的扩散速率，b 值越大表示扩散速率越大。

Avrami 方程的特征是前期浸出速率较大，最早用于研究多相化学反应中的晶核成长，之后也用于研究多种金属及其氧化物酸浸过程的动力学。其动力学模型可表示为

$$-\ln(1-X)=kt^n$$

式中：X 为浸出率，%；k 为反应速率常数，mol/(L·s)；t 为浸出时间，s；n 为 Avrami 特征参数，反映了过程控制机理，n 的取值仅与固体晶粒的性质及其几何形状有关，与反应条件无关。当 $n<1$ 时，初始反应速率极大，但随着时间的推进会不断减小；当 $n<0.5$ 时，扩散控制是主要控制步骤；n 接近于 1 时，化学反应是主要控制步骤；而 n 处于二者之间时，则表明是扩散与化学反应共同作用的混合控制；当 $n=1$ 时，初始反应速率有限；当 $n>1$ 时，初始反应速率接近于 0。

从冶金动力学的角度分析，液-固多相反应动力学模型根据固体反应物表面是否产生固体产物层可以分为两类：①未反应收缩核模型（unreacted shrinking core model），用于描述有固体产物层生成的类型；②收缩核模型（shrinking core model），用于描述无固体产物层生成的类型。

假设固体废物是单粒级球形颗粒，根据未反应收缩核模型的原理，固废中重金属浸出的基本反应原理见图 1-2。

固体废物与浸提液接触并发生反应时，固废颗粒内部存在一个浓度不变的未反应核，其直径随时间变化逐渐向内收缩。浸提液需首先通过扩散层到达固废表面，在未反应核表面发生化学反应，此时未反应核表面的物质溶解，同时将生成新的不溶性化合物，富集在固废颗粒表面将其包裹形成不溶产物层，之后浸提剂只有通过该产物层方可向内扩散至未收缩核表面发生进一步反应，产生的可溶性产物也只有通过产物层方可向外扩散至溶液中。反应物溶解速率的主要控制因

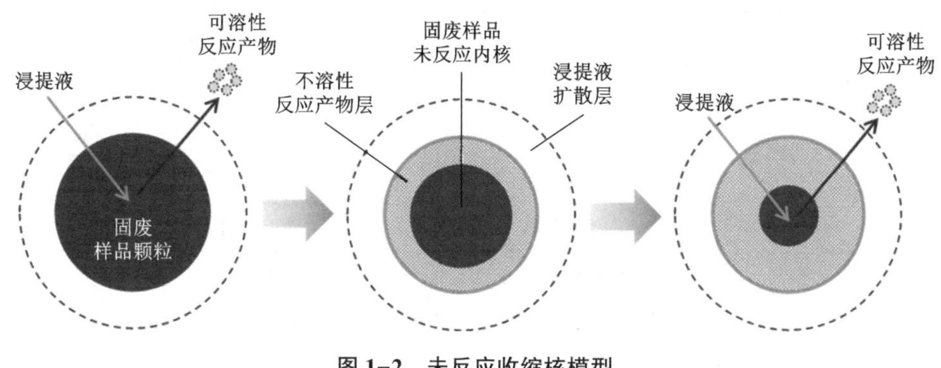

图 1–2　未反应收缩核模型

素有浸出溶液穿过边界层的外扩散及反应产物的内扩散控制(以内扩散控制为主)、固体颗粒表面的化学反应控制。

收缩核模型(见图 1–3)的特点是反应过程中产生的产物可溶于浸提液，不会产生不溶性产物层，因此反应过程中反应物颗粒会不断缩小。由于没有固体产物层，反应不存在内扩散过程，浸提液通过边界层后即可直接与反应物发生反应。反应物溶解速率的主要控制因素有浸提液穿过边界层的扩散控制及反应物表面的化学反应控制。

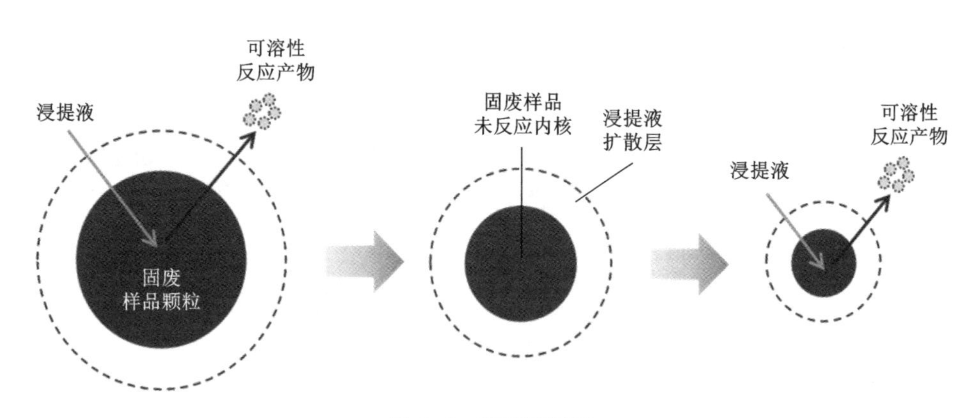

图 1–3　收缩核模型

确定浸出过程主要受某一步骤控制，是指该步骤所需的时间将远远超过其他步骤所需的时间，但当扩散过程与化学反应过程所需的时间差距不大时，浸提液穿过固体产物层的扩散速率与界面化学反应速率均能明显影响浸出速率，此时属于扩散与化学反应共同作用的混合控制。

综上所述，常见的动力学方程汇于表 1–1 中。

表 1-1　常见动力学方程

控制环节		动力学方程
未收缩反应核模型	外扩散控制	$X = kt$
	内扩散控制	$1 - 2/3X - (1 - X)^{2/3} = kt$
	界面化学反应控制	$1 - (1 - X)^{1/3} = kt$
	混合控制	$1/3\ln(1 - X) + (1 - X)^{-1/3} - 1 = kt$
收缩核模型	外扩散控制	$1 - (1 - X)^{2/3} = kt$
	界面化学反应控制	$1 - (1 - X)^{1/3} = kt$
双常数模型		$\ln C = a + b\ln t$
Elovich 方程		$C = a + b\ln t$
Avrami 模型		$-\ln(1 - X) = kt^n$

第 2 章　重金属固废资源环境属性解析

铜冶炼多源固废同时具有资源与环境的双重属性。为了科学指导铜冶炼多源固废中有价金属资源的回收最大化、有害金属元素的环境风险最小化，对固废的基础属性进行系统分析与解析具有重要的意义。

本章先基于冶金原理阐述铜冶炼系统采集的 13 种多源固废的形成机制，从工艺矿物学的角度，分析固废样品的含水率、粒径分布、元素组成与含量、物相结构等特性；从元素的浸出行为、结合形态角度，采用 TCLP、BCR 等方法研究固废样品中重金属的浸出毒性、赋存形态等性质，借鉴 PERI 评价方法对其环境活性进行评价。然后结合上述分析结果，对铜冶炼多源固废进行初步的资源环境属性解析，建立铜冶炼系统多源固废解析清单；在企业现有固废处理方法的基础上，对铜冶炼固废资源化、处理与处置提出科学合理的建议。

2.1　多源固废样品

样品采自湖南省某铜冶炼厂，主体工艺为富氧底吹熔炼—P-S 转炉吹炼—回转式阳极炉精炼—电解精炼，从整个工艺过程选取 13 种产量大、对环境影响大的固废开展实验，固废样品清单、产污节点及采样点详见表 2-1、图 2-1。

表 2-1　铜冶炼系统固废样品清单

工段	样品名称	产污节点
熔炼	原料粉尘	精矿仓上料、破碎、转运、收尘装置收集
	熔炼烟尘	熔炼烟气收尘装置
	熔炼渣	熔炼炉
	渣选厂尾矿	渣选厂
吹炼	吹炼白烟尘	吹炼烟气收尘装置
	废耐火材料	转炉

续表2-1

工段	样品名称	产污节点
精炼	黑铜泥	电解液净化
	阳极渣	精炼
环保	脱硫石膏渣	环集烟气石灰-石膏脱硫装置
	硫化砷渣	污酸处理站硫化工序
	中和渣	污酸处理站中和槽
	污酸处理石膏渣	污酸处理工段石灰中和处理工序
	铅滤饼	制酸洗涤净化工段

由于我国有色金属冶炼行业工艺复杂，废物种类繁多，为了便于管理和识别，《国家危险废物名录(2021 年版)》中规定了 30 种有色冶炼废物作为危险废物，属于 HW48 有色金属采选和冶炼废物，其中铜冶炼涉及的危险废物见表 2-2。

表 2-2 《国家危险废物名录》中铜冶炼废物汇总

废物代码	危险废物	危险特性
321-002-48	铜火法冶炼过程中烟气处理集(除)尘装置收集的粉尘	T
321-031-48	铜火法冶炼烟气净化产生的酸泥(铅滤饼)	T
321-032-48	铜火法冶炼烟气净化产生的污酸处理过程产生的砷渣	T

本研究所采固体废物中，原料粉尘、熔炼烟尘、吹炼白烟尘属于 321-002-48 类危险废物，铅滤饼属于 321-032-48 类危险废物，硫化砷渣、污酸处理石膏渣、中和渣属于 321-032-48 类危险废物，其主要危险特性均为毒性(T)。

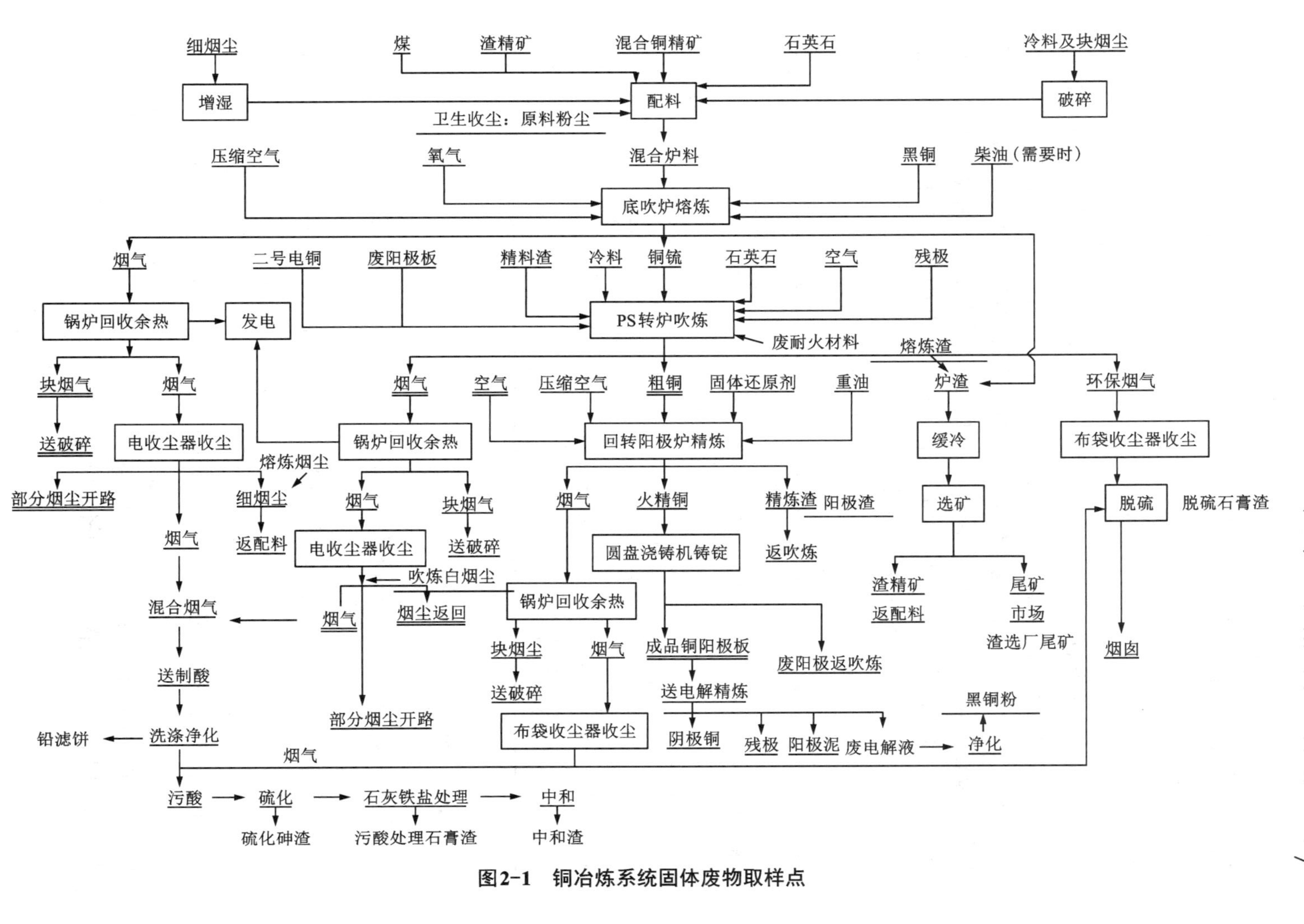

图2-1　铜冶炼系统固体废物取样点

2.2 基本物理性质

2.2.1 含水率

固废含水率是其资源化利用过程工艺选择的参数之一。将样品在105℃烘箱内烘干至恒重，根据烘干前后的重量差计算含水率(%)。13种固废样品的含水率见表2-3。来源于高温环境的熔炼烟尘、熔炼渣、吹炼白烟尘、废耐火材料、阳极渣及渣选厂尾矿的含水率较低，低于10%；原料粉尘、黑铜泥的含水率为10%~20%；环保工段污水处理产生的脱硫石膏渣、硫化砷渣、中和渣、污酸处理石膏渣、铅滤饼的含水率较高，均在20%以上。

表2-3 固废样品的含水率 %

工段	熔炼				吹炼	
固废样品	原料粉尘	熔炼烟尘	熔炼渣	渣选厂尾矿	吹炼白烟尘	废耐火材料
含水率	10.34	2.22	0.30	8.29	3.77	0.84

工段	精炼		环保				
固废样品	黑铜泥	阳极渣	脱硫石膏渣	硫化砷渣	中和渣	污酸处理石膏渣	铅滤饼
含水率	12.64	2.31	31.16	64.15	43.08	30.09	25.94

2.2.2 粒径分布

用LS-pop(6)激光粒度分析仪对固废粒径分布进行测定。铜冶炼系统13种固废样品中废耐火材料、熔炼渣、阳极渣呈致密块状，中和渣、污酸处理石膏渣经厂内脱水后也团聚为块状，粒径分布没有规律性，最大尺寸可达几十厘米。其他8种固废样品呈粉状，采用“酒精+超声”预处理，使固废样品充分分散，消除物理团聚对粒度分布的影响。粒径分析结果$D10$、$D50$、$D90$及$(D90-D10)/D50$列于表2-4中。熔炼烟尘、吹炼白烟尘的中位粒径较小，分别为0.49 μm、0.70 μm，应防止其在堆存、转运过程中产生扬尘造成二次污染，而块状样品易于贮存，不易产生扬尘污染。脱硫石膏渣含水率较高且粒度大，自然堆存过程中易发生物理团聚，贮存过程中一般不会产生扬尘污染。

表 2-4　铜冶炼固废的粒径分布 *D*　μm

固废样品	原料粉尘	熔炼烟尘	渣选厂尾矿	吹炼白烟尘	黑铜泥	脱硫石膏渣	硫化砷渣	铅滤饼
$D10$	4. 14	0. 18	3. 36	0. 16	5. 27	14. 39	3. 31	0. 30
$D50$	12. 97	0. 49	12. 22	0. 70	12. 87	37. 94	5. 17	3. 66
$D90$	34. 55	1. 19	37. 60	4. 09	28. 24	68. 88	23. 31	5. 33
$(D90-D10)/D50$	2. 34	2. 06	2. 80	5. 61	1. 78	1. 44	3. 87	1. 37

2.3　元素含量

固废中重金属元素含量分析方法如下：称取 0. 2000 g 固废（75～150 μm）置于 100 mL 聚四氟乙烯坩埚中，加入 15 mL 浓 HCl 溶液并置于不锈钢消解板上，加热至微沸腾状态后加入 5 mL 浓 HNO_3 溶液，继续加热至沸腾状态。观察坩埚内颗粒物的情况，若未全部溶解可加入少量 HF 溶液，持续加热至坩埚内颗粒物全部溶解后，将坩埚转移冷却，然后移入 100 mL 容量瓶定容，稀释定容后用 ICP-OES 分析重金属元素浓度。

固废样品的化学元素组成及含量如表 2-5 所示。砷、铁、铅、铜、钙、锌等元素在铜冶炼固废中的含量均处于较高水平。铁富集于熔炼渣中，熔炼渣经浮选铜后得到渣选厂尾矿，二者铁的质量分数分别为 37. 3%、46. 2%。在环保工序的废水处理过程中添加大量石灰，钙在脱硫石膏渣、中和渣和污酸处理石膏渣中含量较高，其质量分数分别为 26. 5%、20. 1%和 26. 0%。铜为冶炼主金属，在原料粉尘中其质量分数为 14. 3%，在熔炼烟尘、阳极渣和黑铜泥中含量均高于原料，其质量分数分别为 9. 37%、55. 3%和 39. 2%。砷、铅、锌等在高温下易挥发，毒性较强，但同时也具有较大的资源潜力，砷在熔炼烟尘、黑铜泥、硫化砷渣和铅滤饼中的质量分数分别为 11. 9%、29. 1%、35. 1%和 32. 1%，铅在熔炼烟尘、吹炼白烟尘和铅滤饼中的质量分数分别为 17. 7%、47. 0%和 36. 6%，锌在吹炼白烟尘中的质量分数为 4. 70%。

表 2-5　固废样品的化学元素组成及质量分数

%

样品名称	原料粉尘	熔炼烟尘	废耐火材料	熔炼渣	渣选厂尾矿	吹炼白烟尘	黑铜泥	阳极渣	脱硫石膏渣	硫化砷渣	中和渣	污酸处理石膏渣	铅滤饼
Ag	0.034	0.011	<0.0005	<0.0005	<0.0005	0.014	<0.0005	0.0059	<0.0005	0.0009	<0.0005	0.0006	0.014
Al	1.01	0.053	0.97	1.97	1.54	0.033	0.0067	0.68	0.065	0.012	0.49	0.088	0.0075
As	6.51	11.9	0.081	0.60	0.20	3.80	29.1	0.38	2.37	35.1	0.40	3.36	32.1
B	0.0003	0.0004	0.0002	—	—	0.0001	—	—	0.0008	0.0004	0.0010	0.0140	0.0020
Ba	0.028	0.0043	0.0027	0.061	0.039	0.0014	0.0022	0.500	0.0003	0.014	1.00	0.0005	0.0019
Be	<0.0001	<0.0001	—	0.0002	0.0001	—	—	—	—	—	—	<0.0001	—
Bi	2.30	5.12	0.0041	0.021	0.0012	10.0	0.55	0.056	0.024	2.00	0.0017	0.074	1.63
Ca	0.52	0.13	0.59	2.64	1.38	0.023	0.012	0.11	26.5	0.39	20.1	26.0	0.14
Cd	1.01	2.37	0.0007	0.0069	0.002	2.87	0.0001	0.0023	0.013	0.10	0.0006	0.22	0.061
Ce	<0.0005	<0.0005	<0.0005	0.0053	0.0035	<0.0005	<0.0005	—	—	—	0.0008	0.0018	—
Co	0.011	0.0031	0.011	0.015	0.038	0.0005	0.0077	0.055	<0.0001	<0.0001	0.0033	0.0002	0.0002
Cr	0.0030	0.0026	4.15	0.0015	0.023	<0.0001	0.0005	0.21	0.0008	0.0002	0.0007	0.0007	0.0006
Cu	14.3	9.37	0.17	0.30	0.28	1.98	39.2	55.3	0.070	3.34	0.027	0.069	0.98
Fe	14.5	6.01	5.93	37.3	46.2	0.24	0.065	16.4	0.031	0.040	16.4	0.086	0.086
Hg	0.0029	0.0003	0.0011	0.0032	0.0008	0.0005	0.0005	—	0.0002	0.013	0.0007	0.0008	0.21
K	0.47	0.75	0.016	0.92	0.51	0.10	0.0020	0.066	0.015	0.039	0.015	0.017	0.072
La	0.0009	<0.0005	<0.0005	0.0026	0.0014	<0.0005	<0.0005	0.0005	<0.0005	<0.0005	<0.0005	<0.0005	<0.0005
Li	<0.0001	0.0002	0.0003	0.0024	0.0011	—	—	0.0002	0.0001	0.0007	—	0.0008	—

续表2-5

样品名称	原料粉尘	熔炼烟尘	废耐火材料	熔炼渣	渣选厂尾矿	吹炼白烟尘	黑铜泥	阳极渣	脱硫石膏渣	硫化砷渣	中和渣	污酸处理石膏渣	铅滤饼
Mg	0.28	0.028	28.7	0.50	0.72	0.0057	0.0076	0.49	0.052	0.021	1.16	0.13	0.0078
Mn	0.071	0.014	0.17	0.14	0.068	0.0017	0.0004	0.034	0.0012	0.0002	0.13	0.0014	0.0003
Mo	0.11	0.20	0.0038	0.37	0.21	0.017	0.0001	0.0066	0.0022	0.031	<0.0001	0.0020	0.0036
Na	0.16	0.23	0.11	0.57	0.50	0.025	0.011	0.055	1.34	3.61	0.66	0.94	0.58
Ni	0.012	0.0044	0.029	0.0017	0.013	0.0019	0.88	0.95	0.0008	0.0043	0.0029	0.0013	0.0004
P	0.023	0.0030	0.028	0.057	0.032	0.0024	0.0002	0.031	0.0028	0.0011	0.067	0.0023	0.0009
Pb	7.98	17.7	0.10	1.03	0.54	47.0	0.073	2.10	0.095	1.90	0.014	0.099	36.6
S	18.6	9.09	0.053	1.37	0.43	10.6	3.79	0.10	26.6	33.8	0.40	24.6	7.17
Sb	0.41	0.29	0.0013	0.19	0.069	0.15	1.06	0.15	0.0045	0.19	<0.0005	0.030	0.31
Sc	0.0003	0.0002	0.0004	0.0004	0.0004	—	—	0.0002	0.0004	—	0.0002	0.0002	—
Se	0.0062	0.0012	0.0013	0.0008	—	0.0067	0.0005	0.15	0.0010	0.074	—	0.0032	0.19
Sn	0.088	0.13	0.0009	0.053	0.043	0.76	0.0005	0.063	0.0034	0.033	0.0009	0.0085	0.46
Sr	0.0029	0.0004	0.0010	0.014	0.0076	0.0002	0.0001	0.0096	0.0094	0.010	0.041	0.011	0.0081
Ti	0.038	0.0032	0.044	0.079	0.17	0.0019	0.0002	0.033	0.0056	0.0004	0.14	0.0043	0.0008
V	0.0027	0.0003	0.033	0.0005	0.0049	<0.0005	<0.0005	0.0005	<0.0005	<0.0005	0.0012	<0.0005	<0.0005
Y	0.0004	<0.0001	0.0003	0.0021	0.0013	0.0001	<0.0001	0.0002	0.0002	<0.0001	<0.0001	0.0002	<0.0001
Zn	2.28	1.69	0.061	2.19	2.21	4.70	0.057	0.41	0.039	0.091	0.024	0.17	0.082
Zr	0.019	0.0002	0.0025	0.010	0.0061	<0.0001	<0.0001	0.0017	0.0004	0.001	0.0004	0.0006	0.0003

2.4 物相组成

固废物相结构的研究可为其高质高值资源化提供理论依据。采用 Rigaku TTR-Ⅲ型 X 射线衍射(X-ray Diffraction, XRD)分析仪对固废的物相进行表征，并采用 MDI Jade 6.0 分析其衍射图谱，确定物相组成。

熔炼工段固废样品的 XRD 图谱见图 2-2。原料粉尘的物相主要为 $CuFeS_2$，其次为 FeS_2，其组成类似于铜冶炼生产使用的混合铜精矿。原料中含有的 PbO 一般在熔炼过程中与石英熔剂反应生成硅酸盐炉渣而被除去，但部分 PbO 在烟气中与 SO_3 反应生成硫酸铅，逸散出炉体，在电收尘阶段被捕获，其他物质则大部分在余热回收装置中被收集，因此熔炼烟尘物相主要为 $PbSO_4$。熔炼渣主要含有 Fe_3O_4、Fe_2SiO_4，熔炼炉内，铁部分氧化并生成炉渣，其他部分在铜水氧化阶段以氧化亚铁和铁酸盐的形式进入炉渣，所生成的氧化铁与石英熔剂反应生成硅酸盐炉渣($2FeO \cdot SiO_2$)。熔炼渣在渣选厂经分选得到渣选厂尾矿，其成分与熔炼渣相似，存在大量的 Fe_2SiO_4 与 Fe_3O_4，其他金属含量较少，在 XRD 图谱中没有明显的特征峰。

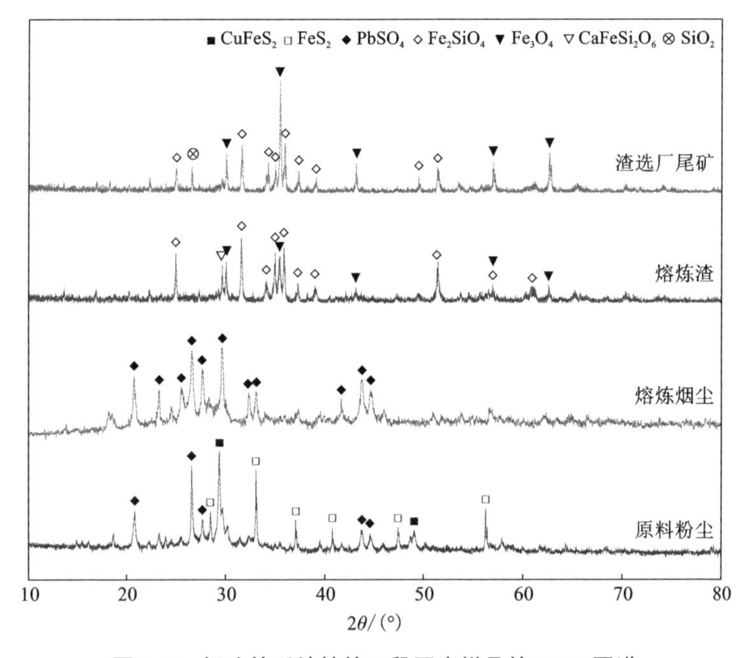

图 2-2 铜冶炼系统熔炼工段固废样品的 XRD 图谱

吹炼工段固废样品的 XRD 图谱见图 2-3。在 P-S 转炉内，部分氧化生成的 PbO 易与 SiO_2 造渣，另一部分 PbO 易随气体逸散出炉体，在烟气中与 SO_2 反应生成 $PbSO_4$，因此吹炼白烟尘中主要为 $PbSO_4$。废耐火材料主要物相是 MgO、铬铁矿，为常用的耐火砖材料。

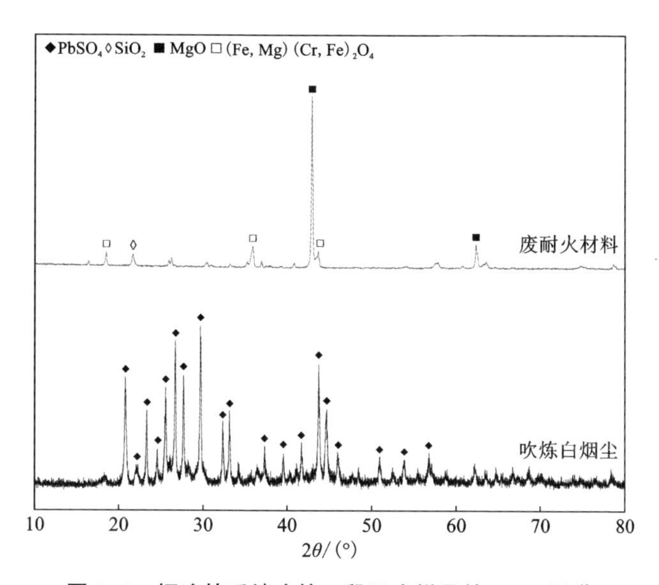

图 2-3　铜冶炼系统吹炼工段固废样品的 XRD 图谱

精炼工段固废样品的 XRD 图谱见图 2-4。为保证电解液的杂质浓度较低，需定期对其进行净化。杂质与铜一并析出，产生的黑铜泥中铜、砷含量较高，主要晶态物质为砷化铜、砷酸铜。阳极渣是粗铜在火法精炼过程中产生的炉渣，由于粗铜中含有铁、铅、锌、镍、砷、锑、锡等易氧化的杂质，这些氧化物比氧化亚铜稳定，且具有熔点低的特性，因此这些杂质在氧化除杂过程以氧化物的形式在铜液表面形成炉渣，铜阳极渣中铜含量较高，主要以 Cu_2O、$CuFeO_2$ 等的形式存在。

铜冶炼系统环保工段固废的 XRD 图谱见图 2-5。石灰石-石膏烟气脱硫系统在除尘系统末端，用石灰石($CaCO_3$)浆液作洗涤剂在反应塔内进行洗涤，从而除去烟气中的 SO_2，污酸处理投加石灰。脱硫石膏渣、污酸处理石膏渣主要物相为 $CaSO_4 \cdot 1/2H_2O$。硫化砷渣的 XRD 图谱中没出现硫化砷的特征峰，说明渣中所含硫化砷为无定型非晶态物质；但能检测出 As_2O_3 的特征峰，且峰形尖锐，说明硫化砷渣中的硫化砷部分被氧化为 As_2O_3。污酸处理过程还需曝气并投加石灰调节 pH，此过程产生的中和渣主要物相为 $CaCO_3$。制酸系统动力波净化工段产生的铅滤饼含有铅、锡、铋、硒等有价金属，是铜冶炼有价金属回收的重要物料，其中主要含有以晶态结构存在的硫酸铅。

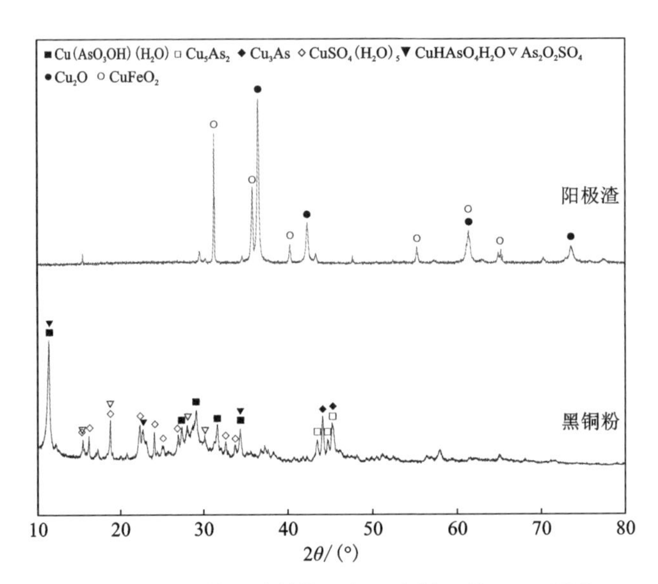

图 2-4　铜冶炼系统精炼工段固废样品的 XRD 图谱

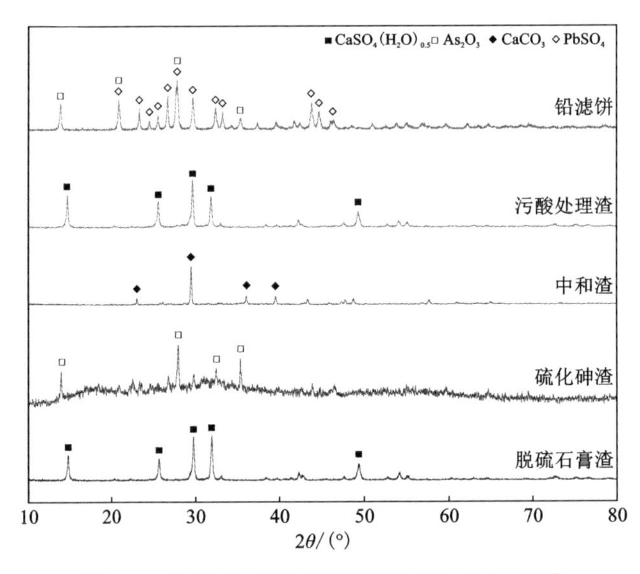

图 2-5　铜冶炼系统环保工段固废的 XRD 图谱

铜冶炼系统 13 种固废样品的物相汇总见表 2-6。

表 2-6　铜冶炼系统多源固废样品的物相组成分析结果

工段	样品名称	主要物相组成
熔炼	原料粉尘	$CuFeS_2$、FeS_2、$PbSO_4$
	熔炼烟尘	$PbSO_4$
	熔炼渣	Fe_2SiO_4、Fe_3O_4
	渣选厂尾矿	Fe_2SiO_4、Fe_3O_4
吹炼	吹炼白烟尘	$PbSO_4$
	废耐火材料	MgO、$(Fe, Mg)(Cr, Fe)_2O_4$
精炼	阳极渣	$CuFeO_2$、Cu_2O
	黑铜泥	Cu_5As_2、Cu_3As 等
环保	脱硫石膏渣	$CaSO_4 \cdot 1/2H_2O$
	硫化砷渣	As_2O_3
	中和渣	$CaCO_3$
	污酸处理石膏渣	$CaSO_4 \cdot 1/2H_2O$
	铅滤饼	$PbSO_4$

2.5　浸出特性

评价固体废物是否对环境有危害的最主要指标是浸出毒性。固体废浸出毒性的测定可为其后续处理与处置提供重要依据。铜冶炼全流程固废的金属元素浸出毒性结果详见表 2-7。对照我国《危险废物鉴别标准——浸出毒性鉴别》(GB 5085.3—2007)，除废耐火材料及中和渣外，其他铜冶炼固废的重金属浸出毒性均超过 TCLP 浸出毒性标准。

表 2-7　固废的金属元素浸出毒性质量浓度及超标倍数

固废	As		Cd		Cu		Pb		Zn	
	质量浓度/($mg \cdot L^{-1}$)	超标倍数	质量浓度/($mg \cdot L^{-1}$)	超标倍数	质量浓度/($mg \cdot L^{-1}$)	超标倍数	质量浓度/($mg \cdot L^{-1}$)	超标倍数	质量浓度/($mg \cdot L^{-1}$)	超标倍数
标准	5		1		100		5		100	
原料粉尘	691.33	137.27	286.33	285.33	1822.33	17.22	5.86	0.17	450.00	3.50

续表2-7

固废	As		Cd		Cu		Pb		Zn	
	质量浓度/($mg \cdot L^{-1}$)	超标倍数	质量浓度/($mg \cdot L^{-1}$)	超标倍数	质量浓度/($mg \cdot L^{-1}$)	超标倍数	质量浓度/($mg \cdot L^{-1}$)	超标倍数	质量浓度/($mg \cdot L^{-1}$)	超标倍数
熔炼烟尘	3109.07	620.81	945.08	944.08	4150.00	40.50	2.36	0.00	732.67	6.33
熔炼渣	0.12	0.00	0.15	0.00	262.00	1.62	42.13	7.43	7.54	0.00
渣选厂尾矿	9.58	0.92	0.17	0.00	25.20	0.00	7.12	0.42	32.93	0.00
吹炼白烟尘	21.08	3.22	1029.80	1028.80	553.27	4.53	5.25	0.05	1560.71	14.61
废耐火材料	0.42	0.00	0.01	0.00	0.03	0.00	0.00	0.00	0.00	0.00
阳极渣	2.68	0.00	0.00	0.00	724.53	6.25	16.62	2.32	2.46	0.00
黑铜泥	3850.00	769.00	0.00	0.00	4160.00	40.60	0.12	0.00	8.46	0.00
脱硫石膏渣	687.33	136.47	3.80	2.80	16.37	0.00	3.48	0.00	9.99	0.00
硫化砷渣	1712.67	341.53	12.38	11.38	0.00	0.00	3.16	0.00	13.00	0.00
中和渣	0.21	0.00	0.00	0.00	0.03	0.00	0.00	0.00	0.00	0.00
污酸处理石膏渣	1488.66	296.73	22.98	21.98	0.10	0.00	0.14	0.00	49.67	0.00
铅滤饼	11470.00	2293.00	8.85	7.85	171.83	0.72	3.70	0.00	17.12	0.00

熔炼工段的原料粉尘、熔炼烟尘中重金属存在较高的浸出危险性，重金属具有较高的环境活性，特别是As、Cd的浸出浓度超标均在100倍以上，环境风险极大，不能直接进行安全填埋。熔炼渣、渣选厂尾矿的环境风险较小，但仍分别存在浸出毒性超标的情况，应进行稳定化/固化处理。

吹炼工段的吹炼白烟尘各项重金属浸出毒性都远远超过标准值，特别是Cd元素的浸出浓度超标倍数高达1028.8倍，但同时烟尘中含有大量的有价金属，资源属性较高。废耐火材料各项重金属浸出毒性小于标准值，可进行安全填埋或运输。

精炼工段的阳极渣及黑铜泥中As、Cu、Pb元素浸出毒性分别存在不同程度的超标情况，特别是黑铜泥中As的浸出浓度超标769倍，说明其环境活性极高，不适合直接与外界环境接触，需进行填埋处理，而且采取稳定化或资源化措施更为适宜。

环保工段的各类固废中除中和渣外，其他固废均存在不同程度的重金属浸出毒性超标情况，其中又以 As 元素的超标最为严重，硫化砷渣、污酸处理石膏渣、铅滤饼的 As 元素的浸出浓度均超过 200 倍，说明环保工段的渣均存在高浸出危险性，不适宜进行直接填埋。

2.6　化学形态

有价金属元素的赋存状态是决定固废，尤其是熔渣可利用性的重要因素之一，同时也是高效清洁利用有价金属和制备有价金属高值材料的理论基础。有价金属元素在渣中大多呈分散状态，研究其赋存状态具有重要的理论意义。

重金属元素释放进入环境中的程度及潜在可能与其存在的化学形态有关。目前对于重金属元素化学形态的分类有多种，一般将重金属或者类金属元素的主要化学形态划分为酸可提取态、可还原态、可氧化态和残渣态几种，其中残渣态最为稳定，前三种形态称为环境有效态。对多源固废中的重金属元素进行 BCR 连续浸提，分析其重金属元素的化学形态，部分痕量重金属元素未进行分析。分析表 2-8 中的结果可知，原料粉尘中 Cd 主要以酸可提取态存在，具有较大的环境风险；As、Cu、Zn 以残渣态占比最大，但是酸可提取态所占比例也较大，有一定风险，会释放迁移到环境中去；而 Pb 在原料粉尘中主要以可还原态及残渣态存在，相对较为稳定。

表 2-8　固废中金属元素赋存状态(质量分数)　　%

工段	固废名称	元素	酸可提取态	可还原态	可氧化态	残渣态
熔炼工段	原料粉尘	As	17.15	15.63	1.80	65.42
		Cd	50.11	23.83	4.31	21.76
		Cu	20.69	5.30	19.60	54.41
		Pb	0.44	37.74	7.68	54.14
		Zn	27.90	5.53	9.68	56.89
	熔炼烟尘	As	33.49	8.90	1.85	55.75
		Cd	66.09	18.19	2.10	13.63
		Cu	71.77	13.94	6.42	7.87
		Pb	0.15	14.72	35.80	49.34
		Zn	79.22	6.75	1.99	12.04

续表2-8

工段	固废名称	元素	酸可提取态	可还原态	可氧化态	残渣态
熔炼工段	熔炼渣	As	0.56	1.36	1.67	96.41
		Cu	0.55	0.09	63.70	35.67
		Pb	12.19	10.45	15.64	61.73
		Zn	3.51	5.73	33.19	57.57
熔炼工段	渣选厂尾矿	As	4.92	6.28	6.43	82.37
		Cr	0.20	3.47	6.01	90.31
		Cu	18.60	3.67	52.09	25.64
		Pb	5.72	7.63	9.46	77.19
		Zn	1.75	4.77	9.81	83.66
吹炼工段	吹炼白烟尘	As	4.38	3.16	0.84	91.62
		Cd	77.30	4.79	1.91	16.00
		Cu	39.33	11.50	21.05	28.12
		Pb	0.06	3.80	12.27	83.87
		Zn	88.75	0.74	5.15	5.36
	废耐火材料	As	1.02	0.61	7.45	90.93
		Cr	0	0.12	2.52	97.36
		Cu	0	19.51	45.68	34.81
		Pb	0	3.82	33.77	62.40
		Zn	0	0.83	9.94	89.23
精炼工段	阳极渣	As	1.99	6.35	6.87	84.80
		Cr	0	2.54	0.15	97.31
		Cu	4.48	49.12	10.36	36.04
		Pb	6.45	4.21	9.67	79.68
		Zn	8.73	3.48	2.72	85.08
	黑铜泥	As	17.11	41.30	9.08	32.51
		Cu	12.81	18.18	17.32	51.69
		Pb	0.07	15.71	27.07	57.16
		Zn	40.66	14.85	21.72	22.77

续表2-8

工段	固废名称	元素	酸可提取态	可还原态	可氧化态	残渣态
环保工段	脱硫石膏渣	As	73.76	3.44	4.51	18.29
		Cd	96.06	3.09	0.85	0
		Cu	30.70	20.01	23.91	25.38
		Pb	11.76	54.19	12.63	21.42
		Zn	65.67	3.28	1.97	29.08
	硫化砷渣	As	14.89	0.68	75.92	8.51
		Cd	37.42	5.67	29.17	27.74
		Cu	0	0	91.62	8.38
		Pb	0.61	25.47	36.58	37.34
		Zn	24.92	0.27	2.17	72.63
	中和渣	As	1.32	0.23	3.20	95.25
		Cu	0	0.6	51.83	47.57
		Pb	0	5.61	94.39	0
		Zn	0.19	0.43	26.24	73.15
	污酸处理石膏渣	As	87.55	4.06	3.88	4.51
		Cd	43.54	25.56	20.52	10.29
		Cu	0	4.19	72.32	23.49
		Pb	1.03	71.39	17.13	10.44
		Zn	76.08	14.12	1.79	8.01
	铅滤饼	As	60.66	22.15	12.79	4.40
		Cd	24.09	13.82	17.21	44.88
		Cu	31.52	0.33	54.55	13.60
		Pb	0.07	4.11	7.85	87.97
		Zn	34.73	5.13	15.53	44.60

熔炼工段的熔炼烟尘中 Cd、Cu、Zn 的酸可提取态占比最高，远超其他化学形态，说明熔炼烟尘中 Cd、Cu、Zn 容易释放迁移到环境中。As 的残渣态占比最大，但酸可提取态的占比也达到 33.49%，具有一定环境风险。此外，熔炼烟尘中 Pb 的残渣态和可氧化态占比很高，与其他元素相比稳定性较高。熔炼渣中 Cu 元

素主要可以氧化态存在，所占比例为63.70%，推测熔炼渣中铜元素可能以Cu_2O的形式存在。而熔炼渣中的As、Pb、Zn均主要以残渣态存在，相对较为稳定。渣选厂尾矿中As、Cr、Pb、Zn均主要以残渣态存在，Cu主要以可氧化态存在。

吹炼工段的吹炼白烟尘中As、Pb的残渣态所占比例最大，说明二者的环境活性较低。对于Cd、Zn，酸可提取态均占很高的比例，说明吹炼白烟尘中Cd、Zn不稳定，易释放进入环境中。而Cu在吹炼白烟尘中各化学形态分布得较为均匀。废耐火材料中各金属的酸可提取态及可还原态占比均极低，As、Cr、Pb、Zn主要以残渣态存在，Cu主要以可氧化态及残渣态存在，环境风险相对较低。

精炼工段的阳极渣中As、Cr、Pb、Zn均主要以残渣态存在，相对较为稳定，而Cu的可还原态占比较高，有一定迁移释放的风险。黑铜泥中Cu、Pb的残渣态含量占比过半，环境活性较低；As主要以可还原态存在，Zn主要以酸可提取态存在，较易迁移释放至环境中。

环保工段的脱硫石膏渣中As、Cd、Zn主要以酸可提取态存在，环境风险较大。硫化砷渣中As、Cu主要以可氧化态存在，推测可能主要是硫化物，如果采用简单堆存的方式会对环境造成极大的危害；Cd的酸可提取态占比较高，易于释放迁移到环境中；Zn主要以残渣态存在，相对较为稳定。中和渣中As、Zn主要以残渣态存在，Cu、Pb主要以可氧化态存在，总体来说，环境风险较小。污酸处理石膏渣中As、Zn大部分以酸可提取态存在，易于释放迁移到环境中；Cd的有效态含量较高，Cu、Pb分别主要以可氧化态、可还原态存在，均有一定的环境风险。铅滤饼中As主要以酸可提取态存在，迁移性和环境风险较大，如不进行稳定化处理，则对环境有较大威胁。而Pb主要以残渣态存在，环境风险相对较小。

2.7 固废资源环境属性的解析

2.7.1 资源属性解析

从多源固废的元素含量可知(见表2-9)，Cu、Pb、Zn、As等在全流程冶炼渣中含量较高，具有一定的资源利用潜力。

原料粉尘中的Cu含量与混合铜精矿类似(w_{Cu}，14.3%)，精炼工段的阳极渣、黑铜泥中Cu含量最高，w_{Cu}分别为55.3%和39.2%，均高于原料粉尘中Cu含量及我国铜精矿质量一级品Cu含量标准(w_{Cu}，30%)；其次为熔炼烟尘(w_{Cu}，9.37%)，也具有很高的循环利用价值。

表 2-9　铜冶炼固废中金属元素质量分数清单　%

固废	Cu	固废	Pb	固废	Zn	固废	As
阳极渣	55.3	吹炼白烟尘	47	吹炼白烟尘	4.7	硫化砷渣	35.1
黑铜泥	39.2	铅滤饼	36.6	原料粉尘	2.28	铅滤饼	32.1
原料粉尘	14.3	熔炼烟尘	17.7	渣选厂尾矿	2.21	黑铜泥	29.1
熔炼烟尘	9.37	原料粉尘	7.98	熔炼渣	2.19	熔炼烟尘	11.9
硫化砷渣	3.34	阳极渣	2.1	熔炼烟尘	1.69	原料粉尘	6.51
吹炼白烟尘	1.98	硫化砷渣	1.9	阳极渣	0.41	吹炼白烟尘	3.80
铅滤饼	0.98	熔炼渣	1.03	污酸处理石膏渣	0.17	污酸处理石膏渣	3.36
熔炼渣	0.3	渣选厂尾矿	0.54	硫化砷渣	0.091	脱硫石膏渣	2.37
渣选厂尾矿	0.28	废耐火材料	0.1	铅滤饼	0.082	熔炼渣	0.60
废耐火材料	0.17	污酸处理石膏渣	0.099	废耐火材料	0.061	中和渣	0.40
脱硫石膏渣	0.07	脱硫石膏渣	0.095	黑铜泥	0.057	阳极渣	0.38
污酸处理石膏渣	0.069	黑铜泥	0.073	脱硫石膏渣	0.039	渣选厂尾矿	0.20
中和渣	0.027	中和渣	0.014	中和渣	0.024	废耐火材料	0.081

由于 Pb 挥发性较高，主要富集在烟尘中，吹炼白烟尘、熔炼烟尘、铅滤饼中 w_{Pb} 分别达 47%、17.7%和 36.6%，具有一定回收利用价值，且吹炼白烟尘中 Pb 含量高于我国铅精矿质量一级品 Pb 含量标准(w_{Pb}, 45%)。原料粉尘中 Pb 质量分数为 7.98%，其余固废中 Pb 的含量较低(w_{Pb} 在 0.014%~2.1%)，基本不具备回收价值，但需考虑其环境稳定性及潜在风险。

Zn 在铜冶炼系统多源固废中的含量总体偏低，吹炼白烟尘中 Zn 含量最高，w_{Zn} 也仅有 4.7%，其他固废中 Zn 含量更低(w_{Zn}, 0.024%~2.28%)。

As 在硫化砷渣中含量最高，w_{As} 为 35.1%，具有很高的回收利用价值；在铅滤饼、黑铜泥及熔炼烟尘中的含量较高，w_{As} 分别为 32.1%、29.1%和 11.9%，亦可进行高质高值化利用。原料粉尘、吹炼白烟尘、污酸处理石膏渣、脱硫石膏渣中 As 的含量较低(w_{As}, 2.37%~6.51%)，此类渣可能具有很强的环境污染，必须进行稳定化无害化处理；而在熔炼渣、中和渣、阳极渣、渣选厂尾矿、废耐火材料中 As 的含量很低(w_{As}, 0.081%~0.60%)，可能存在一定的环境风险，需密切关注其在环境中的变化及对环境的潜在影响。

2.7.2 环境属性解析

(1)浸出浓度与元素形态的关系

重金属元素浸出浓度是表征固废稳定性及环境风险的重要指标之一，其浓度大小主要受到固废中重金属元素含量及其赋存状态的影响。浸出毒性与重金属元素浸出浓度、金属元素含量、存在形态的关系见图 2-6。

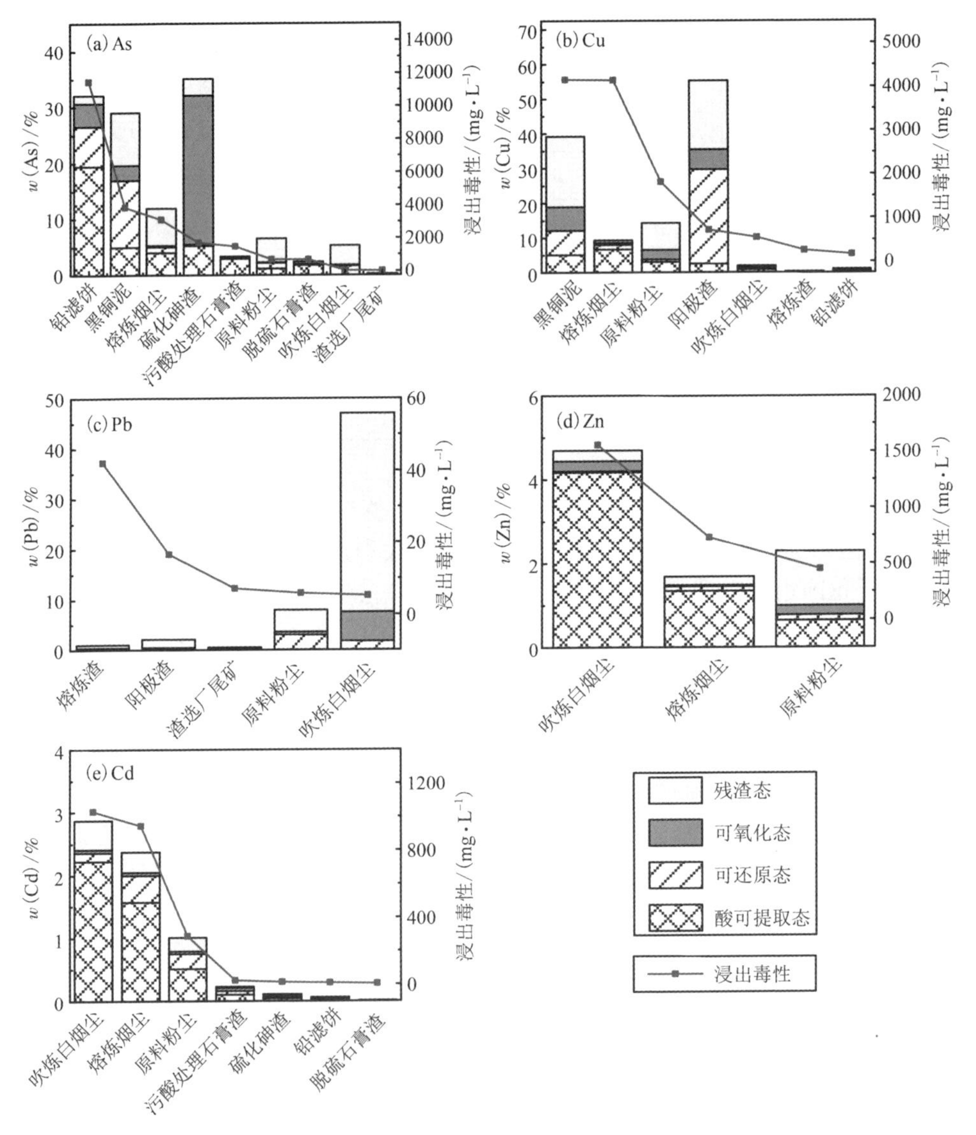

图 2-6 浸出毒性与重金属元素含量、存在形态的关系

As 在铅滤饼、黑铜泥、硫化砷渣中的含量明显高于其他固废，且铅滤饼中 As 的酸可提取态占比较高，因此铅滤饼中 As 的浸出浓度最高，黑铜泥中 As 的浸出浓度次之。硫化砷渣产生于高砷污酸的处理过程，向污酸中投加硫化剂使其与废水中 99% 以上的 AsO_3^{3-}、AsO_4^{3-} 等发生反应，生成溶度积很小的 As_2S_3、As_2S_5 沉淀，即硫化砷渣，因此其 As 含量最高，但主要以可氧化态存在，其浸出浓度相对较低。熔炼过程中 As 及其部分化合物易挥发，因此 As 富集于熔炼烟尘中，且酸可提取态占比较高。

Cu 是冶炼过程主元素，阳极渣中 w_{Cu} 高达 55.3%，可作为二次资源利用。但由于阳极渣中 Cu 的残渣态 w_{Cu} 高达 36.04%，酸可提取态 w_{Cu} 仅 4.48%，且阳极渣为质地紧密的块状样品，预处理后粒径相比其他固废仍然较大，不利于其浸出，因此其浸出浓度相对较低。黑铜泥中 Cu 含量次之(w_{Cu}，39.2%)，浸出浓度最大，熔炼烟尘中 w_{Cu} 虽仅有 9.37%，但主要以酸可提取态存在，浸出浓度与黑铜泥的相差不大。反之，原料粉尘中 Cu 含量虽高于熔炼烟尘，但由于其残渣态含量较高，因此浸出浓度远低于熔炼烟尘。

Pb、Zn 属于易挥发元素，易富集于烟尘中。吹炼白烟尘中的 Pb 含量最高，但由于吹炼白烟尘中 Pb 主要以残渣态存在，其浸出浓度反而低于其他固废。而 Zn 在吹炼白烟尘、熔炼烟尘中主要以酸可提取态存在，因此烟尘的 Zn 浸出浓度明显高于原料粉尘。

Cd 在熔炼烟尘、吹炼白烟尘及原料粉尘中的含量较高，且赋存状态主要为酸可提取态，因此，这三种固废中 Cd 的浸出浓度明显高于其他固废。

(2)生态风险评价

采用 PERI 法对铜冶炼系统多源固废开展进一步的生态风险评价，结果详见表 2-10。

由评价结果可知，As 在大部分固废中均表现出极强生态危害。Cd 在原料粉尘、熔炼烟尘、吹炼白烟尘、硫化砷渣、污酸处理石膏渣中均表现为极强生态危害，在脱硫石膏渣、铅滤饼中分别表现为中等、强生态危害，在其他固废中含量极低。而其他重金属的生态危害相对较小，大多为轻微生态危害，说明 As、Cd 是铜冶炼系统多源固废的主要污染因素。

潜在危害指数的顺序按由大到小排：硫化砷渣，铅滤饼，黑铜泥，熔炼烟尘，吹炼白烟尘，原料粉尘，污酸处理石膏渣，脱硫石膏渣，阳极渣，熔炼渣，渣选厂尾矿，中和渣，废耐火材料。废耐火材料、熔炼渣、渣选厂尾矿及中和渣为轻微风险，阳极渣为中等风险，其他固废的潜在风险等级均为严重风险，必须进行妥善处理，否则会对环境造成极大的危害。

表 2-10　生态风险评价结果

固废	As		Cd		Cr		Cu		Pb		Zn		PERI	潜在风险水平
	E	单一风险等级	E	单一风险等级	E	单一风险等级	E	单一风险等级	E	单一风险等级	E	单一风险等级		
原料粉尘	3752.15	极强	3647.44	极强	—	—	18.11	轻微	228.72	很强	49.15	中等	7695.56	严重风险
熔炼烟尘	8776.06	极强	9447.86	极强	—	—	23.98	轻微	560.39	极强	74.32	中等	18882.60	严重风险
废耐火材料	12.25	轻微	—	—	8.76	轻微	0.31	轻微	2.35	轻微	0.33	轻微	24.00	轻微风险
熔炼渣	35.91	轻微	—	—	—	—	0.54	轻微	24.64	轻微	46.46	轻微	107.55	轻微风险
渣选厂尾矿	58.76	中等	—	—	0.18	轻微	0.58	轻微	7.70	轻微	18.05	轻微	85.27	轻微风险
吹炼白烟尘	530.61	极强	11126.47	极强	—	—	3.95	轻微	473.80	极强	222.40	很强	12357.23	严重风险
黑铜泥	32730.90	极强	—	—	—	—	52.61	中等	1.96	轻微	2.20	轻微	32787.67	严重风险
阳极渣	96.29	强	—	—	0.45	轻微	98.25	强	26.67	轻微	3.06	轻微	224.72	中等风险
脱硫石膏渣	3227.52	极强	60.00	中等	—	—	0.15	轻微	4.67	轻微	1.38	轻微	3293.72	严重风险
硫化砷渣	53521.26	极强	333.49	极强	—	—	8.50	轻微	74.41	中等	1.25	轻微	53938.91	严重风险
中和渣	31.69	轻微	—	—	—	—	0.04	轻微	0.88	轻微	0.32	轻微	32.90	轻微风险
污酸处理石膏渣	5347.75	极强	910.95	极强	—	—	0.15	轻微	5.54	轻微	7.82	轻微	6272.21	严重风险
铅滤饼	51147.73	极强	155.19	强	—	—	2.35	轻微	275.19	很强	2.27	轻微	51582.73	严重风险

从各金属元素对于潜在危害指数的贡献率来看，原料粉尘中 As、Cd 的贡献率分别为 48.76%、47.40%，熔炼烟尘中 As、Cd 的贡献率分别为 46.48%、50.04%，渣选厂尾矿中 As 的贡献率为 68.91%，吹炼白烟尘中 Cd 的贡献率高达 90.04%，黑铜泥、脱硫石膏渣、硫化砷渣、污酸处理石膏渣、铅滤饼中 As 的贡献率分别高达 99.82%、97.99%、99.23%、85.26%、99.16%，说明 As、Cd 是铜冶炼系统影响最为严重、潜在风险最大的因素。

2.7.3　初步解析清单

根据现场调研，目前厂内固废的分类处置情况如下：原料粉尘、熔炼烟尘、黑铜泥、废耐火材料返配料入炉熔炼。为不使过多返料造成铜冶炼系统中砷元素的累积，保障铜冶炼过程砷元素的平衡，吹炼白烟尘仅部分返炉熔炼，多余部分外售，实现资源化利用。熔炼渣缓冷后送渣选厂，浮选铜后铜精矿返配料入炉熔炼，渣选厂产生的尾矿外售利用。精炼产生的阳极渣返回吹炼。脱硫石膏渣、中和渣、污酸处理石膏渣的主要成分为硫酸钙，因此在厂内暂存后外售至有危险废物经营资质的单位进行综合利用，但由于单位的综合利用能力有限，大部分是进行安全填埋。铅滤饼、硫化砷渣在场内暂存后外送有资质的单位处理与处置。

原料粉尘为精矿仓上料、破碎、转运收尘装置收集，物相主要为 $CuFeS_2$、FeS_2 等，与入炉原料的成分基本一致，可直接返配料入炉熔炼。废耐火材料中主要元素为 Mg、O、Cr，有价金属含量较低，其中含有的 Fe、Si、Ca 等元素经破碎后可返回配料，重新制成耐火材料。阳极渣中 Cu 元素含量较高(w_{Cu} 为 55.3%，远高于我国铜精矿质量一级品铜含量标准及原料中的 Cu 含量，w_{Cu} 为 30%)，且其他杂质含量较低(w_{As} 仅 0.38%)，返回配料可以进一步回收 Cu 元素。

熔炼烟尘及吹炼烟尘中 Cu 含量较高，w_{Cu} 分别为 9.37%、1.98%，可直接通过返炉熔炼回收烟尘中的 Cu，但由于烟尘中 As 含量较高，w_{As} 分别为 11.9%、3.80%，若 As 在冶炼过程中不断循环积累，将会导致铜冶金过程的生产效率降低，整个冶炼过程都将受到影响，因此必须对部分烟尘进行开路处理。烟尘中除了 Cu，Pb、Zn、Bi 等有价金属的含量也较高，w_{Pb} 分别为 17.7%、47.0%，w_{Zn} 分别为 1.69%、4.70%，w_{Bi} 分别为 5.12%、10.0%。类似的还有黑铜泥，w_{Cu} 高达 39.2%，但同时含有 w_{As} 为 3.80%的 As，若直接返火法熔炼可能存在杂质累积影响产品质量，同时还会增加冶炼过程中有毒砷氧化物的产生量，造成环境污染。针对上述固废，建议可以考虑完善工艺流程，综合回收利用烟尘中的有价金属，或外送其他有资质的单位进行综合回收利用。

铅滤饼及硫化砷渣的含水率较高，且其 As 浸出毒性浓度分别超标 2293 倍、341.53 倍，若在厂内长期堆存占地面积较大且具有很高的环境风险，铅滤饼 w_{Pb} 高达 36.6%，硫化砷渣 w_{As} 高达 35.1%，均具有一定的资源回收利用价值，建议外售或自行综合回收利用。

熔炼渣主要成分是铁橄榄石(Fe_2SiO_4)和磁性铁(Fe_3O_4)，同时含有0.3% Cu，目前厂内主要采用浮选回收Cu，但仍会产生大量渣选厂尾矿，其中w_{Fe}高达46.2%，可外售其他单位综合回收利用。

环保工段产生的脱硫石膏渣、中和渣、污酸处理石膏渣含水率高，产量非常大，脱硫石膏渣年产量约5600 t，中和渣、污酸处理石膏渣的年产总量约39015 t，由于渣中主要成分为硫酸钙，脱硫石膏渣可外售至水泥厂作为建材原料。但中和渣及污酸处理石膏渣属于危险废物，暂时缺少成熟可靠的综合回收利用手段，必须送至有危险废物经营资质的单位处理，经稳定化/固化后进行安全填埋。

基于铜冶炼系统13种不同节点排出的固废物理化学性质及矿物学特性，铜冶炼固废的资源属性与环境活性，结合国内外重金属固废处理与处置现状，提出了铜冶炼系统中多源固废的分类处理与处置建议，详见表2-11，为后续进一步展开固废的无害化及资源化研究奠定了基础。

表2-11 铜冶炼固废资源环境属性解析及处理与处置建议

名称	产污点位	资源属性	环境属性	处理与处置建议
原料粉尘	精矿仓上料、破碎、转运收尘装置收集	原材料，Cu含量较高，与混合铜精矿成分基本一致	重金属元素均超标	返料回收利用
渣选厂尾矿	渣选厂	主要成分为Fe、Si，成分复杂，资源化手段较少	As、Pb超标	外售
脱硫石膏渣	石灰－石膏脱硫装置	主要成分为$CaSO_4$	As、Cd超标	外售
熔炼烟尘	熔炼烟气收尘装置	主要成分有Cu、Pb、Zn，但As含量较高，不宜直接返回工艺流程	As超标620.81倍，Cd超标944.08倍，Cu、Zn均超标	外售或自行综合回收利用
吹炼白烟尘	吹炼烟气收尘装置	主要成分有Pb、Zn，Pb含量高于我国铅精矿质量一级品铅含量标准(w_{Pb}，45%)	重金属元素均超标，Cd超标1028.8倍	外售或自行综合回收利用
硫化砷渣	污酸处理站硫化工序	主要成分为As	As超标341.53倍，Cd超标11.38倍	外售或自行综合回收利用

续表2-11

名称	产污点位	资源属性	环境属性	处理与处置建议
中和渣	污酸处理站中和槽、废水处理中和工序	主要成分为 $CaCO_3$	各金属元素浸出浓度均未超标	稳定化/固化后进行安全填埋
污酸处理石膏渣	污酸处理工段	主要成分为 $CaSO_4$	As、Cd 超标	稳定化/固化后进行安全填埋
铅滤饼	制酸工段	As、Pb 含量较高	As 超标 2293 倍，Cd、Cu 超标	外售进行综合回收利用
废耐火材料	吹炼炉	主要成分为 Mg、Cr、Fe	各金属元素浸出浓度均未超标	返料回收利用
熔炼渣	熔炼炉	Fe 含量较高	Cu、Pb 超标	自行综合回收利用
黑铜泥	电解液净化	主要成分为 Cu、As，Cu 含量高于我国铜精矿质量一级品铜含量标准（w_{Cu}，30%）	As 超标 769 倍，Cu 超标 40.6 倍	返料回用或综合回收利用
阳极渣	精炼工段	主要成分为 Cu、Fe，Cu 铜含量高于我国铜精矿质量一级品铜含量标准（w_{Cu}，30%）	Cu、Pb 超标	返料回收利用

综上所述，Cu、Pb、Zn、As 等在全流程冶炼渣中含量均较高，具有一定的资源回收价值，尤其是阳极渣、黑铜泥、吹炼白烟尘、硫化砷渣、铅滤饼中可资源化金属元素的含量较高，可返回工艺流程或进行金属的综合回收利用。除废耐火材料及中和渣外，其余固废的浸出毒性均存在不同程度的超标。废耐火材料、熔炼渣、渣选厂尾矿及中和渣为轻微风险，阳极渣为中等风险，其他固废的潜在风险等级均为严重风险，必须进行妥善处理与处置。固废中 As、Cd 潜在危害指数的贡献率最大，是铜冶炼系统影响最为严重、潜在风险最大的金属元素。基于上述分析，构建了固废属性初步解析清单，并结合现状提出了多源固废处理与处置的合理建议。目前，厂内已进行了综合回收利用的可保持现有方案；对于有较高资源价值但其环境风险高的固废，可外售或自行进行综合回收利用；对于资源属性较低的固废，建议经过稳定化/固化之后安全填埋，若有其他企业需要也可外售进行综合回收利用。

第 3 章　重金属固废长期稳定性及金属元素的释放特性

为研究重金属固废的长期稳定性及潜在环境风险，本章分别采用模拟堆存、静态侵蚀、半动态侵蚀的方式，探究了铜冶炼系统多源固废中各金属元素的释放规律及其环境风险变化情况。为深入解析铜冶炼系统多源固废中金属元素释放反应过程机制，采用 XRD、SEM 等手段研究了实验前后固废样品的物相组成、表面形貌变化，并采用动力学模型对固废中金属元素的浸出进行了初步的动力学拟合，为铜冶炼固废环境污染防治及环境风险防控提供了理论支撑。

3.1　堆存与浸出评价方法

3.1.1　长期模拟堆存评价方法

将固废在自然环境下堆存，分析固废的氧化特性。将固废在室温下放置，实验持续时间为 180 天，每天记录环境温度和湿度，于实验开始后定期取样进行 TCLP 浸出实验，并对最终的残渣进行 XRD、SEM、BCR 分析。

3.1.2　长期稳定静态评价方法

分别向固废样品中加入适量的浸提液，设置四组浸提液，分别模拟地下水环境、弱酸酸雨环境、强酸酸雨环境、填埋场环境（浸提液组成及配置方法见 3.1.4 节），于室温下进行长期静态浸出，液固比设定为 20∶1。实验持续时间为 180 天，并于实验开始后定期取样，检测浸出液中的重金属元素浓度、pH，浸出后残渣经真空干燥，之后对其进行 XRD、SEM 分析。

3.1.3　长期稳定半动态评价方法

分别向固废样品中加入适量的浸提液，设置四组浸提液，分别模拟地下水环境、弱酸酸雨环境、强酸酸雨环境、填埋场环境，于室温下进行长期半动态浸出，液固比设定为 20∶1。实验持续时间为 180 天，参考 Method 1315 中的规定，于实验开始后的第 2 h、1 d、2 d、7 d、14 d、28 d、42 d、49 d、63 d、77 d、91 d、120 d、150 d、180 d 对浸出液取样并更新浸提液，检测取样浸出液中的重金属元素浓度、pH，浸出后残渣经真空干燥，之后对其进行 XRD、SEM 分析。

根据每次取样的检测结果，依式(3-1)计算重金属元素单位质量累积释放量 C：

$$C = \frac{\sum_{i}^{n} c_i \times V_i}{m} \tag{3-1}$$

式中：c_i 指第 i 个浸出周期的浸提液中重金属元素总的浸出浓度，mg/L；V_i 指第 i 个浸出周期浸提液的体积，L；m 用于浸出的固废样品质量，kg。

3.1.4　浸提液配置方法

为模拟填埋场环境、不同 pH 的酸雨环境和地下水环境，根据各模拟环境的主要特点，参考文献研究确定浸提液配置方法，选用不同类型的试剂配置浸提液，分别对 13 种固废开展不同模拟环境下的静态及半动态侵蚀试验。

(1)模拟填埋场环境(land fill，LF)

在该模拟环境中，醋酸是渗滤液中的代表性有机酸，其缓冲、配合作用是导致重金属污染物浸出的最主要因素，因此选用醋酸溶液作为浸提剂。用蒸馏水稀释 17.25 mL 的冰醋酸至 1 L，配制后的溶液 pH 为 2.64±0.05。

(2)模拟酸雨环境(acid rain，AR)

在酸雨环境中，导致固体废物中重金属元素浸出的液相主要来源于降雨，降雨中酸度的增加会加快重金属污染物的浸出，因此选用酸雨中最具有代表性的硫酸、硝酸混合溶液作为浸提液。

在每升蒸馏水中加入 1.0 mL 电解质溶液，并用混合酸调至所需 pH，酸雨 pH 设定为 5.0(模拟弱酸酸雨环境，AR1)和 3.0(模拟强酸酸雨环境，AR2)。混合酸的配方：在 40 mL 的浓硫酸和 10 mL 的浓硝酸溶液中加入 400 mL 蒸馏水；电解质溶液的配方：将 3.70 g KCl、1.55 g $CaCl_2$ 和 1.40 g NH_4Cl 加入 500 mL 蒸馏水中即可。

(3)模拟地下水环境(ground water，GW)

采用中性去离子水模拟地下水对固废样品进行浸出。

3.1.5　分析与表征方法

浸提液中重金属元素含量分析：浸出实验得到的浸提液滴加少量浓 HNO_3 溶液酸化处理后，用 ICP-OES 分析重金属元素浓度。

微观形貌表征：采用日本 Joel 公司生产的 JSM-IT300LA 型扫描电子显微镜(Scanning Electron Microscope，SEM)观测固废的表面微观形貌。

浸出毒性测试：浸出毒性鉴别实验(Toxicity Characteristic Leaching Procedure，TCLP)的参数设定如下，试样粒径<9.5 mm，液固比为 20∶1，浸出时间为(18±

2)h，翻转振荡器的转速为(30±2)r/min。对于碱性废物，采用0.1 mol/L HAC(pH=2.88±0.05)溶液作为浸提液；对于酸性或中性废物，采用0.1 mol/L HAC(pH=4.93±0.05)+1 mol/L NaOH 溶液作为浸提液。

重金属赋存形态分析：采用改进后的BCR(Community Bureau of Reference)连续浸提法分析固废中重金属元素的赋存形态，每组实验做3个平行样，结果取其平均值，以保证数据的精确度。具体实验步骤如下。

酸可提取态(F1)：精确称取烘干后样品0.5000 g至50 mL聚乙烯离心管中，加入0.11 mol/L CH_3COOH 溶液20 mL(液固比为40∶1)，于室温下振荡16 h后，以8000 r/min的转速离心10 min，将上清液过滤转移，并添加浓 HNO_3 酸化后于4℃冰箱内保存待测。往离心管残渣内加入10 mL去离子水，振荡1 h并再次以8000 r/min的转速离心10 min后弃去洗液。

可还原态(F2)：向第一步残渣中加入用 HNO_3 酸化后pH=2的0.5 mol/L $NH_2OH \cdot HCl$ 20 mL，并且在室温下振荡16 h，然后按照第一步离心、过滤，保存滤液待测，并按第一步洗涤。

可氧化态(F3)：向第二步残渣中加入10 mL H_2O_2 溶液(分2次加入)，在85℃水浴条件下将离心管中的溶液蒸至近干，凉置后加入用 HNO_3 酸化至pH=2.0的 CH_3COONH_4 溶液50 mL，按照第一步离心、过滤、移液、洗涤。

残渣态(F4)：将第三步所得滤渣用王水进行消解处理，测定经定容过滤后得到消解液中的重金属离子含量，具体步骤详见前述固废中重金属元素含量分析。

3.1.6 重金属潜在环境风险评价

潜在生态风险指数(PERI)法是Hakanson于1980年提出的，除了考虑重金属元素含量，还结合重金属元素所处的环境、生态效应以及毒理学，运用毒性响应因子和污染因子评估固废的潜在环境风险。该法最早提出时是用于水污染防治，但由于其考虑了不同重金属元素的毒性、迁移转化规律及环境的敏感性等，可以综合反映重金属元素对生态环境的影响潜力，目前在土壤及沉积物乃至固废的环境评估中均得到了成功的应用。该方法可按照以下公式计算：

$$C_{\mathrm{f}}^{\mathrm{i}} = \frac{C_{\mathrm{D}}^{\mathrm{i}}}{C_{n}^{\mathrm{i}}} \tag{3-2}$$

$$E_{\mathrm{r}}^{\mathrm{i}} = C_{\mathrm{f}}^{\mathrm{i}} \times T_{\mathrm{r}}^{\mathrm{i}} \tag{3-3}$$

$$\mathrm{PERI} = \sum E_{\mathrm{r}}^{\mathrm{i}} \tag{3-4}$$

式中：$C_{\mathrm{f}}^{\mathrm{i}}$ 指固废中单个重金属元素的污染指数；$C_{\mathrm{D}}^{\mathrm{i}}$ 指固废中单个重金属元素的含量，mg/kg；C_{n}^{i} 指对应单个重金属元素的参考值，本研究中根据《土壤环境质量 农用地土壤污染风险管控标准(试行)》(GB 15618—2018)及《土壤环境质量 建设用地土壤污染风险管控标准(试行)》(GB 36600—2018)中的风险筛选值确定，mg/kg；E_r^i 指固废中单个重金属元素的潜在风险；T_r^i指对应单个重金属元素的毒性响应因子，其取值详见表 3-1；PERI 指固废中多种重金属的潜在危害指数综合。

表 3-1　潜在生态风险指数法中毒性响应因子的取值

元素	As	Cd	Cr	Cu	Pb	Zn
毒性响应因子 T_r^i	10	30	2	5	5	1

Hakanson 提出 PERI 法的同时还针对不同的指数分级，根据 E_r^i 值定义了五种单一潜在生态风险等级，根据 PERI 值定义了四种综合潜在生态风险等级详见表 3-2。

表 3-2　E_r^i、PERI 与生态风险程度的关系

E_r^i 值	单一潜在生态风险等级	PERI	综合潜在生态风险等级
E_r^i<40	轻微生态危害	PERI<150	轻微风险
40≤E_r^i<80	中等生态危害	150≤PERI<300	中等风险
80≤E_r^i<160	强生态危害	300≤PERI<600	高风险
160≤E_r^i<320	很强生态危害	PERI≥600	严重风险
E_r^i≥320	极强生态危害		

3.2　模拟堆存实验下多源固废的环境稳定性

为了解在自然环境下堆存过程中铜冶炼系统多源固废的环境稳定性，进行了为期 180 天的模拟堆存实验，期间定期取样进行 TCLP 实验，在实验始末进行 BCR 连续浸提，得到固废中各重金属元素的浸出毒性及化学形态分布的变化，并采用 PERI 法评估其潜在环境风险。

3.2.1　模拟堆存实验环境条件的影响

模拟堆存实验期间将固废样品置于室内，研究自 2020 年 8 月至 2021 年 2 月共持续 180 天，每天记录环境温度和湿度，中途(2020 年 10 月、2021 年 1—2 月)约有 30 天实验室封闭，未能按时记录环境温度和湿度。根据记录的实验数据，实验期间的温度及湿度变化情况详见图 3-1。

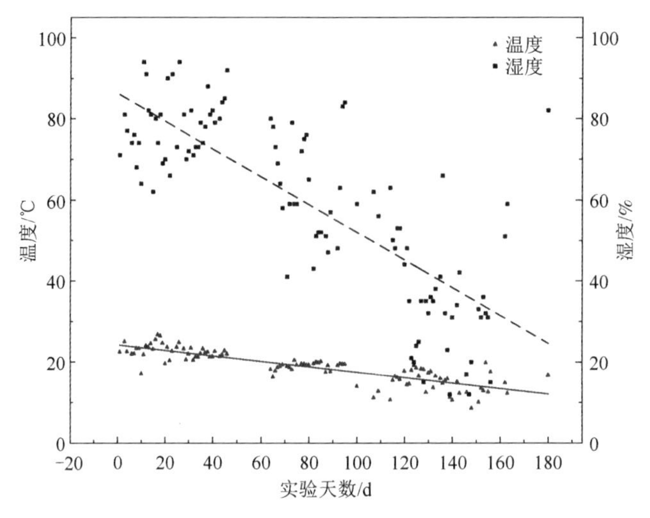

图 3-1　模拟堆存实验期间的环境温度与湿度

为模拟实际堆存过程中现实环境的影响，本研究未设定恒温恒湿实验条件。由实验记录的数据来看，整个实验过程中温度的总体变化趋势较为明显，自2020 年 8 月至次年 2 月为秋季至冬季的转变时期，温度逐渐降低，但变化幅度不大；而湿度虽也整体呈现出下降的趋势，但受到当日天气的影响，上下波动较大。经与研究结果（详见下文描述）的比对，未发现明显的相关关系。

3.2.2　熔炼工段固废在模拟堆存实验下的环境稳定性

熔炼工段固废在模拟堆存实验过程中各金属浸出毒性的变化情况及化学形态分布变化见图 3-2。

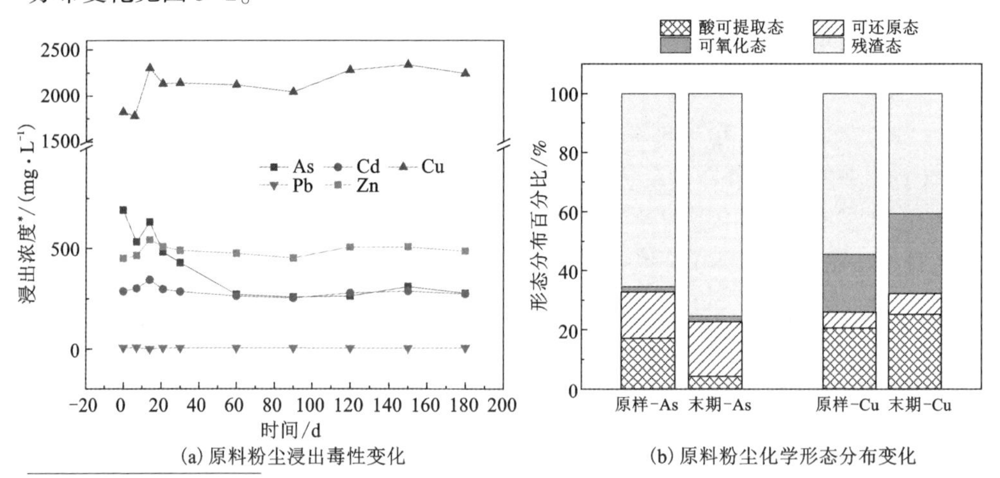

(a) 原料粉尘浸出毒性变化　　(b) 原料粉尘化学形态分布变化

* 浸出浓度指对样品进行 TCLP 实验检测得到的浸出液浓度。

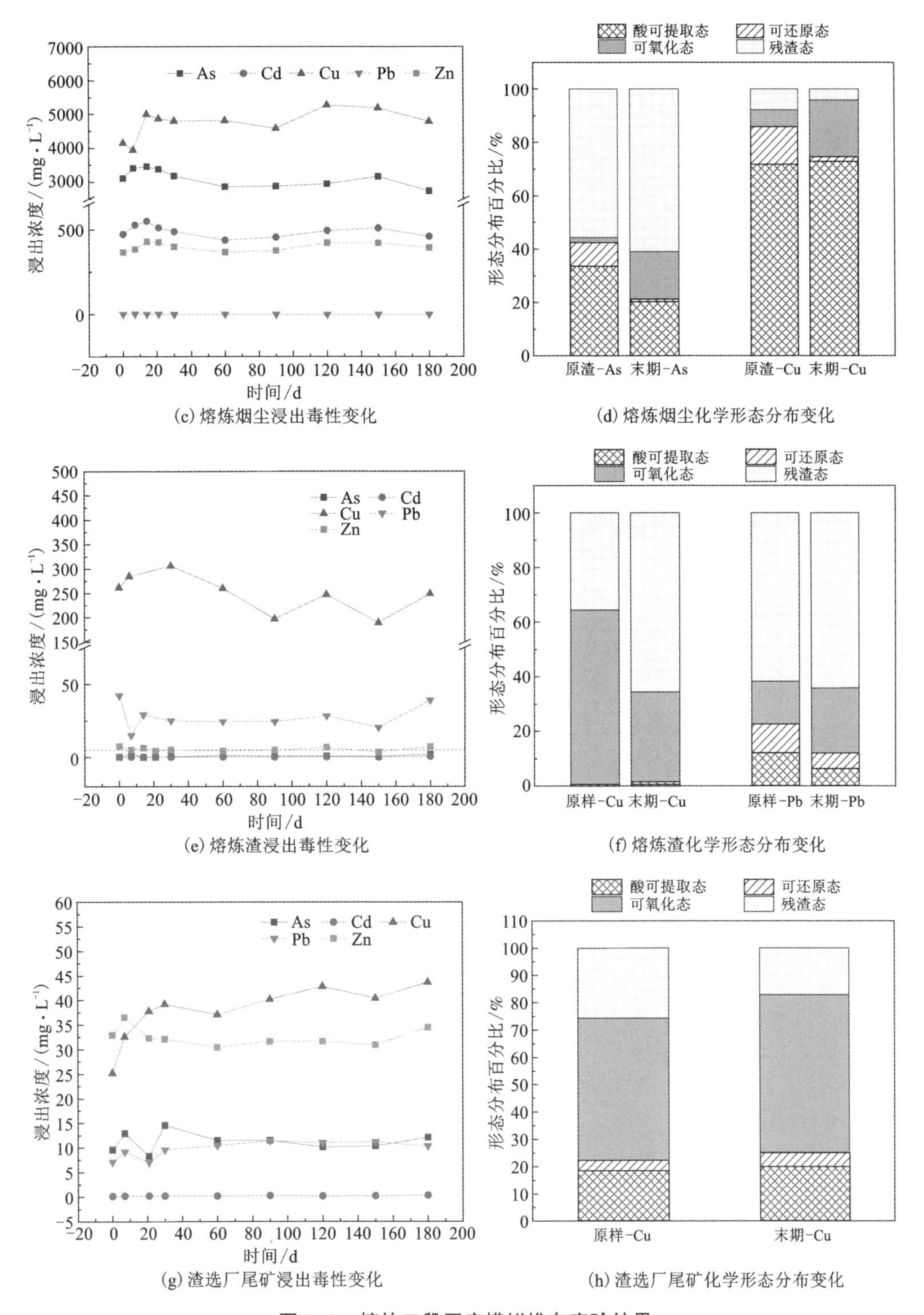

(c) 熔炼烟尘浸出毒性变化

(d) 熔炼烟尘化学形态分布变化

(e) 熔炼渣浸出毒性变化

(f) 熔炼渣化学形态分布变化

(g) 渣选厂尾矿浸出毒性变化

(h) 渣选厂尾矿化学形态分布变化

图 3-2　熔炼工段固废模拟堆存实验结果

原始状态下原料粉尘中各金属的浸出浓度均超过标准限值，经历模拟堆存试验后仍然如此，Cd、Pb、Zn 的浸出浓度在整个实验进程中变化较小。但可以明显看出 As 的浸出浓度在前 60 天降低，之后一直保持，试验末期 As 的浸出浓度(275.92 mg/L)相比原样中 As 的浸出浓度(691.33 mg/L)降低了 60%，而 Cu 的浸出浓度则从 1822.33 mg/L 上升至 2240.92 mg/L。根据化学形态分布变化情况可知，经历模拟堆存试验后，原料粉尘中的 As 大量从酸可提取态转化至残渣态，相应的可迁移性降低，而原料粉尘中的 Cu 则正好相反，由残渣态转化为易于释放的酸可提取态，与前述浸出毒性的变化情况相吻合。

原始状态下熔炼烟尘中各金属的浸出浓度均超过标准限值，经历模拟堆存试验后仍然如此，Cd、Pb、Zn 的浸出浓度在整个实验进程中变化较小。但可以明显看出 As 的浸出浓度由 3109.07 mg/L 降低至 2738.20 mg/L，而 Cu 的浸出浓度相比原样(4150.00 mg/L)增高，最大时达到 5268.00 mg/L。根据化学形态分布变化情况可知，经历模拟堆存试验后，熔炼烟尘中大量酸可提取态及可还原态的 As 转化为可氧化态及残渣态，相应的可迁移性降低，而原料粉尘中的 Cu 残渣态由 7.870%降低至 4.216%，与前述浸出毒性的变化情况相吻合。

熔炼渣中 Cd、Cr 的浸出浓度基本为未检出，主要是由于其含量很低，As、Zn 浸出浓度均未超过标准浓度限值(分别为 5 mg/L、100 mg/L)，且在整个实验进程中变化不大。而 Cu、Pb 的浸出浓度在整个实验进程中波动明显，总体来看呈下降趋势，但在整个模拟堆存试验过程中均超过标准限值。根据化学形态分布变化情况可知，经历模拟堆存试验后，熔炼渣中以可氧化态为主的 Cu 逐渐转化为残渣态，Pb 大量从酸可提取态、可还原态向可氧化态转化，相应的其可迁移性降低，与前述浸出毒性的变化情况相吻合。

渣选厂尾矿中 Cd、Zn 的浸出浓度均未超过标准浓度限值(分别为 1 mg/L、100 mg/L)，且试验前后的浸出浓度虽有波动但总体变化不大。可以明显看出 Cu 的浸出浓度由 25.20 mg/L 升高至 43.67 mg/L。根据化学形态分布变化情况可知，经历模拟堆存试验后，渣选厂尾矿中 Cu 的有效态质量分数由 74.360%上升至 82.860%，与前述浸出毒性的变化情况相吻合。

基于上述结果，采用 PERI 法对模拟堆存实验前后的固废进行潜在生态风险评价(结果见表 3-3)。模拟堆存实验前后原料粉尘、熔炼烟尘的 PERI 值分别降低了 9.37%、7.87%；熔炼渣的 PERI 值变化不大，在堆存过程中总体环境风险不会进一步增大；渣选厂尾矿的 PERI 值上升 12.20%，但最终判定的综合潜在生态风险等级不会发生变化。原料粉尘、熔炼烟尘仍具有严重的潜在生态风险，主要风险元素均为 As、Cd；而熔炼渣、渣选厂尾矿的潜在生态风险轻微，熔炼渣主要风险元素为 As、Zn，渣选厂尾矿主要风险元素为 As。实验前后各金属元素的单一潜在生态风险值及其贡献比有一定变化，原料粉尘中 As 在堆存后生态风险值贡献比由48.76%降至38.27%，熔炼渣中As的单一潜在生态风险等级由轻微变为中等，其对综合潜在生态风险的贡献比由33.39%上升至38.83%，渣选厂尾矿中As在堆存后生态风险值贡献比由68.91%升高至81.75%，说明在模拟堆存实验过程中As的稳定性变化较为明显。

表3-3　熔炼工段固废模拟堆存实验前后的潜在生态风险值

样品			E_{As}	E_{Cd}	E_{Cr}	E_{Cu}	E_{Pb}	E_{Zn}	PERI
原料粉尘	原样	数值	3752.15	3647.44	—	18.11	228.72	49.15	7695.56
		等级	极强	极强	—	轻微	很强	中等	严重
	末期	数值	2669.05	3964.40	—	23.55	261.43	56.04	6974.48
		等级	极强	极强	—	轻微	很强	中等	严重
熔炼烟尘	原样	数值	8776.06	9447.86	—	23.98	560.39	74.32	18882.60
		等级	极强	极强	—	轻微	极强	中等	严重
	末期	数值	7749.25	9189.18	—	24.94	359.25	73.76	17396.37
		等级	极强	极强	—	轻微	极强	中等	严重
熔炼渣	原样	数值	35.94	—	—	0.54	24.64	46.46	107.55
		等级	轻微	—	—	轻微	轻微	中等	轻微
	末期	数值	40.67	—	—	0.29	23.08	40.69	104.73
		等级	中等	—	—	轻微	轻微	中等	轻微
渣选厂尾矿	原样	数值	58.76	—	0.18	0.58	7.70	18.05	85.27
		等级	中等	—	轻微	轻微	轻微	轻微	轻微
	末期	数值	78.21	—	0.05	0.64	5.15	11.62	95.67
		等级	中等	—	轻微	轻微	轻微	轻微	轻微

3.2.3　吹炼工段固废在模拟堆存实验下的环境稳定性

吹炼工段固废在模拟堆存实验过程中各金属浸出毒性的变化情况及化学形态分布变化见图3-3。

根据模拟堆存实验过程中各固废的浸出毒性变化结果可知，吹炼白烟尘中Cd、Cu、Zn在实验初期浸出浓度快速升高，并在后续实验中保持稳定，Cd、Cu、Zn的浸出毒性在整个实验过程中的最大增幅分别为34.69%、26.58%、61.81%。由化学形态分布变化情况可知，经历模拟堆存实验后，Cd、Cu、Zn的有效态含量

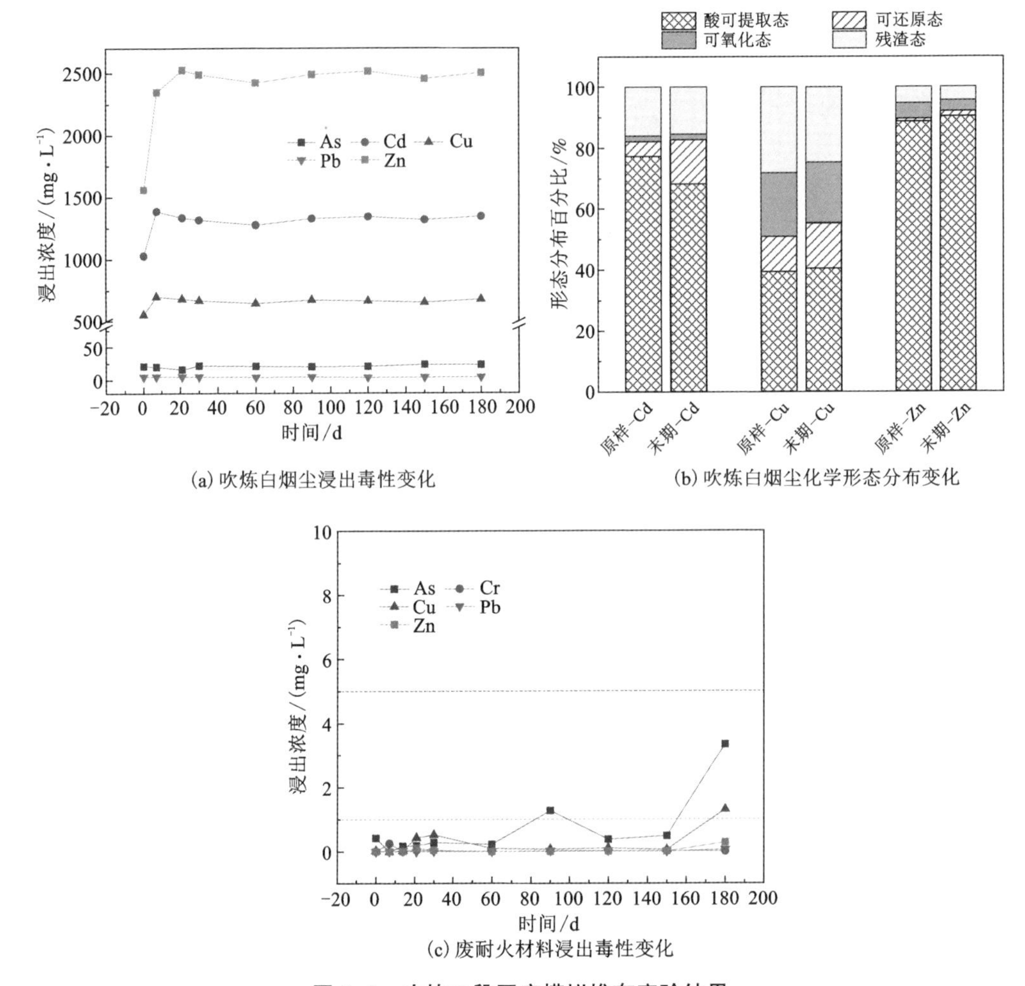

(a) 吹炼白烟尘浸出毒性变化

(b) 吹炼白烟尘化学形态分布变化

(c) 废耐火材料浸出毒性变化

图 3-3 吹炼工段固废模拟堆存实验结果

分别从 84.00%、71.88%、94.64%上升至 84.64%、75.39%、95.57%，与前述浸出毒性的变化情况相吻合。

原始状态下废耐火材料中各金属的浸出浓度均未超过标准限值，经历模拟堆存实验后仍然如此，Cd、Pb、Zn 的浸出浓度在整个实验进程中变化较小。As、Cu 的浸出浓度虽有上升的趋势但仍未突破标准浓度限值。根据前文分析，废耐火材料中各金属元素的含量较低，且大多以残渣态存在，因此其迁移性较低，潜在生态风险等级为轻微。

采用 PERI 法对模拟堆存实验前后的固废进行潜在生态风险评价，结果见表 3-4。

表 3-4　吹炼白烟尘模拟堆存实验前后的潜在生态风险值

样品		E_{As}	E_{Cd}	E_{Cu}	E_{Pb}	E_{Zn}	PERI
原样	数值	530.61	11126.47	3.95	473.80	222.40	12357.23
	等级	极强	极强	轻微	极强	很强	严重
末期	数值	979.39	11211.76	4.15	441.27	224.58	12861.15
	等级	极强	极强	轻微	极强	很强	严重

模拟堆存实验前后吹炼白烟尘的综合潜在生态风险等级均为严重风险，PERI值上升4.08%，各金属元素中，对于综合潜在生态风险贡献最大的金属为Cd，Cd在堆存前后生态风险值贡献比分别为90.04%、87.18%，而Cu、Zn虽然浸出浓度升高，但其潜在生态风险较小。说明在堆存过程中吹炼白烟尘的环境风险有一定升高，且Cd是最主要的污染元素。

3.2.4　精炼工段固废在模拟堆存实验下的环境稳定性

精炼工段固废在模拟堆存实验过程中各金属元素浸出毒性的变化情况及化学形态分布变化见图3-4。黑铜泥中Pb、Zn的浸出浓度始终未超过标准限值(质量浓度分别为5 mg/L、100 mg/L)。As、Cu的浸出浓度变化较为明显，均呈现不同程度的下降趋势。As的浸出浓度由3850.00 mg/L下降至1548.63 mg/L，最小时达到1061.80 mg/L；Cu的浸出浓度由4160.00 mg/L下降至3955.07 mg/L，最小时达到3424.90 mg/L。As、Cu在整个实验进程中的浸出浓度均高于其标准限值。根据化学形态分布变化情况可知，经历模拟堆存实验后，As、Cu的有效态含量分别从67.49%、48.31%下降至55.85%、37.81%，迁移性相应降低，与前述浸出毒性的变化情况相吻合。

阳极渣中Cd、Cr的浸出浓度基本未检出，As、Zn的浸出浓度始终未超过标准限值(分别为5 mg/L、100 mg/L)。Pb的浸出浓度变化不大，而Cu的浸出浓度变化较为明显，由初始状态的724.53 mg/L上升至1198.96 mg/L，最大时达到1365.92 mg/L。根据化学形态分布变化情况可知，经历模拟堆存实验后，Cu的有效态含量从63.96%上升至70.83%，其中又以可还原态的变化最大，从49.12%上升至55.99%，迁移性随之升高，与前述浸出毒性的变化情况相吻合。

采用PERI法对模拟堆存实验前后的固废进行潜在生态风险评价(结果见表3-5)。模拟堆存实验前后黑铜泥的PERI值下降17.25%，阳极渣的PERI值变化不大，二者的综合潜在生态风险等级均未发生变化。各金属元素中，对于综合潜在生态风险贡献最大的金属元素有As、Cu，黑铜泥中As是最主要的污染元素，在堆存前后生态风险值贡献比分别为99.83%、99.84%，阳极渣中Cu、As的

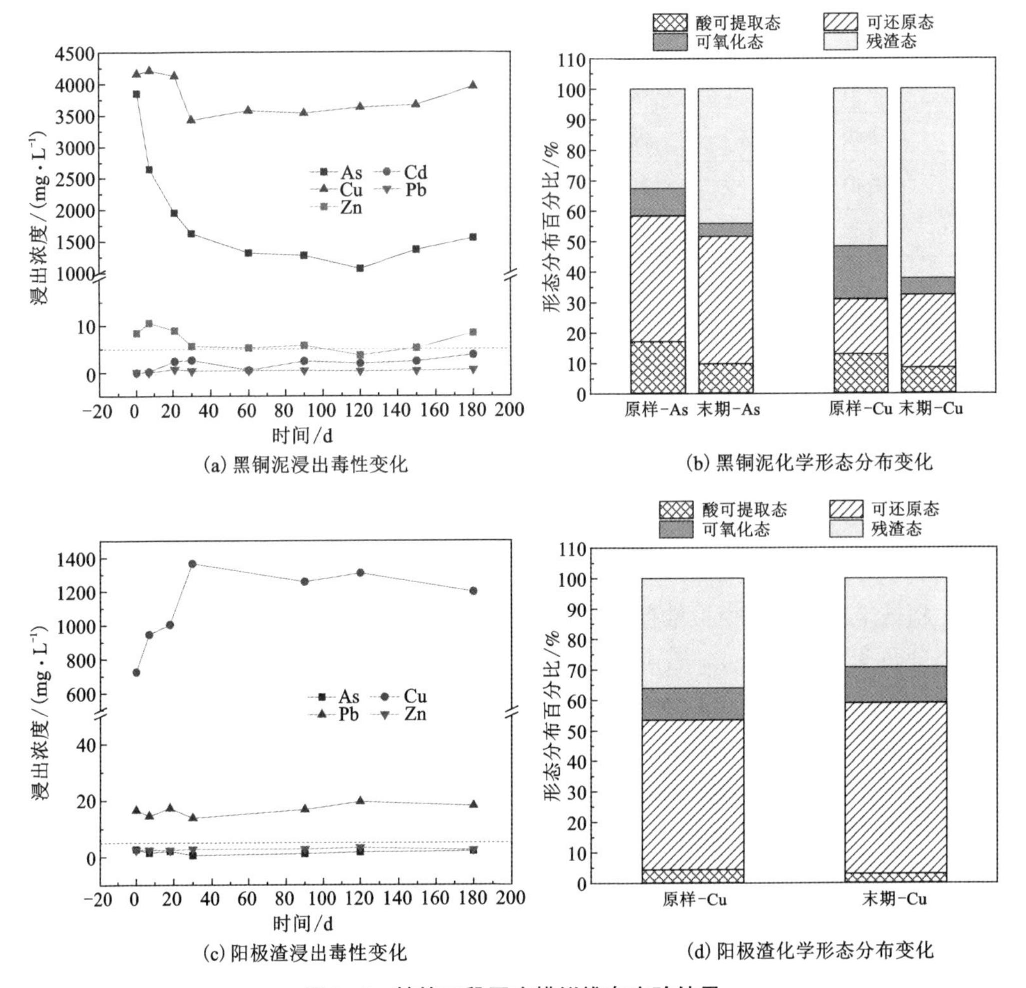

图 3-4　精炼工段固废模拟堆存实验结果

综合潜在生态风险贡献均较大，As 在堆存前后生态风险值贡献比分别为 42.85%、34.52%，其单一金属元素潜在生态风险等级也由强生态危害下降至中等生态危害；而 Cu 在堆存前后生态风险值贡献比分别为 43.72%、49.06%，其单一金属元素潜在生态风险等级保持为强生态危害。

表 3-5 精炼工段固废模拟堆存实验前后单一元素的潜在生态风险值

样品			E_{As}	E_{Cr}	E_{Cu}	E_{Pb}	E_{Zn}	PERI
黑铜泥	原样	数值	32730.90	—	52.61	1.96	2.20	32787.70
		等级	极强	—	中等	轻微	轻微	严重
	末期	数值	27087.65	—	41.17	0.59	1.74	27131.16
		等级	极强	—	中等	轻微	轻微	严重
阳极渣	原样	数值	96.29	0.451	98.25	26.67	3.06	224.72
		等级	强	轻微	强	轻微	轻微	中等
	末期	数值	76.56	0.041	108.81	34.31	2.06	221.77
		等级	中等	轻微	强	轻微	轻微	中等

3.2.5 环保工段固废在模拟堆存实验下的环境稳定性

环保工段固废在模拟堆存实验过程中各金属元素浸出毒性的变化情况及化学形态分布变化见图 3-5。环保工段固废中各金属元素的浸出浓度上下波动较为明显，可能是由于重金属元素在固废中分布不均，难以看出明显的变化规律，但还是能从整体上发现一些变化趋势。脱硫石膏渣中 Cu、Zn 的浸出浓度始终未超过标准限值(均为 100 mg/L)，但在实验过程中呈现较为明显的上升趋势。根据化学形态分布变化情况可知，经历模拟堆存实验后，Cu、Zn 的有效态含量分别从 74.62%、70.92%升高至 82.02%、79.63%，迁移性随之升高，与前述浸出毒性的变化情况相吻合。

硫化砷渣中 Cu、Pb、Zn 的浸出浓度始终未超过标准限值(分别为 100 mg/L、5 mg/L、100 mg/L)，但在实验过程中 Zn 呈现出较为明显的上升趋势,Zn 的浸出浓度由 13.00 mg/L 上升至 32.33 mg/L，相比原始状态增高了一倍以上。As、Cd 的浸出浓度虽有上下波动，但整体呈现上升趋势。As 的浸出浓度由 1712.67 mg/L 上升至 9956.27 mg/L，最大时达到 10978.90 mg/L，增长倍数达 5.41 倍；Cd 的浸出浓度由 12.38 mg/L 上升至 56.90 mg/L，最大时达到 73.27 mg/L，增长倍数达 4.92 倍。根据化学形态分布变化情况图(见图 3-5)可知，经历模拟堆存实验后，As 的化学形态由可氧化态向可还原态、酸可提取态转化，可还原态含量由 0.68%上升至 15.75%，酸可提取态含量由 14.89%上升至 47.38%，主要是硫化砷在空气中不稳定会被氧化为氧化砷，可氧化态含量降低了 46.59%。Cd 的有效态含量由 72.26%上升至 93.36%，其中可氧化态含量降低了 19.77%，转化为酸可提取态及可还原态；Zn 的有效态含量由 27.37%上升至 29.08%，迁移性随之升高，与

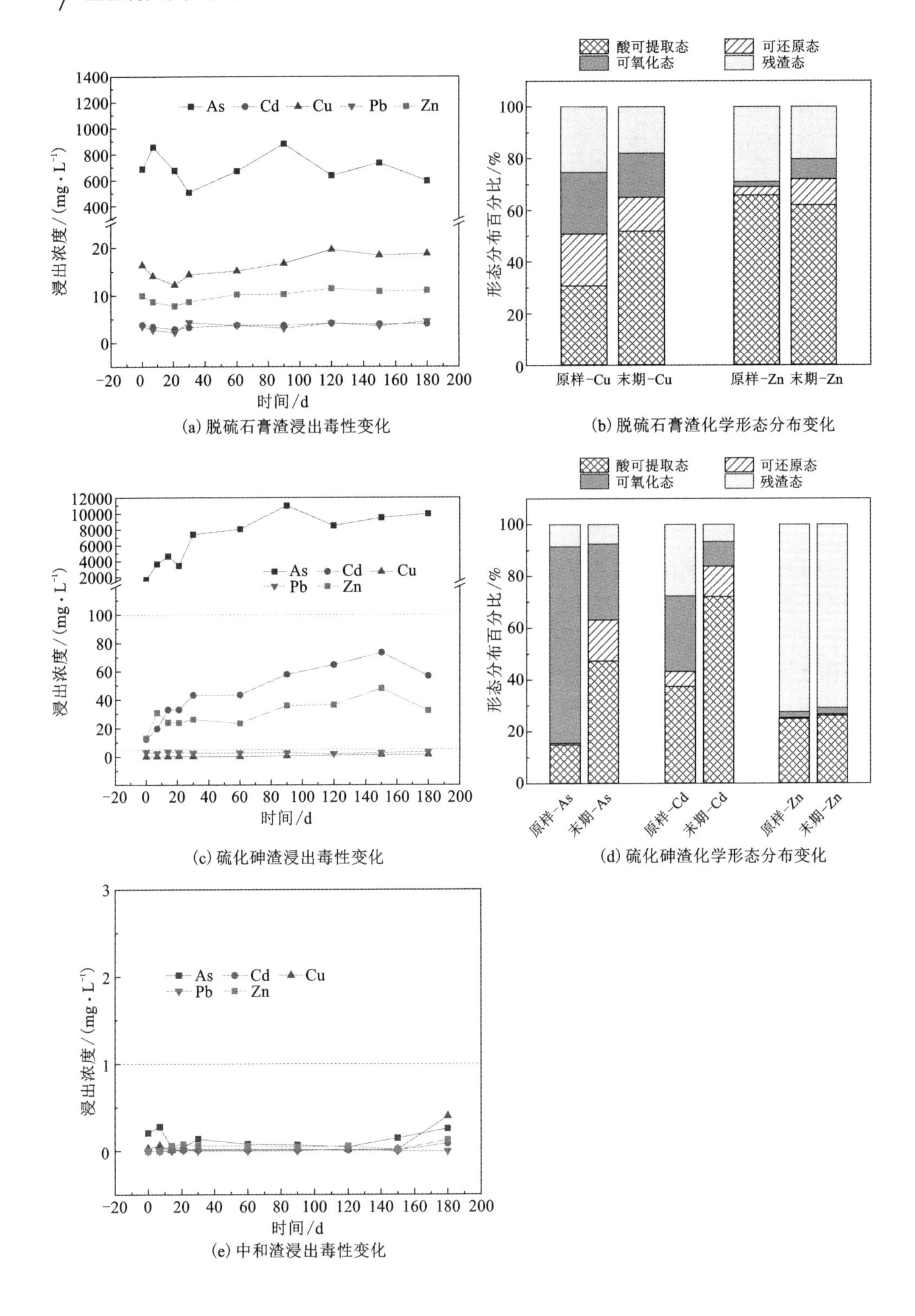

(a) 脱硫石膏渣浸出毒性变化

(b) 脱硫石膏渣化学形态分布变化

(c) 硫化砷渣浸出毒性变化

(d) 硫化砷渣化学形态分布变化

(e) 中和渣浸出毒性变化

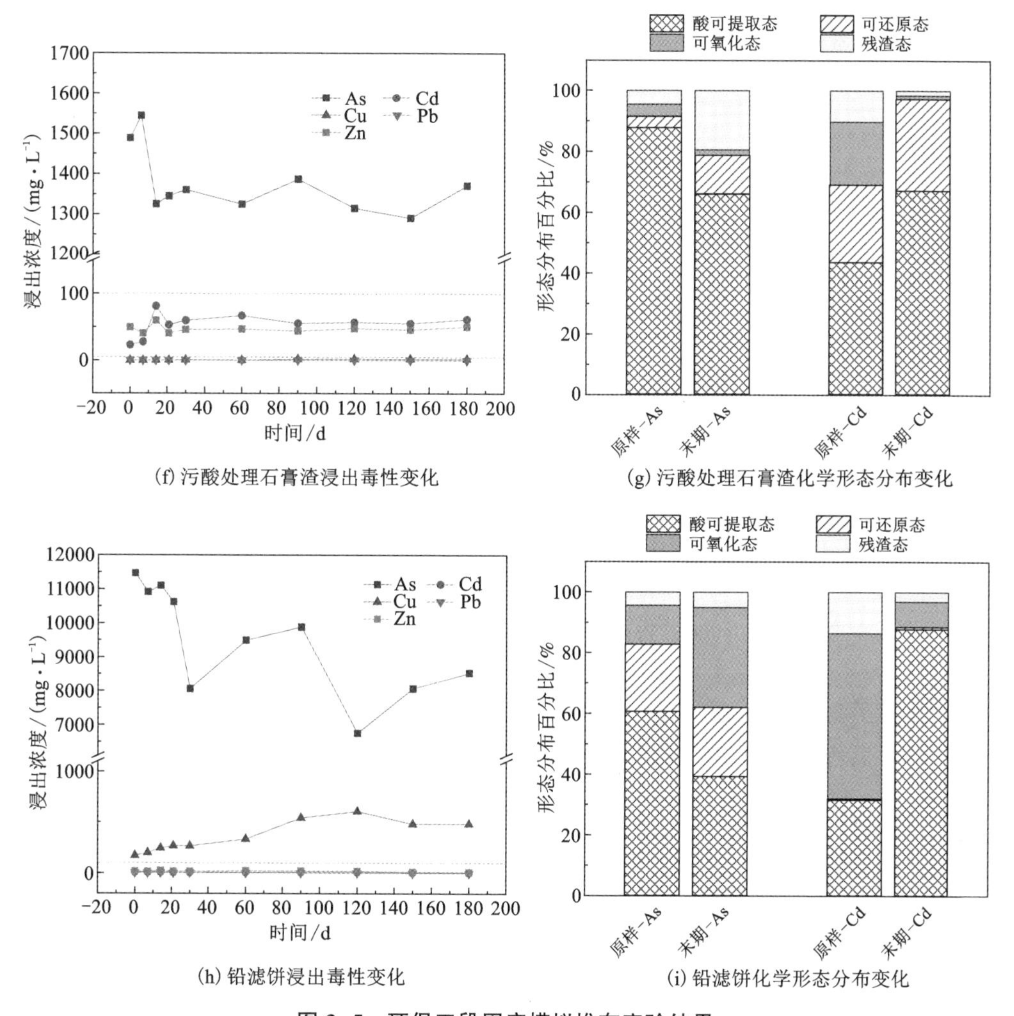

(f) 污酸处理石膏渣浸出毒性变化

(g) 污酸处理石膏渣化学形态分布变化

(h) 铅滤饼浸出毒性变化

(i) 铅滤饼化学形态分布变化

图 3-5　环保工段固废模拟堆存实验结果

前述浸出毒性的变化情况相吻合。模拟堆存实验前后硫化砷渣的 XRD 图谱(见图 3-6)发生了明显变化，原样的 XRD 图谱的馒头峰基本消失，As_2O_3 特征峰愈加明显，进一步说明硫化砷渣在模拟堆存实验过程中逐渐被氧化为 As_2O_3，导致硫化砷渣的浸出毒性增强。

原样中和渣中各金属元素的浸出浓度均未超过标准限值，经历模拟堆存实验后仍然如此，各金属元素的浸出浓度在实验过程中虽有上下波动但均未突破标准浓度限值。根据前文分析，中和渣中各金属元素的含量较低，且大多以残渣态的形式存在，因此其迁移性较低，潜在生态风险等级为轻微，在模拟堆存实验后未发生明显变化。同时，本次未进行模拟堆存实验前后的金属元素化学形态及潜在

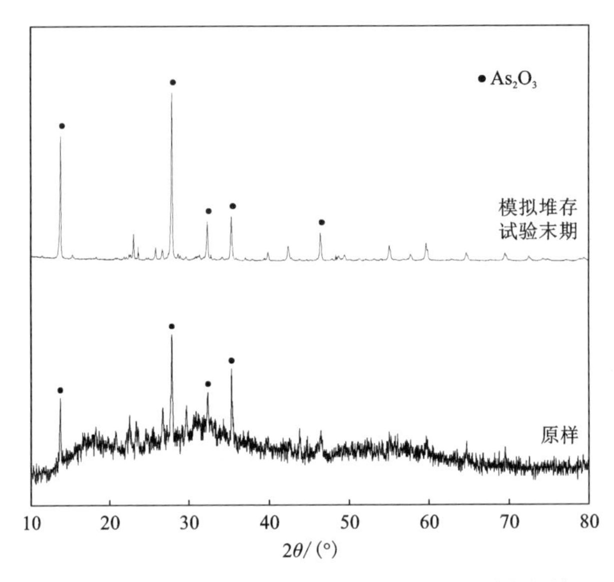

图 3-6　硫化砷渣模拟堆存实验前后 XRD 图谱变化情况

生态风险值对比。

污酸处理石膏渣中 Cu、Pb、Zn 的浸出浓度始终未超过标准限值(分别为 100 mg/L、5 mg/L、100 mg/L)，且实验前后的浸出浓度变化不大。As、Cd 的浸出浓度虽有上下波动，但总体来看，As 的浸出浓度下降，由 1488.66 mg/L 下降至 1371.27 mg/L，最小时达到 1290.50 mg/L；Cd 的浸出浓度上升，由 22.98 mg/L 上升至 61.45 mg/L，最大时达到 81.15 mg/L。根据化学形态分布变化情况可知，经历模拟堆存实验后，As 的有效态含量由 95.50%下降至 80.60%，特别是酸可提取态的含量由 87.55%下降至 66.11%；Cd 的有效态含量由 89.72%上升至 98.43%，且可氧化态的含量降低了 19.50%，转化成酸可提取态及可还原态，迁移性随之升高，与前述浸出毒性的变化情况相吻合。

铅滤饼中 Zn 的浸出浓度始终未超过标准限值(100 mg/L)，Cd、Pb、Zn 实验前后的浸出浓度变化不大。As、Cu 的浸出浓度虽有上下波动，但总体来看可以发现其变化趋势，As 的浸出浓度下降，由 11470.00 mg/L 下降至 8525.83 mg/L，最小时达到 6754.23 mg/L；Cu 的浸出浓度上升，由 171.83 mg/L 上升至 483.37 mg/L，最大时达到 605.80 mg/L。根据化学形态分布变化情况可知，经历模拟堆存实验后，As 的有效态含量由 95.60%下降至 94.96%，特别是酸可提取态的含量由 60.66%下降至 39.11%；Cu 的有效态含量由 86.40%上升至 96.85%，且大部分从可氧化态转化至酸可提取态，酸可提取态的含量由 31.52%上升至 87.73%，迁移性随之升高，与前述浸出毒性的变化情况相吻合。

基于上述实验结果，采用 PERI 法对模拟堆存实验前后的固废进行潜在生态风险评价(见表 3-6)。模拟堆存实验前后各固废的 PERI 值发生了一定变化，但整体的综合潜在生态风险等级均未发生变化。模拟堆存实验前后脱硫石膏渣的 PERI 值下降 5.92%，硫化砷渣的 PERI 值上升 1.23%，污酸处理石膏渣的 PERI 值下降 11.92%，铅滤饼的 PERI 值下降 0.53%，说明硫化砷渣在堆存过程中的环境风险可能会进一步加强。As 在脱硫石膏渣堆存前后的生态风险值贡献比分别为 97.99%、97.93%，在硫化砷渣堆存前后的生态风险值贡献比分别为 99.23%、99.05%，在污酸处理石膏渣堆存前后的生态风险值贡献比分别为 85.26%、81.69%，在铅滤饼堆存前后的生态风险值贡献比分别为 99.16%、99.02%；除此以外，Cd 在污酸处理石膏渣中的综合潜在生态风险贡献比也较大，堆存前后分别为 14.52%、18.09%，说明环保工段固废的最主要污染元素是 As，其次是 Cd。

表 3-6　环保工段固废模拟堆存实验前后的潜在生态风险值

样品			E_{As}	E_{Cd}	E_{Cu}	E_{Pb}	E_{Zn}	PERI
脱硫石膏渣	原样	数值	3227.52	60.00	0.15	4.67	1.38	3293.72
		等级	极强	中等	轻微	轻微	轻微	严重
	末期	数值	3034.60	57.40	0.16	5.15	1.55	3098.86
		等级	极强	中等	轻微	轻微	轻微	严重
硫化砷渣	原样	数值	53521.26	333.49	8.50	74.41	1.25	53938.91
		等级	极强	极强	轻微	中等	轻微	严重
	末期	数值	54086.24	430.87	7.69	76.83	1.32	54602.96
		等级	极强	极强	轻微	中等	轻微	严重
污酸处理石膏渣	原样	数值	5347.75	910.95	0.15	5.54	7.82	6272.21
		等级	极强	极强	轻微	轻微	轻微	严重
	末期	数值	4513.32	999.47	0.16	4.77	7.06	5524.79
		等级	极强	极强	轻微	轻微	轻微	严重
铅滤饼	原样	数值	51147.73	155.19	2.35	275.19	2.27	51582.73
		等级	极强	强	轻微	很强	轻微	严重
	末期	数值	50804.91	164.97	2.64	332.90	1.67	51307.08
		等级	极强	很强	轻微	很强	轻微	严重

综上所述可知，铜冶炼系统多源固废的最主要风险元素为 As、Cd，在堆存过程中应重点关注。硫化砷渣中可氧化态 As 被氧化为酸可提取态及可还原态，其

浸出毒性大幅上升，Cd 在吹炼白烟尘、硫化砷渣、污酸处理石膏渣中的浸出毒性也大幅上升。As 在黑铜泥、铅滤饼、硫化砷渣、脱硫石膏渣、污酸处理石膏渣中的浸出浓度超标严重，Cd 在熔炼烟尘、吹炼白烟尘中的浸出浓度超标严重。铜冶炼系统多源固废中仅废耐火材料、熔炼渣、中和渣的综合潜在生态风险等级为轻微风险，渣选厂尾矿在模拟堆存过程中综合潜在生态风险值升高了 12.20%，但其等级仍为轻微风险；其他固废的综合潜在生态风险变化不大，如阳极渣的综合潜在生态风险等级为中等风险，在模拟堆存前后变化不大。大多数固废的综合潜在生态风险等级均为严重风险，吹炼白烟尘、硫化砷渣在模拟堆存过程中综合潜在生态风险值还会进一步升高，在堆存过程中必须严加管控，建议减少在厂内的堆存时间，尽快进行回收利用或外送处置；而其他严重风险的固废虽然综合生态风险值有不同程度的降低，但等级仍为严重风险，在堆存过程中不能放松警惕，应切实做好防扬尘、防淋失等措施。

3.3 静态侵蚀下固废中重金属元素的释放特性及变化

为全面掌握铜冶炼系统多源固废中各金属元素的释放特性，进行了为期 180 天的静态侵蚀实验，实验期间定期对浸出液进行取样，测定浸出液的 pH 及各金属元素的含量，实验后采用 XRD、SEM 等测试样品的物相组成与表面形貌变化情况，并结合动力学模型拟合进行固废中金属元素释放动力学过程的探究。

3.3.1 静态侵蚀下固废中重金属元素的释放特性及变化

(1)原料粉尘中重金属元素的释放特性及变化

原料粉尘中各重金属元素在四种模拟浸提液中的释放特性如图 3-7 所示，浸出液 pH 的变化如图 3-8 所示。中性地下水环境及模拟酸雨环境的浸出浓度区别不大，但模拟填埋场环境的浸出浓度明显高于其他模拟环境，此点在 Fe、Si 的浸出中十分明显。原料粉尘中 As、Pb 的浸出特征较为类似，其浸出浓度均在浸出初期迅速上升至最大值，并在后续实验过程中降低，其中 As 在后续实验过程中持续缓慢降低，而 Pb 的浸出浓度则在迅速上升后又迅速下降，并在 28 天后持续保持在较低的水平。浸出初期浓度的迅速上升主要是原料粉尘表面弱吸附态的金属受到扩散力和水流剪切力的共同作用迅速解吸，而后续浓度的下降可能是因为原料粉尘成分复杂，浸出的其他离子与 As、Pb 反应生成沉淀，使得其浸出浓度下降。另外，原料粉尘中 Ca、Cd、Cu、Si、Zn 的浸出特征均表现为，在实验初期浸出浓度迅速上升，之后浸出速率减缓，达到最大浸出浓度后趋于平稳。Fe 的浸出行为较为特殊，其浸出浓度在浸出的第 1 天迅速达到第一个峰值，之后以极快的速度下降，在中性地下水环境及模拟酸雨环境中自第 2 天后一直保持在极低的状态；但在模拟填埋场环境中，Fe 的浸出质量浓度在第 2~14 天由 9.66 mg/L 减小至 6.15 mg/L，之后开始以较慢的速度上升，在第 60 天达到第二个峰值 14.37 mg/L，然后又以较慢的速度回落。推测第 1 天迅速释放的是固废表面吸附的可交换态金属，但由于原料粉尘成分复杂，浸出过程中有其他离子同时浸出，Fe 可能与其发生反应重新生成沉淀，导致其浸出浓度快速下降，模拟填埋场环境中 Fe 浸出浓度的回升，可能是因为原料粉尘颗粒内部扩散持续释放 Fe 离子，此阶段浸出速率明显减缓，达到最大浸出浓度后，溶液中的 Fe 又被后续形成的沉淀表面吸附，从而使得浓度下降。

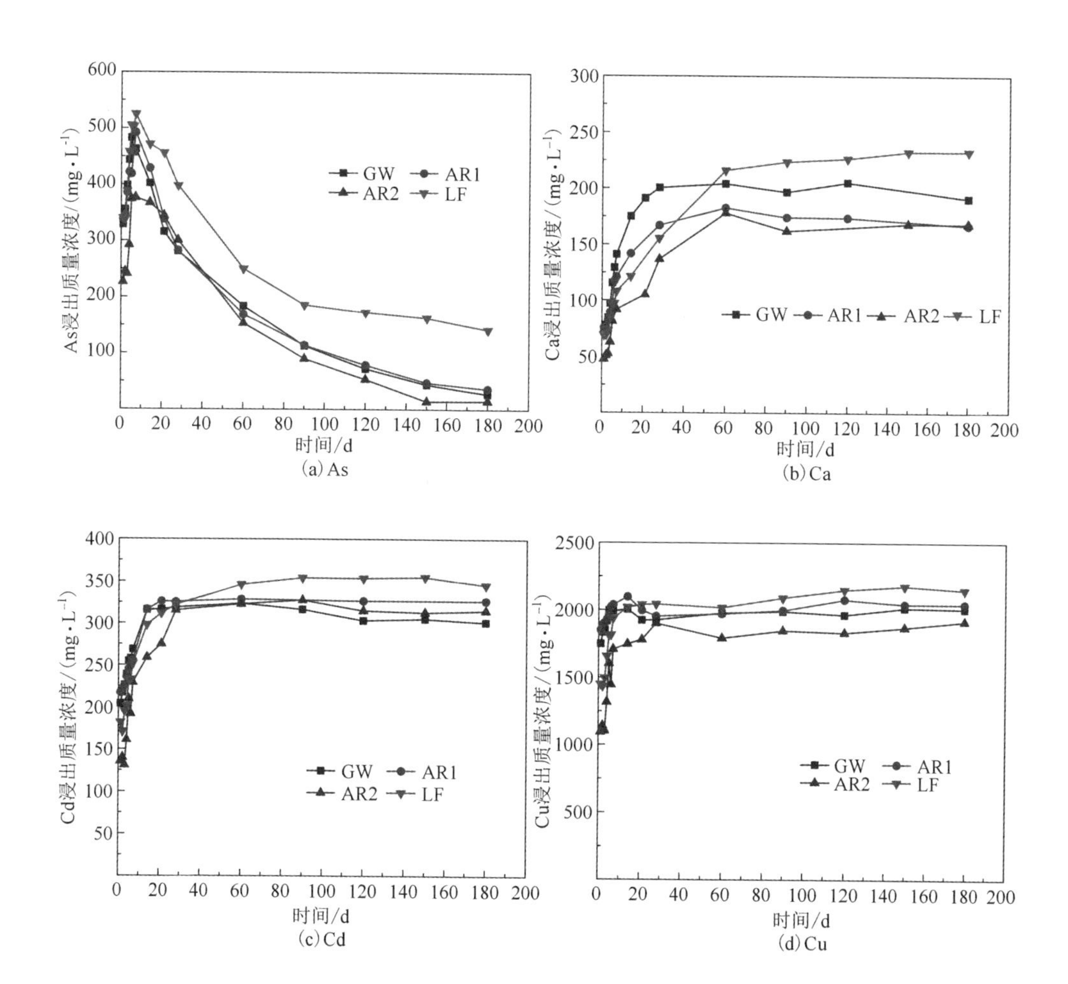

(a) As　(b) Ca　(c) Cd　(d) Cu

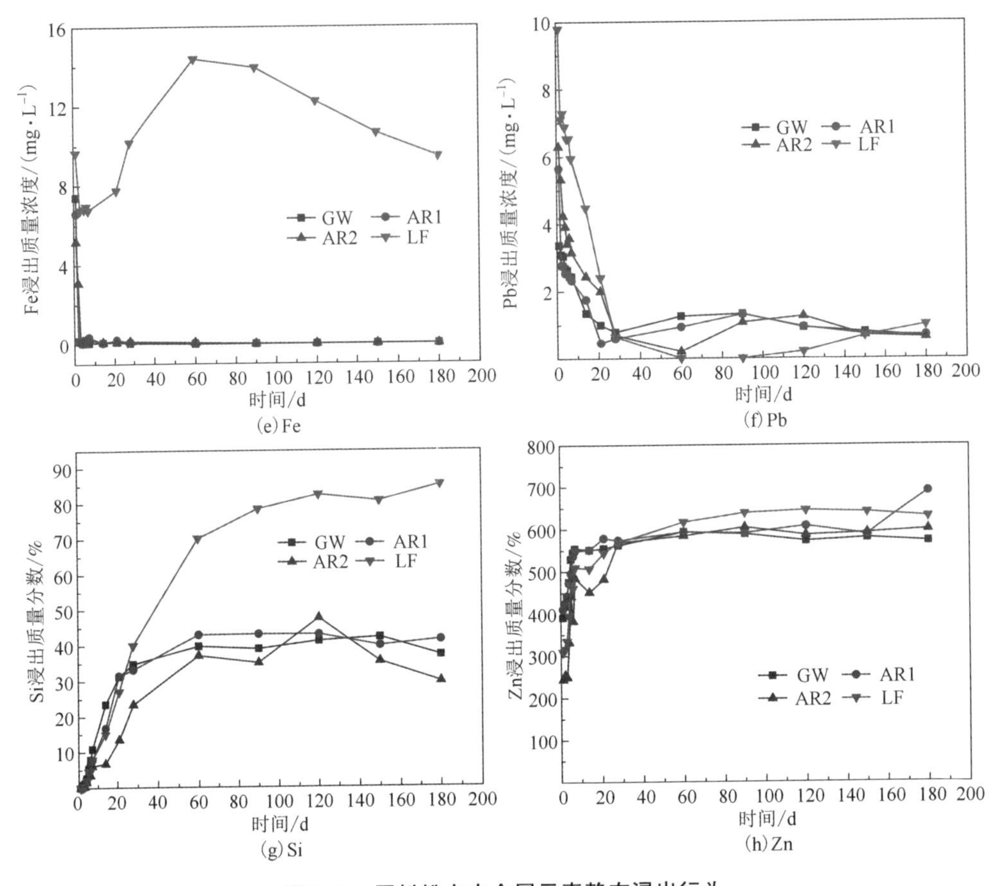

图 3-7　原料粉尘中金属元素静态浸出行为

Cu 的浸出浓度最高达到 2177.79 mg/L，超标倍数达 144.19 倍，主要是原料粉尘中 Cu 的质量分数高达 14.30%，且其酸可溶态质量分数高达 20.69%。As、Zn 的浸出浓度也相对较高，主要是其酸可溶态含量较高(分别为 17.15%、27.90%)。但原料粉尘中浸出浓度超标最严重的是 Cd，其超标倍数最高达到 353.9 倍；浸出浓度最低的是 Pb，虽然其含量为 7.98%，但 Pb 主要以残渣态存在(54.14%)，且在所有模拟环境中，浸提液的 pH(见图 3-8)随时间推移逐渐升高，中性地下水环境与模拟酸雨环境浸提液的 pH 基本一致，模拟填埋场环境的浸提液 pH 相对低于其他环境，但整体的 pH 变化趋势类似，与浸提液原始的 pH 变化较大，主要受固废的性质控制影响。在整个实验过程中各浸提液的 pH 保持在 2.50~4.10，在此 pH 范围内，Pb^{2+} 可能生成 $Pb(OH)_2$、$PbSO_4$ 等沉淀，因此除第 1 天原料粉尘表面弱吸附态的 Pb 迅速释放外，后续实验过程中其浸出浓度迅速降低并保持在较低的状态。

原料粉尘静态侵蚀前后的 XRD 图谱(见图 3-9)表明静态侵蚀前后大部分矿物的特征峰基本不变，主要物相组成仍为 $PbSO_4$、FeS_2、$CuFeS_2$，但在模拟填埋场环境中新出现了 SiO_2 的特征峰，且 $PbSO_4$、FeS_2 强度降低。这说明在浸出过程中，Pb、Fe 发生了溶出，而 SiO_2 可能是在酸性条件下由于硅酸盐矿物反应产生的。

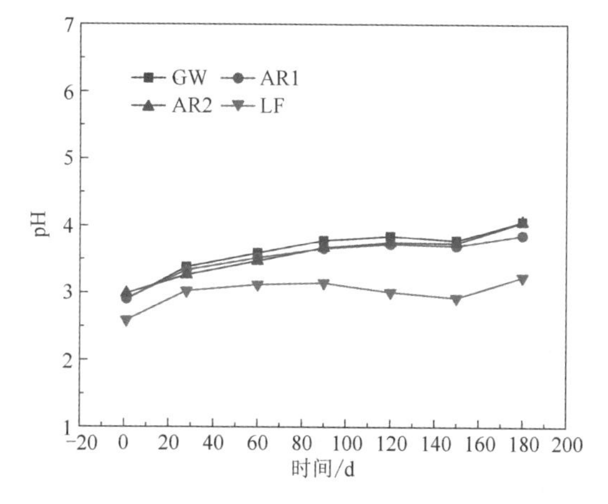

图 3-8　原料粉尘浸出过程中浸提液 pH 变化特征

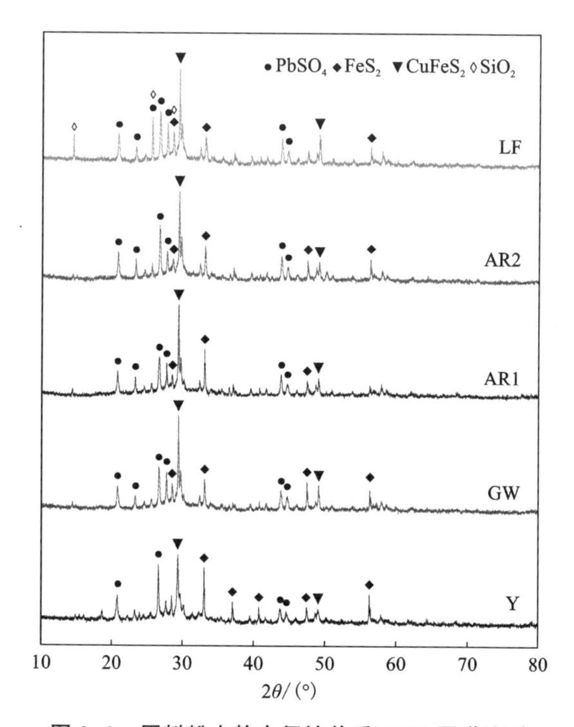

图 3-9　原料粉尘静态侵蚀前后 XRD 图谱比对

扫描电镜图(见图 3-10)表明，在模拟中性地下水环境及模拟酸雨环境下原料粉尘的微观形貌与原始样形貌差别不大，形状不规则，无定形态较多，仅在模拟强酸酸雨环境中观察到少量类球状颗粒，但其表面比较粗糙；而模拟填埋场环境下原料粉尘轮廓清晰，为表面附着有细小颗粒的球状颗粒，推断原料粉尘的表面附着有大量金属化合物，随着浸出的进行，表面可溶物逐渐溶解，原料粉尘最终呈现出较为光滑的难溶球形内核。在模拟填埋场环境中此项差异更为明显，与浸出结果中 Fe、Si 在模拟填埋场环境中浸出浓度明显大于其他模拟环境的现象相符，推测原料粉尘表面附着的主要是铁化合物及硅酸盐矿物，长期静态浸出过程中这些表面附着物逐渐溶解。

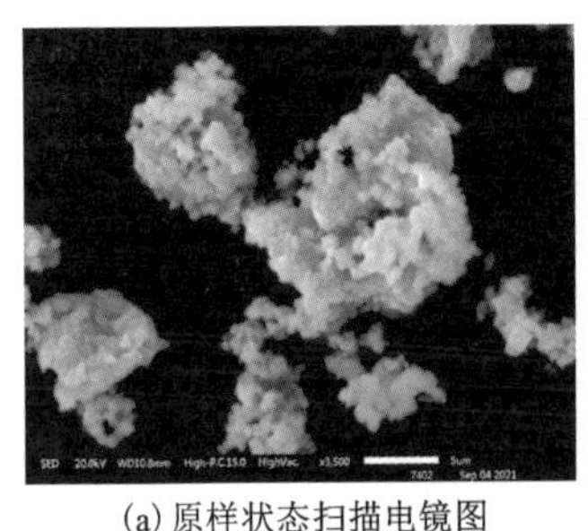

(a) 原样状态扫描电镜图

(b) 模拟填埋地下水环境扫描电镜图

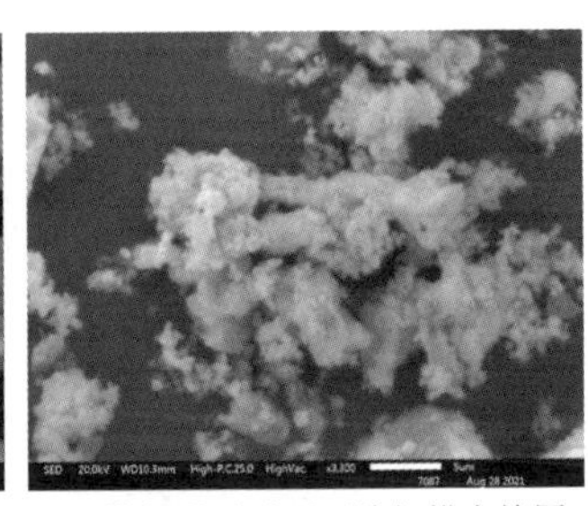

(c) 模拟弱酸酸雨环境扫描电镜图

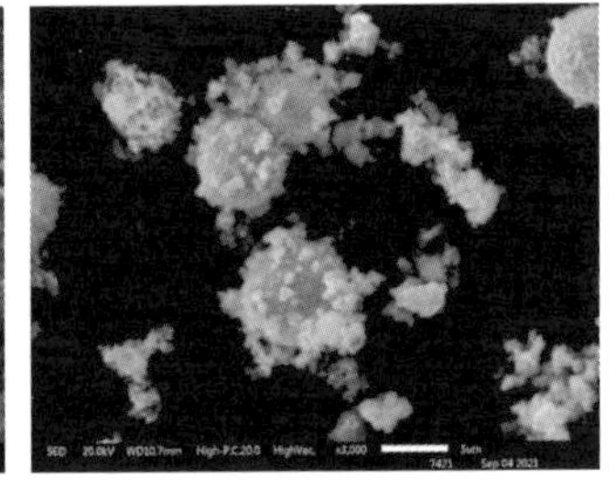

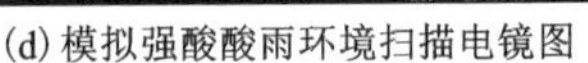

(d) 模拟强酸酸雨环境扫描电镜图　(e) 模拟填埋场环境扫描电镜图

图 3-10　原料粉尘静态侵蚀前后扫描电镜图比对

(2) 熔炼烟尘中重金属元素的释放特性及变化

结合熔炼烟尘中各重金属元素在四种模拟浸提液中的释放特性(见图 3-11)和浸出液 pH 的变化(见图 3-12)可知，熔炼烟尘中 As、Cd 的浸出浓度在实验初期的 7 天内迅速达到最大值，之后出现回落的现象。熔炼烟尘中 Ca、Cu、Si、Zn 的浸出行为表现出较为明显的分段特征，初始阶段迅速溶出，各元素浸出浓度随时间的延长不断增大，之后浸出曲线逐渐变得平缓，浸出浓度的增长速度减慢，并最终趋向平稳。这一特征在其他学者的研究中也均有出现，第一阶段的快速释放，主要是熔炼烟尘表面吸附的金属离子快速溶解；第二阶段浸出浓度缓慢增长至最大浸出浓度的过程，可能是由于浸提液中的阳离子(如 H^+、Na^+ 等)置换表面的金属离子促使其溶出，或可溶性有机物的络合等作用使金属离子释放。而熔炼烟尘中 Fe 的浸出特征与其他金属不同，在浸出初期 Fe 的浸出浓度迅速升高，但自第 6 天开始，Fe 的浸出浓度开始逐渐降低。根据图 3-12 可知，在浸出过程中，所有浸提液的 pH 均保持在 2~3，在此 pH 范围内，Fe 极易发生水解生成难溶的氢氧化铁，因此其浸出浓度反倒降低。

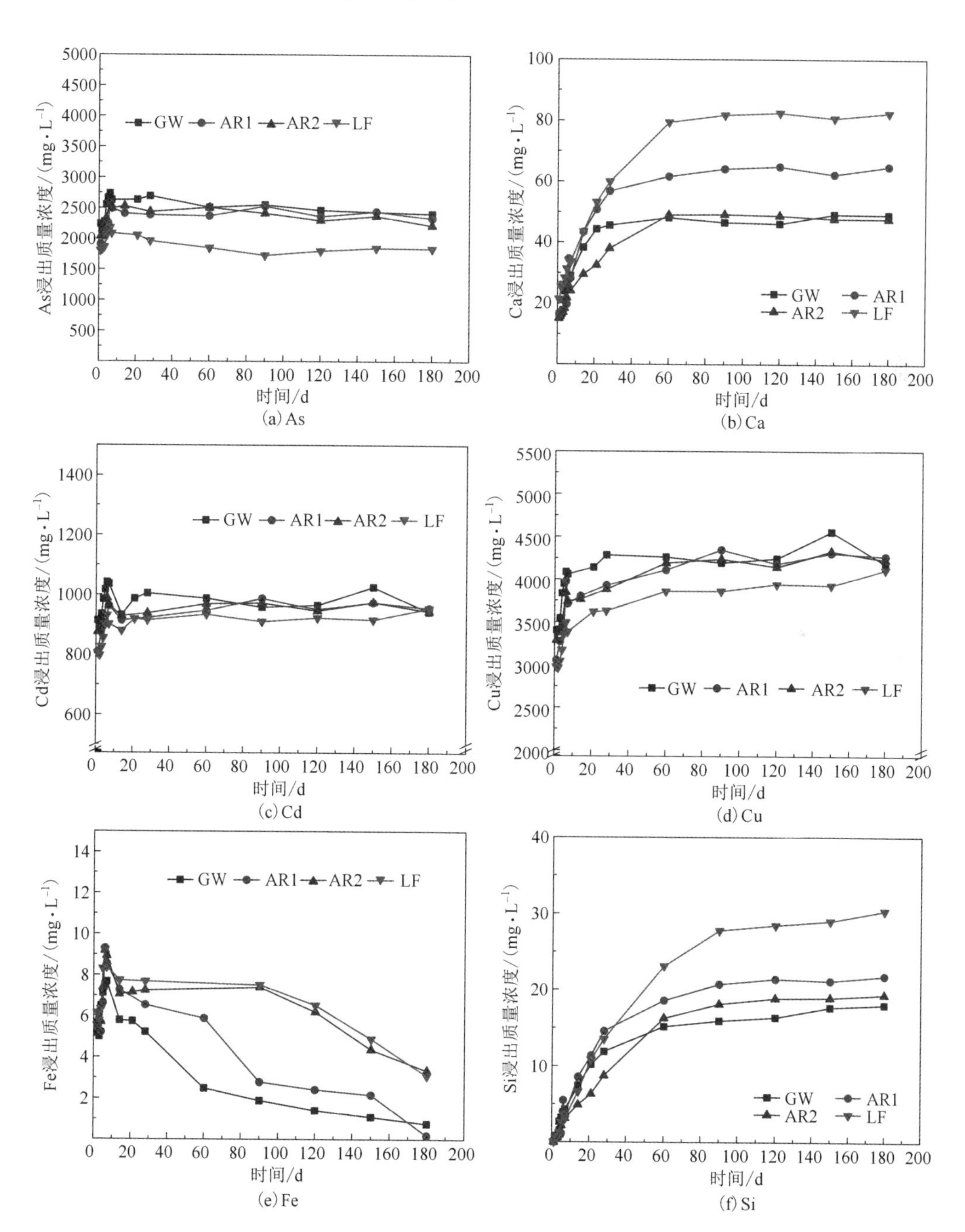

(a) As　(b) Ca

(c) Cd　(d) Cu

(e) Fe　(f) Si

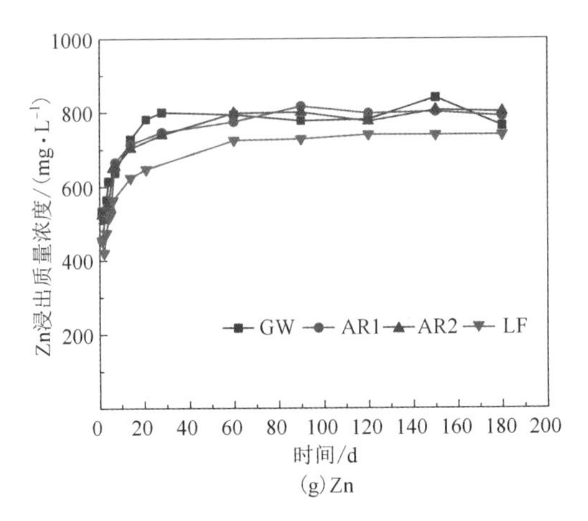

(g) Zn

图 3-11　熔炼烟尘中金属元素静态浸出行为

熔炼烟尘中 As、Cu 的浸出浓度极高，最高分别达到 3923.90 mg/L、6102.00 mg/L，主要是由于 As 含量(质量分数)高达 11.90%，Cu 含量(质量分数)高达 9.37%，且二者的酸可溶解态占比分别为 33.49%、71.77%，因此在浸提液中的溶解度较高。但熔炼烟尘中浸出浓度超标最严重的为 Cd，超标倍数最高达到 1040.50 倍。Pb 虽然质量分数也高达 17.70%，但其主要以难溶的 $PbSO_4$ 形式存在，因此浸提液中 Pb 浓度基本为未检出。

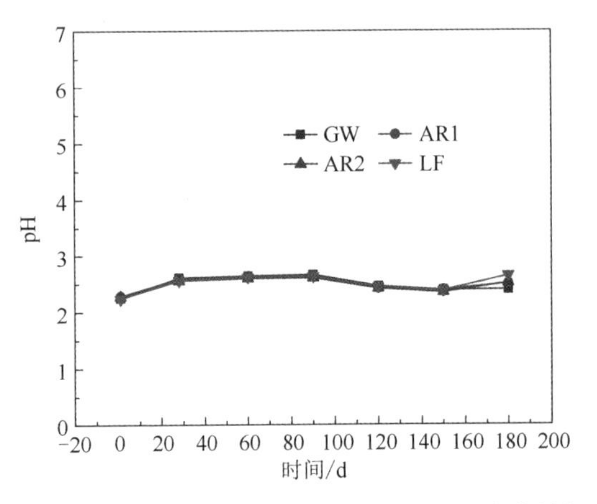

图 3-12　熔炼烟尘浸出过程中浸提液 pH 变化特征

熔炼烟尘静态侵蚀前后的 XRD 图谱及扫描电镜图变化不大，详见附录 A。

(3)废耐火材料中重金属元素的释放特性及变化

废耐火材料中各重金属元素在四种模拟浸提液中的释放特性见图 3-13。整体来看，废耐火材料中各金属元素在模拟地下水环境及模拟酸雨环境中的浸出浓度极低，明显低于模拟填埋场环境中的浸出浓度，一方面是由于初始浸提液中模拟填埋场环境浸提液的 pH 最低，有利于金属溶出；另一方面可能是由于模拟填埋场环境的浸提液为醋酸溶液，对 pH 具有一定的缓冲能力，且醋酸根离子对金属具有一定的络合作用。浸出液 pH 变化(见图 3-14)表明，废耐火材料浸出过程中 pH 持续上升，模拟地下水环境及模拟酸雨环境浸提液最终呈碱性，模拟填埋场环境浸提液最终呈弱酸性。

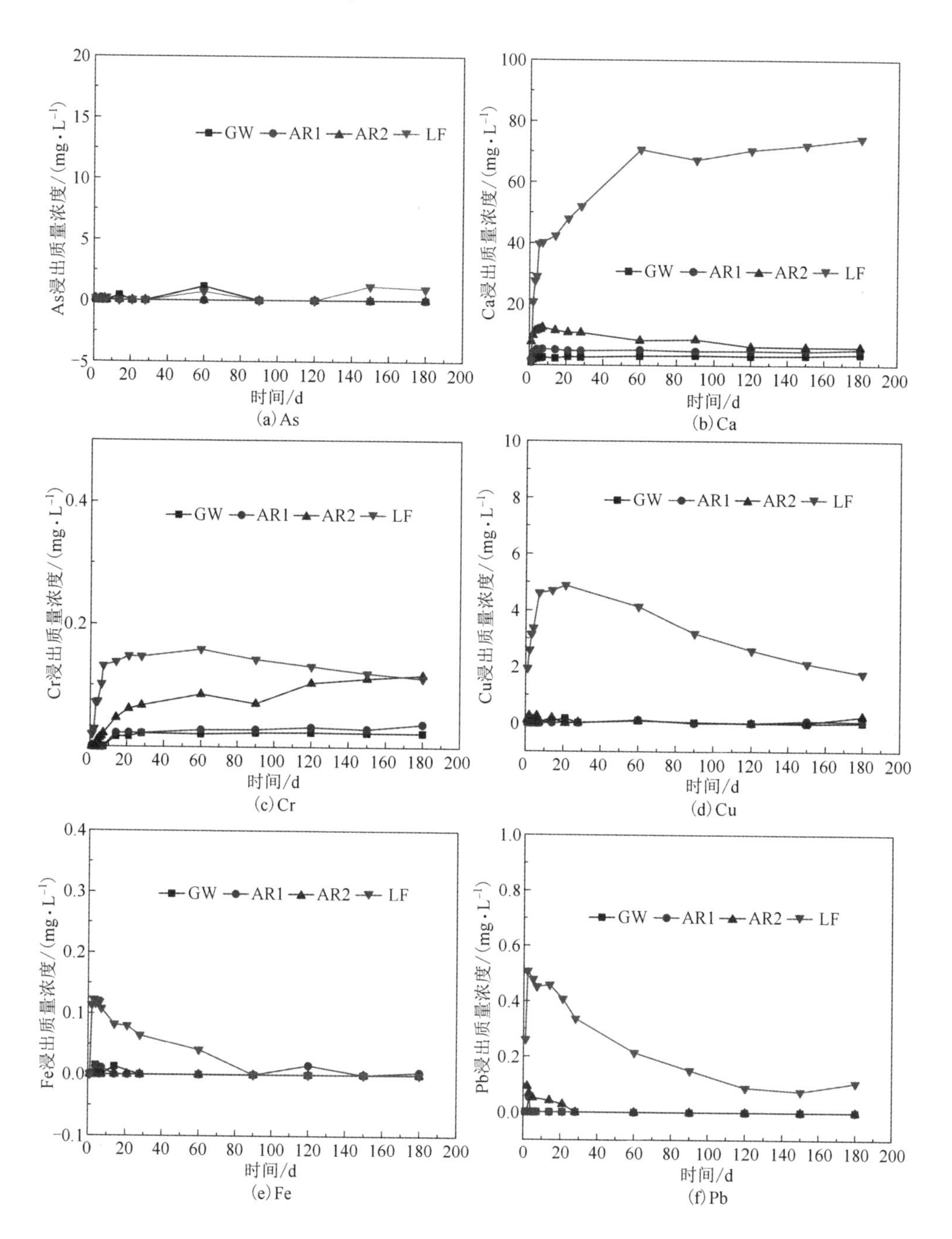

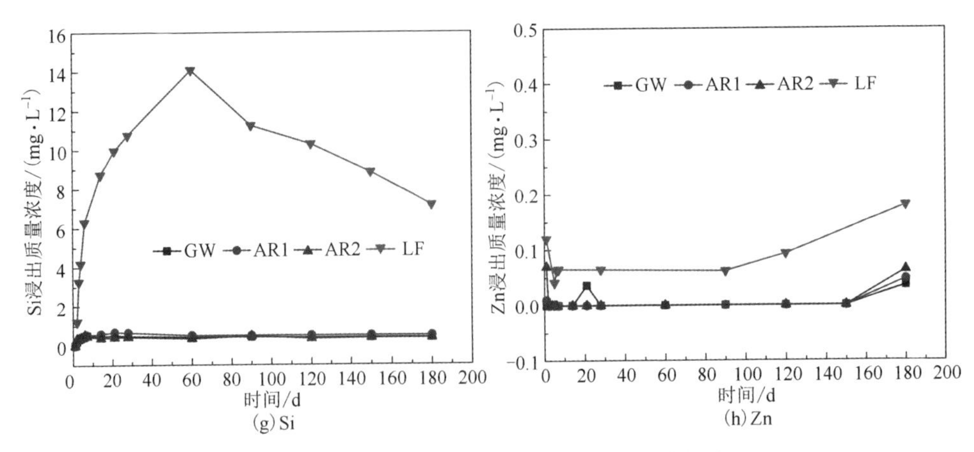

图 3-13 废耐火材料中金属元素静态浸出行为

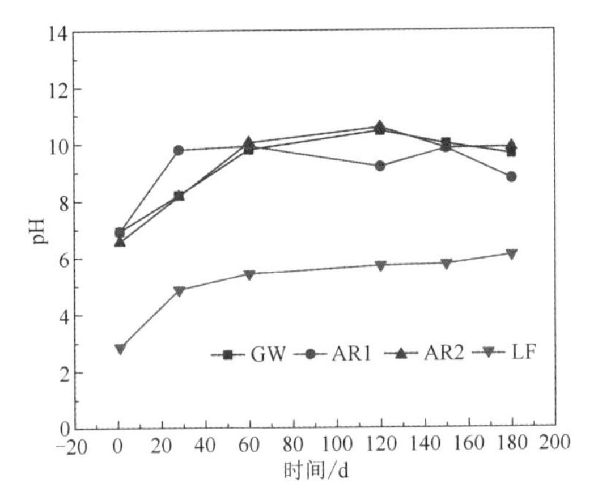

图 3-14 废耐火材料浸出过程中浸提液 pH 变化特征

废耐火材料中 Ca 在模拟填埋场环境中的浸出表现出明显的分段特征，实验初期表面吸附的 Ca 快速溶解，后期溶出速率减缓，可能主要是阳离子替换或有机物络合作用导致离子释放。废耐火材料中 Cr、Cu、Pb、Si 的浸出行为可总结为三个阶段：第一个阶段金属迅速溶出，为废耐火材料表面的弱吸附态金属释放；第二个阶段浸出浓度的增长速度减缓，可能是浸入腐蚀在耐火砖内的金属杂质逐步释放；第三个阶段金属元素的浸出浓度均有一定程度的回落，可能是由于释放到溶液中的金属离子又重新吸附于废耐火材料表面。

废耐火材料静态侵蚀前后的 XRD 图谱及扫描电镜图变化不大，详见附录 A。

(4)熔炼渣中重金属元素的释放特性及变化

熔炼渣中各重金属元素在四种模拟浸提液中的释放特性见图 3-15。浸出液 pH 的变化(见图 3-16)表明，熔炼渣浸出过程中 pH 的变化与浸提液起始 pH 关系密切，模拟地下水环境及模拟弱酸酸雨环境的浸提液 pH 保持在中性，模拟强酸酸雨环境的浸提液 pH 上下波动较为明显，但基本保持在弱酸性，模拟填埋场环境的浸提液 pH 在浸出初期上升后一直保持在 3.50 左右波动。

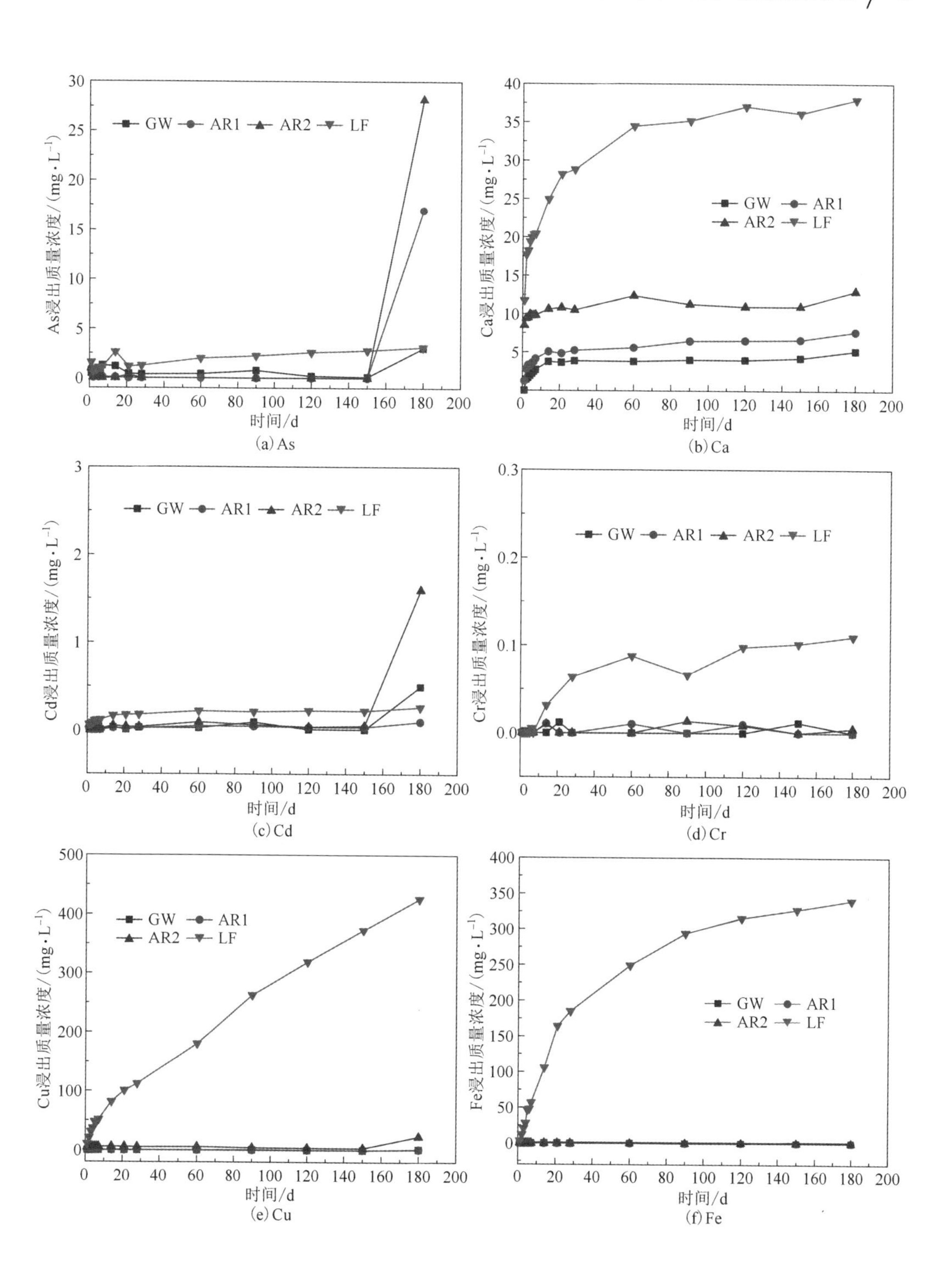

(a) As (b) Ca (c) Cd (d) Cr (e) Cu (f) Fe

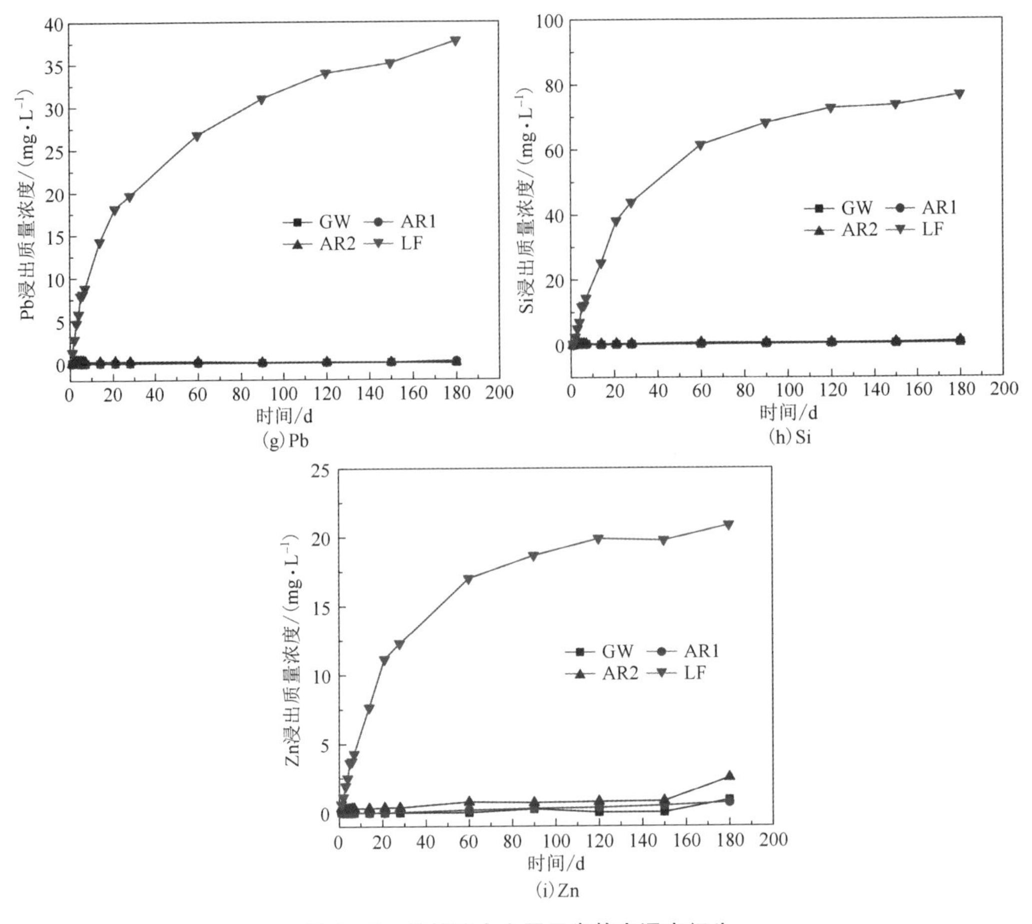

图 3-15　熔炼渣中金属元素静态浸出行为

浸提液 pH 对金属的浸出也有一定影响。在模拟填埋场环境中金属元素的浸出浓度普遍高于其他模拟环境，从 Ca 的释放规律也可明显看出，pH 越小浸出浓度就越大。熔炼渣中各金属元素的浸出浓度相对较低，但在模拟填埋场环境中 Cu、Pb 的超标浓度分别达到 3.26 倍、6.56 倍。熔炼渣中 Ca、Cr、Fe、Pb、Si、Zn 在模拟填埋场环境的浸出浓度均符合

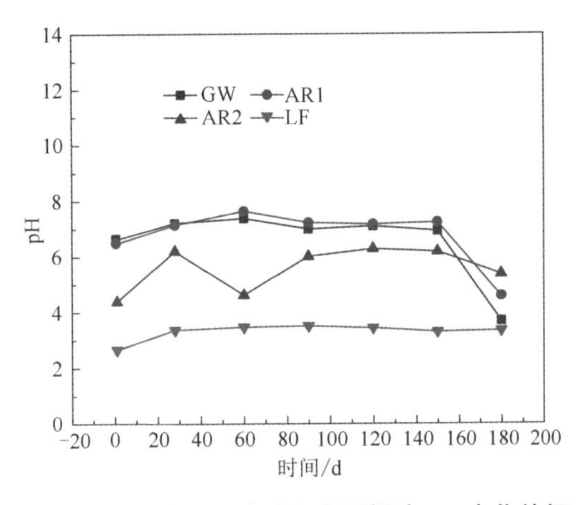

图 3-16　熔炼渣浸出过程中浸提液 pH 变化特征

两段浸出的特征，即第一阶段浸出浓度迅速上升，第二阶段浸出速率减缓。而熔炼渣中 Cu 在模拟填埋场环境的浸出行为未表现出明显的阶段性，这可能与 Cu 的存在形态有关，从 BCR 结果可知，熔炼渣中的 Cu 除 35.67%为极难迁移的残渣态外，有 63.70%均为可氧化态，酸可溶态及可还原态占比仅为 0.55%、0.09%，导致其不会有特别明显的快速释放过程。As、Cd 浓度在实验的末期突然上升，且 pH 降低，推测可能是由于熔炼渣长期浸泡后表面开裂，增加了固废物与溶液的表面接触面积，破坏了原有的体系平衡。

熔炼渣静态侵蚀前后的 XRD 图谱(见图 3-17)表明，静态侵蚀前后熔炼渣的 XRD 图谱发生了一定变化，在模拟中性地下水环境及模拟弱酸酸雨环境中物相组成基本没有发生变化，但可以看出钙铁橄榄石及磁铁矿的特征峰强度明显减弱，说明在中性至弱酸环境中未发生明显的化学反应，主要是熔炼渣表面的弱吸附态金属在释放。在模拟强酸酸雨环境中钙铁橄榄石物相消失，磁铁矿特征峰强度反倒增强，对照前述金属浸出行为也可发现，在模拟强酸酸雨环境下 Ca 的浸出浓度明显高于模拟中性地下水环境及模拟弱酸酸雨环境，但 Fe 的浸出浓度差别不大，说明在强酸环境下钙铁橄榄石溶解，但释放的 Fe 在浸提液中又发生反应生成新的沉淀。在模拟填埋场环境中钙铁橄榄石物相消失，且出现新的 Cu_5FeS_4 物

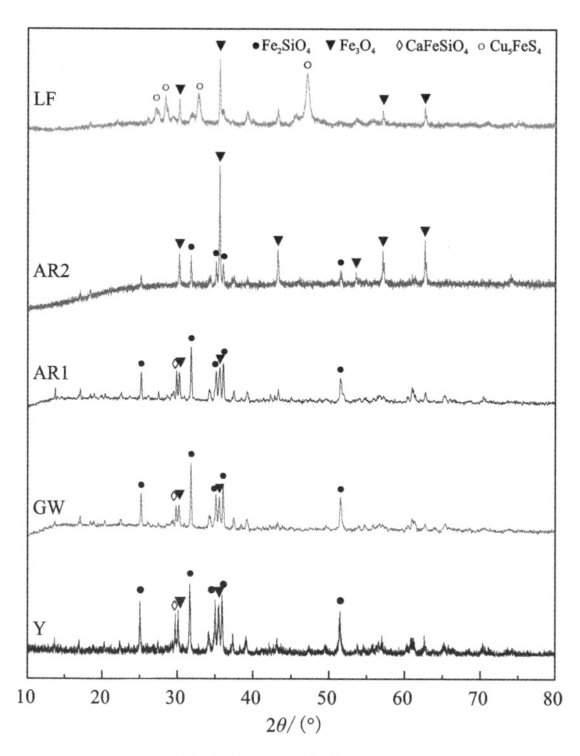

图 3-17　熔炼渣静态侵蚀前后 XRD 图谱比对

相，可能是熔炼渣中掺杂有斑铜矿，经过长期浸泡过程，包裹着斑铜矿相的脉石矿物被逐渐溶解，导致斑铜矿相释放。对照前述金属浸出行为，熔炼渣中主要金属元素在模拟填埋场环境中的浸出浓度均远远高于其他模拟环境，推测是熔炼渣中的硅酸盐矿物迅速溶解，释放出其内包裹的斑铜矿。

扫描电镜图(见图 3-18)表明，熔炼渣原样为不规则块状颗粒，表面较为光滑，经静态侵蚀后颗粒微观形貌变化不大，但经模拟强酸酸雨环境静态侵蚀后颗粒表面变粗糙，并有少量细微沉淀物附着，在经模拟填埋场环境静态侵蚀后的颗粒表面上此种现象更为明显，与前述金属浸出行为及 XRD 图谱的分析结果一致。

(a) 原样状态扫描电镜图

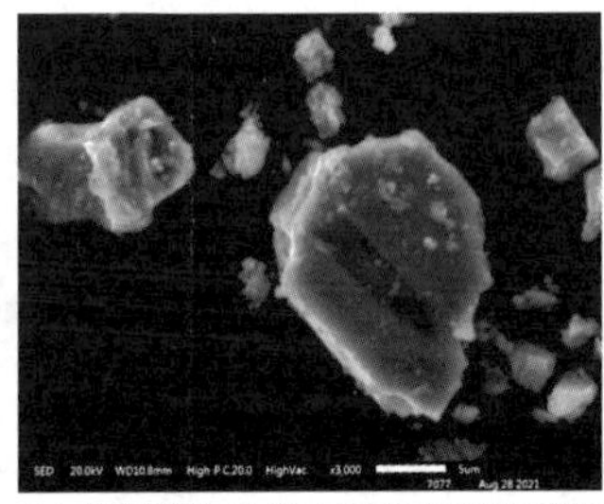
(b) 模拟填埋地下水环境扫描电镜图

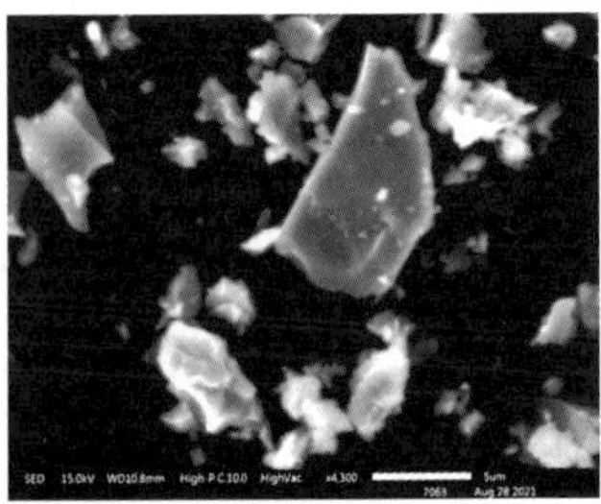
(c) 模拟弱酸酸雨环境扫描电镜图

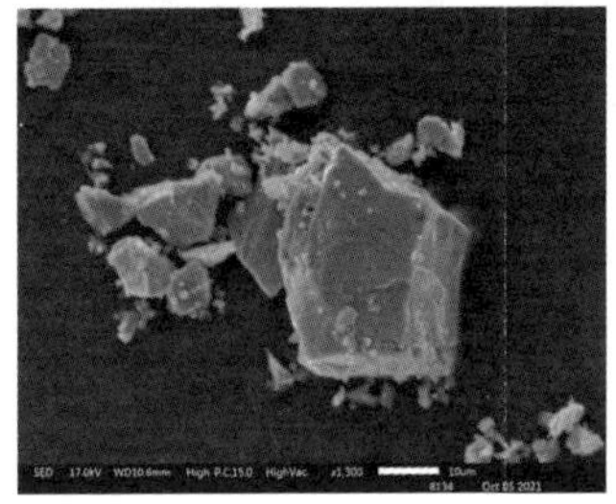
(d) 模拟强酸酸雨环境扫描电镜图

(e) 模拟填埋场环境扫描电镜图

图 3-18　熔炼渣静态侵蚀前后扫描电镜图比对

(5)渣选厂尾矿中重金属元素的释放特性及变化

渣选厂尾矿中各重金属元素在四种模拟浸提液中的释放特性(见图 3-19)表明，在模拟填埋场环境中各金属元素的浸出浓度普遍高于其他模拟环境。渣选厂尾矿中 Ca、Zn 在模拟填埋场环境的浸出行为较符合两段浸出的特征，即第一阶段浸出浓度迅速上升，之后浸出速率减缓，并逐渐趋向平缓，达到最大浸出浓度。而渣选厂尾矿中 Fe 在模拟填埋场环境的浸出速率未呈现出明显的阶段性，基本保持匀速上升，到达最大浸出浓度后基本保持平稳。渣选厂尾矿中 Si 在模拟填埋场环境的浸出浓度在经历了快速释放和缓速释放两个阶段后，其浸出浓度以较慢的速率下降，可能是由于硅产生了难溶的硅胶。渣选厂尾矿中 As、Cu、Pb 在模拟填埋场环境中呈现为与 Si 类似的浸出浓度回落后又有所升高的趋势，浸出浓度的回落可能是由于释放的金属离子被吸附于产生的胶体或固废颗粒表面，而后续的升高趋势可能是因为固废的浸出过程十分复杂，受到物理、化学、微生物等多方面作用，浸出过程将会存在一个“吸附—解吸—再释放”的动态平衡过程。渣选厂尾矿中 Fe 的浸出浓度明显高于其他金属元素，主要是由于其质量分数高达 46.20%。在中性地下水环境、模拟酸雨环境中各金属元素的浸出浓度较低，在模拟填埋场环境中相对较高，As、Pb 的浸出浓度超标倍数最高分别为 2.84 倍、2.35 倍。

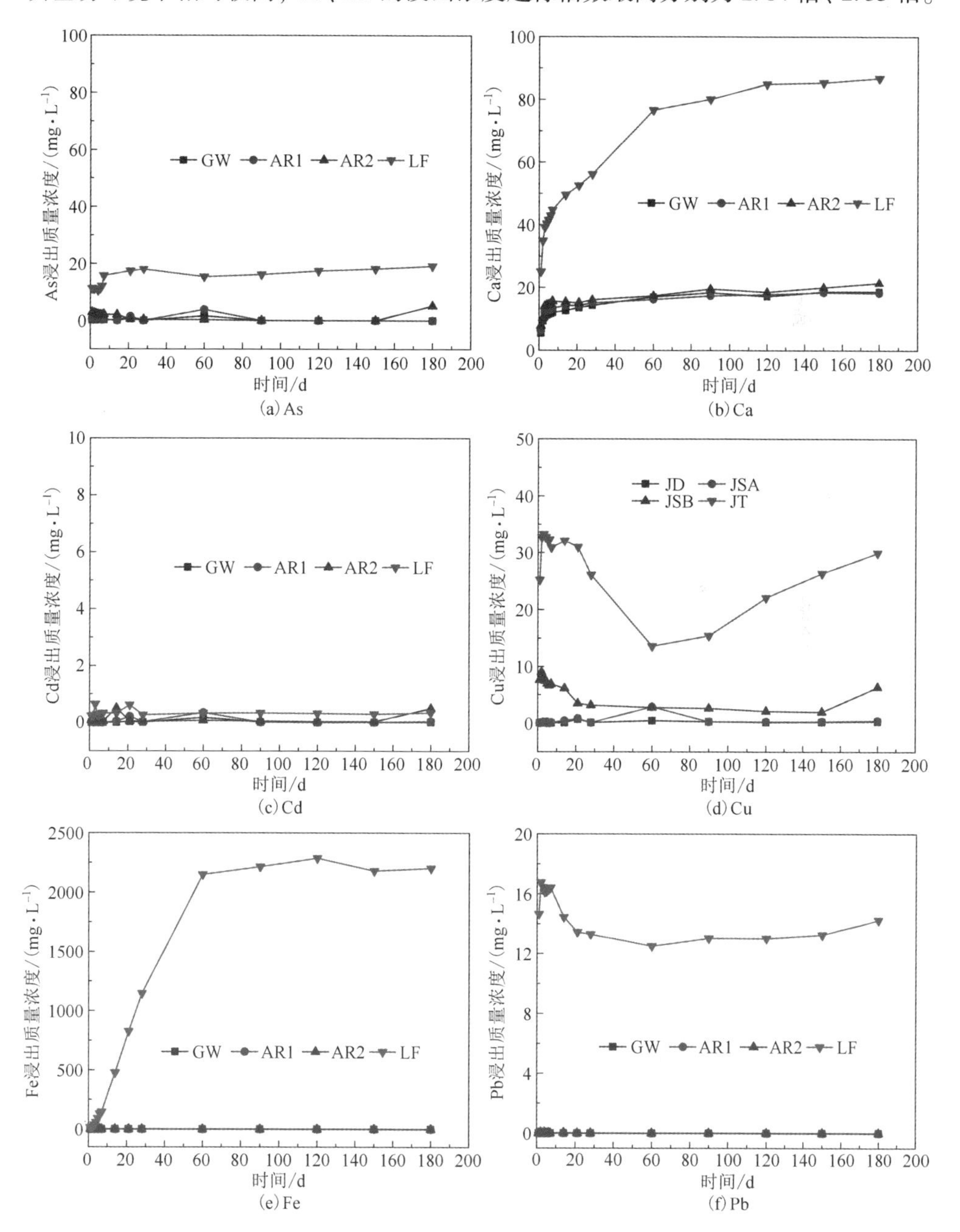

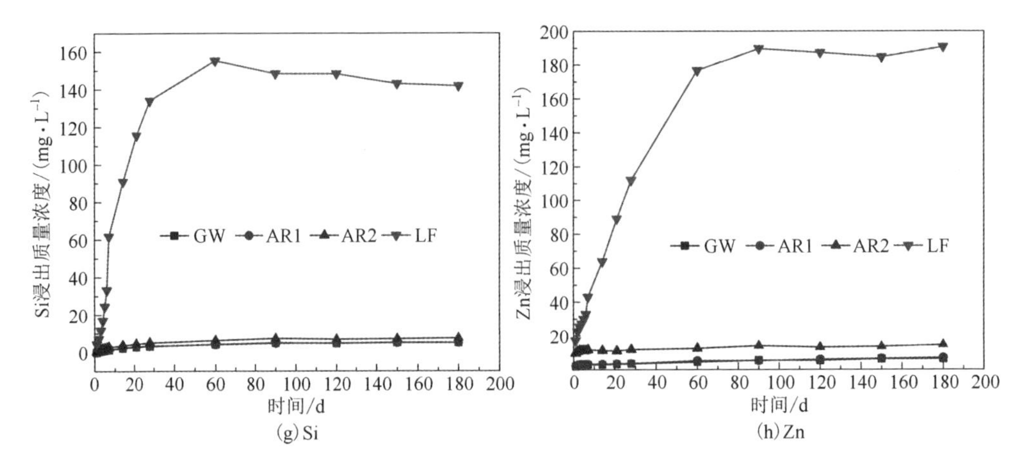

图 3-19　渣选厂尾矿中金属元素静态浸出行为

浸出液 pH 变化(见图 3-20)表明，渣选厂尾矿浸出过程中 pH 变化与浸提液原始 pH 有关，模拟地下水环境及模拟弱酸酸雨环境的浸提液 pH 大部分时间保持在中性，模拟强酸酸雨环境的浸提液 pH 上下波动较为明显，但基本保持在弱酸性，模拟填埋场环境的浸提液 pH 在浸出初期上升后一直保持在 4 左右波动。

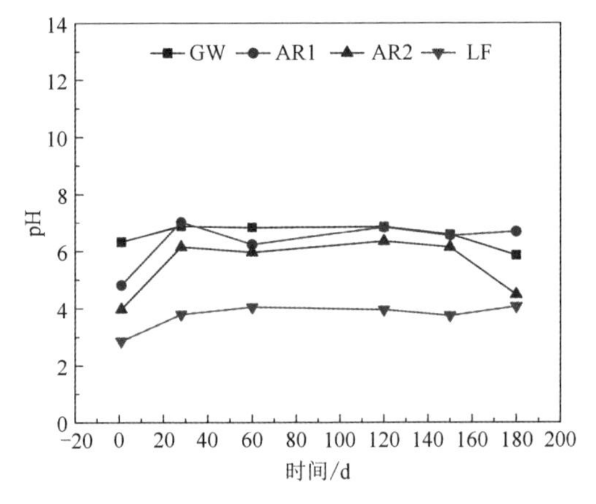

图 3-20　渣选厂尾矿浸出过程中浸提液 pH 变化特征

渣选厂尾矿静态侵蚀前后的 XRD 图谱及扫描电镜图变化不大，详见附录 A。

(6)吹炼白烟尘中重金属元素的释放特性及变化

吹炼白烟尘中各重金属元素在四种模拟浸提液中的释放特性(见图 3-21)表明，吹炼白烟尘中各金属元素在不同模拟环境中浸出浓度的区别较为明显，在模拟地下水环境中金属元素的浸出浓度最低，模拟酸雨环境中金属元素的浸出浓度居中，模拟弱酸酸雨及模拟强酸酸雨中金属元素的浸出浓度差异不大，模拟填埋场环境中金属元素的浸出浓度最高。

吹炼白烟尘中 Fe 的浸出浓度在实验初期上升，但后续其浸出浓度下降，在模拟地下水环境及模拟酸雨环境中后期其浸出浓度均为未检出，在模拟填埋场环境

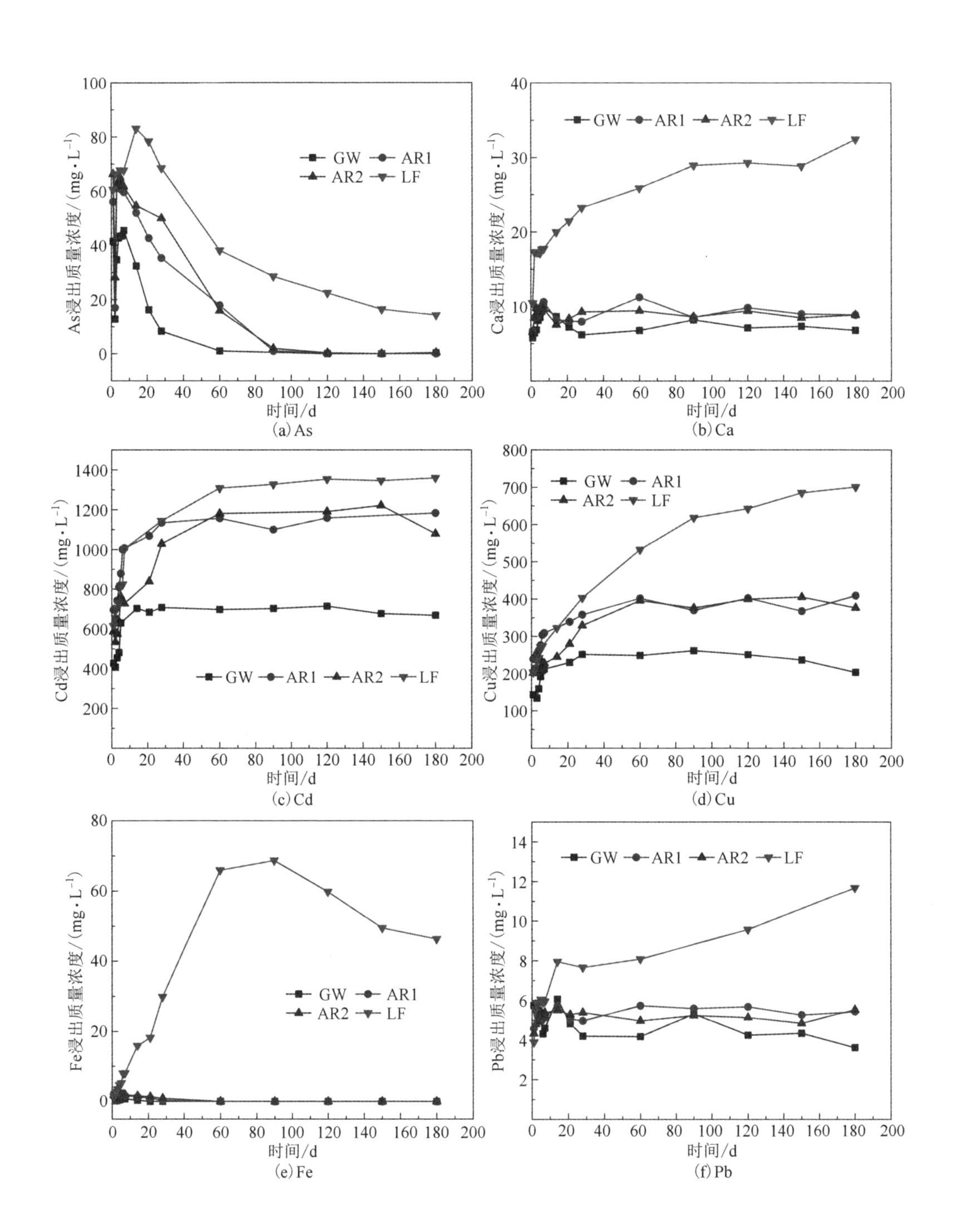

(a) As

(b) Ca

(c) Cd

(d) Cu

(e) Fe

(f) Pb

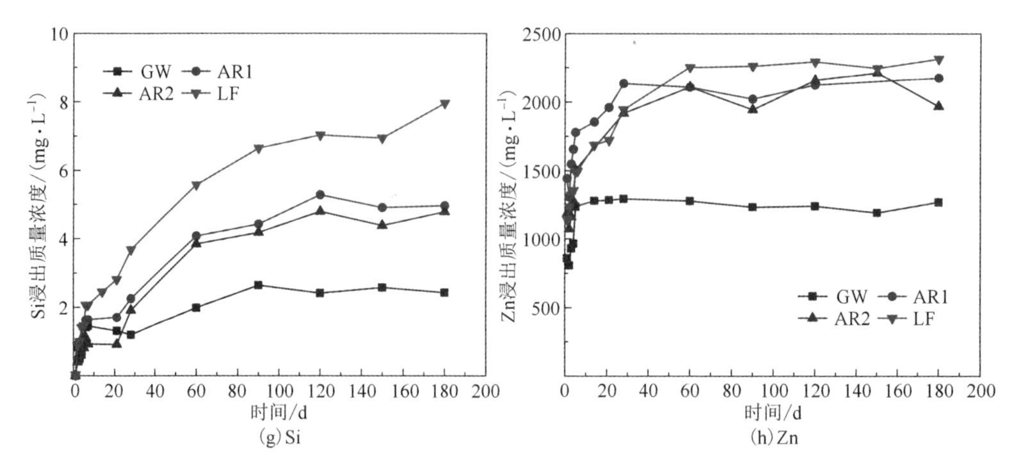

图 3-21　吹炼白烟尘中金属元素静态浸出行为

中其浸出浓度也大幅下降，可能是由于随着浸提液 pH 的升高，Fe 发生水解生成了难溶的氢氧化铁。而氢氧化铁胶体可能吸附浸提液中存在的 As，因此 As 的浸出行为也表现为初期迅速释放，达到峰值后逐渐下降。吹炼白烟尘中 Ca、Cd、Cu、Si、Zn 的浸出行为均表现为较明显的两段浸出特征，即第一阶段浸出浓度迅速上升，之后浸出速率减缓，并逐渐趋向平缓，达到最大浸出浓度。

虽然吹炼白烟尘的物相主要为 $PbSO_4$，Pb 质量分数高达 47.00%，但由于 pH 保持在弱酸至中性范围，在此 pH 范围内，Pb^{2+}可能生成 $Pb(OH)_2$、$PbSO_4$ 等沉淀，因此其浸出浓度保持在较低的状态。而 Zn 的质量分数虽然只有 4.70%，但从 BCR 结果看来，其酸可溶态占比高达 88.75%，因此吹炼白烟尘中 Zn 的迁移性极高，在浸提液中的浓度最高可达 2316.40 mg/L。从超标倍数来看，Cd 浸出浓度超标最为严重(1358.30 倍)。

浸出液 pH 的变化(见图 3-22)表明，模拟地下水环境及模拟酸雨环境的 pH 变化过程较为类似，浸出第 1 天 pH 迅速降低，之后随着时间推移 pH 逐渐回升至 5 左右；而模拟填埋场环境浸提液的 pH 相比其他模拟环境较低，实验结束时 pH 为 3.49。

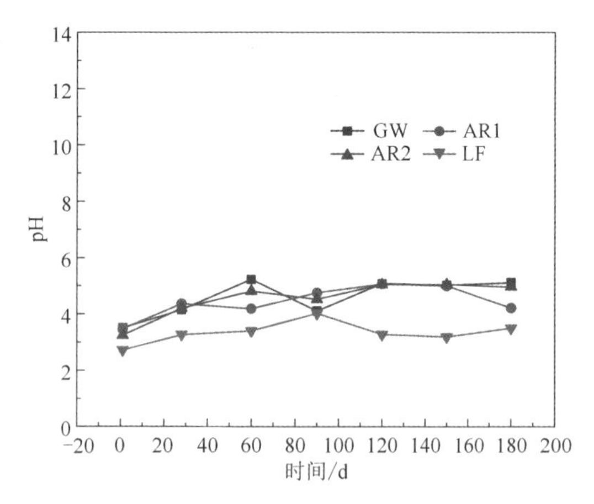

图 3-22　吹炼白烟尘浸出过程中浸提液 pH 变化特征

吹炼白烟尘静态侵蚀前后的XRD图谱及扫描电镜图变化不大，详见附录A。

(7)黑铜泥中重金属元素的释放特性及变化

黑铜泥中各重金属元素在四种模拟浸提液中的释放特性(见图3-23)表明，黑铜泥中As、Cu的浸出浓度最高，主要是由于黑铜泥中As、Cu的含量(质量分数)较高，分别为29.10%、39.20%，其中As的浸出浓度超标倍数更是高达1114.38倍。As、Cu二者的浸出行为均体现出较为明显的两段浸出特征，即第一阶段浸出浓度迅速上升，之后浸出速率减缓，并逐渐趋向平缓，达到最大浸出浓度。Cd、Fe的浸出浓度在实验初期迅速到达最大值后又迅速下降，最终趋向于0。而黑铜泥中的Ca、Si、Zn未呈现出明显的变化规律，上下波动较大，可能存在溶出和再吸附的过程。类似的现象也曾在其他学者的研究中出现过，可能是由于黑铜泥在释放金属的同时，也存在其他可溶性物质随之溶出，如无机盐、可与金属离子共沉淀的阴离子、络合剂等，所释放出来的金属离子易与这些可溶物发生吸附凝聚、共沉淀、络合等物理化学变化，导致其浓度变化较大；另外可以发现，三个元素的变化趋势整体类似，也可能是因为生成了Ca、Si、Zn的不稳定化合物，且外界环境对其影响较大。

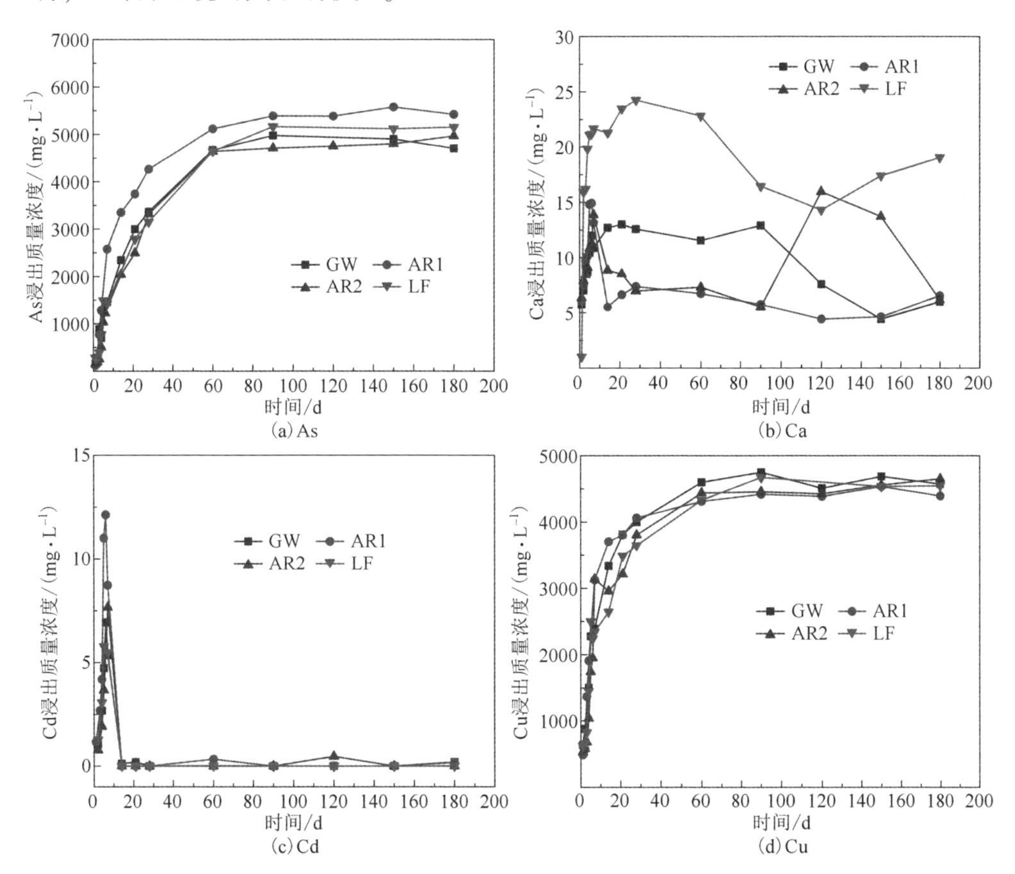

(a) As (b) Ca

(c) Cd (d) Cu

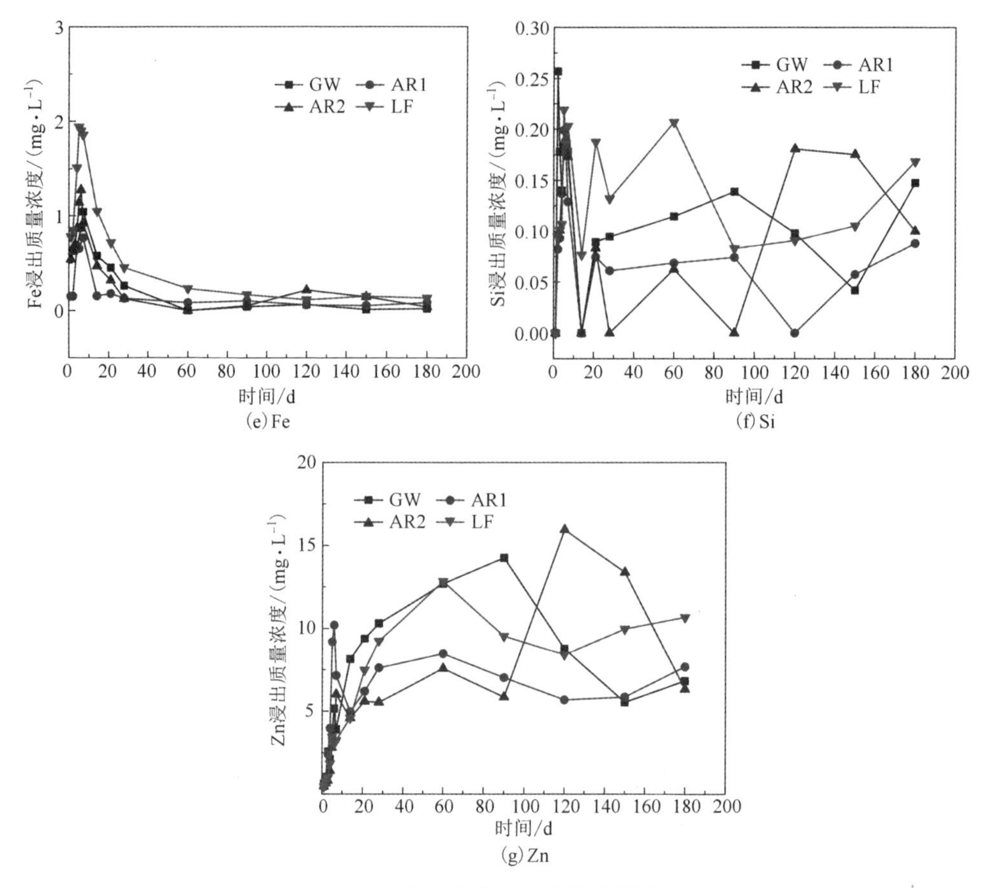

图 3-23　黑铜泥中金属元素静态浸出行为

浸出液 pH 变化(见图 3-24)表明，黑铜泥浸出过程中 pH 在前期与浸提液的原始 pH 相关，但在实验后期各浸提液的 pH 差异较小，均保持在 2.50~3.00 区间内波动，且变化趋势基本一致。

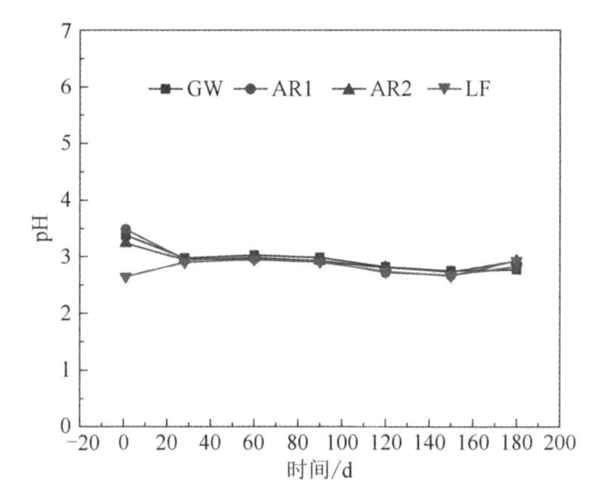

图 3-24　黑铜泥浸出过程中浸提液 pH 变化特征

黑铜泥静态侵蚀前后的 XRD 图谱(见图 3-25)表明，静态侵蚀前后黑铜泥主要物相未发生变化，但杂峰的位置发生了变化且强度明显降低，不同模拟环境中的变化趋势基本一致。扫描电镜图(见

图 3-26)表明，黑铜泥原样微观形貌表面呈层状结构，但静态侵蚀后表面覆盖有絮状沉淀。这说明在静态侵蚀过程中，黑铜泥原本的表面物质溶解，并生成了新的沉淀，与前述金属元素浸出规律中，Ca、Cd、Fe、Si、Zn 发生溶解后浸出浓度降低的现象一致，也符合 XRD 图谱的分析结果。

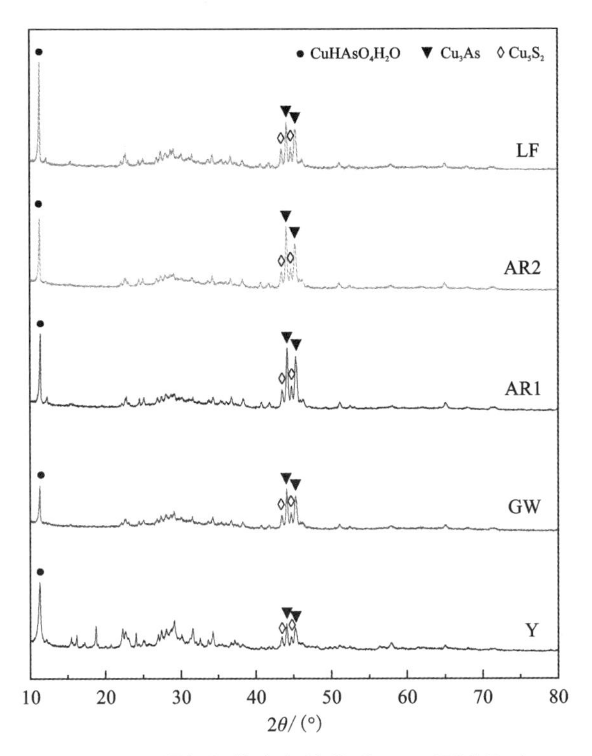

图 3-25　黑铜泥静态侵蚀前后 XRD 图谱比对

(8)阳极渣中重金属元素的释放特性及变化

阳极渣中各重金属元素在四种模拟浸提液中的释放特性(见图 3-27)表明，阳极渣中各金属元素在不同模拟环境浸提液中的浸出行为差异明显，在模拟地下水环境及模拟酸雨环境中的浸出浓度较低，而在模拟填埋场环境中的浸出浓度明显高于其他模拟环境。阳极渣中的 As、Ca、Cu、Pb、Si、Zn 在模拟填埋场环境中的浸出行为呈现出较明显的两段浸出特征，即第一阶段浸出浓度迅速上升，之后浸出速率减缓，并逐渐趋向平缓。阳极渣中 Fe 在模拟填埋场环境中的浸出浓度初期迅速上升，第 14 天达到最大值后开始逐渐下降。

浸出液 pH 的变化(见图 3-28)表明，模拟填埋场环境浸提液 pH 在此阶段保持在 3.50 左右，Fe 可能会发生水解并生成难溶的 $Fe(OH)_3$，因此 Fe 的浸出浓度逐步下降。

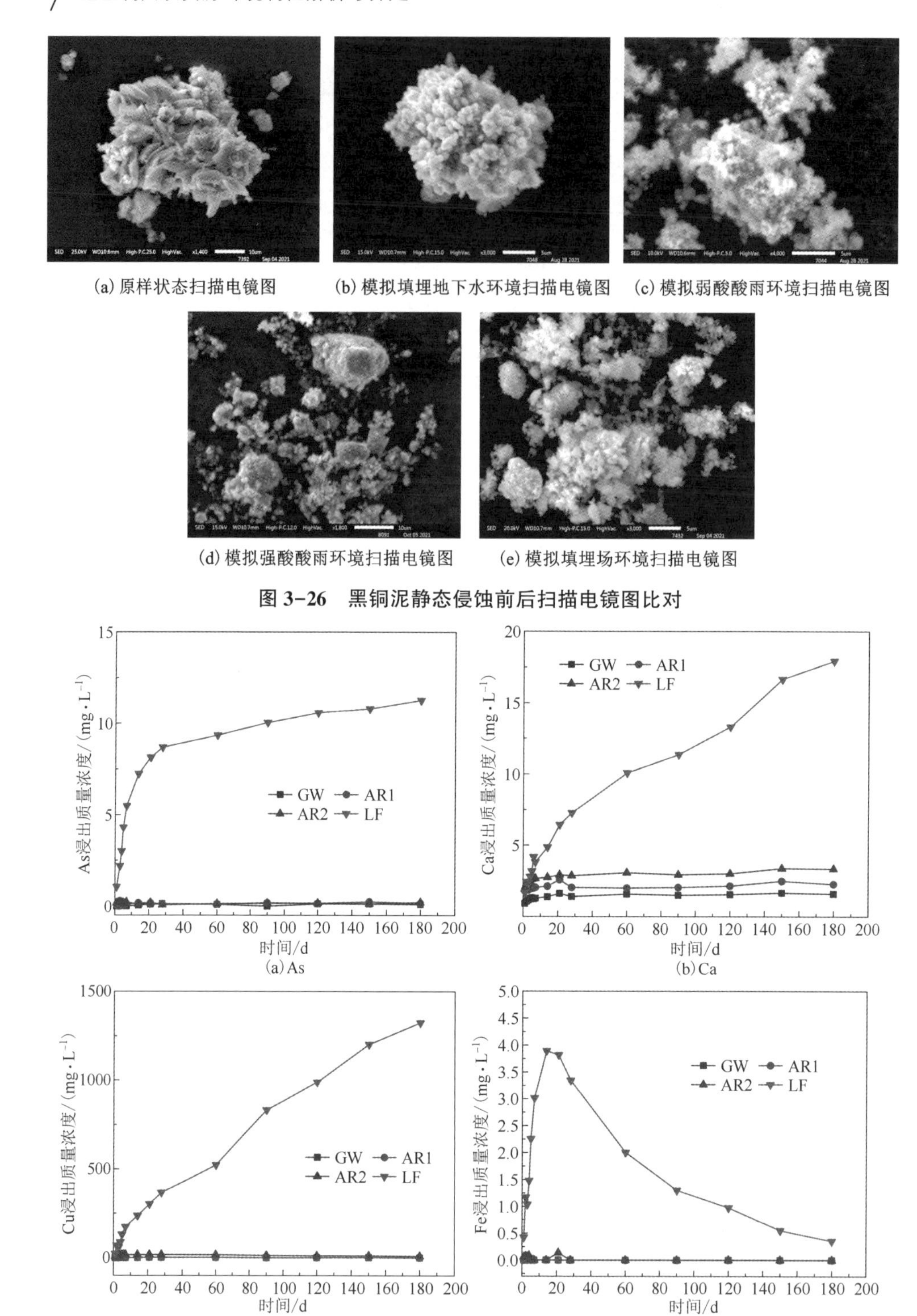

(a) 原样状态扫描电镜图　(b) 模拟填埋地下水环境扫描电镜图　(c) 模拟弱酸酸雨环境扫描电镜图

(d) 模拟强酸酸雨环境扫描电镜图　(e) 模拟填埋场环境扫描电镜图

图 3-26　黑铜泥静态侵蚀前后扫描电镜图比对

(a) As　(b) Ca

(c) Cu　(d) Fe

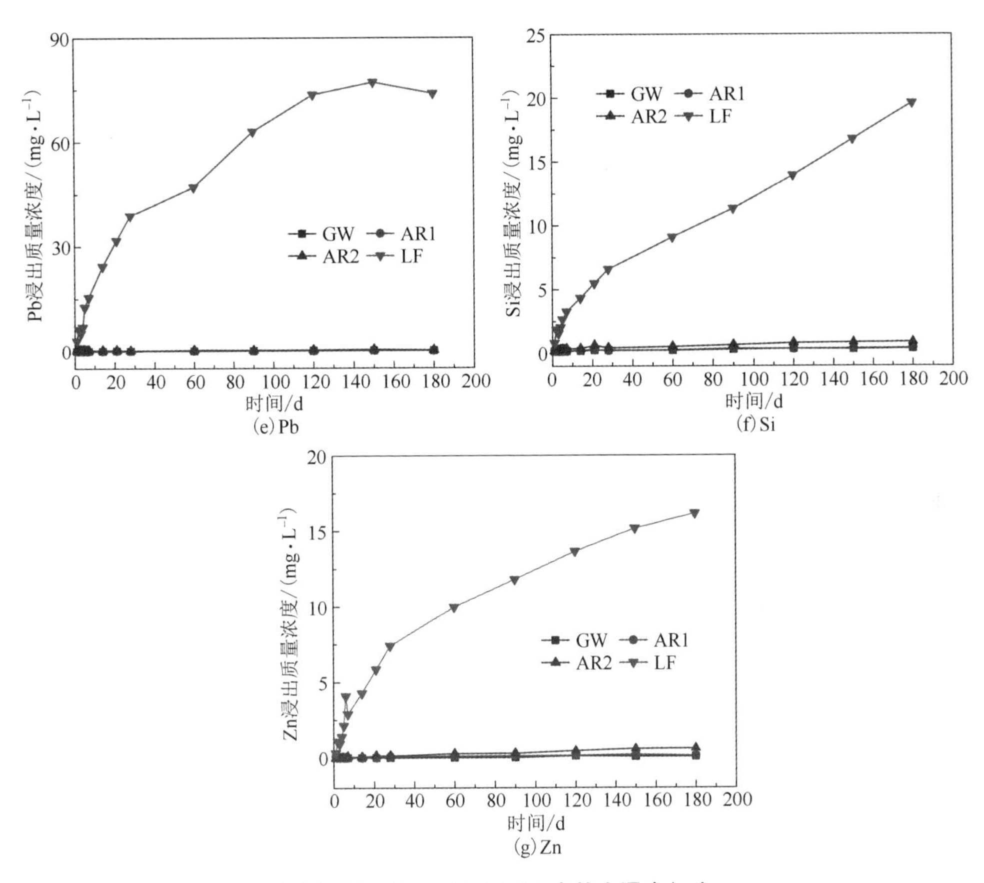

图 3-27　阳极渣中金属元素静态浸出行为

在所有元素中，Cu 的浸出浓度最高可达 1324.83 mg/L，且到实验末期仍存在较为明显的上升趋势，主要是由于阳极渣中 Cu 的含量(质量分数)高达 55.30%；同时从 BCR 结果可知，Cu 主要以还原态(占比为 49.12%)存在，说明阳极渣中 Cu 的迁移性较强，相对应的环境风险也较大。从浸出浓度的超标情况来看，超标较为严重的有 Cu、Pb，其超标倍数分别

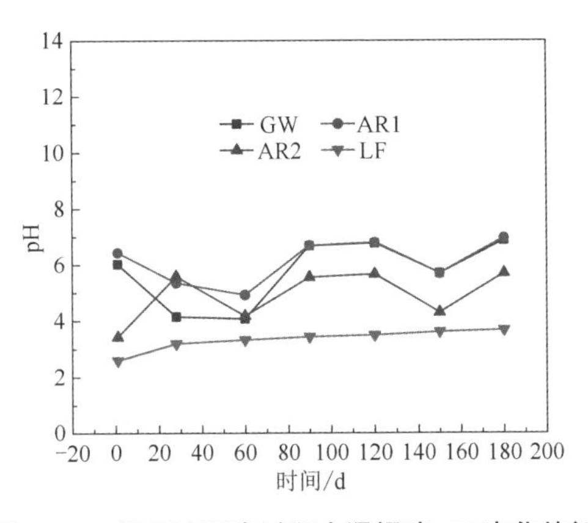

图 3-28　阳极渣浸出过程中浸提液 pH 变化特征

为 12.25 倍、14.43 倍。

阳极渣静态侵蚀前后的 XRD 图谱及扫描电镜图变化不大，详见附录 A。

(9)脱硫石膏渣中重金属元素的释放特性及变化

脱硫石膏渣中各重金属元素在四种模拟浸提液中的释放特性(见图 3-29)表明，脱硫石膏渣中的各金属元素在不同模拟环境浸提液中的浸出行为差异明显，在模拟地下水环境及模拟酸雨环境中的浸出浓度较低，而在模拟填埋场环境中的浸出浓度明显高于其他模拟环境。由浸出液 pH 的变化(见图 3-30)可知，各浸提液的 pH 变化差异也较为明显，浸提液的 pH 与其初始 pH 关系不大，实验进程中模拟地下水环境及模拟酸雨环境的浸提液 pH 基本相同，保持在 7~8，而模拟填埋场环境的浸提液 pH 相对较低，在浸出初期迅速增长后，保持在 4 左右不变。浸提液 pH 相比初始状态明显上升说明脱硫石膏渣中含有大量碱性物质，且在实验初期就大量释放至浸提液中。

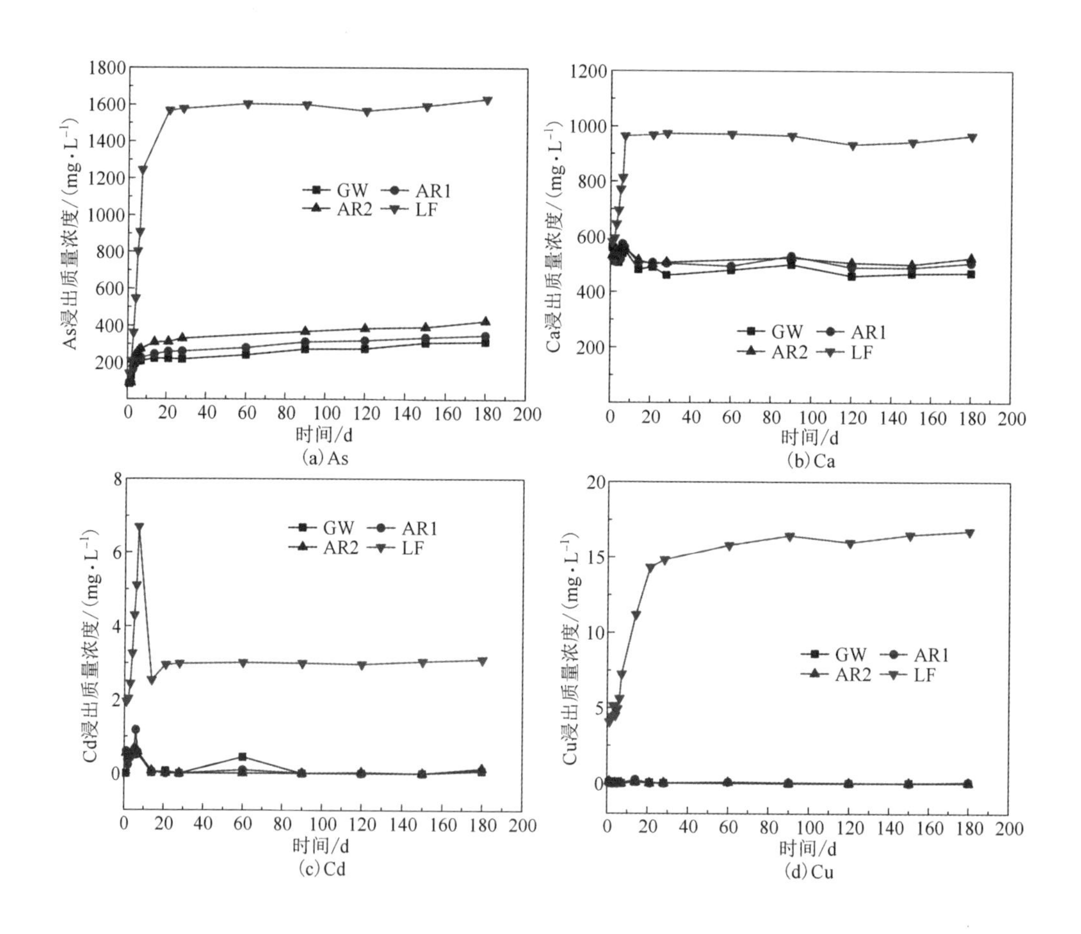

(a) As (b) Ca
(c) Cd (d) Cu

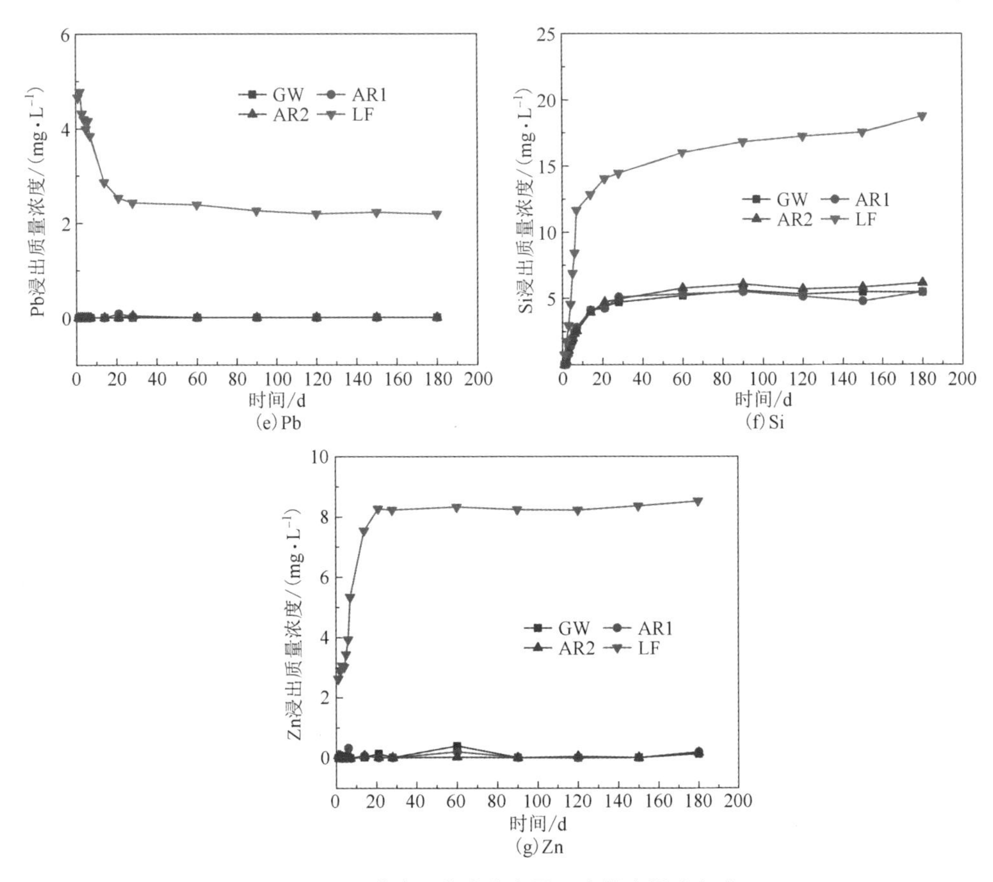

(e) Pb

(f) Si

(g) Zn

图 3-29 脱硫石膏渣中金属元素静态浸出行为

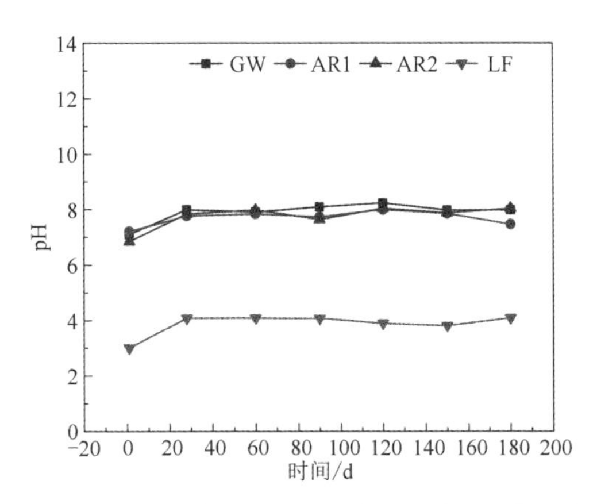

图 3-30 脱硫石膏渣浸出过程中浸提液 pH 变化特征

观察各金属元素在模拟填埋场环境中的浸出行为发现，脱硫石膏渣中 As、Ca、Cu、Zn 在实验初期浸出速率较快，浸出浓度在一个月内迅速到达最大值后基本保持不变。脱硫石膏渣中 Si 的浸出行为表现为两个阶段，前 7 天为第一个快速释放的阶段，从第 7 天往后则浸出速率逐渐减缓，其浸出浓度缓慢升高。而脱硫石膏渣中的 Cd、Pb 在浸出初期迅速释放，之后二者的浸出浓度迅速降低，而且一个月后达到平衡，浸出浓度就基本不发生变化。Pb 的大多数盐类均难溶于水，因此在浸出初期释放的 Pb 主要是脱硫石膏渣表面吸附的 Pb 离子，而在浸出过程中这些释放至浸提液中的 Pb 离子可能会与其他浸出离子发生反应生成难溶物，导致其浸出浓度下降。同样地，Cd 的浸出浓度降低也可能是因为生成了 $CdCO_3$、$Cd(OH)_2$ 等难溶化合物。

各元素中以 As、Ca 的浸出浓度最高，脱硫石膏渣的主要组成为 $CaSO_4$，Ca 含量(质量分数)达 26.50%，因此其浸出浓度较高，而 As 的酸可溶解态含量(质量分数)高达 73.76%，因此 As、Ca 的浸出浓度远高于其他金属，且 As 超标最严重，超标倍数达 325.33 倍。

脱硫石膏渣静态侵蚀前后的 XRD 图谱及扫描电镜图变化不大，详见附录 A。

(10)硫化砷渣中重金属元素的释放特性及变化

硫化砷渣中各重金属元素在四种模拟浸提液中的释放特性如图 3-31 所示，硫化砷渣浸出过程中不同模拟环境的浸提液 pH 基本保持一致，在实验初期上升至 1.90 左右，90 天至 150 天持续下降，最后 30 天又有所回升。浸提液 pH 一直保持在酸性较高的范围内(见图 3-32)，因此可以促进金属元素的溶出，故硫化砷渣的长期环境风险较大。

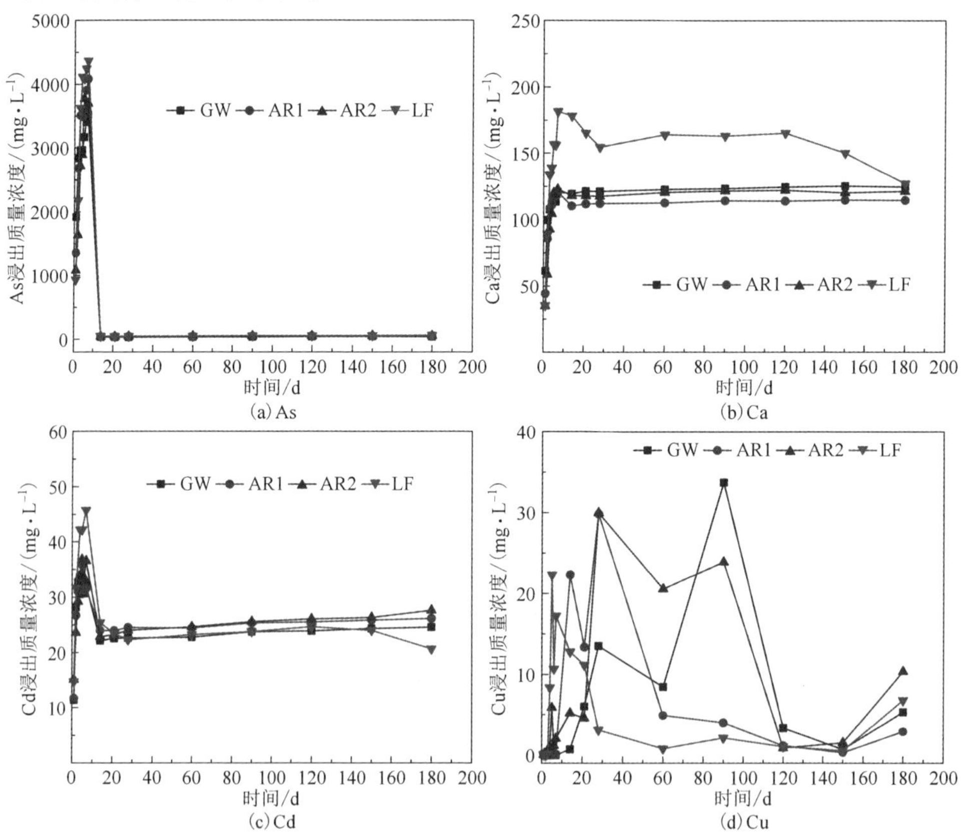

(a) As (b) Ca (c) Cd (d) Cu

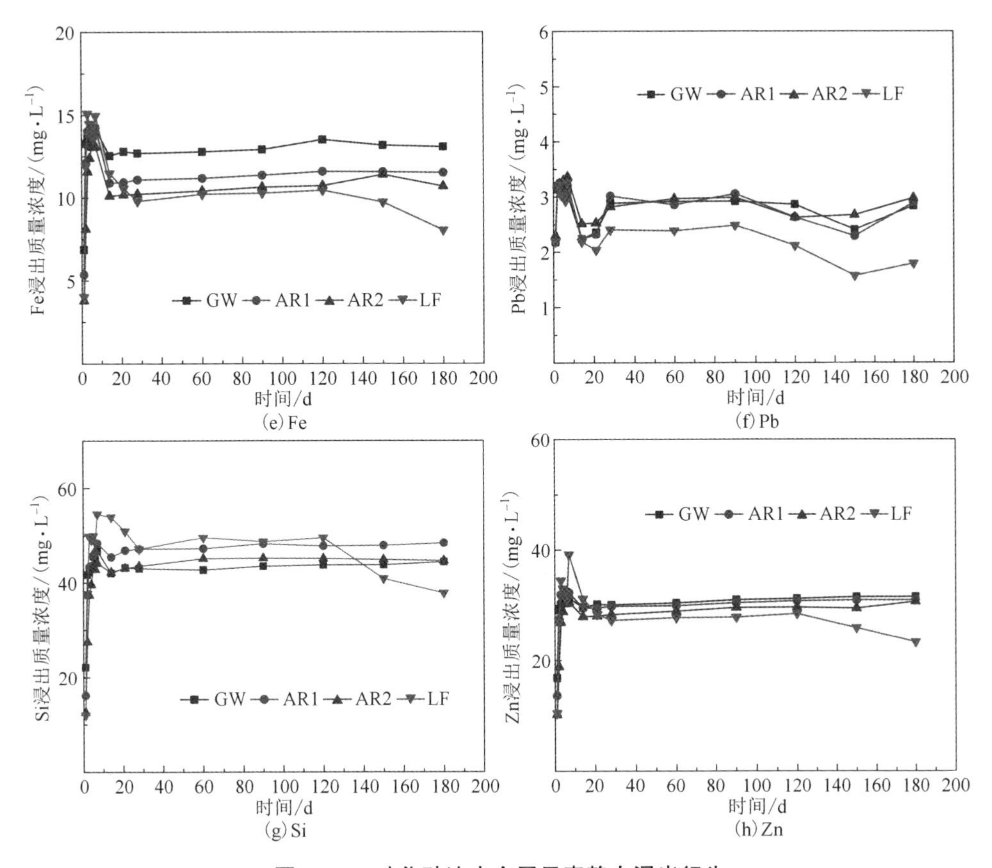

图 3-31　硫化砷渣中金属元素静态浸出行为

除硫化砷中的 Cu 未表现出明显的变化规律外，其他元素的浸出浓度均在实验初期迅速到达最大值后锐减，并在后续实验进程中基本保持在该水平，在各模拟环境浸提液中各元素的浸出趋势基本一致，说明其浸出的机理基本一致。Cu 的浸出未随时间表现出规律性，在其他学者的研究中也曾出现过，推测是因为 Cu 浸出后又产生了新的沉淀，浸提液中成分复杂，可能会

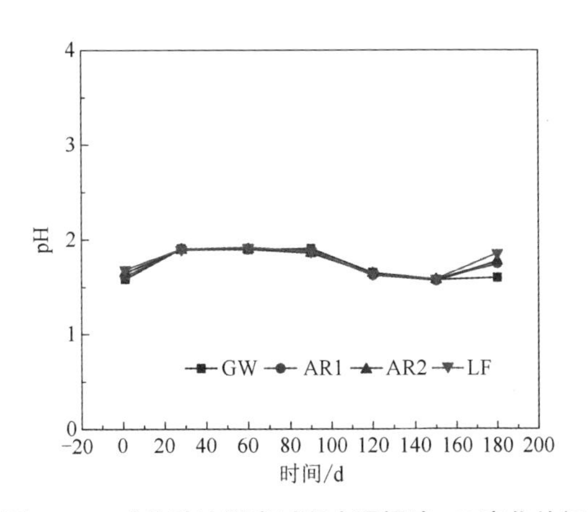

图 3-32　硫化砷渣浸出过程中浸提液 pH 变化特征

产生二次沉淀物，Cu 也可能被二次沉淀物吸附，或发生絮凝、吸附、络合、共沉等情况，导致 Cu 的浸出浓度波动剧烈。

与 pH 变化相类似的是，硫化砷渣中 Ca、Cd、Fe、Pb、Si、Zn 在模拟填埋场环境中的浸出浓度均在 120~150 天有明显的下降，但至 180 天又呈现回升趋势。硫化砷渣中 As 的浸出浓度明显高于其他元素，其浸出浓度最高超标 872.16 倍。一方面，硫化砷渣中 As 含量(质量分数)高达 35.10%，且硫化砷渣在浸出过程中会释放酸，进一步促进其中的金属元素释放；另一方面，硫化砷易氧化为氧化砷，浸出毒性会急剧上升。

硫化砷渣静态侵蚀前后的 XRD 图谱(见图 3-33)表明，硫化砷渣的 XRD 图谱存在较为明显的馒头峰，说明其主要以不定形态存在，可以检测到峰形尖锐的 As_2O_3 特征峰；静态侵蚀后还出现了明显的 $PbSO_4$ 特征峰，说明在浸出过程中从原硫化砷渣中释放的 Pb 又反应生成了 $PbSO_4$ 沉淀。这与前述金属元素浸出规律中，Pb 浸出浓度先迅速上升又回落的现象相符。

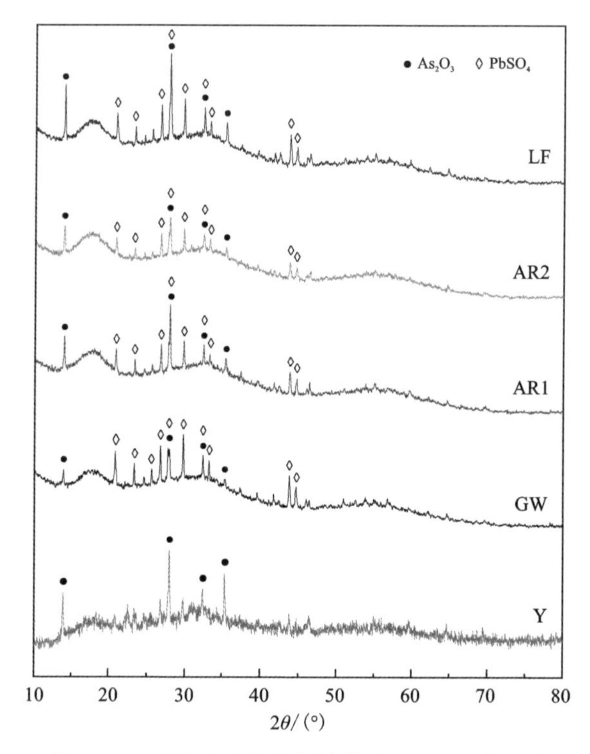

图 3-33 硫化砷渣静态侵蚀前后 XRD 图谱比对

由扫描电镜图(见图 3-34)可知，硫化砷渣为表面呈絮状团聚的不规则无定形颗粒，静态侵蚀后硫化砷渣表面的絮状团聚减少，但仍附着有大量细颗粒，说明原有絮状物质溶解后又生成了新的沉淀。

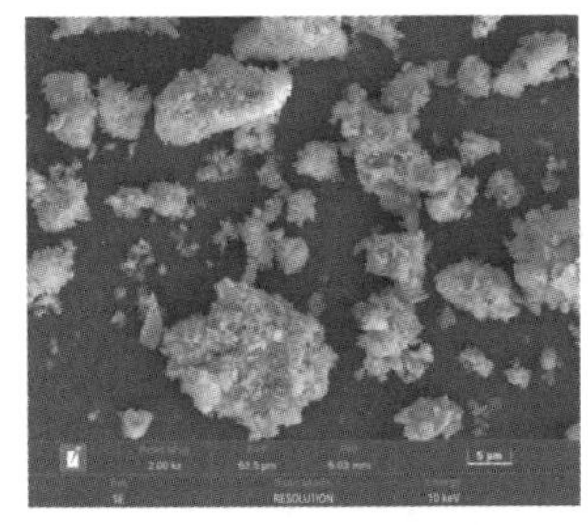

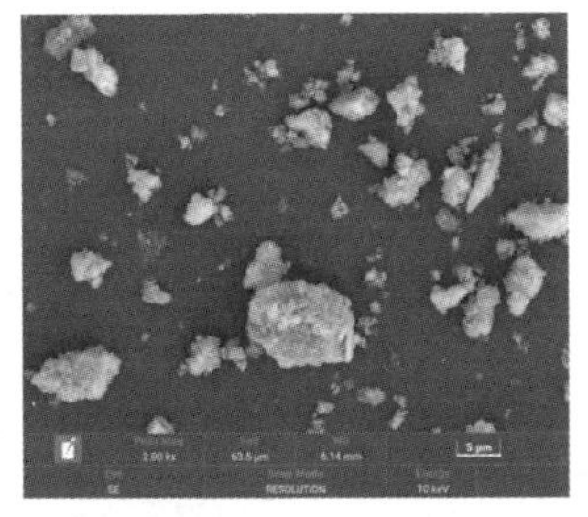

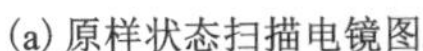

(a) 原样状态扫描电镜图　(b) 模拟填埋地下水环境扫描电镜图　(c) 模拟弱酸酸雨环境扫描电镜图

(d) 模拟强酸酸雨环境扫描电镜图　(e) 模拟填埋场环境扫描电镜图

图 3-34　硫化砷渣静态侵蚀前后扫描电镜图比对

(11) 中和渣中重金属元素的释放特性及变化

中和渣中各重金属元素在四种模拟浸提液中的释放特性(见图 3-35)表明，中和渣中的各金属元素在不同模拟环境浸提液中的浸出行为差异明显，在模拟地下水环境及模拟酸雨环境中的浸出浓度较低，而在模拟填埋场环境中的浸出浓度明显高于其他模拟环境。中和渣的主要成分为 $CaCO_3$，Ca 含量(质量分数)高达 20.10%，因此其浸出浓度最高，Ca 的浸出行为表现出明显的两段浸出特征，即在实验初期的前 7 天迅速释放，7 天以后浸出速率随着时间的延长而逐渐减小，并逐渐趋向平稳，最终其浸出浓度为 4602.01 mg/L。中和渣中的 Fe、Si 在实验初期迅速释放，它们的浸出浓度达到最高值后又逐渐下降，可能是由于水解产生了 $Fe(OH)_3$、硅胶等难溶物质；As、Zn 等在实验初期迅速释放至浸提液中的离子可能重新被吸附至新生成的物质表面，导致它们的浸出浓度也随之降低。

浸出液 pH 的变化(见图 3-36)表明，模拟地下水环境及模拟酸雨环境的浸提液 pH 保持一致，基本保持在 8 左右；而模拟填埋场环境的浸提液 pH 明显较低，在整个浸出过程中呈现上升趋势，最终 pH 为 6.72。浸提液 pH 相比初始状态明显上升说明中和渣中含有大量碱性物质，且在实验初期就大量释放至浸提液中。

分析中和渣静态侵蚀前后的 XRD 图谱(见图 3-37)可知，中和渣主要物相为

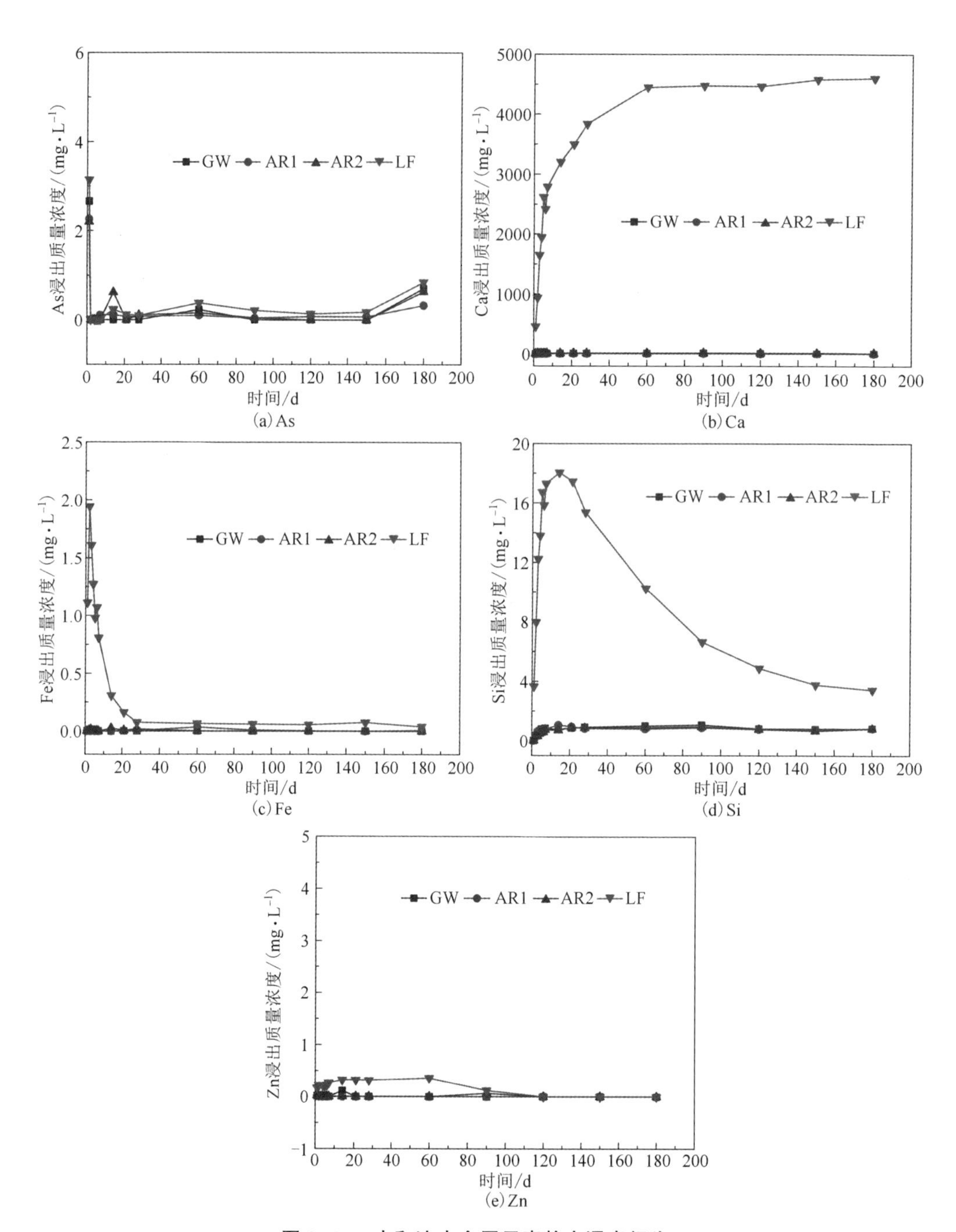

图 3-35　中和渣中金属元素静态浸出行为

$CaCO_3$，经过静态侵蚀后其特征峰强度明显减弱，特别是在模拟填埋场环境中基本难以辨识出明显的特征峰，说明经过静态侵蚀$CaCO_3$溶解并释放出金属离子，在模拟填埋场中溶解得最为彻底。这与前述金属元素浸出规律中，Ca 在模拟填埋场环境中的浸出浓度明显大于其他模拟环境的现象一致。扫描电镜图(见图 3-38)表明，中和渣为表面粗糙的不规则颗粒，在各环境中经静态侵蚀后其微观形貌基本未发生变化。

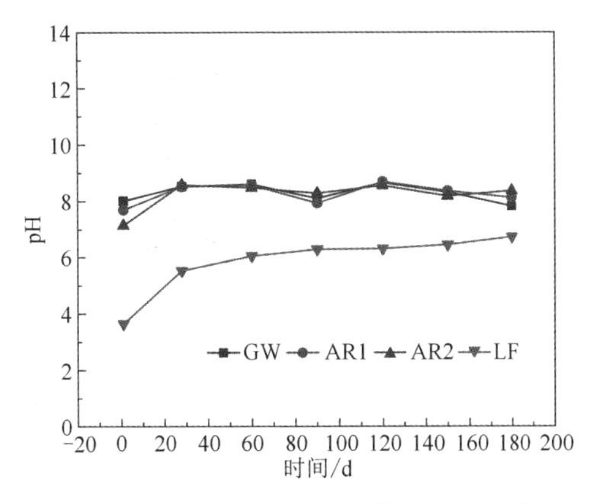

图 3-36　中和渣浸出过程中浸提液 pH 变化特征

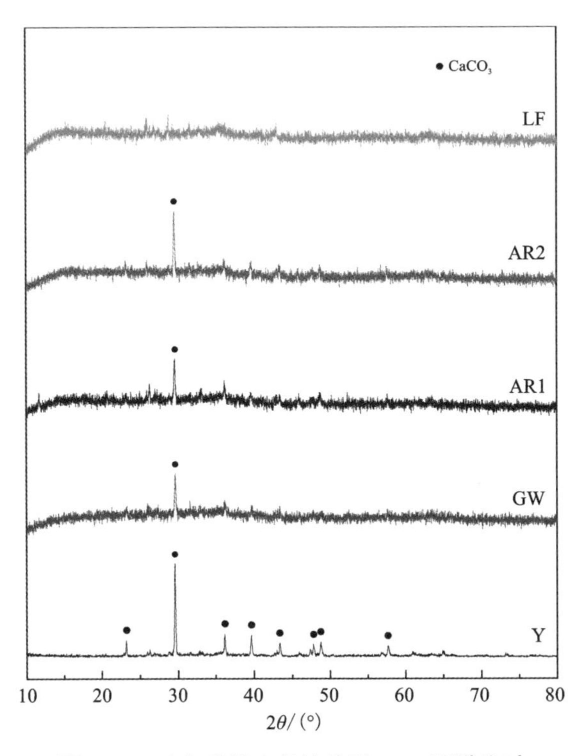

图 3-37　中和渣静态侵蚀前后 XRD 图谱比对

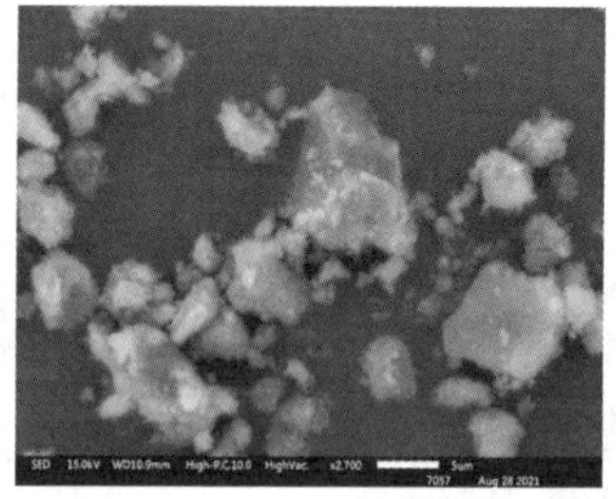

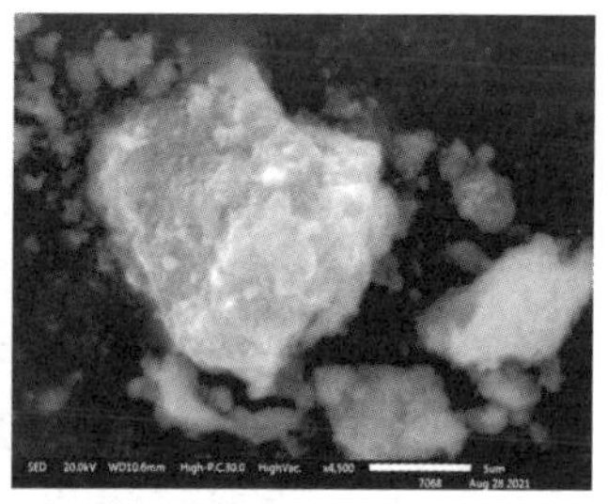

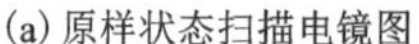

(a) 原样状态扫描电镜图　(b) 模拟填埋地下水环境扫描电镜图　(c) 模拟弱酸酸雨环境扫描电镜图

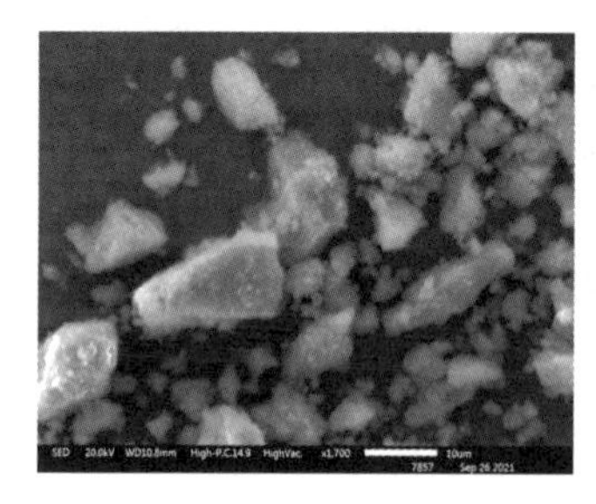

(d) 模拟强酸酸雨环境扫描电镜图　(e) 模拟填埋场环境扫描电镜图

图 3-38　中和渣静态侵蚀前后扫描电镜图比对

(12) 污酸处理石膏渣中重金属元素的释放特性及变化

污酸处理石膏渣中各重金属元素在四种模拟浸提液中的释放特性(见图 3-39)表明，污酸处理石膏渣中的各金属元素在不同模拟环境浸提液中的浸出行为差异明显，在模拟地下水环境及模拟酸雨环境中的浸出浓度较低，而在模拟填埋场环境中的浸出浓度明显高于其他模拟环境。污酸处理石膏渣中 As、Cd、Cu、Si 的浸出行为表现出明显的两段浸出特征，第一阶段是污酸处理石膏渣表面弱吸附态的金属元素释放，第二阶段是浸出速率减缓，浸出浓度缓慢上升。污酸处理石膏渣中 As 的酸可溶态占比高达 87.55%，因此大部分可释放的 As 在前 7 天迅速释放，实验后期 As 的浸出浓度仅有小幅度上升，并逐渐趋于平缓。污酸处理石膏渣中 Ca 的浸出浓度在前期迅速升高，并于第 7 天到达峰值，然后浸出浓度回落，并在后续的实验过程中缓慢上升且最终趋于平缓。污酸处理石膏渣中的 Fe、Pb 在模拟填埋场环境中均于浸出的第 1 天迅速释放，但在后续的实验中二者的浸出浓度又迅速下降，推测是产生了难溶氢氧化物。Pb 后续又以较慢的速度释放，可能是随着时间的推移，污酸处理石膏渣内部的 Pb 逐渐向外扩散释放所致。

浸出液 pH 的变化(见图 3-40)表明，模拟地下水环境及模拟酸雨环境的浸提液 pH 一致，保持在 6.50 左右；而模拟填埋场环境的浸提液 pH 明显较低，在整个浸出过程中呈现上升趋势，最终 pH 为 4.00。浸提液 pH 相比初始状态明显上升说明污酸处理石膏渣中含有大量碱性物质，且在实验初期大量释放至浸提液中。

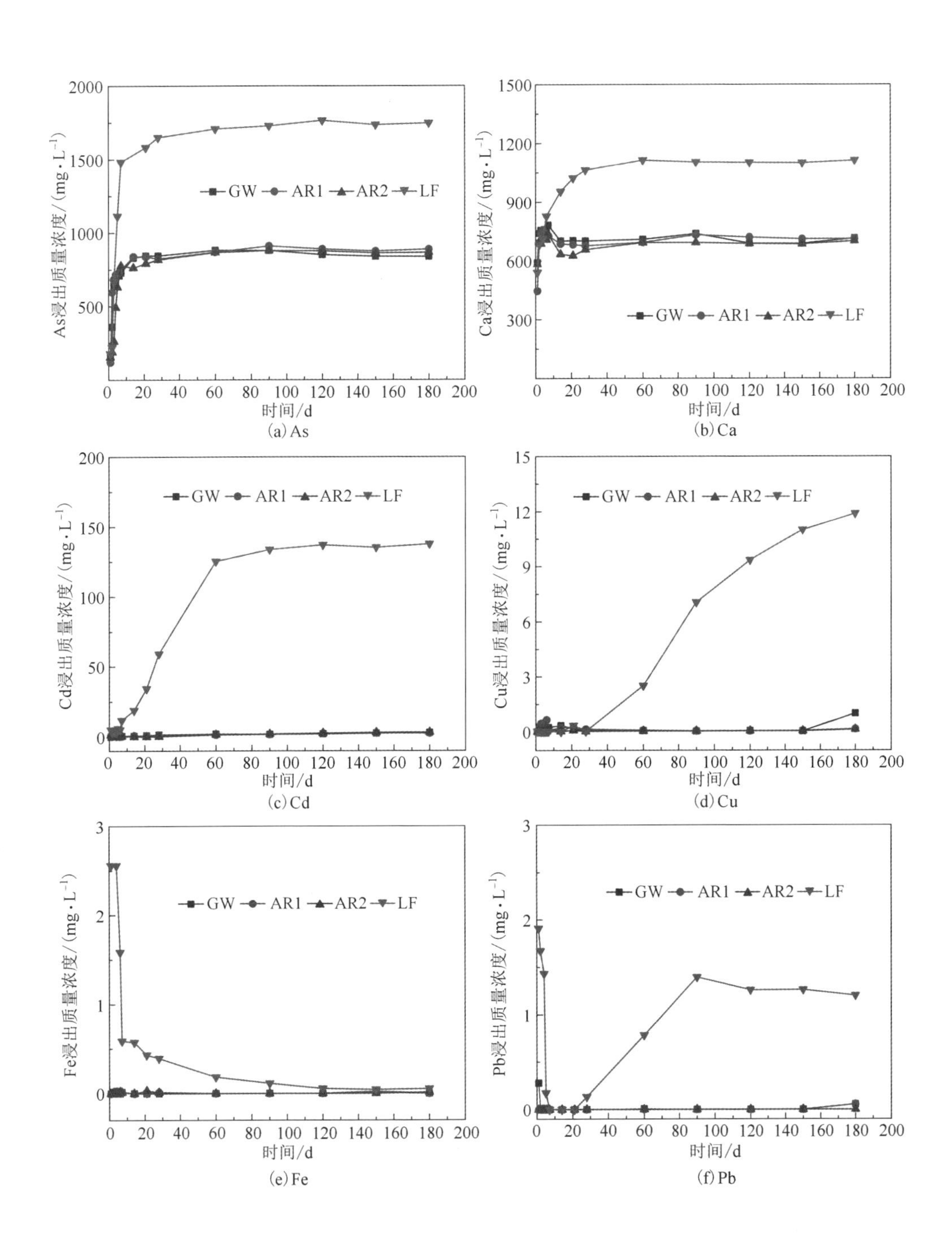

As浸出质量浓度/(mg·L⁻¹)
GW AR1 AR2 LF
时间/d
(a) As
Ca浸出质量浓度/(mg·L⁻¹)
GW AR1 AR2 LF
时间/d
(b) Ca
Cd浸出质量浓度/(mg·L⁻¹)
GW AR1 AR2 LF
时间/d
(c) Cd
Cu浸出质量浓度/(mg·L⁻¹)
GW AR1 AR2 LF
时间/d
(d) Cu
Fe浸出质量浓度/(mg·L⁻¹)
GW AR1 AR2 LF
时间/d
(e) Fe
Pb浸出质量浓度/(mg·L⁻¹)
GW AR1 AR2 LF
时间/d
(f) Pb

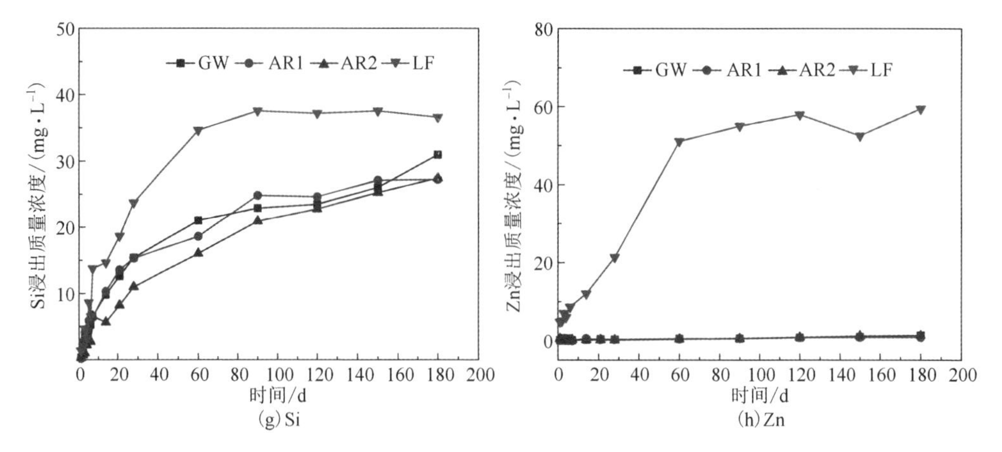

图 3-39　污酸处理石膏渣中金属元素静态浸出行为

污酸处理石膏渣是处理高砷污酸产生的废渣，Ca 的含量(质量分数)为 26.00%，污酸中 As 含量极高，在投加石灰调节 pH 的过程中大量 As 也富集于渣中，且根据 BCR 结果，As 的化学形态主要为酸可溶态(w_{As} 为 87.55%)，因此浸提液中 As、Ca 的浸出浓度最高，其中 As 的浸出浓度超标 352.19 倍，具有较大的环境风险。

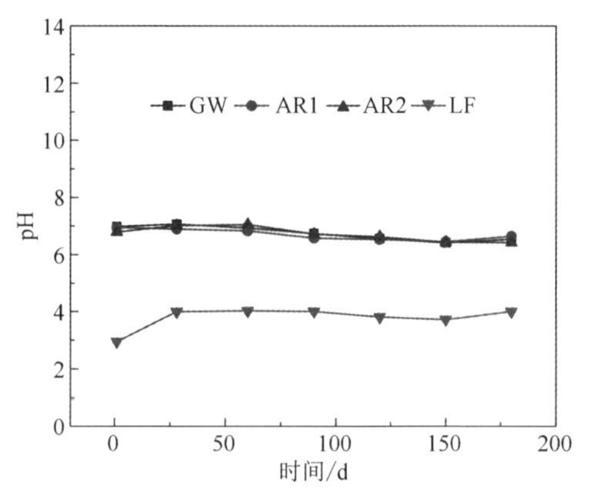

图 3-40　污酸处理石膏渣浸出过程中浸提液 pH 变化特征

污酸处理石膏渣静态侵蚀前后的 XRD 图谱及扫描电镜图变化不大，详见附录 A。

(13)铅滤饼中重金属元素的释放特性及变化

铅滤饼中各重金属元素在四种模拟浸提液中的释放特性(见图 3-41)表明，铅滤饼中的各金属元素在不同模拟环境浸提液中的浸出行为趋势基本一致，但在模拟填埋场环境中存在较为明显的上下波动现象，铅滤饼中 Ca 在模拟地下水环境中的浸出浓度相对较高。铅滤饼中 As、Cu、Si 的浸出表现为两段浸出特征，即第一阶段它们的浸出浓度迅速上升，之后浸出速率减缓。铅滤饼中 Ca、Cd、Fe、Zn 的浸出行为较为类似，在实验初期迅速释放，它们的浸出浓度达到峰值后又有不同程度的回落，并在一个月后基本趋于平缓(但在模拟填埋场环境中会上下波动)，可能是迅速释放的金属元素在浸提液中发生共沉淀，导致浸出浓度下降。铅滤饼中 Pb 在浸出第 1 天大量释放，在 1~7 天 Pb 的浸出浓度又迅速下降，而且在后续实验进程中虽有上下波动，但一直保持在较低的水平。铅滤饼的主要物相成分为 $PbSO_4$，由于 $PbSO_4$ 难溶于水，因此实验初期迅速释放的主要可能是铅滤饼表面吸附的 Pb 离子。另外，由于 Pb 的大多数盐类均难溶于水，在浸出过程中释放至浸提液中的 Pb 离子可能会与其他浸出离子发生反应生成难溶物，导致其浸出浓度下降。

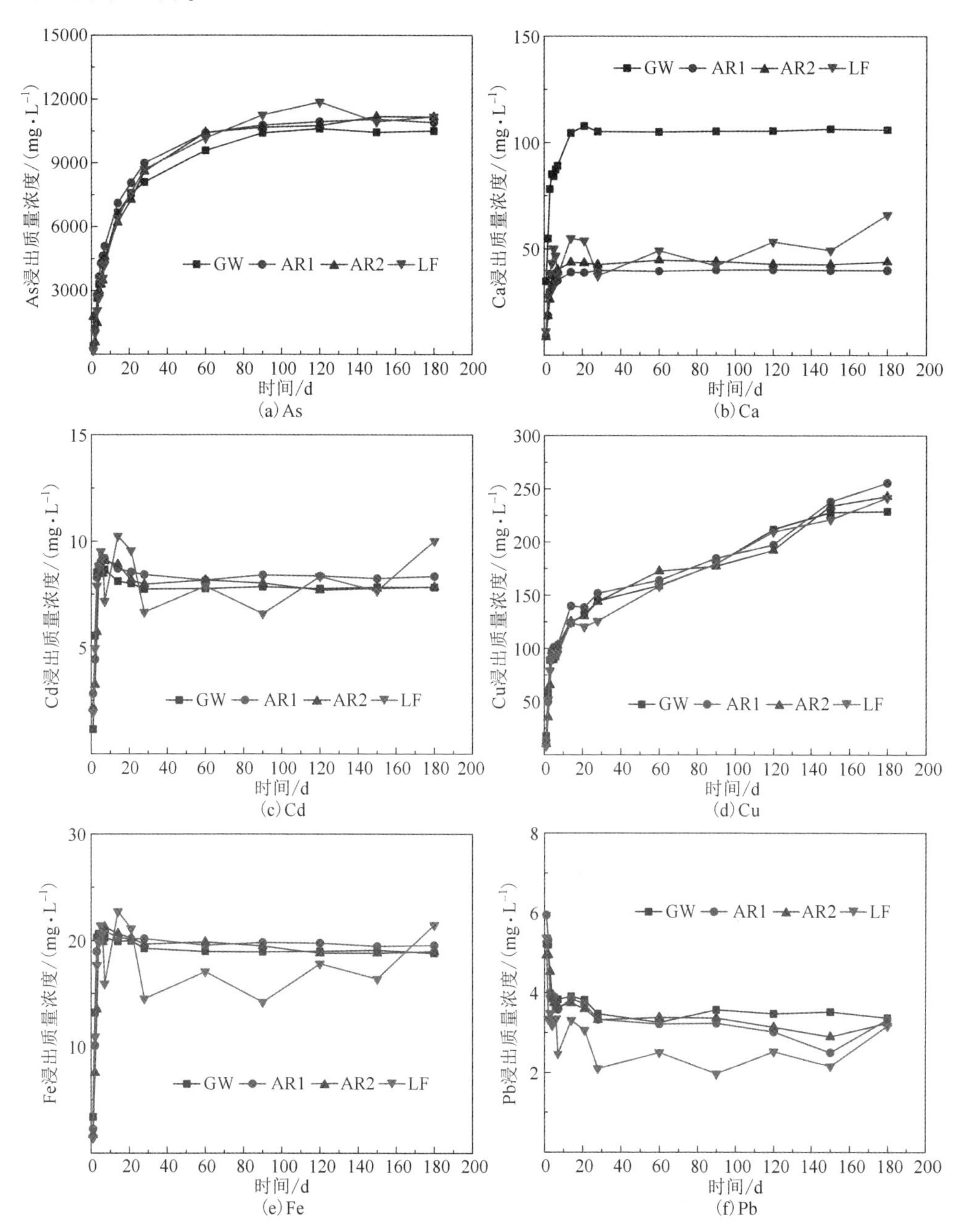

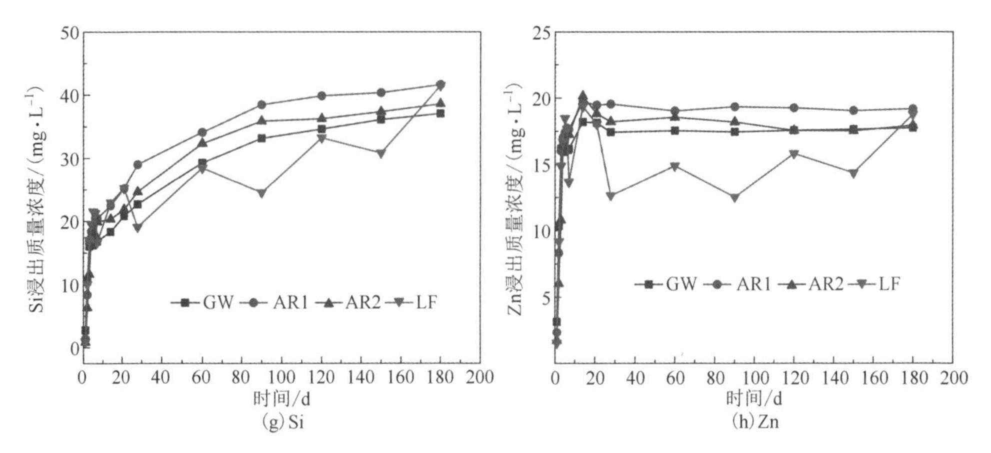

图 3-41　铅滤饼中金属元素静态浸出行为

铅滤饼浸出过程中不同模拟环境的浸提液 pH 基本保持一致(见图 3-42)，在实验初期保持在 2.10 左右，自 90 天至 150 天持续下降，最后 30 天又有所回升。浸提液 pH 一直保持在酸性较高的范围，可以促进金属元素的溶出，所以铅滤饼的长期环境风险较大。

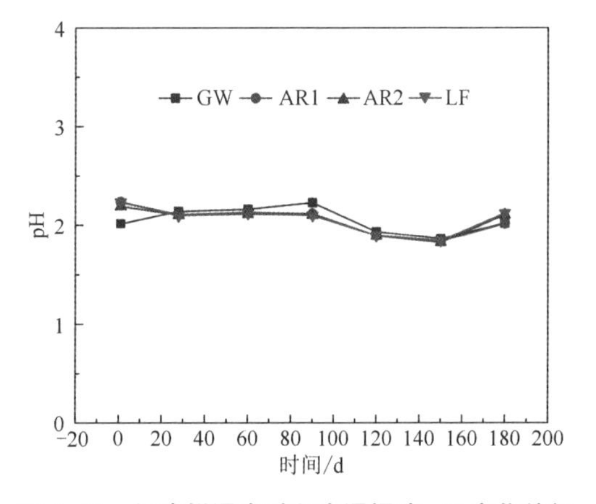

图 3-42　铅滤饼浸出过程中浸提液 pH 变化特征

各元素中以 As 的浸出浓度最高，主要是由于铅滤饼中 As 的含量(质量分数)高达 32.10%，且从 BCR 结果可知其残渣态占比仅 4.40%，有效态占比高达 95.60%。而铅滤饼中的 Pb 含量(质量分数)虽然有 36.60%，但其主要以难溶硫酸铅形态存在，BCR 结果显示其残渣态含量(质量分数)高达 87.97%，因此浸出浓度较低。

铅滤饼静态侵蚀前后的 XRD 图谱及扫描电镜变化不大，详见附录 A。

3.3.2　静态侵蚀下固废中重金属元素的释放动力学

采用前述相关动力学模型进行铜冶炼系统多源固废中重金属元素的释放动力学研究，将各种固废的金属元素浸出数据进行动力学模型拟合计算，若浸出率有明显分段变化的，选择浸出浓度迅速增加的前段来表征浸出过程，后段浸出浓度缓慢增长或有回落的则不进行计算。根据拟合结果，部分拟合直线不过原点，与各动力学模型的方程描述不同，这可能是由于反应界面的金属元素消耗后，内部金属元素扩散过程中会受到具有黏附性、存在固相颗粒表面的“灰层”的阻力作用。

(1)原料粉尘中重金属元素静态浸出动力学

采用前述相关动力学模型对原料粉尘中重金属元素静态浸出实验结果(见图 3-7)进行拟合，结果见表 3-7。原料粉尘中重金属元素在中性地下水环境的浸出主要符合双常数模型、Elovich 方程等经验式；As、Ca 在模拟酸雨环境中的释放主要受到扩散控制，在模拟填埋场环境中分别受到混合控制和界面化学反应控制；Cd、Cu 的释放在不同环境中分别符合双常数模型或 Avrami 扩散控制模型；Fe 在模拟填埋场环境中的释放受到外扩散控制；Zn 在所有模拟环境中均符合双常数模型、Elovich 方程等经验式。

表 3-7　原料粉尘中重金属元素静态浸出动力学方程拟合结果

元素	模拟环境	符合模型	相关系数	参数	
As	GW	双常数模型	0.94517	a	1.46302
				b	0.19232
	AR1	内扩散控制	0.97701	k	0.00025
	AR2	外扩散控制	0.91019	k	0.04970
	LF	混合控制	0.96185	k	0.00019
Ca	GW	Elovich 方程	0.93312	a	1.39596
				b	1.00812
	AR1	Avrami 模型	0.95292	k	0.18481
				n	0.27938
	AR2	内扩散控制	0.97813	k	0.00130
	LF	界面化学反应控制	0.97555	k	0.00572
Cu	GW	双常数模型	0.83570	a	3.32449
				b	0.05547
	AR1	Avrami 模型	0.92049	k	0.29438
				n	0.06116
	AR2	双常数模型	0.85436	a	2.81189
				b	0.20895
	LF	Avrami 模型	0.83900	k	0.21523
				n	0.16909
Fe	GW	—	—	—	—
	AR1	—	—	—	—
	AR2	—	—	—	—
	LF	未收缩反应核模型-外扩散控制	0.97117	k	0.00002

续表3-7

元素	模拟环境	符合模型	相关系数	参数		元素	模拟环境	符合模型	相关系数	参数	
Cd	GW	双常数模型	0.92442	a	0.59527	Zn	GW	Elovich方程	0.84380	a	6.26345
				b	0.13330					b	0.77579
	AR1	双常数模型	0.89387	a	0.60262		AR1	Elovich方程	0.91020	a	6.29996
				b	0.12618					b	0.75779
	AR2	双常数模型	0.93583	a	0.12695		AR2	双常数模型	0.96410	a	1.29446
				b	0.24940					b	0.23815
	LF	Avrami模型	0.95468	k	0.40058		LF	Elovich方程	0.90409	a	4.48758
				n	0.27014					b	1.28712

附注：k、n、a、b 为动力学模型参数。

（2）熔炼烟尘中重金属元素静态浸出动力学

采用前述相关动力学模型对熔炼烟尘中重金属元素静态浸出实验结果（见图3-11）进行拟合，结果见表3-8。由结果可知，熔炼烟尘中As、Cd的释放主要受到外扩散控制，Cu及Ca在模拟酸雨环境中的释放主要受到混合控制，Fe、Zn在不同模拟环境中的释放均符合不同的动力学模型。

表3-8　熔炼烟尘中重金属元素静态浸出动力学方程拟合结果

元素	模拟环境	符合模型	相关系数	参数		元素	模拟环境	符合模型	相关系数	参数	
As	GW	混合控制	0.85046	k	0.00210	Cu	GW	Avrami模型	0.85937	k	1.32400
										n	0.15558
	AR1	未收缩反应核模型-外扩散控制	0.83854	k	0.02107		AR1	Avrami模型	0.96375	k	1.03557
										n	0.17347
	AR2	未收缩反应核模型-外扩散控制	0.98661	k	0.01787		AR2	混合控制	0.95250	k	0.00437
	LF	未收缩反应核模型-外扩散控制	0.92869	k	0.01392		LF	Avrami模型	0.96234	k	0.95538
										n	0.14458

续表3-8

元素	模拟环境	符合模型	相关系数	参数		元素	模拟环境	符合模型	相关系数	参数	
Ca	GW	Elovich 方程	0.93249	a	0.30109	Fe	GW	Elovich 方程	0.99002	a	0.06673
				b	0.23435					b	0.0368
	AR1	混合控制	0.93848	k	0.00224		AR1	未收缩反应核模型-外扩散控制	0.89808	k	0.00019
	AR2	混合控制	0.99004	k	0.00080		AR2	界面化学反应控制	0.95391	k	0.00007
	LF	界面化学反应控制	0.99852	k	0.00944		LF	内扩散控制	0.64274	k	9.23077×10^{-8}
Cd	GW	未收缩反应核模型-外扩散控制	0.92845	k	0.02300	Zn	GW	混合控制	0.95771	k	0.02144
	AR1	未收缩反应核模型-外扩散控制	0.77238	k	0.03030		AR1	界面化学反应控制	0.94867	k	0.02159
	AR2	未收缩反应核模型-外扩散控制	0.82305	k	0.01792		AR2	Avrami 模型	0.95252	k	0.91318
										n	0.71022
	LF	未收缩反应核模型-外扩散控制	0.90091	k	0.02203		LF	混合控制	0.89259	k	0.00540

附注：k、n、a、b 为动力学模型参数。

(3)废耐火材料中重金属元素静态浸出动力学

采用前述相关动力学模型对废耐火材料中重金属元素静态浸出实验结果(见图 3-13)进行拟合，结果见表 3-9。废耐火材料中金属元素的浸出主要符合 Elovich 方程，但 Ca 在模拟填埋场环境中、Cr 在模拟强酸酸雨环境中的释放主要受到扩散控制。

(4)熔炼渣中重金属元素静态浸出动力学

采用前述相关动力学模型对熔炼渣中重金属元素静态浸出实验结果(见图 3-15)进行拟合，结果见表 3-10。熔炼渣中金属元素的浸出主要符合 Elovich 方程；Cu 在模拟填埋场环境中、Ca 在模拟强酸酸雨环境中、Pb 在模拟填埋场环境中主要受到扩散控制。

表 3-9　废耐火材料中重金属元素静态浸出动力学方程拟合结果

元素	模拟环境	符合模型	相关系数	参数		元素	模拟环境	符合模型	相关系数	参数	
Ca	GW	Elovich方程	0.91860	a	0.02657	Cu	GW	—	—	—	—
				b	0.01926						
	AR1	Elovich方程	0.87490	a	0.05961		AR1	—	—	—	—
				b	0.03940						
	AR2	Elovich方程	0.94444	a	0.19878		AR2	—	—	—	—
				b	0.05724						
	LF	Avrami模型	0.99714	k	0.24076		LF	Elovich方程	0.93284	a	0.03151
				n	0.31487					b	0.01641
Cr	GW	—	—	—	—						
	AR1	—	—	—	—						
	AR2	内扩散控制	0.95038	k	2.07922×10^{-12}						
	LF	Elovich方程	0.82684	a	0.00044						
				b	0.00072						

附注：k、n、a、b 为动力学模型参数。

表 3-10　熔炼渣中重金属元素静态浸出动力学方程拟合结果

元素	模拟环境	符合模型	相关系数	参数		元素	模拟环境	符合模型	相关系数	参数	
Ca	GW	Elovich方程	0.90362	a	0.01533	Fe	GW	—	—	—	—
				b	0.02279						
	AR1	Elovich方程	0.93672	a	0.04658		AR1	—	—	—	—
				b	0.02485						
	AR2	Avrami模型	0.95420	k	0.00431		AR2	—	—	—	—
				n	0.08551						
	LF	Avrami模型	0.97480	k	0.00695		LF	Elovich方程	0.96142	a	−1.04901
				n	0.22685					b	1.33539

续表3-10

元素	模拟环境	符合模型	相关系数	参数		元素	模拟环境	符合模型	相关系数	参数	
Cr	GW	—	—	—	—	Pb	GW	—	—	—	—
	AR1	—	—	—	—		AR1	—	—	—	—
	AR2	—	—	—	—		AR2	—	—	—	—
	LF	Elovich方程	0.97378	a	-0.00087		LF	Avrami模型	0.97823	k	0.00793
				b	0.00058					n	0.44582
Cu	GW	—	—	—	—	Zn	GW	—	—	—	—
	AR1	—	—	—	—		AR1	—	—	—	—
	AR2	—	—	—	—		AR2	—	—	—	—
	LF	未收缩反应核模型-外扩散控制	0.98790	k	0.00532		LF	Elovich方程	0.96250	a	-0.04282
										b	0.07000

附注：k、n、a、b 为动力学模型参数。

(5)渣选厂尾矿中重金属元素静态浸出动力学

采用前述相关动力学模型对渣选厂尾矿中重金属元素静态浸出实验结果(见图3-19)进行拟合，结果见表3-11。渣选厂尾矿中As、Ca的释放主要符合Elovich方程，Ca、Zn在模拟填埋场环境中的释放主要受到扩散控制，Fe在模拟填埋场环境中的释放主要受到界面化学反应控制。

表3-11　渣选厂尾矿中重金属元素静态浸出动力学方程拟合结果

元素	模拟环境	符合模型	相关系数	参数		元素	模拟环境	符合模型	相关系数	参数	
As	GW	—	—	—	—	Fe	GW	—	—	—	—
	AR1	—	—	—	—		AR1	—	—	—	—
	AR2	—	—	—	—		AR2	—	—	—	—
	LF	Elovich方程	0.98896	a	0.15257		LF	界面化学反应模型	0.99100	k	0.00057
				b	0.02688						

续表3-11

<table>
<tr><th>元素</th><th>模拟环境</th><th>符合模型</th><th>相关系数</th><th colspan="2">参数</th><th>元素</th><th>模拟环境</th><th>符合模型</th><th>相关系数</th><th colspan="2">参数</th></tr>
<tr><td rowspan="8">Ca</td><td rowspan="2">GW</td><td rowspan="2">Elovich方程</td><td rowspan="2">0.95621</td><td>a</td><td>0.18027</td><td rowspan="8">Zn</td><td rowspan="2">GW</td><td rowspan="2">—</td><td rowspan="2">—</td><td rowspan="2">—</td><td rowspan="2">—</td></tr>
<tr><td>b</td><td>0.05759</td></tr>
<tr><td rowspan="2">AR1</td><td rowspan="2">Elovich方程</td><td rowspan="2">0.89954</td><td>a</td><td>0.22040</td><td rowspan="2">AR1</td><td rowspan="2">—</td><td rowspan="2">—</td><td rowspan="2">—</td><td rowspan="2">—</td></tr>
<tr><td>b</td><td>0.04804</td></tr>
<tr><td rowspan="2">AR2</td><td rowspan="2">Elovich方程</td><td rowspan="2">0.88716</td><td>a</td><td>0.24425</td><td rowspan="2">AR2</td><td rowspan="2">—</td><td rowspan="2">—</td><td rowspan="2">—</td><td rowspan="2">—</td></tr>
<tr><td>b</td><td>0.05106</td></tr>
<tr><td rowspan="2">LF</td><td rowspan="2">Avrami模型</td><td rowspan="2">0.98493</td><td>k</td><td>0.04209</td><td rowspan="2">LF</td><td rowspan="2">内扩散控制</td><td rowspan="2">0.98355</td><td rowspan="2">k</td><td rowspan="2">0.00005</td></tr>
<tr><td>n</td><td>0.22921</td></tr>
</table>

附注：k、n、a、b 为动力学模型参数。

(6)吹炼白烟尘中重金属元素静态浸出动力学

采用前述相关动力学模型对吹炼白烟尘中重金属元素静态浸出实验结果(见图 3-21)进行拟合，结果见表 3-12。As 在中性地下水环境中，Ca 在模拟弱酸酸雨环境及模拟填埋场环境中，Cd 在中性地下水环境和模拟弱酸酸雨环境中，Cu 在中性地下水环境及模拟弱酸酸雨环境中，Fe 在模拟填埋场环境中，Zn 在模拟填埋场环境中的释放主要受到扩散控制；As 在模拟填埋场环境，Ca 在中性地下水环境，Zn 在模拟弱酸酸雨环境中的释放主要受到界面化学反应控制；Cd 在模拟酸雨环境及模拟填埋场环境中，Cu 在模拟强酸酸雨环境及模拟填埋场环境中，Zn 在模拟强酸酸雨环境中的释放受到混合控制；As 在模拟酸雨环境，Ca 在模拟强酸酸雨环境，Zn 在中性地下水环境中的释放符合双常数模型、Elovich 方程等。

(7)黑铜泥中重金属元素静态浸出动力学

采用前述相关动力学模型对黑铜泥中重金属元素静态浸出实验结果(见图 3-23)进行拟合，结果见表 3-13。Cd 在模拟酸雨环境中符合 n 大于 1 的 Avrami 方程，即初始速率接近于 0；As 在模拟强酸酸雨环境及模拟填埋场环境中，Cd 在模拟填埋场环境中，Fe 在模拟强酸酸雨环境中的释放主要受到扩散控制；Cu 及 As 在模拟弱酸酸雨环境中的释放符合 Elovich 方程；其他释放过程分别受到界面化学反应及混合机理控制。

表 3-12　吹炼白烟尘中重金属元素静态浸出动力学方程拟合结果

元素	模拟环境	符合模型	相关系数	参数		元素	模拟环境	符合模型	相关系数	参数	
As	GW	内扩散控制	0.99451	k	1.26923 $\times10^{-6}$	Cu	GW	Avrami 模型	0.87373	k	0.15638
										n	0.18620
	AR1	双常数模型	0.89130	a	−0.28863		AR1	Avrami 模型	0.95957	k	0.25853
				b	0.07515					n	0.16731
	AR2	Elovich 方程	0.91707	a	−0.00592		AR2	混合控制	0.98518	k	0.00022
				b	0.57219						
	LF	界面化学反应控制	0.89648	k	0.00028		LF	混合控制	0.99294	k	0.00055
Ca	GW	界面化学反应控制	0.98484	k	0.00873	Fe	GW	—	—	—	—
	AR1	内扩散控制	0.96907	k	0.00139		AR1	—	—	—	—
	AR2	双常数模型	0.84160	a	−1.75503		AR2	—	—	—	—
				b	0.18300						
	LF	内扩散控制	0.98806	k	0.00161		LF	未收缩反应核模型-外扩散控制	0.99909	k	0.00905
Cd	GW	未收缩反应核模型-外扩散控制	0.84270	k	0.04056	Zn	GW	双常数模型	0.93624	a	2.54457
										b	0.14186
	AR1	Avrami 模型	0.97308	k	0.61967		AR1	界面化学反应控制	0.97205	k	0.00934
				n	0.24212						
	AR2	混合控制	0.99792	k	0.00326		AR2	混合控制	0.99724	k	0.00611
	LF	混合控制	0.98026	k	0.00693		LF	内扩散控制	0.99414	k	0.00344

附注：k、n、a、b 为动力学模型参数。

表 3-13　黑铜泥中重金属元素静态浸出动力学方程拟合结果

元素	模拟环境	符合模型	相关系数	参数	
As	GW	混合控制	0.99661	k	0.00015
	AR1	Elovich 方程	0.97080	a	−5.08144
				b	18.14629
	AR2	内扩散控制	0.99580	k	0.00023
	LF	内扩散控制	0.99683	k	0.00023
Cd	GW	界面化学反应控制	0.89950	k	0.01448
	AR1	Avrami 模型	0.99069	k	0.03201
				n	1.85949
	AR2	Avrami 模型	0.96669	k	0.00269
				n	3.01368
	LF	未收缩反应核模型-外扩散控制	0.94619	k	0.05142

元素	模拟环境	符合模型	相关系数	参数	
Cu	GW	Elovich 方程	0.97415	a	6.48055
				b	16.16287
	AR1	Elovich 方程	0.92213	a	7.53973
				b	15.47559
	AR2	Elovich 方程	0.94736	a	0.83279
				b	16.26792
	LF	Elovich 方程	0.96319	a	3.34744
				b	15.88096
Fe	GW	收缩核模型-外扩散控制	0.84637	k	0.00170
	AR1	混合控制	0.96028	k	5.59062×10^{-6}
	AR2	未收缩反应核模型-外扩散控制	0.94220	k	0.00477
	LF	混合控制	0.95490	k	2.85544×10^{-5}

附注：k、n、a、b 为动力学模型参数。

(8)阳极渣中重金属元素静态浸出动力学

采用前述相关动力学模型对阳极渣中重金属元素静态浸出实验结果(见图 3-27)进行拟合，结果见表 3-14。阳极渣中 As、Ca 在模拟填埋场环境中的释放符合双常数模型、Elovich 方程等经验式，其他金属在模拟填埋场环境中的释放均受到混合机理控制。

(9)脱硫石膏渣中重金属元素静态浸出动力学

采用前述相关动力学模型对脱硫石膏渣中重金属元素静态浸出实验结果(见图 3-29)进行拟合，结果见表 3-15。脱硫石膏渣中 Ca 的浸出主要受到扩散控制，Cd 在模拟强酸酸雨及模拟填埋场环境中的浸出也主要受到扩散控制；Cu 在模拟填埋场环境中的浸出受到界面化学反应控制，As 在中性地下水环境及模拟酸雨环境中, Cd 在中性地下水环境及模拟弱酸酸雨环境中符合 Elovich 方程; As、Zn 在模拟填埋场环境中的浸出受到混合机理控制。

(10)硫化砷渣中重金属元素静态浸出动力学

采用前述相关动力学模型对硫化砷渣中重金属元素静态浸出实验结果(见图 3-31)进行拟合, 结果见表 3-16。硫化砷渣中各金属元素的浸出多符合 Elovich 方程、双常数模型等经验式; Ca 在模拟强酸酸雨环境中, Cd 在模拟弱酸酸雨环境及模拟填埋场环境中, Zn 在模拟填埋场环境中受到混合机理控制; Cd 在模拟强酸酸雨环境中主要受到内扩散控制。

(11)中和渣中重金属元素静态浸出动力学

采用前述相关动力学模型对中和渣中重金属元素静态浸出实验结果(见图 3-35)进行拟合, 结果见表 3-17。As 在模拟填埋场环境中符合 Elovich 方程; Zn 在模拟填埋场环境中受到内扩散控制。

表 3-14　阳极渣中重金属元素静态浸出动力学方程拟合结果

元素	模拟环境	符合模型	相关系数	参数		元素	模拟环境	符合模型	相关系数	参数	
As	GW	—	—	—	—	Fe	GW	—	—	—	—
	AR1	—	—	—	—		AR1	—	—	—	—
	AR2	—	—	—	—		AR2	—	—	—	—
	LF	Elovich 方程	0.97231	*a*	0.00843		LF	混合控制	0.95527	*k*	9.89954 $\times10^{-10}$
				b	0.03212						
Ca	GW	—	—	—	—	Pb	GW	—	—	—	—
	AR1	—	—	—	—		AR1	—	—	—	—
	AR2	—	—	—	—		AR2	—	—	—	—
	LF	双常数模型	0.99323	*a*	-3.21823		LF	混合控制	0.99195	*k*	2.31152 $\times10^{-6}$
				b	0.45114						
Cu	GW	—	—	—	—	Zn	GW	—	—	—	—
	AR1	—	—	—	—		AR1	—	—	—	—
	AR2	—	—	—	—		AR2	—	—	—	—
	LF	Avrami 模型	0.99439	*k*	0.00120		LF	混合控制	0.99693	*K*0	2.16673 $\times10^{-6}$
				n	0.71464						

附注: *k*、*n*、*a*、*b* 为动力学模型参数。

表 3-15 脱硫石膏渣中重金属元素静态浸出动力学方程拟合结果

元素	模拟环境	符合模型	相关系数	参数	
As	GW	Elovich方程	0.85992	a	1.21625
				b	0.92218
	AR1	Elovich方程	0.97196	a	1.21043
				b	0.97645
	AR2	Elovich方程	0.98480	a	1.21124
				b	1.31112
	LF	混合控制	0.95765	k	0.02907
Ca	GW	内扩散控制	0.91600	k	4.0000×10^{-6}
	AR1	内扩散控制	0.93836	k	0.00001
	AR2	Avrami模型	0.96310	k	0.04103
				n	0.02862
	LF	未收缩反应核模型-外扩散控制	0.92047	k	0.00461
Cd	GW	Elovich方程	0.89907	a	0.00060
				b	0.00237
	AR1	Elovich方程	0.89621	a	0.00078
				b	0.00242
	AR2	Avrami模型	0.96176	k	0.05073
				n	0.35969
	LF	未收缩反应核模型-外扩散控制	0.91961	k	0.11357

元素	模拟环境	符合模型	相关系数	参数	
Cu	GW	—	—	—	—
	AR1	—	—	—	—
	AR2	—	—	—	—
	LF	界面化学反应控制	0.99901	k	0.00614
Zn	GW	—	—	—	—
	AR1	—	—	—	—
	AR2	—	—	—	—
	LF	Avrami模型	0.97513	k	0.11543
				n	0.52354

附注：k、n、a、b 为动力学模型参数。

表 3-16　硫化砷渣中重金属元素静态浸出动力学方程拟合结果

元素	模拟环境	符合模型	相关系数	参数		元素	模拟环境	符合模型	相关系数	参数	
As	GW	双常数模型	0.99918	a	3.24254	Fe	GW	Elovich方程	0.79950	a	0.13782
				b	0.31402					b	0.07139
	AR1	Elovich方程	0.97734	a	20.07981		AR1	Elovich方程	0.78455	a	0.12375
				b	17.91612					b	0.07850
	AR2	双常数模型	0.98796	a	2.66216		AR2	Elovich方程	0.90903	a	0.08257
				b	0.66677					b	0.08564
	LF	Elovich方程	0.99118	a	12.54718		LF	Elovich方程	0.76762	a	0.10347
				b	24.51929					b	0.09846
Ca	GW	Elovich方程	0.87444	a	1.74747	Zn	GW	Elovich方程	0.83537	a	0.28457
				b	0.73542					b	0.12140
	AR1	Elovich方程	0.94583	a	1.27237		AR1	Elovich方程	0.80239	a	0.25845
				b	0.97605					b	0.14319
	AR2	混合控制	0.99356	k	0.00998		AR2	Elovich方程	0.91449	a	0.17898
										b	0.17410
	LF	Elovich方程	0.98158	a	0.96264		LF	混合控制	0.96160	k	0.04409
				b	1.87102						
Cd	GW	Elovich方程	0.98726	a	0.10281						
				b	0.11643						
	AR1	混合控制	0.99161	k	0.02422						
	AR2	内扩散控制	0.99832	k	0.02180						
	LF	混合控制	0.91898	k	0.06418						

附注：k、n、a、b 为动力学模型参数。

表 3-17　中和渣中重金属元素静态浸出动力学方程拟合结果

元素	模拟环境	符合模型	相关系数	参数	
As	LF	Elovich 方程	0.98233	a	13.02232
				b	24.94617
Zn	LF	内扩散控制	0.94888	k	4.66953×10^{-6}

附注：k、a、b 为动力学模型参数。

(12)污酸处理石膏渣中重金属元素静态浸出动力学

采用前述相关动力学模型对污酸处理石膏渣中重金属元素静态浸出实验结果(见图3-39)进行拟合，结果见表3-18。污酸处理石膏渣中As、Ca的浸出主要符合Elovich方程，As在模拟填埋场环境中的浸出受到混合机理控制，Cu、Zn在模拟填埋场中的浸出主要受到扩散控制。

表3-18　污酸处理石膏渣中重金属元素静态浸出动力学方程拟合结果

元素	模拟环境	符合模型	相关系数	参数	
As	GW	Elovich方程	0.90383	a	2.84618
				b	3.51822
	AR1	Elovich方程	0.65600	a	4.08423
				b	3.26954
	AR2	Elovich方程	0.94334	a	2.36408
				b	3.15470
	LF	混合控制	0.98584	k	0.01732
Ca	GW	Elovich方程	0.98633	a	14.85428
				b	2.54733
	AR1	Elovich方程	0.69809	a	12.50844
				b	3.74759
	AR2	Elovich方程	0.97030	a	14.72667
				b	2.04524
	LF	Elovich方程	0.98143	a	14.72667
				b	2.04524
Cd	GW	—	—	—	—
		—	—	—	—
	AR1	—	—	—	—
	AR2	—	—	—	—
	LF	Avrami模型	0.99836	k	0.00101
				n	1.88437

元素	模拟环境	符合模型	相关系数	参数	
Cu	GW	—	—	—	—
	AR1	—	—	—	—
	AR2	—	—	—	—
	LF	内扩散控制	0.96713	k	0.00011
Zn	GW	—	—	—	—
	AR1	—	—	—	—
	AR2	—	—	—	—
	LF	未收缩反应核模型-外扩散控制	0.98628	k	0.00912

附注：k、n、a、b为动力学模型参数。

(13)铅滤饼中重金属元素静态浸出动力学

采用前述相关动力学模型对铅滤饼中重金属元素静态浸出实验结果(见图 3-41)进行拟合，结果见表 3-19。铅滤饼中 As、Ca、Cd 的浸出主要符合 Elovich 方程、双常数模型等经验式，Cu 的浸出主要受到混合机理控制，其他金属在不同的环境中浸出分别符合不同的动力学模型。

表 3-19　铅滤饼中重金属元素静态浸出动力学方程拟合结果

元素	模拟环境	符合模型	相关系数	参数	
As	GW	Elovich 方程	0.99041	a	1.25492
				b	30.73102
	AR1	Elovich 方程	0.98246	a	3.53992
				b	32.20191
	AR2	双常数模型	0.95530	a	3.20026
				b	0.41017
	LF	混合控制	0.99186	k	0.00102
Ca	GW	混合控制	0.99702	k	0.05608
	AR1	Elovich 方程	0.88110	a	0.31037
				b	0.29471
	AR2	Elovich 方程	0.93582	a	0.25019
				b	0.35890
	LF	Elovich 方程	0.91237	a	0.40042
				b	0.41441
Cd	GW	Elovich 方程	0.95951	a	0.01222
				b	0.05215
	AR1	双常数模型	0.93402	a	-3.71134
				b	0.87990
	AR2	Avrami 模型	0.96308	k	0.04806
				n	1.37984
	LF	Elovich 方程	0.97974	a	0.01626
				b	0.04583
Cu	GW	混合控制	0.97294	k	0.00013
	AR1	内扩散控制	0.96038	k	0.00020
	AR2	混合控制	0.95536	k	0.00014
	LF	混合控制	0.98545	k	0.00014
Fe	GW	Elovich 方程	0.95204	a	0.06885
				b	0.23644
	AR1	混合控制	0.96432	k	0.00874
	AR2	未收缩反应核模型-外扩散控制	0.99738	k	0.14426
	LF	Elovich 方程	0.98732	a	0.02820
				b	0.24426
Zn	GW	混合控制	0.95724	k	0.00294
	AR1	Elovich 方程	0.99213	a	0.03548
				b	0.13753
	AR2	内扩散控制	0.98572	k	0.00427
	LF	Elovich 方程	0.93133	a	0.03875
				b	0.14669

附注：k、n、a、b 为动力学模型参数。

综上所述，固废在不同模拟环境中的释放量有一定区别，金属元素的浸出强度也受到 pH 的影响，pH 越小酸性越强则浸出浓度越大。在大部分固废样品的浸出过程中，金属元素浸出浓度在模拟填埋场环境中特别大，可能是由于醋酸与金属离子具有一定络合能力，且其 pH 较低，有利于金属的溶解浸出。浸提液的最终 pH 受到其原始 pH 及固废性质的影响，废耐火材料、阳极渣、脱硫石膏渣、中和渣及污酸处理石膏渣中含有碱性物质，因此浸提液 pH 相比原始 pH 呈上升趋势；而原料粉尘、熔炼烟尘、吹炼白烟尘、黑铜泥、硫化砷渣、铅滤饼具有较强的释放酸的能力，浸提液的最终 pH 与其原始 pH 关系不大，特别是硫化砷渣、铅滤饼的浸提液酸性很强，pH 为 1.50~2.50。各种金属元素的浸出浓度与其在固废中的含量及化学形态关系较大，铜冶炼固废中环境潜在风险较大的元素有 As、Cd，具有极大的环境风险；其他固废中各种金属元素的浸出浓度相对较低，环境风险也较小。

从各元素的浸出规律来看，大部分呈现为两段浸出特征，前期释放速率较快，之后释放速率逐渐减缓并最终趋于平缓，与相关研究结果相符，第一阶段主要是固废表面吸附的金属离子溶解，释放速率较快；第二阶段主要是浸提液中阳离子置换或有机物络合等作用导致金属离子释放，释放速率较慢，这一类固废的环境风险主要集中在前期迅速释放的过程，如原料粉尘、熔炼烟尘、渣选厂尾矿、吹炼白烟尘、黑铜泥、脱硫石膏渣、硫化砷渣、中和渣等。但受到化学形态的影响，部分元素在实验过程中的释放速率比较稳定，会在整个实验过程中持续释放，如熔炼渣中的 Cu、阳极渣中的 Cd，而且在实际生产中环境风险也可能持续整个堆存过程。

在研究过程中观测到的一些元素存在浸出浓度回落的现象，是由于 Fe、Si 在酸性环境下水解产生了 $Fe(OH)_3$ 或硅胶，或是释放至浸提液中的各类离子互相反应产生了新的沉淀，而新生成的胶体或沉淀之上又可吸附其他金属离子。但这类反应往往需要较长时间，而实际堆存过程中基本不会出现长期积水的现象。

由于静态侵蚀实验相对静止，持续时间长，且各类固废的成分各异，实验过程中发生的反应十分复杂。对比浸出前后固废的物相组成及表面形貌变化可知，静态浸出实验过程中金属的释放主要是通过表面吸附物质的解吸、溶解实现。通过动力学分析可知，固废中金属元素的浸出大多符合 Elovich 方程、双常数模型等经验式，说明发生了较为复杂的表面反应；其他与动力学模型拟合较好的释放过程中，多数以扩散过程为主要控制过程，也有部分释放过程受到扩散及化学反应的混合机理控制，仅有少数主要受到界面化学反应控制。

3.4 半动态侵蚀下固废中重金属元素的释放特性及变化

半动态侵蚀能更好地模拟真实条件，为进一步了解铜冶炼系统多源固废中各金属元素的释放特性，进行了为期 180 天的半动态侵蚀实验，实验期间定期换液并取样，测定浸出液的 pH 及其中各金属元素的含量，并根据前述公式(3-1)计算累积浸出浓度(CFR)。实验后采用 XRD、SEM 等测试固废样品的物相组成与表面形貌变化情况，并结合动力学模型拟合进行固废中金属释放动力学的探究。

3.4.1　半动态侵蚀下固废中重金属元素的释放特性及变化

(1)原料粉尘中重金属元素的释放特性及变化

原料粉尘中各重金属元素在四种模拟浸提液中单位质量累积浸出量的变化情况如图 3-43 所示，原料粉尘中 As、Ca、Cd、Cu、Zn 的释放初期十分迅速，释放速率在实验最开始的几天都很高，随后迅速减缓，实验后期的释放量基本为 0。金属的释放经历了两个阶段，首先溶出的是可溶解的、弱吸附态的金属元素，这部分金属元素通过溶解、与阳离子置换等方法溶出，释放速率较快；之后随着浸出过程的继续，可交换态的金属元素逐渐被耗尽，再随着表面的进一步破坏及可能存在的化学反应等，更难交换的层间重金属元素或有机物结合态重金属元素释放，这两个过程的金属元素释放得相对较慢。这几个元素中除 Ca 外，其他元素的累积浸出量变化趋势基本一致，说明浸出的机理没有发生变化，金属的浸出量与浸提液的 pH 密切相关，pH 越低则金属的浸出量越高，但 Ca 在模拟填埋场环境中的浸出量相比模拟强酸酸雨环境中的更低。累积浸出量最大的为 Cu，主要是由于其在原料粉尘中的含量(质量分数)高达 14.30%；而从浸提液中的浸出浓度来看，Cd 是超标最为严重的，其最大超标倍数为 165 倍。原料粉尘中的 Fe、Pb、Si 在模拟填埋场环境中释放量明显大于其他模拟环境，整体看来它们的浸出速率变化较小，但也可以看出浸出速率到实验后期逐渐减小，可能是由于有机酸与金属元素之间的配位交换机制、静电作用等促进了金属元素的溶出。重金属元素的存在形态可能会影响浸出机理及浸出速率，原料粉尘中 As、Cd、Cu、Zn 的酸可提取态含量较高，因此其在实验初期就迅速释放，之后才是其他形态的缓慢释放；而 Pb 的酸可提取态含量仅 0.44%，可还原态占比为 37.74%，因此 Pb 在整个实验进程中稳定溶出，释放速率变化不大。

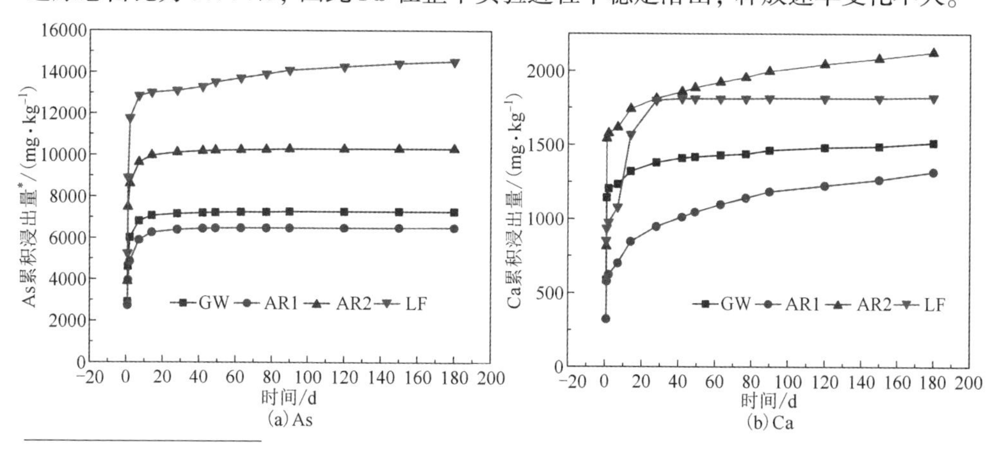

(a) As　　(b) Ca

* 指每千克溶液中元素浸出质量(mg)。

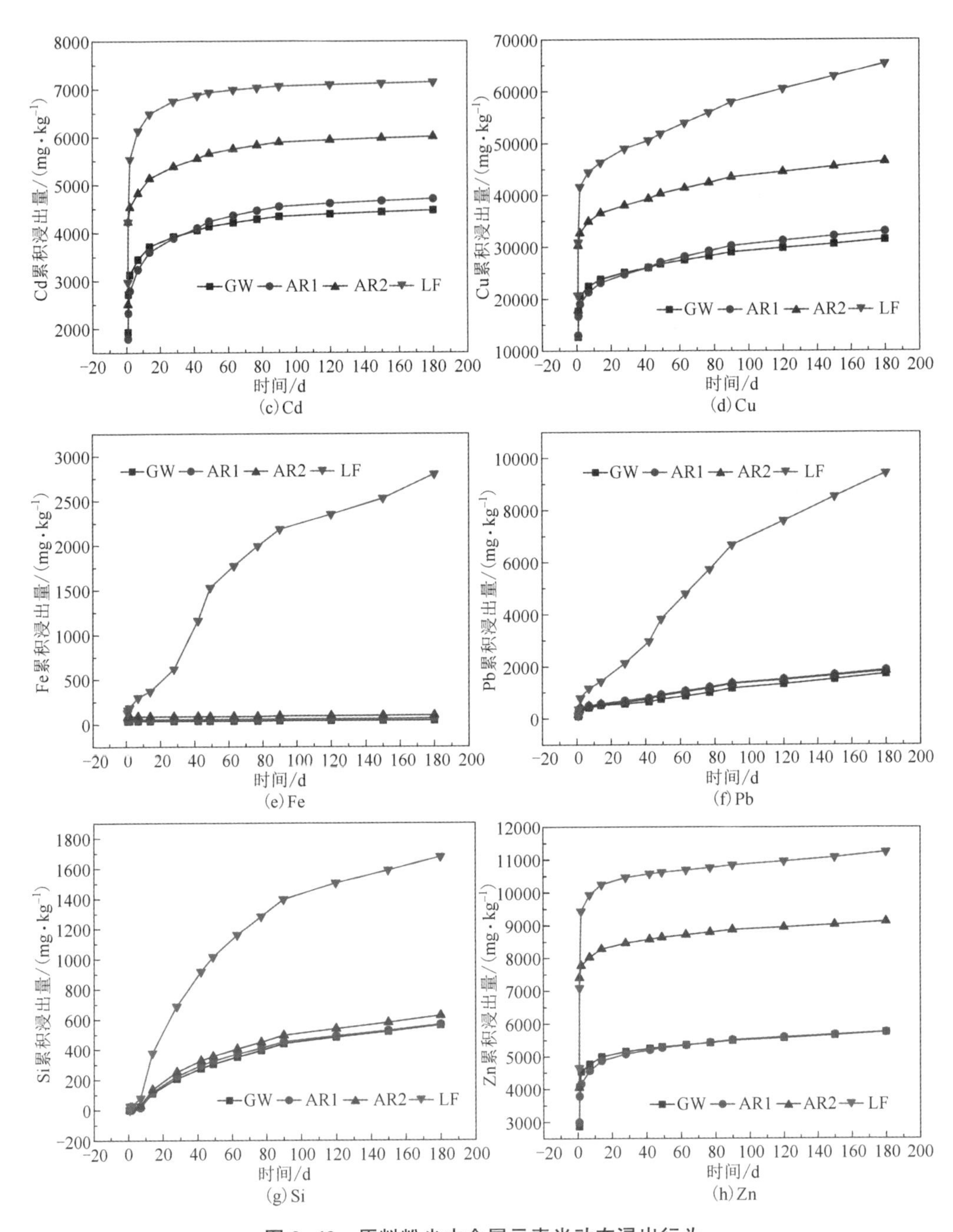

图 3-43　原料粉尘中金属元素半动态浸出行为

浸出液pH的变化如图3-44所示，原料粉尘半动态浸出过程中pH在实验初期均低于浸提液原始值，说明原料粉尘在浸出过程中会释放酸，pH随着实验的推进逐渐回升。

原料粉尘半动态侵蚀前后的XRD图谱及扫描电镜图变化不大，详见附录C。

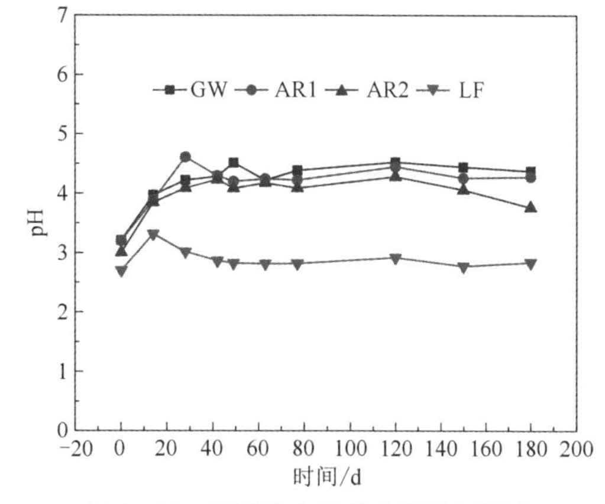

图3-44　原料粉尘半动态浸出过程中浸提液pH变化特征

(2)熔炼烟尘中重金属元素的释放特性及变化

熔炼烟尘中各重金属元素在四种模拟浸提液中累积浸出量的变化情况如图3-45所示，熔炼烟尘中金属的浸出规律与原料粉尘中的类似，As、Ca、Cd、Cu、Zn的释放初期十分迅速，释放速率在实验最开始的几天都很高，随后迅速减缓，金属元素的释放经历了表面弱吸附态金属元素快速溶出及内部金属元素缓速释放两个阶段。这几个元素中除Ca外，其他元素的累积浸出量变化趋势基本一致，说明浸出的机理没有发生变化，金属的浸出量与浸提液的pH密切相关，pH越低则金属的浸出量越高，但Ca在模拟填埋场环境中的浸出量相比模拟强酸酸雨环境中的更低，可以明显看出在模拟酸雨环境中的浸出规律与中性地下水环境、模拟填埋场环境中的浸出规律有较大差异。在模拟酸雨环境中Ca呈现出释放速率从快速到逐渐减缓的过程，累积释放量持续上升；而在中性地下水环境及模拟填埋场环境中，Ca的浸出量在前期迅速增长后即达到最大浸出量，实验后期保持恒定，说明酸雨环境有利于Ca的释放，且可能改变了释放机理。熔炼烟尘中Fe、Pb、Si在模拟填埋场环境中的释放量明显大于其他模拟环境，可能是有机酸与金属元素的配位交换机制、静电作用等促进了其溶出。Fe、Si也大致表现出浸出速率随着时间推移逐渐减缓的趋势，而Pb的浸出速率在整个浸出过程中变化不大。As、Cu的累积浸出量极高，主要是由于熔炼烟尘中As含量(质量分数)高达11.90%，Cu含量(质量分数)高达9.37%，且二者的酸可溶解态占比分别为33.49%、71.77%，易于迁移释放，Cd的累积释放量也较高。浸提液中浸出浓度的超标倍数以Cd、As的最高，分别为803倍、429倍，说明熔炼烟尘中的风险元素主要为Cd、As，二者的释放均呈现出两段浸出特征，风险主要集中在实验前期。从各种金属元素的存在形态来看，熔炼粉尘中As、Cd、Cu、Zn的酸可提取态含量(质量分数)较高，因此其在实验初期就迅速释放，之后才是其他形态的缓慢释放；而Pb的酸可提取态含量(质量分数)仅0.15%，因此Pb在整个实验进程中的溶出较为稳定，未出现明显的快速释放阶段。

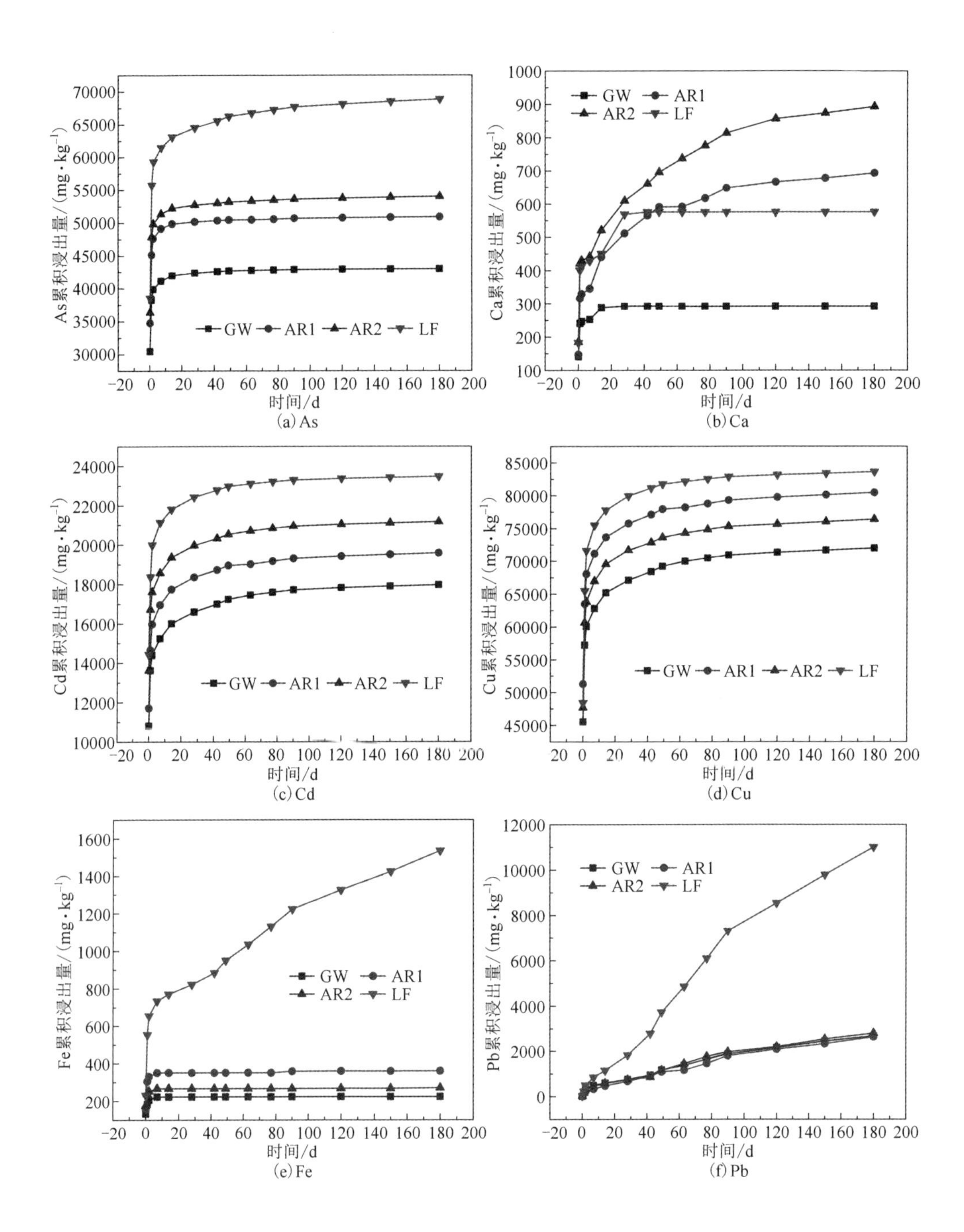

As累积浸出量/(mg·kg^{-1})
时间/d
GW AR1 AR2 LF
(a) As
Ca累积浸出量/(mg·kg^{-1})
时间/d
GW AR1 AR2 LF
(b) Ca
Cd累积浸出量/(mg·kg^{-1})
时间/d
GW AR1 AR2 LF
(c) Cd
Cu累积浸出量/(mg·kg^{-1})
时间/d
GW AR1 AR2 LF
(d) Cu
Fe累积浸出量/(mg·kg^{-1})
时间/d
GW AR1 AR2 LF
(e) Fe
Pb累积浸出量/(mg·kg^{-1})
时间/d
GW AR1 AR2 LF
(f) Pb

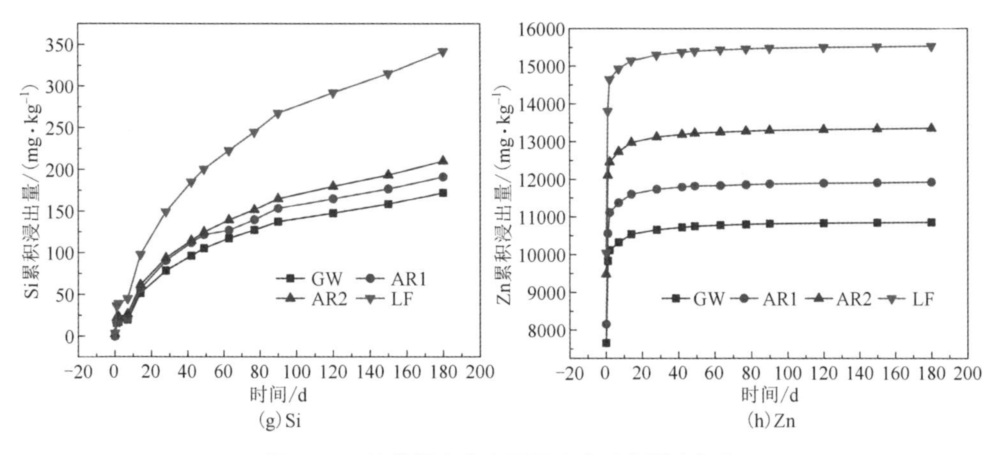

(g) Si　　(h) Zn

图 3-45　熔炼烟尘中金属元素半动态浸出行为

浸出液 pH 的变化如图 3-46 所示，熔炼烟尘半动态浸出过程中 pH 在实验初期均低于浸提液原始值，说明熔炼烟尘在浸出过程中会释放酸，pH 随着实验的推进逐渐回升。

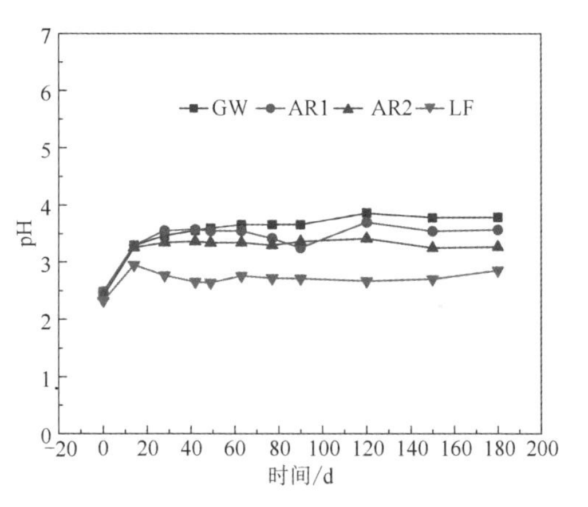

图 3-46　熔炼烟尘半动态浸出过程中浸提液 pH 变化特征

熔炼烟尘半动态侵蚀前后的 XRD 图谱如图 3-47 所示，半动态侵蚀前后熔炼烟尘的 XRD 图谱发生了一些变化，首先在所有模拟环境中 $PbSO_4$ 的特征峰强度均有所降低。在模拟填埋场环境中未出现新的特征峰，但在中性地下水环境、模拟酸雨环境中出现了新的 SiO_2、$CdSO_3$ 的特征峰，说明在浸出过程中发生了相关反应生成新的沉淀，而在模拟填埋场环境中浸出机理可能不同。

扫描电镜图(见图 3-48)表明，在模拟酸雨环境中熔炼烟尘的粒径明显减小，在中性地下水环境、模拟酸雨环境中均可观察到出现了原来不存在的圆形颗粒，可能是在半动态浸出过程中生成的新沉淀；而在模拟填埋场环境中的微观形貌变化较小，仍为表面附着有絮状物质的不规则颗粒，与前述 XRD 图谱的分析结果一致。

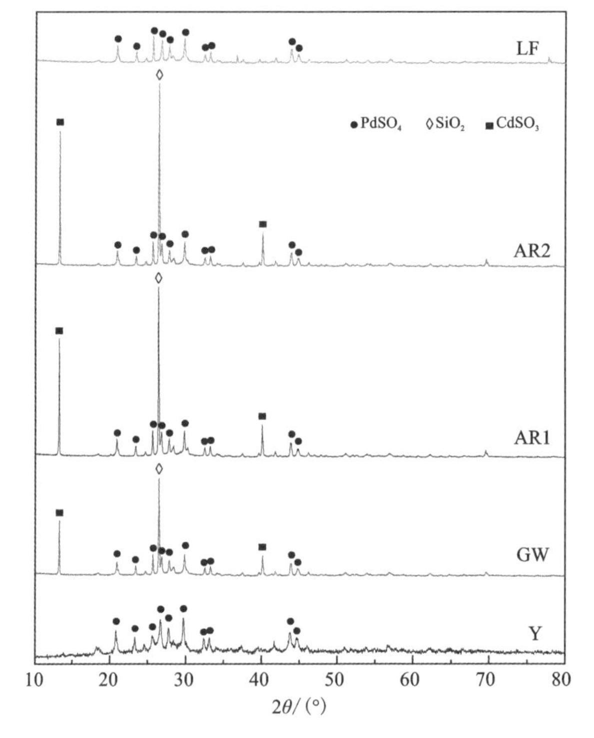

图 3-47　熔炼烟尘半动态侵蚀前后 XRD 图谱比对

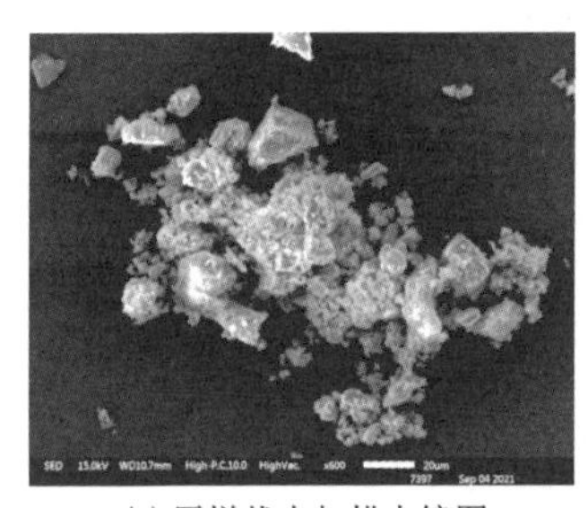
(a) 原样状态扫描电镜图

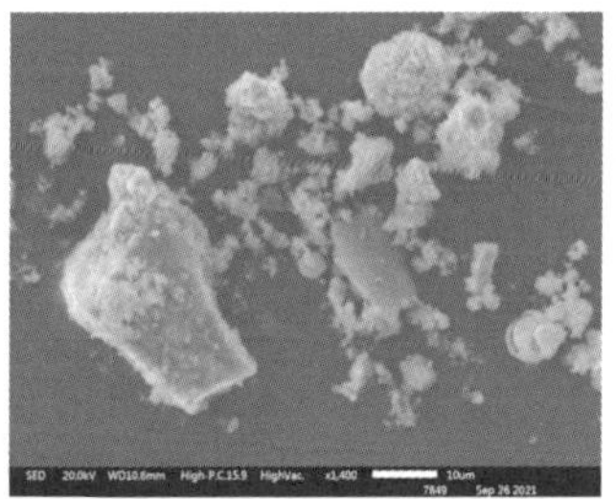
(b) 模拟填埋地下水环境扫描电镜图

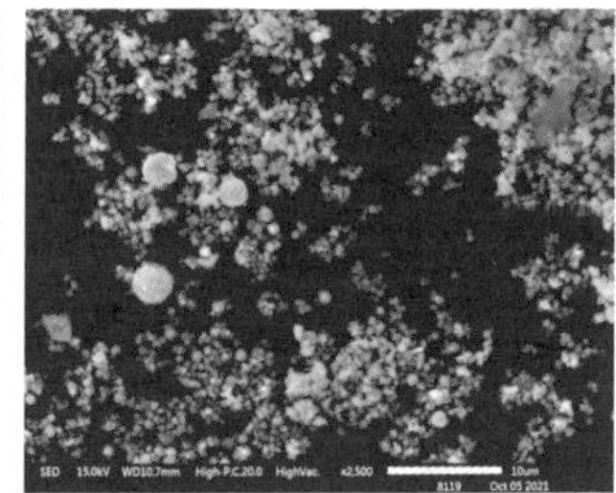
(c) 模拟弱酸酸雨环境扫描电镜图

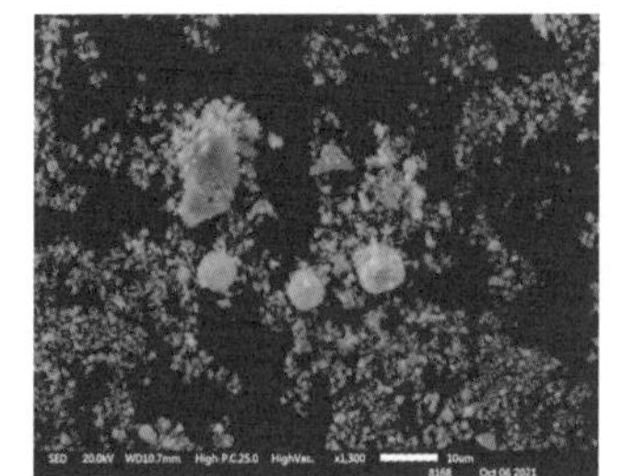
(d) 模拟强酸酸雨环境扫描电镜图

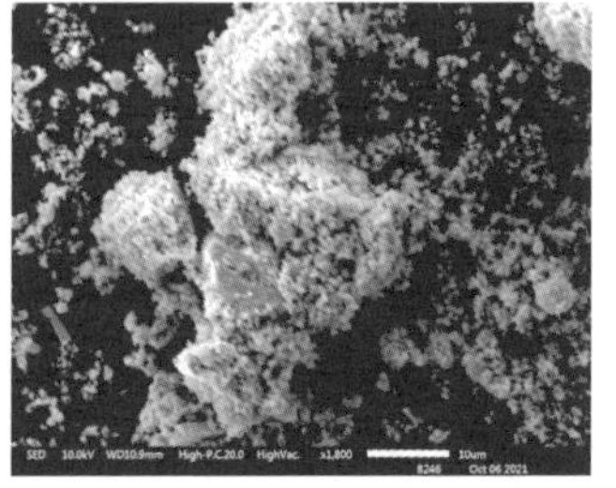
(e) 模拟填埋场环境扫描电镜图

图 3-48　熔炼烟尘半动态侵蚀前后扫描电镜图比对

(3)废耐火材料中重金属元素的释放特性及变化

废耐火材料中各重金属元素在四种模拟浸提液中累积浸出量的变化情况如图 3-49 所示，废耐火材料中各金属元素在模拟填埋场环境中的释放量远大于其他模拟环境。废耐火材料主要是 MgO 及铬铁矿，在一般环境中很难溶解，模拟填埋场环境的浸提液酸性较强，且有机酸与金属元素间具有配位交换机制、静电作用等，进一步促进了其溶出。废耐火材料中 As、Pb 在实验初期有短暂的迅速释放，之后保持稳定，但在 77 天后迅速攀升，其他元素也分别在不同的时间节点出现了释放速率升高的现象，这可能是由于长期浸泡，废耐火材料表面遭到破坏，其内包裹的金属元素释放导致的。根据 BCR 结果可知，废耐火材料中各重金属元素主要以残渣态存在，仅 Cu 的有效态含量(质量分数)较高(65.19%)，因此其累计释放量也最大。

浸出液 pH 的变化如图 3-50 所示，实验初期浸提液的 pH 迅速升高，主要是由于废耐火材料中 MgO 等碱性氧化物释放，之后中性地下水环境及模拟酸雨环境的浸提液 pH 上下波动明显，但仍呈上升趋势；而在模拟填埋场环境中，浸提液 pH 从 28 天以后就逐渐下降。

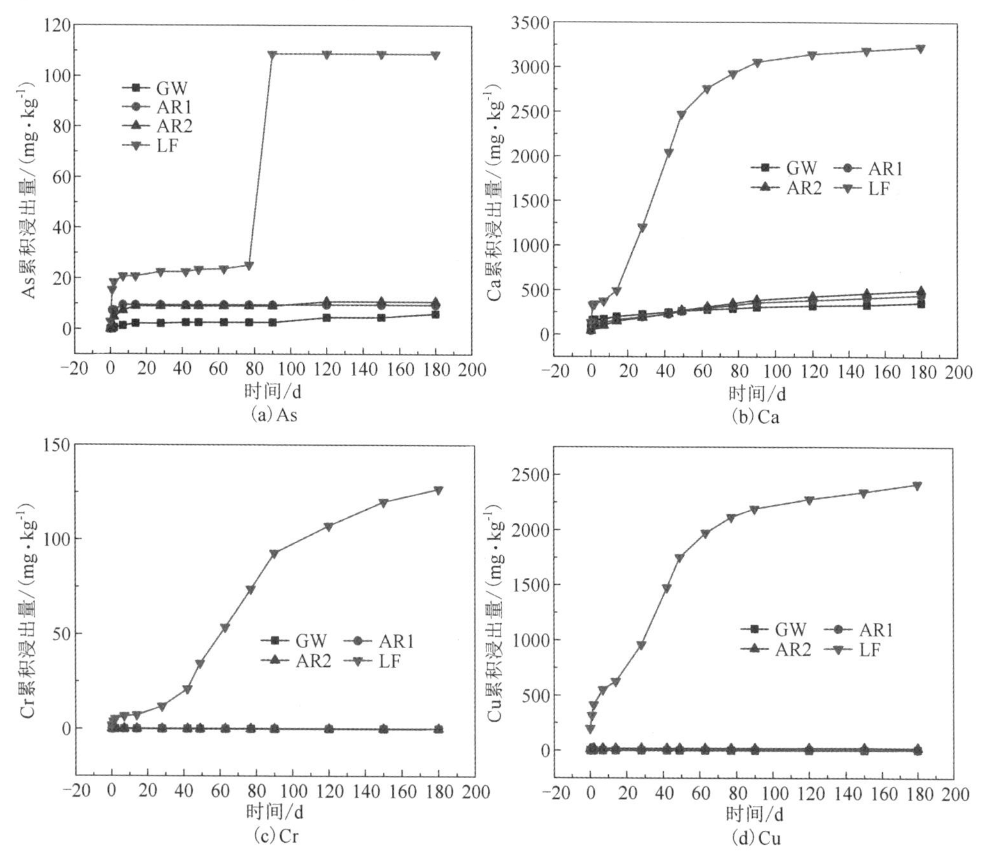

(a)As　(b)Ca

(c)Cr　(d)Cu

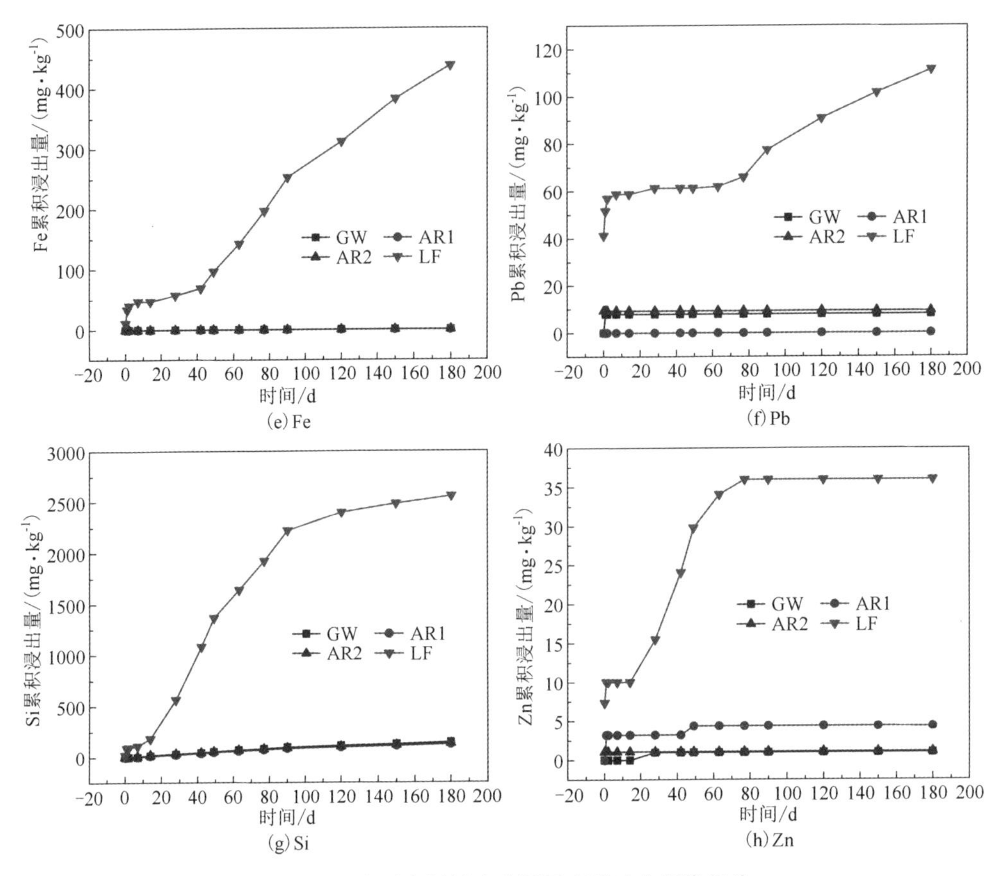

图 3-49　废耐火材料中金属元素半动态浸出行为

废耐火材料半动态侵蚀前后的XRD图谱如图3-51所示，在中性地下水环境及模拟酸雨环境中的XRD图谱基本没有发生变化，但在模拟填埋场环境中原来十分突出的MgO特征峰消失。对照前述金属元素的浸出行为，各金属元素在模拟填埋场环境中的释放量最大，推测是废耐火材料中的MgO基质溶解，其中夹杂的金属元素也将随之释放。废耐火材料半动态侵蚀前后的微观形貌基本没有变化，均为

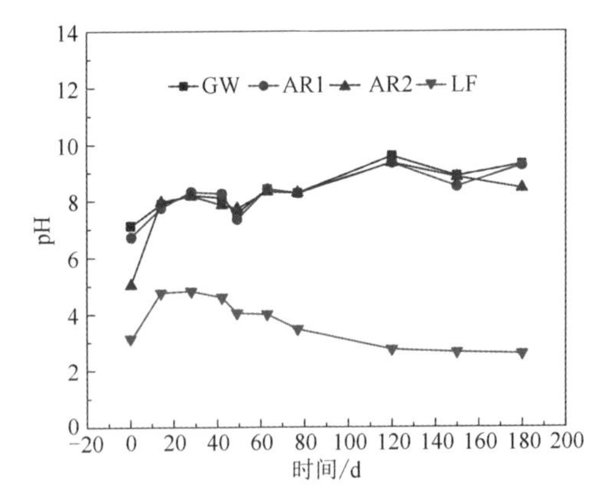

图 3-50　废耐火材料半动态浸出过程中浸提液 pH 变化特征

不规则块状颗粒，表面粗糙并附着有少量细微颗粒（见图 3-52）。

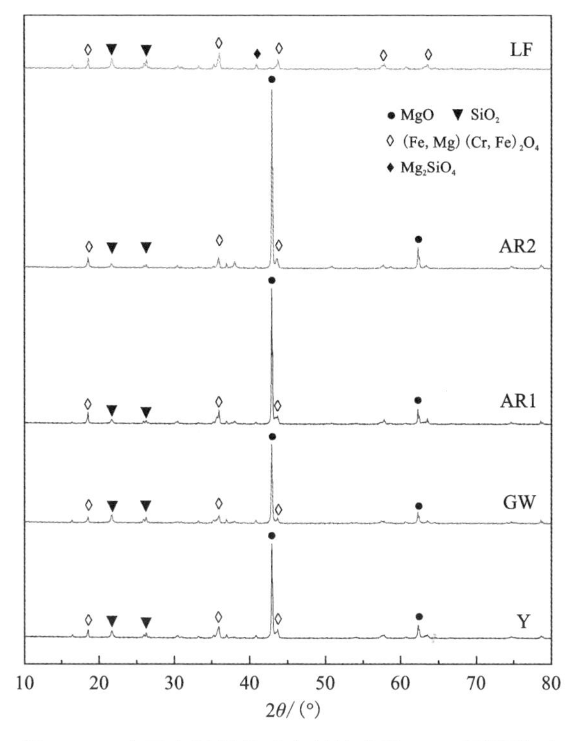

图 3-51　废耐火材料半动态侵蚀前后 XRD 图谱比对

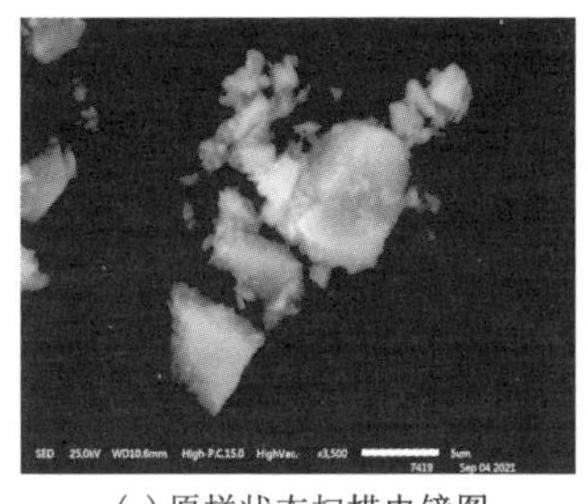

(a) 原样状态扫描电镜图

(b) 模拟填埋地下水环境扫描电镜图

(c) 模拟弱酸酸雨环境扫描电镜图

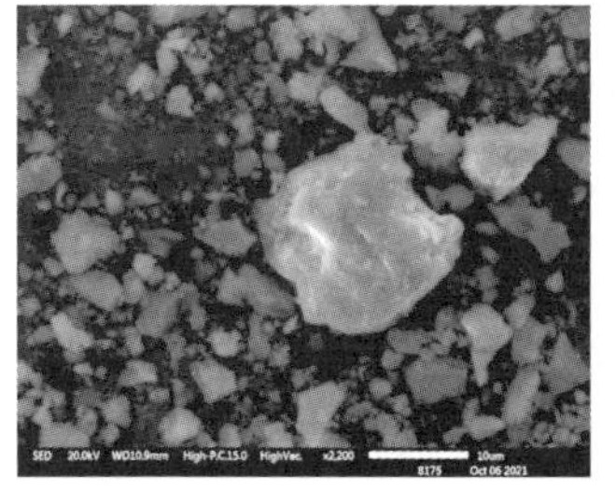

(d) 模拟强酸酸雨环境扫描电镜图

(e) 模拟填埋场环境扫描电镜图

图 3-52　废耐火材料半动态侵蚀前后扫描电镜图比对

(4)熔炼渣中重金属元素的释放特性及变化

熔炼渣中各重金属元素在四种模拟浸提液中累积浸出量的变化情况如图 3-53 所示，熔炼渣中 As、Cd、Fe、Pb、Zn 在中性地下水环境及模拟酸雨环境中的释放量极低，在模拟填埋场环境中的释放量更高，可能是有机酸与金属离子的配位交换机制、静电作用等促进了其溶出；Cu、Si 在中性地下水环境及模拟酸雨环境中虽然也有一定释放，但仍远小于模拟填埋场环境中的释放量；Ca 的释放规律明显不同，其在中性地下水环境及模拟填埋场环境中的释放量远小于模拟酸雨环境中的释放量。熔炼渣中各金属元素的释放规律基本都遵循前期迅速释放，之后释放速率逐渐减缓，最终保持稳定释放的趋势。熔炼渣中 Cu 的有效态含量(质量分数)为 64.33%，而其他重金属元素的残渣态占比较高，因此 Cu 元素的释放量也相对最大。

浸出液 pH 的变化(见图 3-54)表明，熔炼渣的浸提液 pH 明显大于原始 pH，可能是由于熔炼渣中的硅酸盐、氧化物等溶解，所释放的硅酸根离子、铁离子在溶液中发生水解造成的。

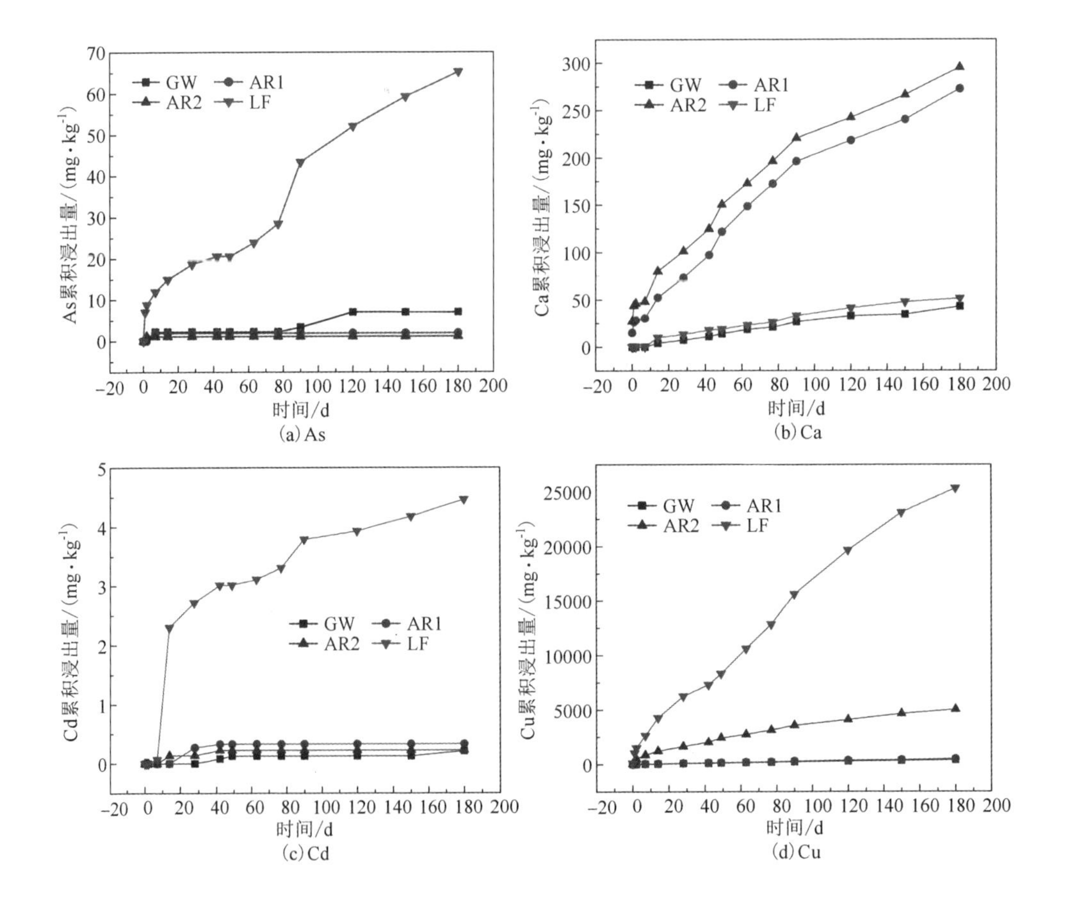

(a) As (b) Ca (c) Cd (d) Cu

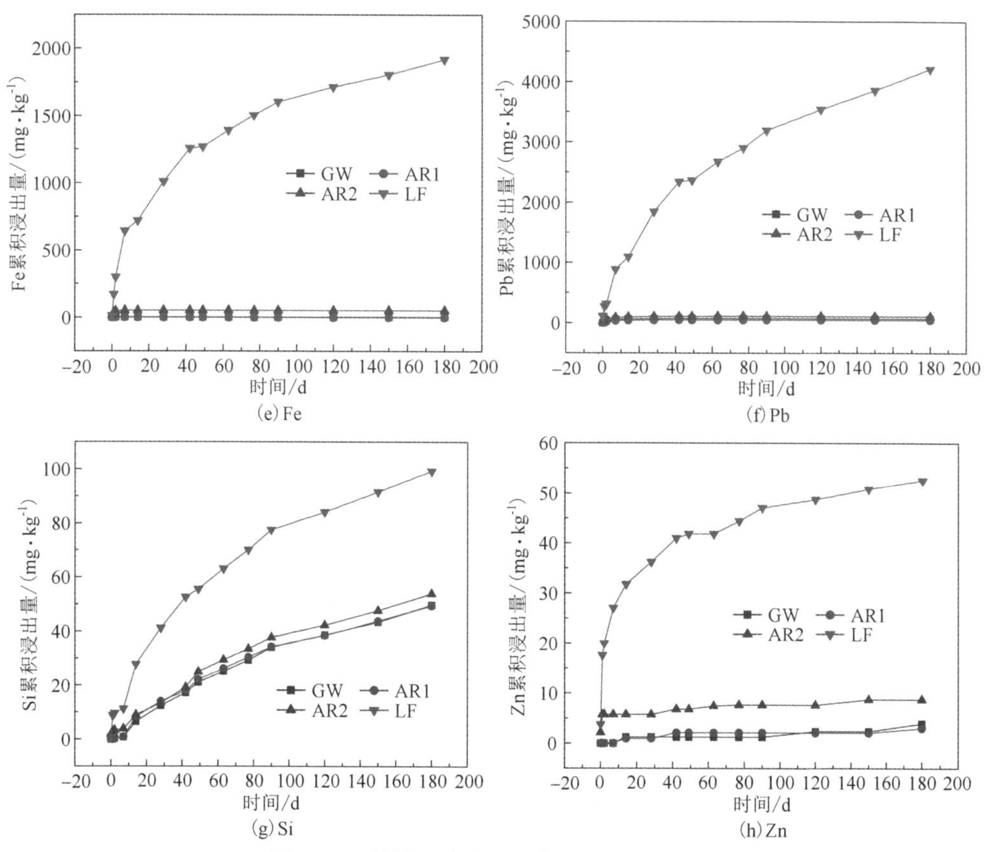

图 3-53　熔炼渣中金属元素半动态浸出行为

熔炼渣半动态侵蚀前后的 XRD 图谱如图 3-55 所示，半动态浸出前后熔炼渣的 XRD 图谱发生了较大的变化，熔炼渣原有的 Fe_2SiO_4、$CaFeSiO_4$ 特征峰在浸出后消失，但出现了新的 Cu_5FeS_4、Cu_2S、PbS、$Fe_4O_3(AsO_4)_2$ 特征峰，可能是熔炼渣内的硅酸盐大量溶解，内部包裹的斑铜矿、辉铜矿等难溶矿物显露出来。由扫描电镜图(见图 3-56)可知，熔炼渣在半动态浸出前表面较为光滑，

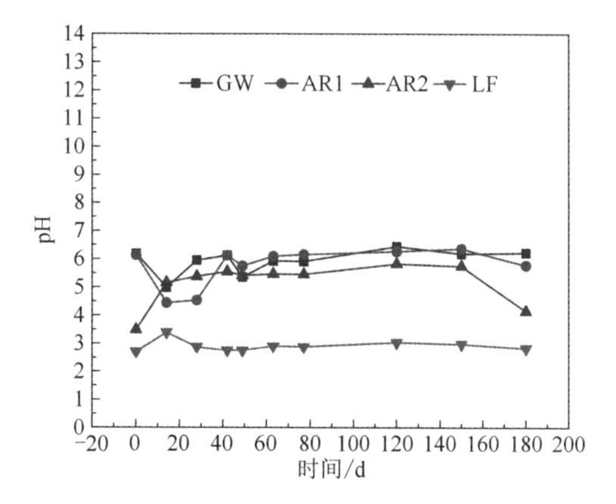

图 3-54　熔炼渣半动态浸出过程中浸提液 pH 变化特征

经半动态浸出后表面变得十分粗糙，对照前述 XRD 图谱的分析结果，推测是

表面覆盖的硅酸盐溶解所致。

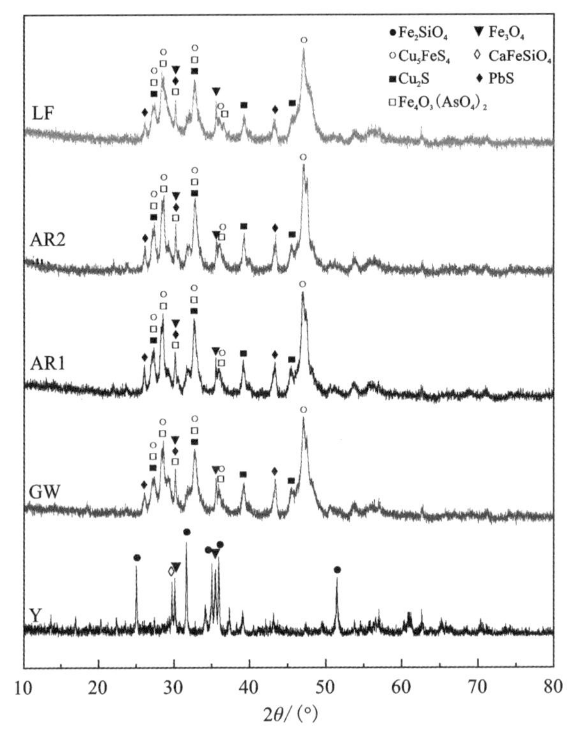

图 3-55　熔炼渣半动态侵蚀前后 XRD 图谱比对

(a) 原样状态扫描电镜图

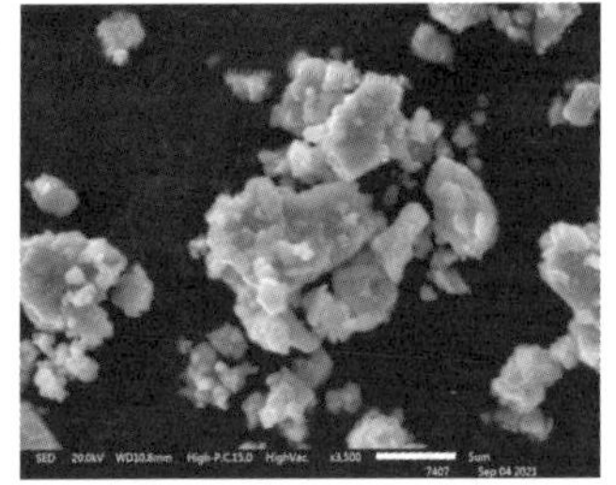

(b) 模拟填埋地下水环境扫描电镜图

(c) 模拟弱酸酸雨环境扫描电镜图

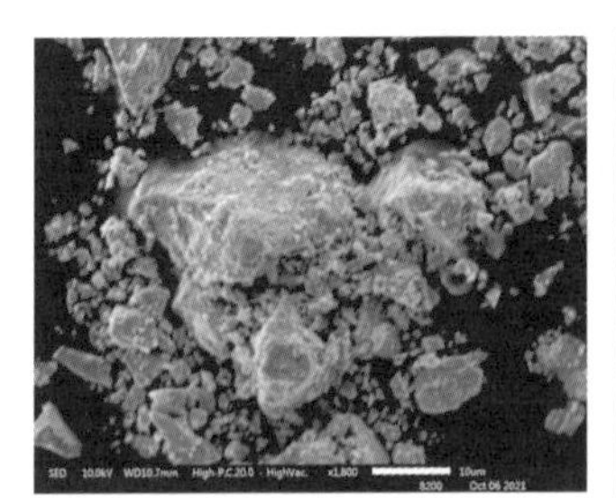

(d) 模拟强酸酸雨环境扫描电镜图

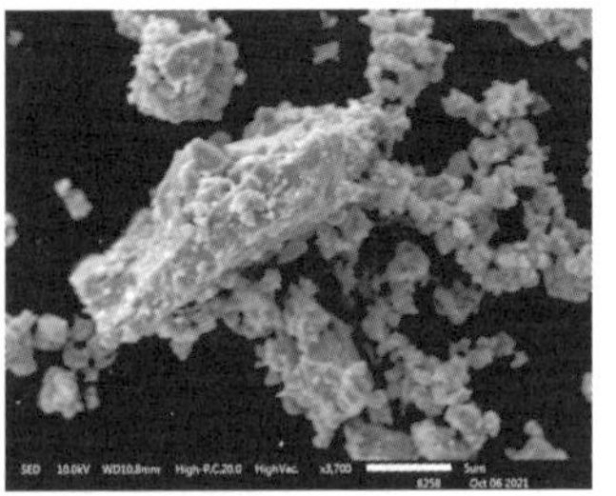

(e) 模拟填埋场环境扫描电镜图

图 3-56　熔炼渣半动态侵蚀前后扫描电镜图比对

(5)渣选厂尾矿中重金属元素的释放特性及变化

渣选厂尾矿中各重金属元素在四种模拟浸提液中累积浸出量的变化情况如图 3-57 所示，渣选厂尾矿中 As、Ca、Cd、Fe、Pb、Si、Zn 的释放趋势较为类似，在模拟填埋场环境中的释放量远大于其他模拟环境，模拟强酸酸雨环境中的释放量次之，Ca 在模拟弱酸酸雨环境中的释放量大于中性地下水环境中的释放量，其他金属在中性地下水环境与模拟弱酸酸雨环境中的释放量基本一致，可能是有机酸与金属元素的配位交换机制、静电作用等促进了其溶出。上述金属元素的释放均经历了前期迅速释放，之后释放速率逐渐减缓，最终保持稳定释放的过程。但 Cu 的释放规律与其他元素不同，在中性地下水环境及模拟弱酸酸雨环境中 Cu 的释放量较小，在 pH 较低的模拟强酸酸雨环境中 Cu 的释放规律与其他元素类似，均存在前期快速释放及后期缓慢释放两个阶段；在模拟填埋场环境中，Cu 经过快速、缓速两个阶段后的累计释放量低于模拟强酸酸雨环境中的释放量，在第 77 天以后浸出速率又突然增高，并在后期保持稳定上升。

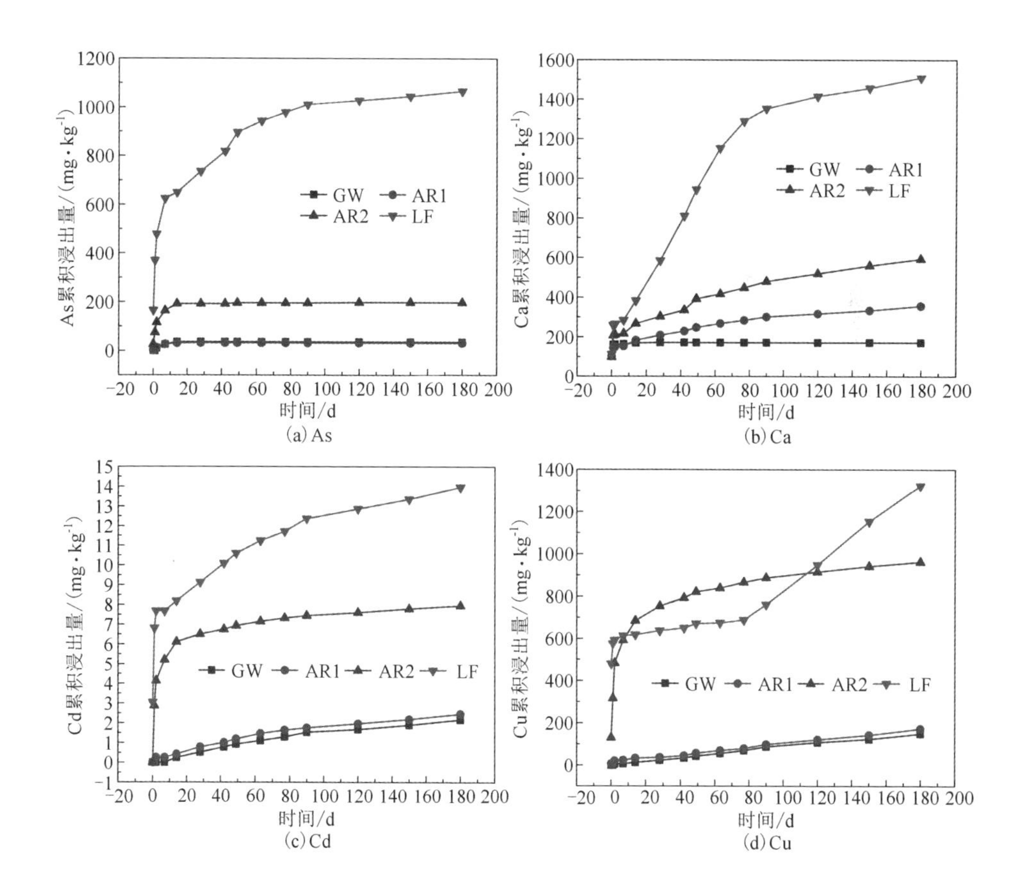

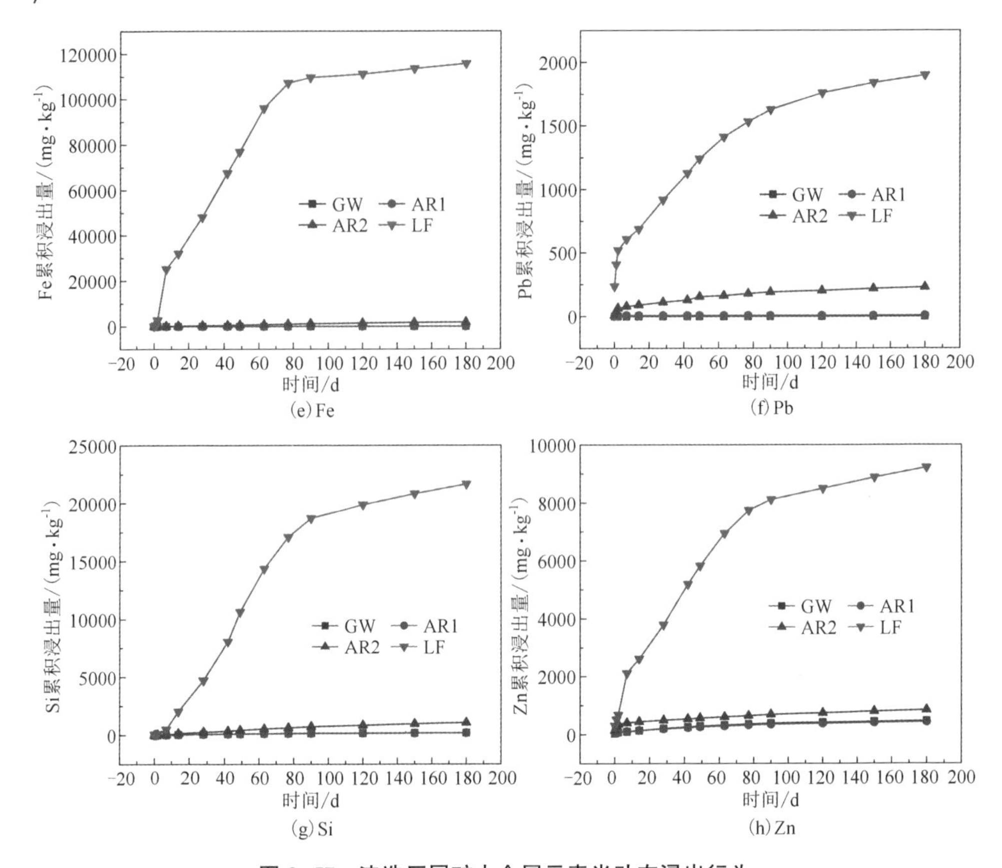

图 3-57 渣选厂尾矿中金属元素半动态浸出行为

浸出液 pH 的变化如图 3-58 所示，渣选厂尾矿的浸提液 pH 虽有上下波动，但基本维持在原始 pH 附近；中性地下水环境的浸提液 pH 降低可能是由于渣选厂尾矿中的硅酸盐、氧化物等溶解，所释放的硅酸根离子、铁离子在溶液中发生水解造成的。

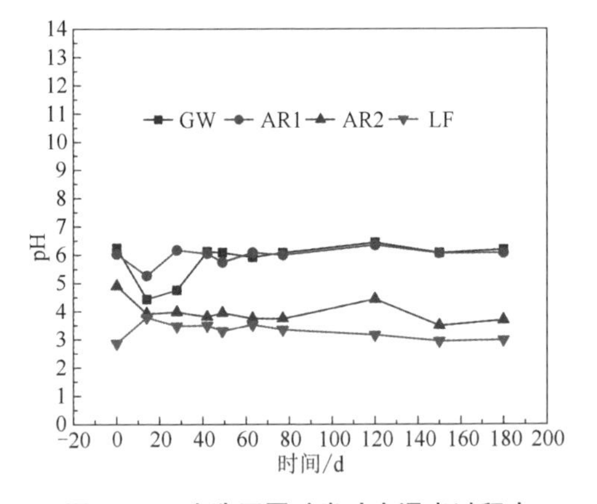

图 3-58 渣选厂尾矿半动态浸出过程中浸提液 pH 变化特征

渣选厂尾矿半动态侵蚀前后的 XRD 图谱如图 3-59 所示，渣选厂尾矿 XRD 图谱在不同模拟环境中发生了不同的变化，在中性地下水环境及模拟填埋场

环境中 Fe_2SiO_4 特征峰降低、SiO_2 特征峰消失，在模拟填埋场环境中 Fe_2SiO_4、SiO_2 的特征峰均消失，主要物相只剩 Fe_3O_4。比照前述金属的浸出行为，Si、Fe 在模拟填埋场环境中的释放量明显高于其他模拟环境，推测就是由于模拟填埋场环境中硅酸铁的大量溶解。半动态浸出后渣选厂尾矿表面变得更为粗糙(见图 3-60)，对照前述 XRD 图谱的分析结果，推测是由于表面覆盖的硅酸盐溶解。

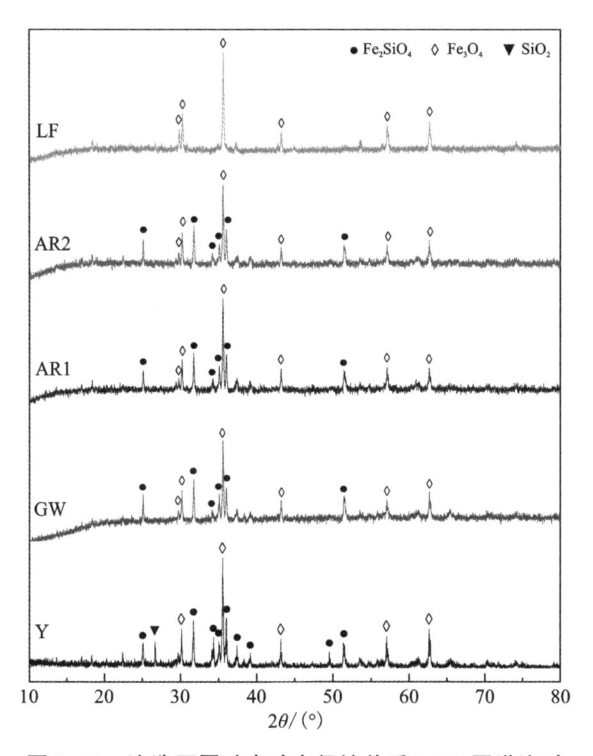

图 3-59　渣选厂尾矿半动态侵蚀前后 XRD 图谱比对

(6)吹炼白烟尘中重金属元素的释放特性及变化

吹炼白烟尘中各重金属元素在四种模拟浸提液中累积浸出量的变化情况如图 3-61 所示，吹炼白烟尘中 As、Cd、Cu、Zn 在不同模拟环境中的浸出量与模拟环境浸提液的 pH 关系极大，pH 越低其累积浸出量就越大。As、Cd、Zn 的释放集中在实验前期，在前 28 天迅速释放达到最大释放量，实验后期基本保持恒定。吹炼白烟尘中 As 主要以残渣态存在(91.62%)，因此其释放量相对较小，主要为表面弱吸附态的砷在实验初期就迅速溶出；而吹炼白烟尘中 Cd、Zn 的酸可提取态含量(质量分数)分别为 77.30%、88.75%，在实验初期就迅速释放至浸提液中并达到最大释放量，其中 Cd 在实验初期的释放量极高，最大超标倍数达到 692 倍。Cu 在前期释放速率极快，随着实验进程的推进其释放速率逐渐减缓，至

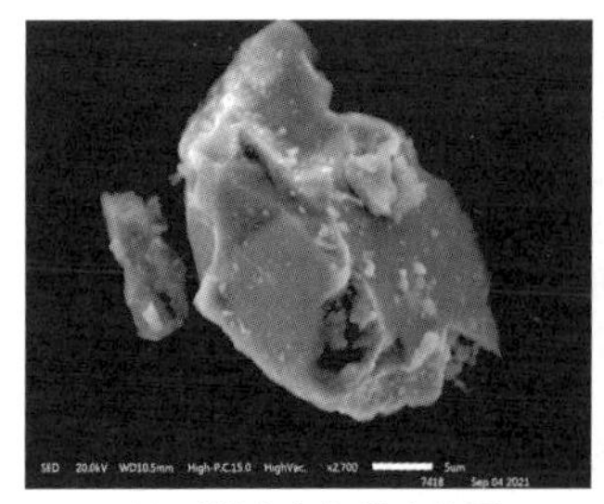

(a) 原样状态扫描电镜图

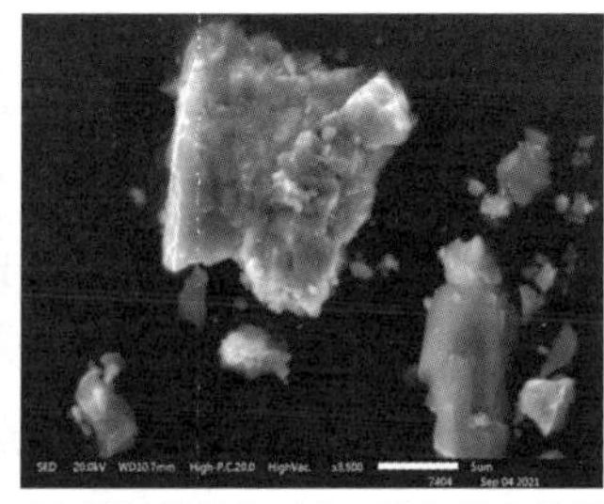

(b) 模拟填埋地下水环境扫描电镜图

(c) 模拟弱酸酸雨环境扫描电镜图

(d) 模拟强酸酸雨环境扫描电镜图

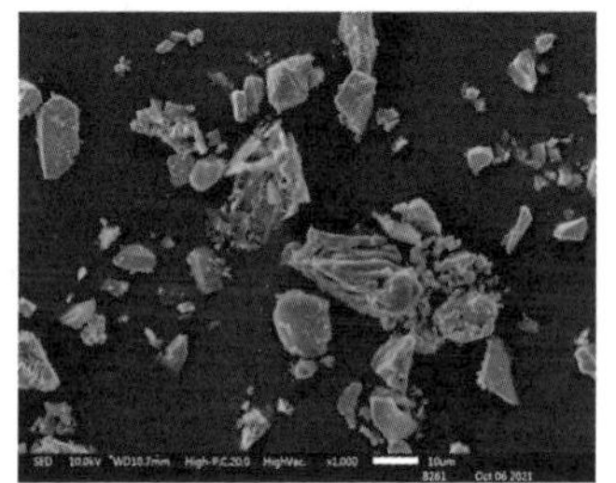

(e) 模拟填埋场环境扫描电镜图

图 3-60　渣选厂尾矿半动态侵蚀前后扫描电镜图比对

实验末期仍保持着一定的上升趋势，Cu 的酸可提取态含量(质量分数)最大，为 39.33%，Cd 和 Cu 的可还原态的含量(质量分数)分别为 11.50%、21.05%，因此在实验初期弱吸附的 Cu 离子迅速释放，吹炼白烟尘内部其他形态的 Cu 在缓慢反应下逐渐释放。Ca 在模拟酸雨环境中的浸出规律与在中性地下水环境、模拟填埋场环境中的浸出规律有较大差异。在模拟酸雨环境中 Ca 呈现出释放速率从十分快速到逐渐减缓的过程，累积释放量持续上升；而在中性地下水环境及模拟填埋场环境中，Ca 在前期经历迅速增长后就达到最大浸出量，实验后期保持恒定，说明酸雨环境有利于 Ca 的释放，且改变了释放机理。Fe 在中性地下水环境及模拟酸雨环境中的浸出量极低，而在模拟填埋场环境中的释放量远大于其他模拟环境，可能是有机酸与 Fe 离子的配位交换机制、静电作用等促进了其溶出。Pb、Si 的释放速率在整个浸出过程中变化较小，呈现出较为稳定上升的趋势，累积浸出量与浸提液的 pH 成反比关系。总体来看，除 Ca、Fe 外的其他金属元素虽然在不同模拟环境中的累积浸出量有差异，但其释放规律类似，说明浸出机理未发生变化。

浸出液 pH 的变化如图 3-62 所示。模拟填埋场环境的浸提液 pH 相比原始 pH 变化不大，中性地下水环境与模拟酸雨环境的浸提液 pH 基本一致，保持在 4~5 波动，直至实验终期逐渐回归至原始 pH，说明在实验过程中浸提液的 pH 与其原始 pH 关系不大，这主要是由吹炼白烟尘的性质决定的；实验后期，吹炼白烟尘中的可浸出物质基本被耗尽，对于浸提液的 pH 影响程度也降低了。

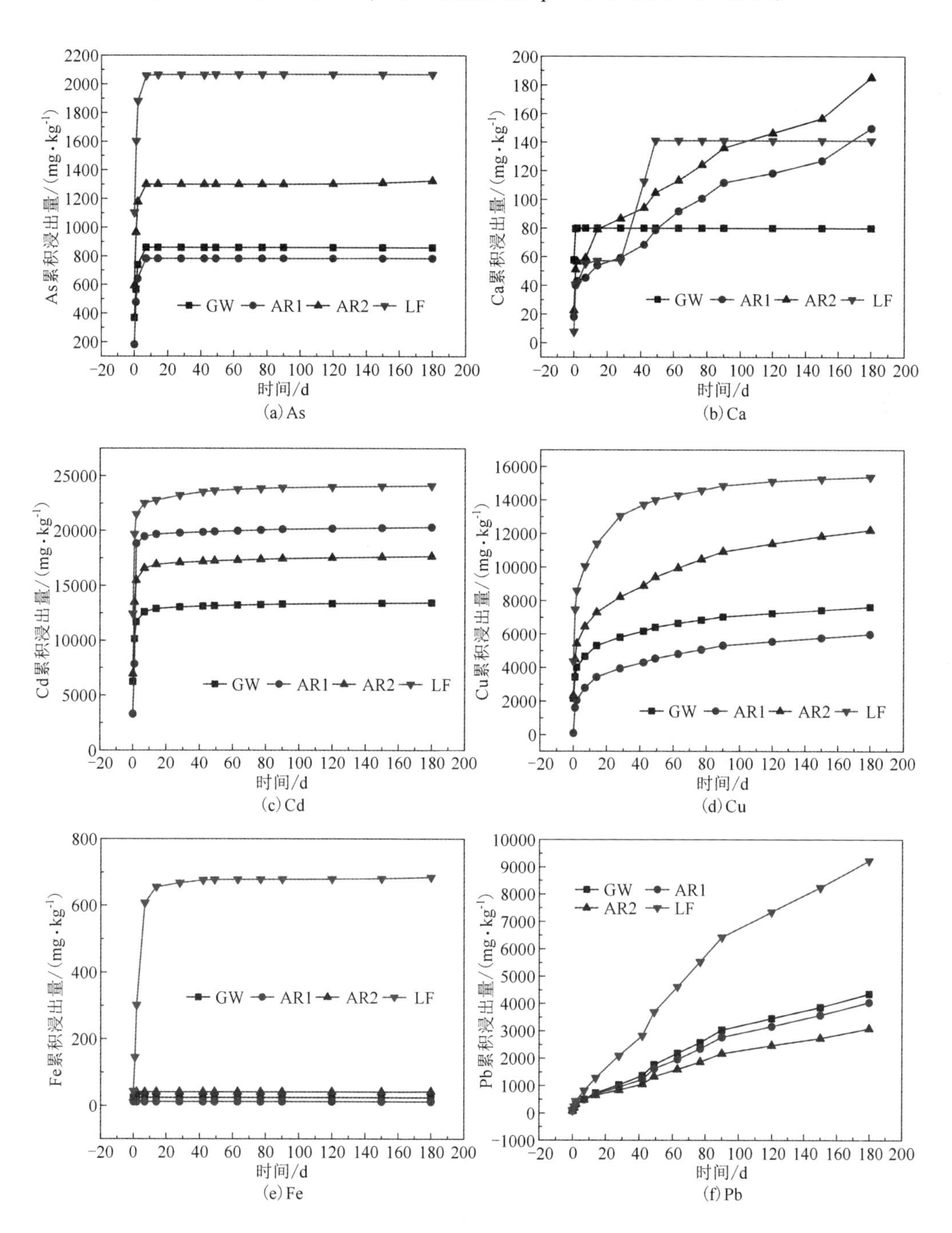

(a) As (b) Ca (c) Cd (d) Cu (e) Fe (f) Pb

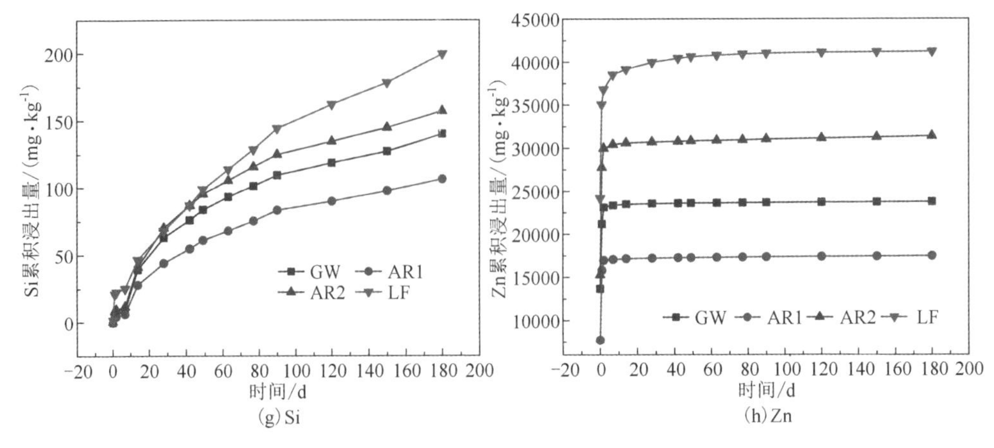

图 3-61　吹炼白烟尘中金属元素半动态浸出行为

吹炼白烟尘半动态侵蚀前后的 XRD 图谱及扫描电镜图变化不大，详见附录 C。

(7)黑铜泥中重金属元素释放特性及变化

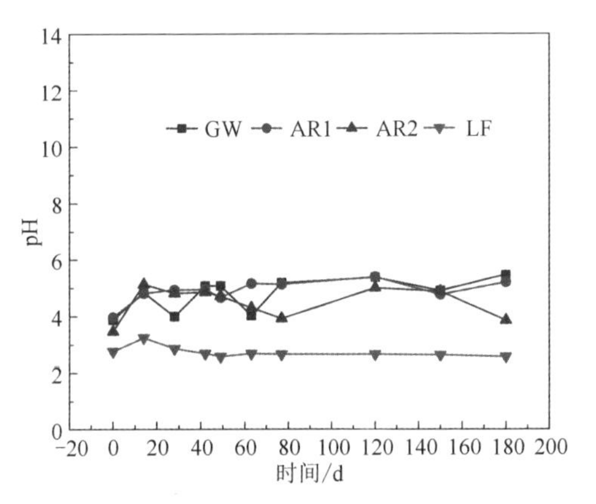

图 3-62　吹炼白烟尘半动态浸出过程中浸提液 pH 变化特征

黑铜泥中各重金属元素在四种模拟浸提液中累积浸出量的变化情况如图 3-63 所示，黑铜泥中 As、Cd、Cu、Zn 在不同模拟环境中的浸出规律类似，均表现为前期迅速释放，之后浸出速率逐渐降低，在达到最大浸出量后累积浸出量保持恒定。As、Cu 的累积浸出量最大，主要是由于黑铜泥中 As、Cu 的含量(质量分数)较高，分别为 29.10%、39.20%，二者在浸提液中浓度的最大超标倍数分别为 406.72 倍、21.38 倍，另外 Cd 的最大超标倍数为 17.76 倍。As、Cd、Zn 的最大浸出量由大到小排序为模拟填埋场环境、模拟强酸酸雨环境、中性地下水环境、模拟弱酸酸雨环境，Cu 的最大浸出量按由大到小排序为模拟填埋场环境、中性地下水环境、模拟强酸酸雨环境、模拟弱酸酸雨环境。金属元素的累积浸出量未像其他固废的浸出过程一样与浸提液 pH 产生明显相关关系，说明可能是在模拟酸雨环境中，浸提液中含有的其他离子影响了金属元素的浸出；但中性地下水环境与模拟酸雨环境的释放趋势基本一致，说明其释放机理未发生变化。Ca 在模拟酸雨环境中的浸出规律与在中性地下水环境、模拟填埋场环境中的浸出规律有较大差异。在模拟酸雨环境中 Ca 呈现出释放速率从十分快速到逐渐减缓的过程，累积释放量持续上升；而在中性地下水环境及模拟填埋场环境中，Ca 在前期经历迅速增长后就达到最大浸出量，实验后期保持恒定，说明酸雨环境有利于 Ca 的释放，且改变了释放机理。Fe 在模拟填埋场环境中的浸出量远大于其他模拟环境，可能是有机酸与 Fe 离子的配位交换机制、静电作用等促进了其溶出。Pb 在整个实验进程中的浸出速率较为稳定，浸出量持续上升，不同模拟环境中的浸出量与其浸提液 pH 成反比关系，Pb 的浸出主要受 pH 影响，不同模拟环境下的浸出机理未发生变化。

浸出液 pH 的变化如图 3-64 所示，模拟填埋场环境的浸提液 pH 相比原始 pH 变化不大，在中性地下水环境与模拟酸雨环境中浸提液的 pH 基本一致，实验前期 pH 降低至 3.20 左右，之后虽有波动但总体呈上升趋势，直至实验终期逐渐回归至原始 pH，说明在实验过程中浸提液的 pH 与其原始 pH 关系不大，这主要是由黑铜泥的性质决定的；实验后期，黑铜泥中的可浸出物质基本被耗尽，对于浸提液的 pH 影响程度也降低了。

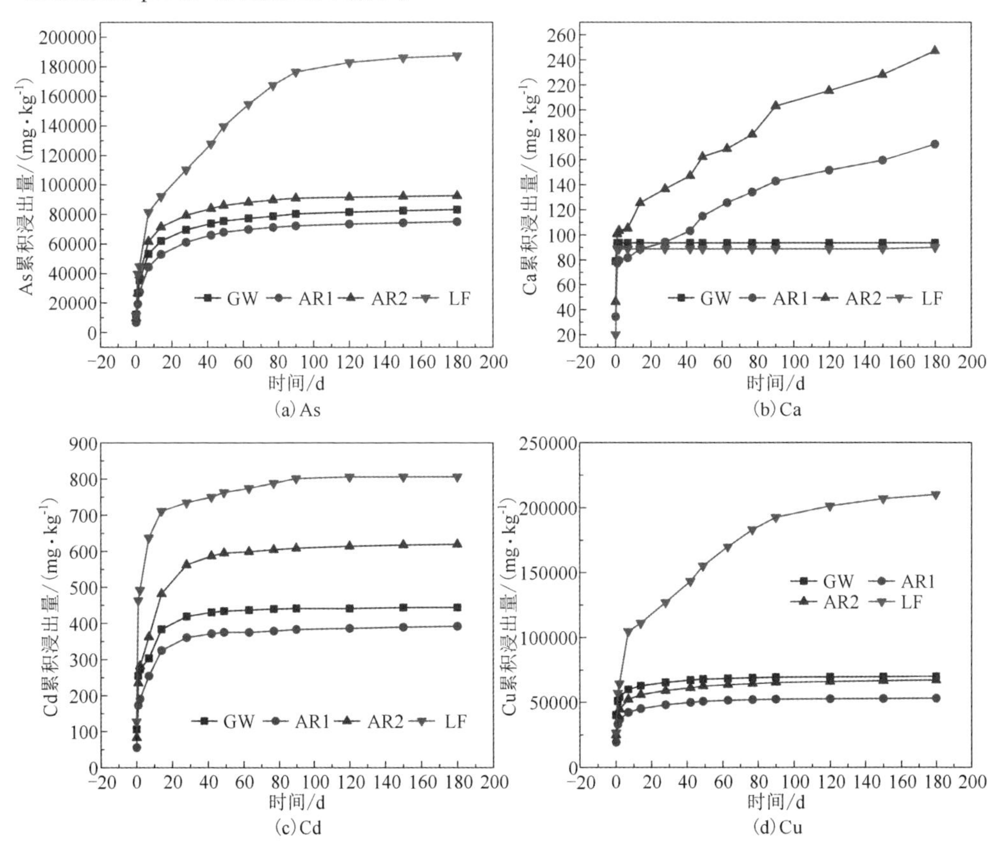

(a) As　(b) Ca　(c) Cd　(d) Cu

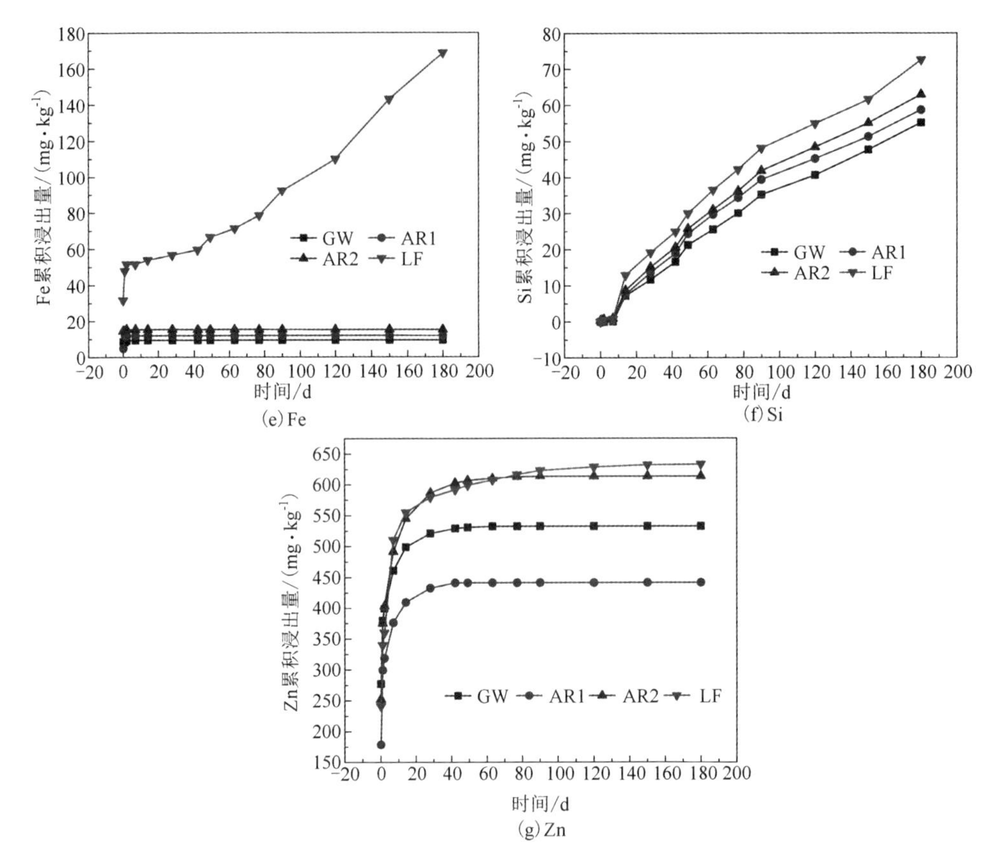

图 3-63　黑铜泥中金属元素半动态浸出行为

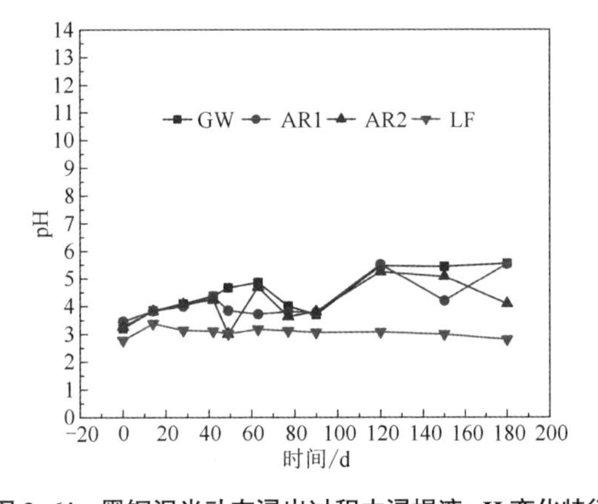

图 3-64　黑铜泥半动态浸出过程中浸提液 pH 变化特征

黑铜泥在中性地下水环境及模拟酸雨环境中半动态浸出前后的 XRD 图谱(见图 3-65)变化不大，主要物相未发生变化，但在模拟填埋场环境中半动态浸出后 $CuHAsO_4 \cdot H_2O$ 的特征峰消失，比照前述金属元素的浸出行为，在模拟填埋场环境中 As、Cu 的浸出量明显高于其他模拟环境，这主要是 $CuHAsO_4 \cdot H_2O$ 的大量浸出造成的。由图 3-66 可知，黑铜泥原样微观形貌表面呈层状结构，但半动态浸出后表面的层状物质消失。

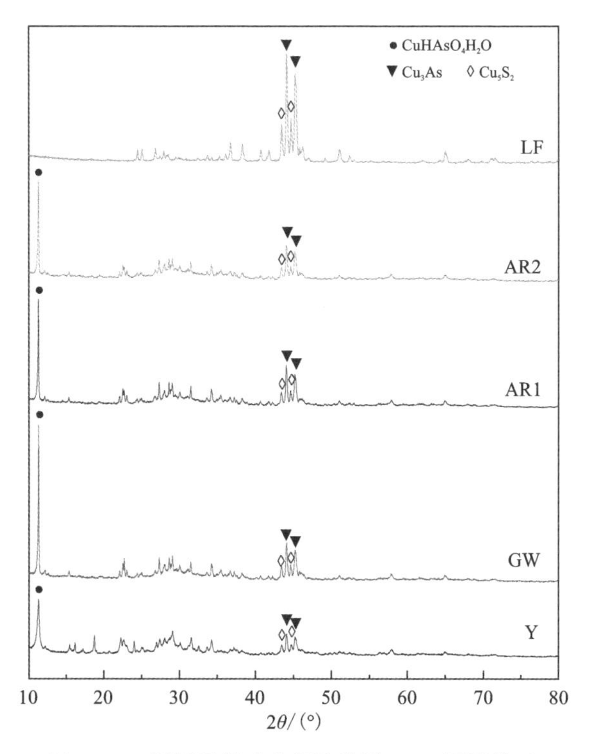

图 3-65　黑铜泥半动态侵蚀前后 XRD 图谱比对

(a) 原样状态扫描电镜图　(b) 模拟填埋地下水环境扫描电镜图　(c) 模拟弱酸酸雨环境扫描电镜图

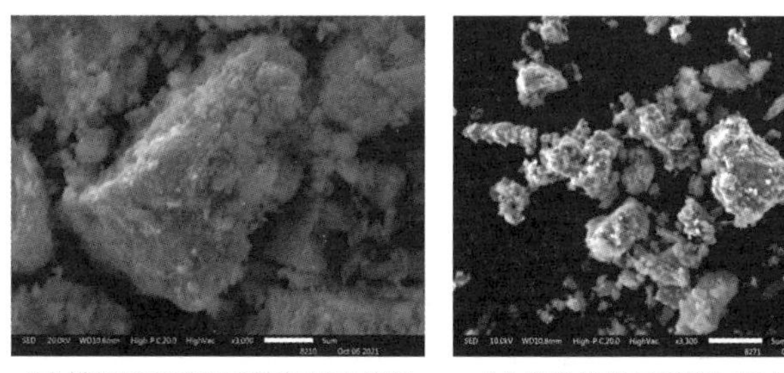

(d) 模拟强酸酸雨环境扫描电镜图　(e) 模拟填埋场环境扫描电镜图

图 3-66　黑铜泥半动态侵蚀前后扫描电镜图比对

(8)阳极渣中重金属元素的释放特性及变化

阳极渣中各重金属元素在四种模拟浸提液中累积浸出量的变化情况如图 3-67 所示，阳极渣中 Ca 在中性地下水环境中的浸出量明显低于其他模拟环境，说明酸性有助于提高阳极渣中 Ca 的浸出量。阳极渣中其他金属元素在模拟填埋场环境中的浸出量远高于其他模拟环境，可能是有机酸与金属元素的配位交换机制、静电作用等促进了其溶出。阳极渣中 Cu 含量(质量分数)高达 55.30%，且根据 BCR 结果可知其有效态含量(质量分数)为 63.96%，因此其浸出浓度明显高于其他金属。

浸出液 pH 的变化如图 3-68 所示。模拟填埋场环境及模拟强酸酸雨环境的浸提液 pH 有所上升，而中性地下水环境及模拟弱酸酸雨环境的 pH 降低，并保持在 4.00 至 4.50 之间波动，说明在实验过程中浸提液的 pH 与其原始 pH 关系不大，这主要是由阳极渣的性质决定。

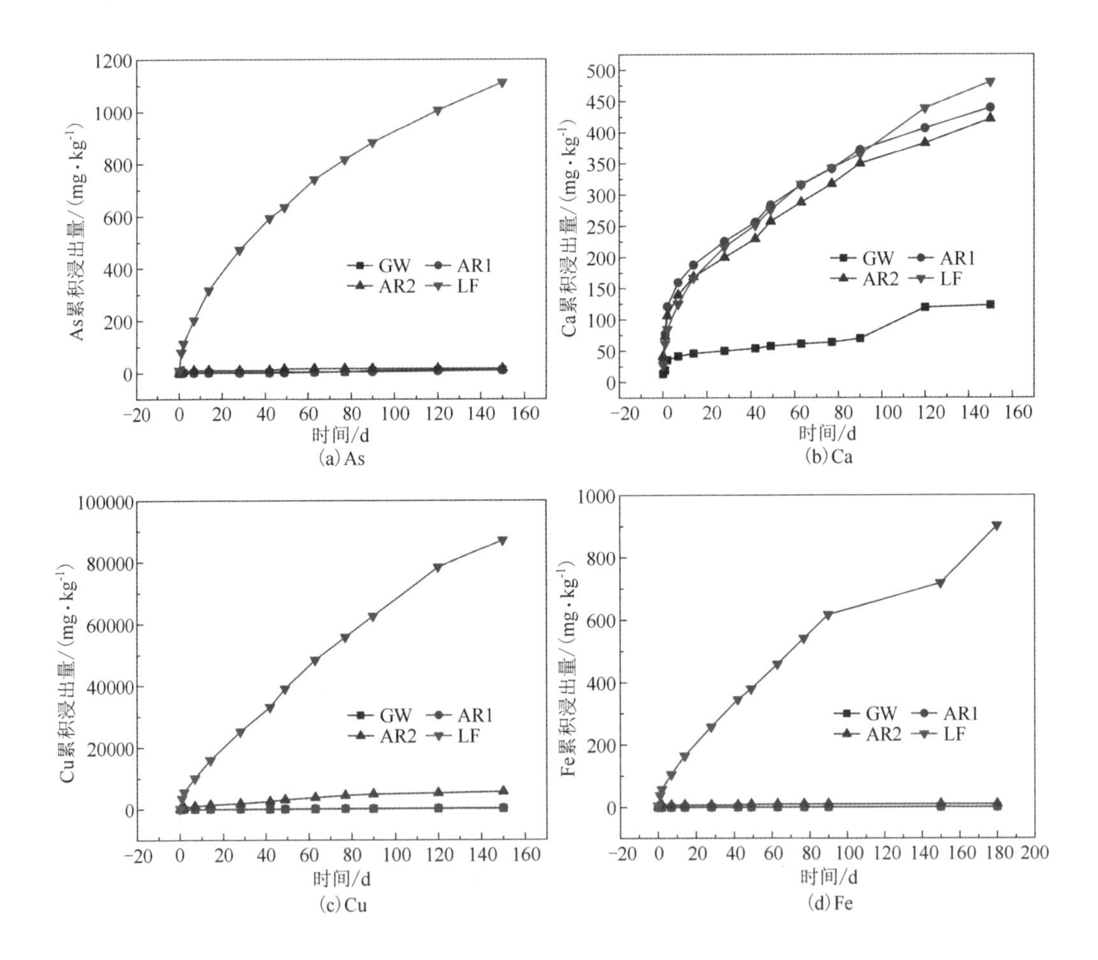

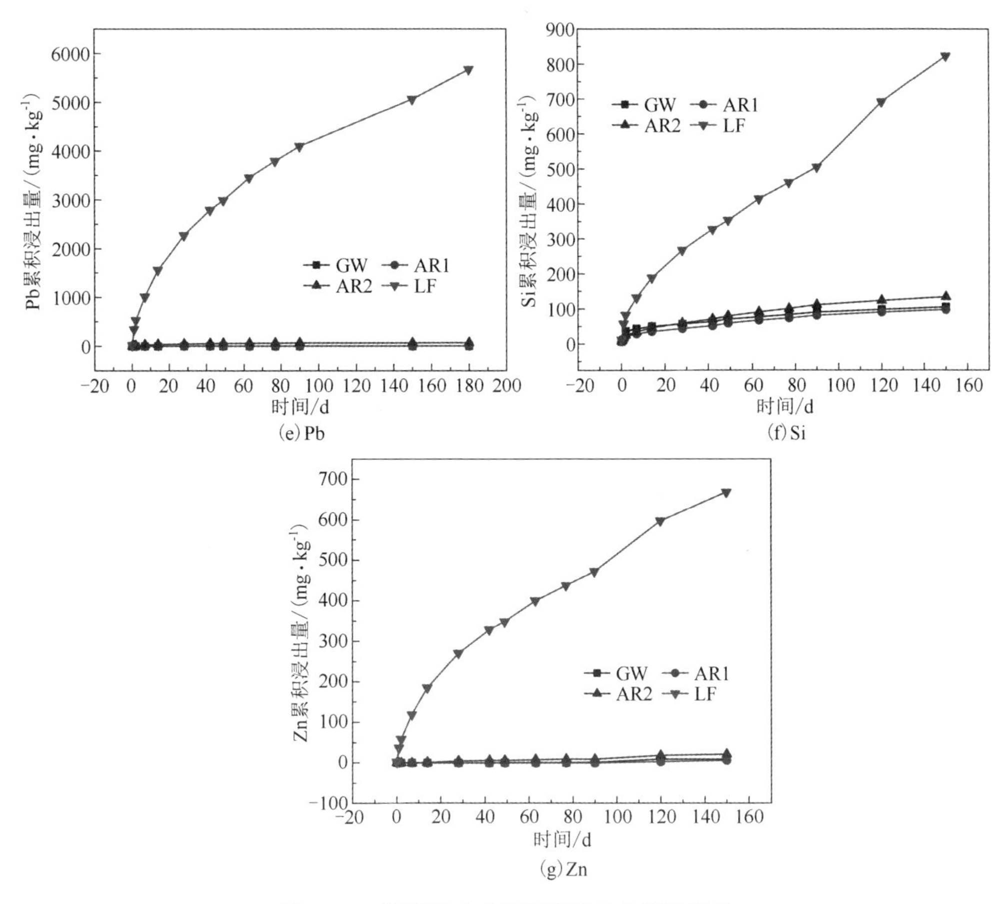

(e) Pb

(f) Si

(g) Zn

图 3-67　阳极渣中金属元素半动态浸出行为

阳极渣半动态侵蚀前后的 XRD 图谱及扫描电镜图变化不大，详见附录 C。

(9)脱硫石膏渣中重金属元素的释放特性及变化

脱硫石膏渣中各重金属元素在四种模拟浸提液中累积浸出量的变化情况如图 3-69 所示，脱硫石膏渣中 As、Si 的浸出规律在不同模拟环境中区别很大，模拟填埋场环境的浸出趋势与中性地

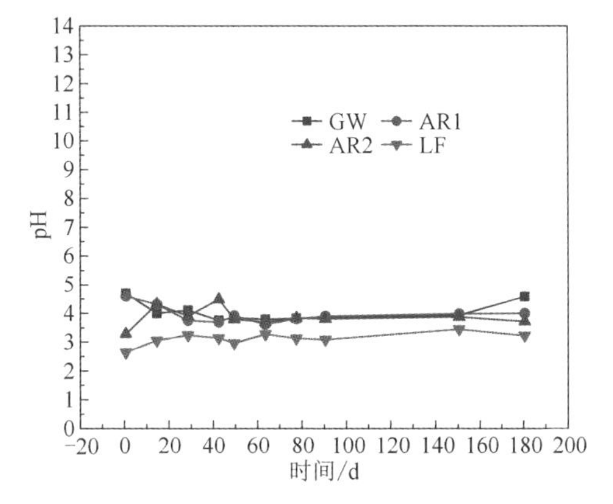

图 3-68　阳极渣半动态浸出过程中浸提液 pH 变化特征

下水环境、模拟酸雨环境的浸出趋势明显不同，说明其浸出机理发生了改变。Ca在不同模拟环境中的释放趋势及释放量基本相同，这与前人的研究结果一致，脱硫石膏渣中的主要成分为 $CaSO_4$，其溶解/沉淀控制着 Ca 的溶解，Ca 的浸出量基本不会随 pH 变化而变化，由于 Ca 含量(质量分数)高达 26.50%，因此其浸出浓度明显高于其他金属。其他金属中 As 的累积浸出量最大，浸出浓度也超标最为严重，最大浸出浓度超标 64.4 倍。Cd、Cu、Fe、Pb、Zn 在模拟填埋场环境中的浸出量远大于其他模拟环境，可能是有机酸与金属元素的配位交换机制、静电作用等促进了其溶出。

浸出液 pH 的变化如图 3-70 所示。实验初期，浸提液的 pH 明显升高，随着实验进程的推进略有下降，且前期中性地下水环境与模拟酸雨环境中浸提液的 pH 基本一致，说明在实验过程中浸提液的 pH 与其原始 pH 关系不大，这主要是由脱硫石膏渣的性质决定的；实验后期，模拟强酸酸雨环境中可浸出物质逐渐被耗尽，对于浸提液的 pH 影响程度也降低了。

脱硫石膏渣半动态侵蚀前后的 XRD 图谱及扫描电镜图变化不大，详见附录 C。

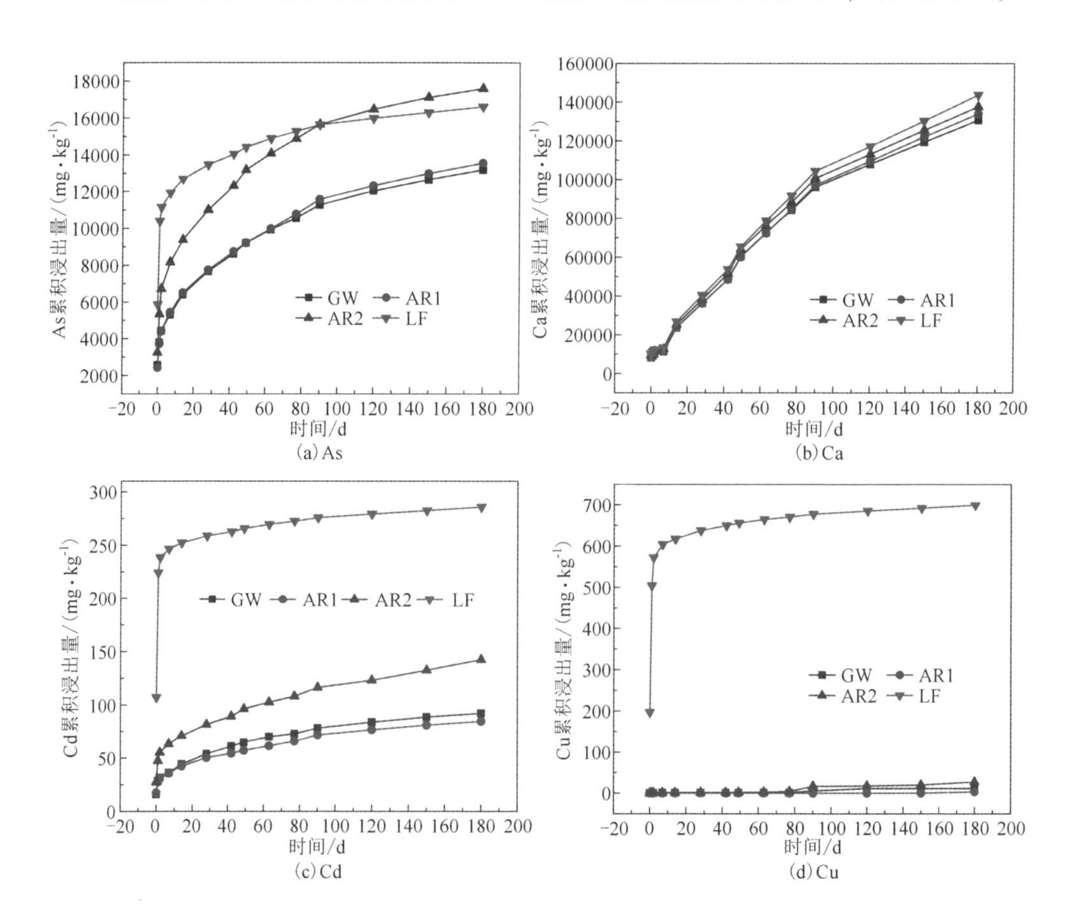

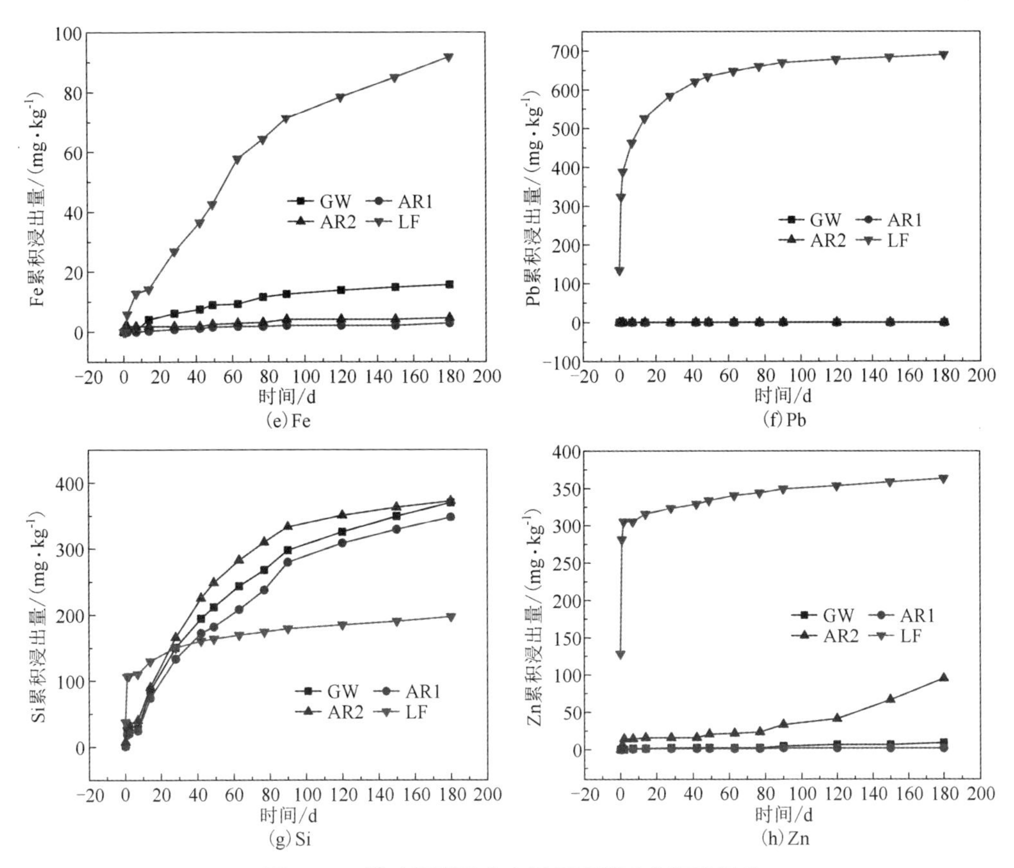

图 3-69　脱硫石膏渣中金属元素半动态浸出行为

(10) 硫化砷渣中重金属元素的释放特性及变化

硫化砷渣中各重金属元素在四种模拟浸提液中累积浸出量的变化情况如图 3-71 所示，As 在中性环境中浸出量最大，在模拟填埋场环境中次之，而在模拟酸雨环境中相对较低，该现象与前人的研究成果相符。另外，硫化砷渣中 As 的浸出量随 pH 的增大先增大后减小，在中性条件下达到最大值。硫化砷渣中的 As 含量(质量分数)高达 35.10%，因此其累积浸出量最高，浸出浓度的最

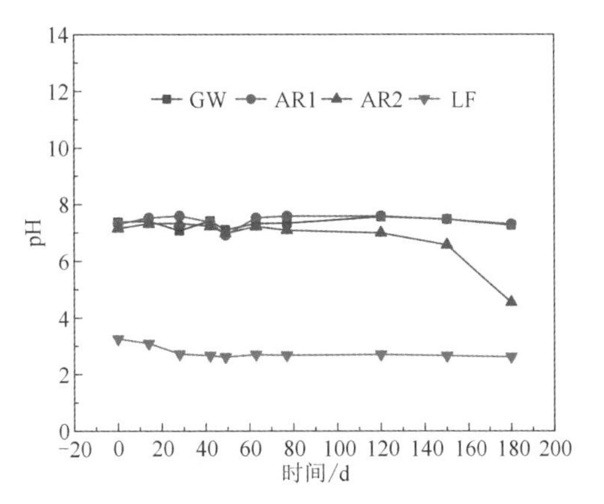

图 3-70　脱硫石膏渣半动态浸出过程中浸提液 pH 变化特征

大超标倍数为 413 倍，As 主要以酸可提取态(14.89%)、可氧化态(75.92%)存在，其浸出也明显地分为两个阶段，第一阶段酸可提取态迅速释放，实验后期释放量保持较慢的速率稳定增长。Ca、Cd、Fe、Si、Zn 的浸出主要集中在最初 2 天表面弱吸附态金属元素的迅速释放过程中，实验后期浸出量的增长极为缓慢。而 Cu、Pb 的浸出速率相对较为缓慢，变化也较小。

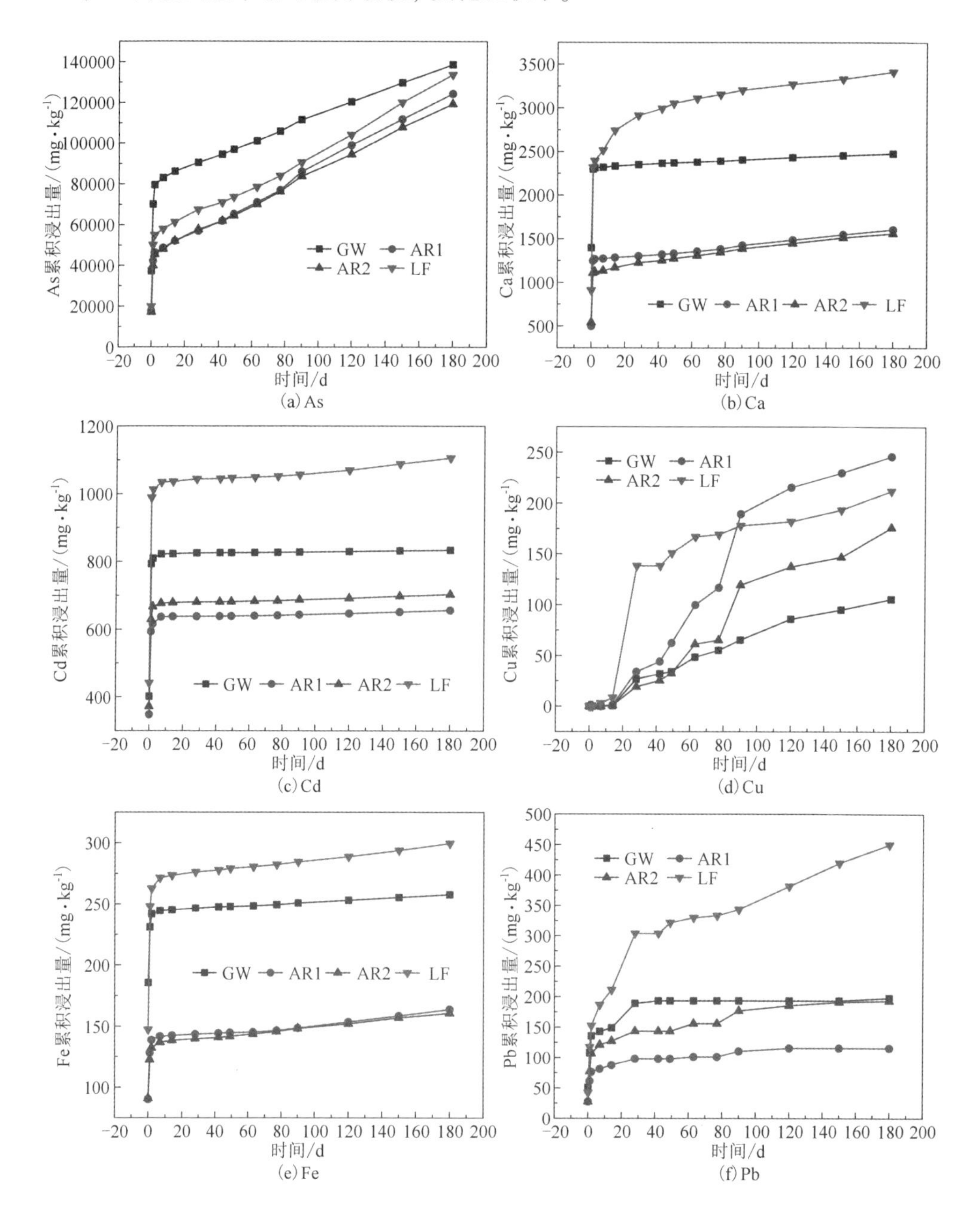

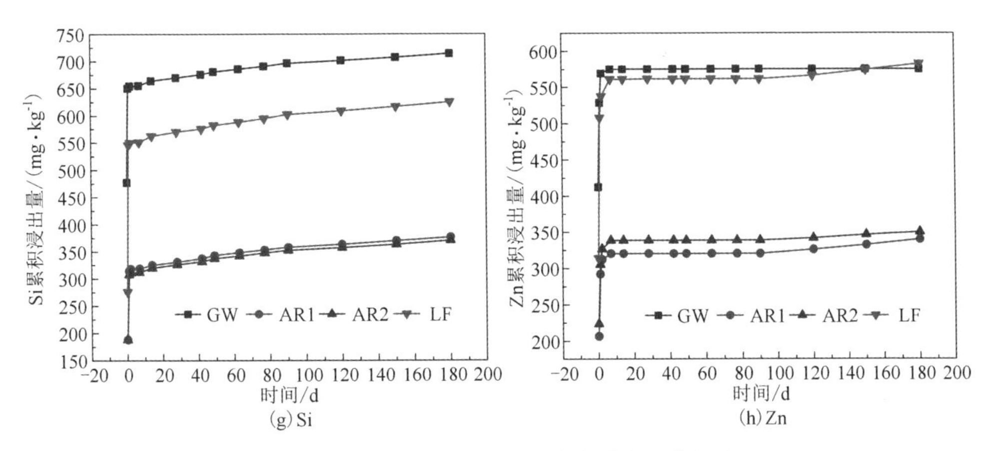

图 3-71 硫化砷渣中金属元素半动态浸出行为

浸出液 pH 的变化如图 3-72 所示。实验初期的浸提液 pH<2，主要是由于硫化砷渣是污酸处理过程产生的固体废物，其中不可避免地含有 H_2SO_4 等酸性物质，经过几次换液洗刷后，浸提液的 pH 逐渐上升，但仍保持在 3.50 以下。

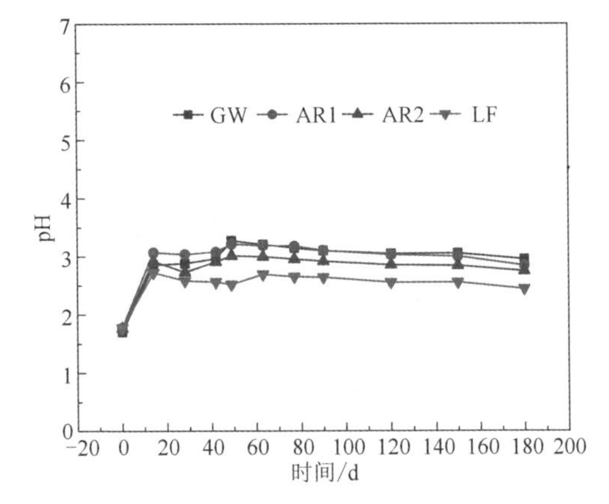

图 3-72 硫化砷渣半动态浸出过程中浸提液 pH 变化特征

硫化砷渣半动态侵蚀前后的 XRD 图谱如图 3-73 所示，硫化砷渣的 XRD 图谱存在较为明显的馒头峰，说明金属元素主要以不定形态存在，可以检测到峰形尖锐的 As_2O_3 特征峰。半动态浸出后在模拟中性地下水环境及模拟酸雨环境中 As_2O_3 的特征峰明显降低，且在各模拟环境中馒头峰强度降低，出现了 S 的特征峰，说明在半动态浸出过程中 As_2O_3 逐渐溶解，而硫化砷渣中的 S 被氧化产生了单质硫。

扫描电镜图如图 3-74 所示，硫化砷渣为表面呈絮状团聚的不规则无定形颗粒，半动态浸出后硫化砷渣表面的絮状团聚减少，但仍附着有大量细颗粒，说明原有絮状物质溶解后又生成了新的产物。

(11) 中和渣中重金属元素的释放特性及变化

中和渣中各重金属元素在四种模拟浸提液中累积浸出量的变化情况如图 3-75 所示，中和渣中所有金属元素的浸出量均表现为类似的趋势。在模拟填

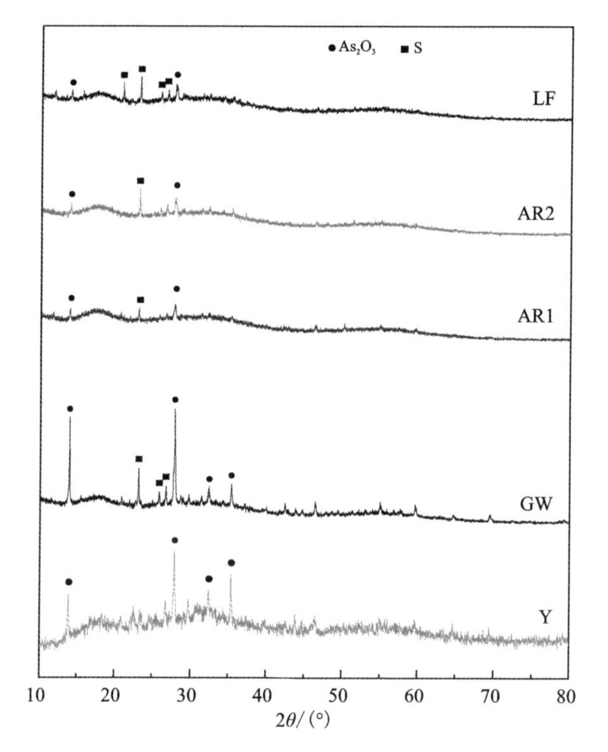

图 3-73 硫化砷渣半动态侵蚀前后 XRD 图谱比对

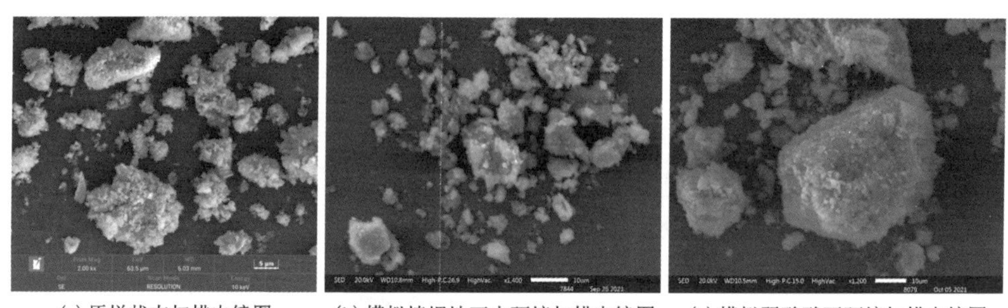

(a) 原样状态扫描电镜图 (b) 模拟填埋地下水环境扫描电镜图 (c) 模拟弱酸酸雨环境扫描电镜图

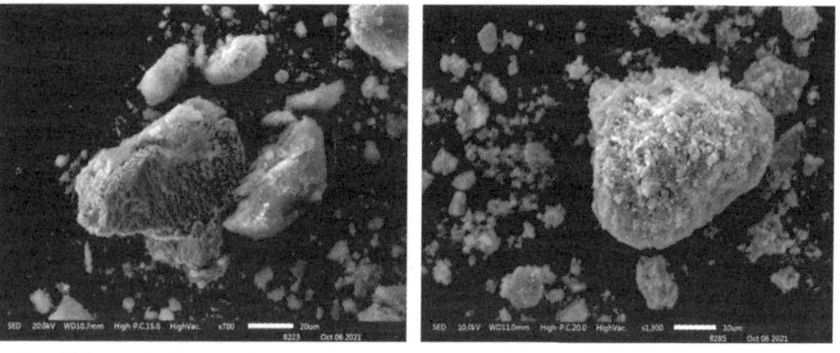

(d) 模拟强酸酸雨环境扫描电镜图 (e) 模拟填埋场环境扫描电镜图

图 3-74 硫化砷渣半动态侵蚀前后扫描电镜图比对

埋场环境中的浸出量远远大于其他模拟环境，且实验前期的浸出速率较大，随着实验的推进，浸出速率逐渐降低并最终趋向平稳，浸出初期的金属元素迅速释放使表面的弱吸附态金属元素解析，之后从中和渣内部向外扩散并溶出的速率缓慢。

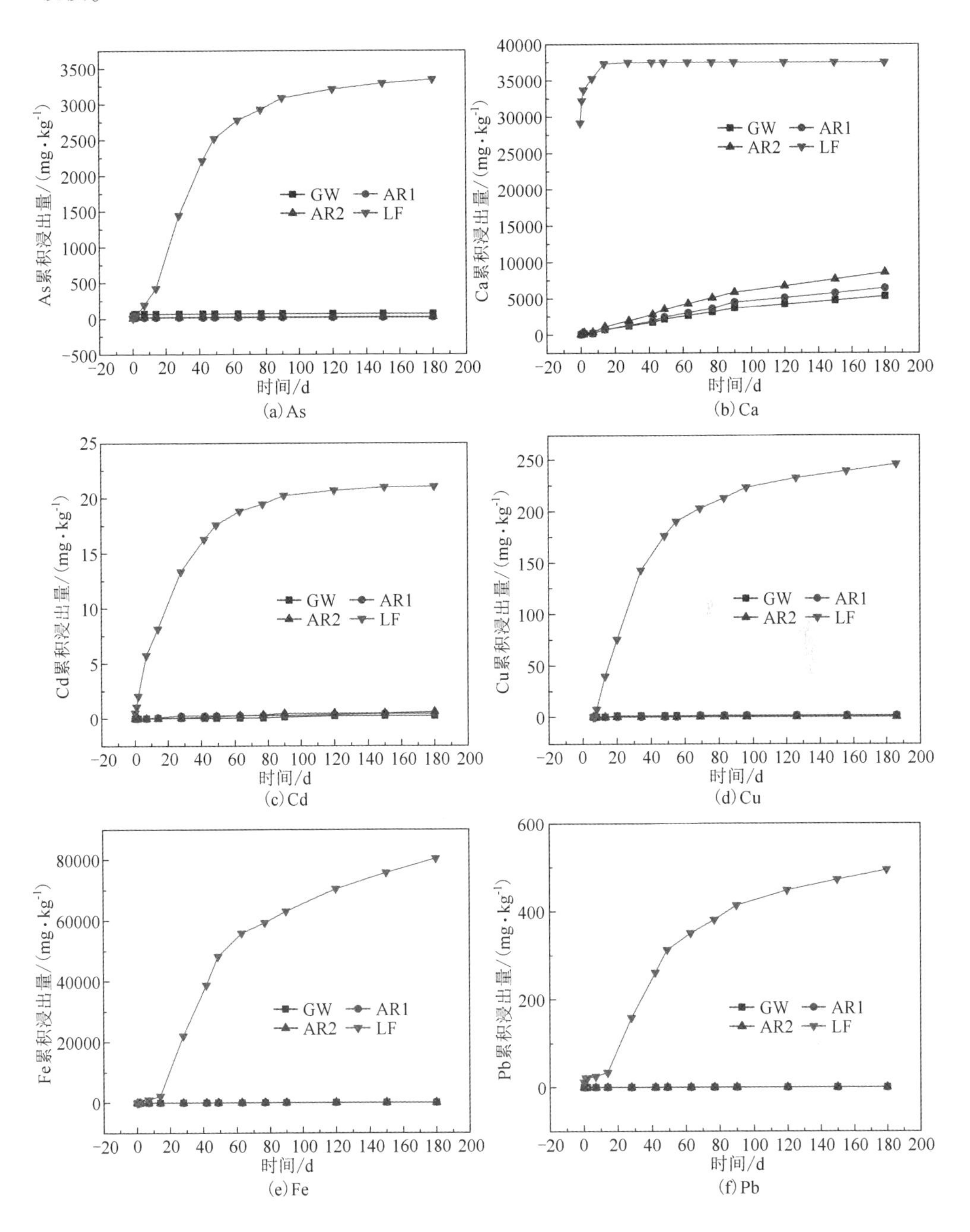

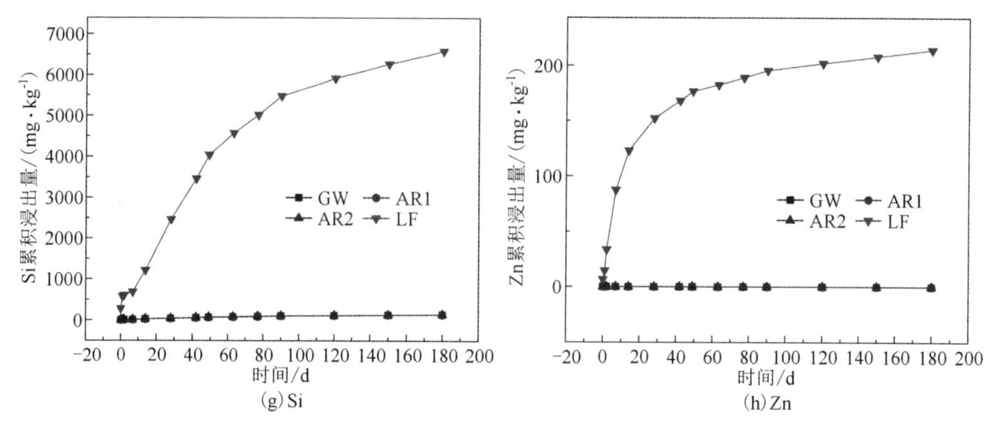

图 3-75　中和渣中金属元素半动态浸出行为

浸出液 pH 的变化如图 3-76 所示，中性地下水环境及模拟填埋场环境的浸提液 pH 保持在 7.50~8.50 波动，在模拟填埋场环境中前期浸提液 pH 远高于其原始 pH，pH 的升高主要是 $CaCO_3$ 溶解后碳酸根离子水解释放氢氧根离子导致的。随着实验的继续，模拟填埋场环境中的 $CaCO_3$ 迅速溶解，浸提液中溶解的碳酸根离子随之减少，对于浸提液 pH 的影响也逐步降低了。

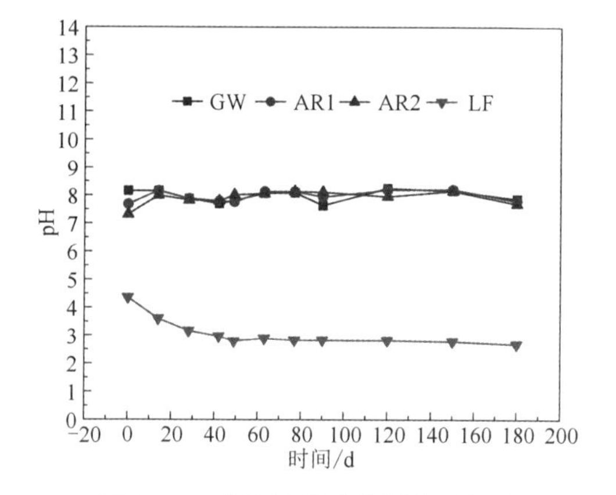

图 3-76　中和渣半动态浸出过程中浸提液 pH 变化特征

中和渣半动态侵蚀前后的 XRD 图谱如图 3-77 所示，中和渣主要物相为 $CaCO_3$，经过半动态侵蚀后其特征峰强度明显减弱，特别是在模拟填埋场环境中基本难以辨识出明显的特征峰，说明经过半动态侵蚀，溶解并释放金属离子的 $CaCO_3$，在模拟填埋场中溶解得最为彻底。这与前述金属的浸出规律中，Ca 在模拟填埋场环境中的浸出浓度明显大于其他模拟环境的现象一致。扫描电镜图如图 3-78 所示，中和渣为表面粗糙的不规则颗粒，在各种环境中半动态侵蚀后微观形貌基本未发生变化。

(12)污酸处理石膏渣中重金属元素的释放特性及变化

污酸处理石膏渣中重金属元素在四种模拟浸提液中累积浸出量的变化情况如图 3-79 所示，由于成分均以 $CaSO_4$ 为主，污酸处理石膏渣中各金属元素的浸出规律与脱硫石膏渣的相似，Si 在模拟填埋场环境中的浸出趋势与中性地下水环

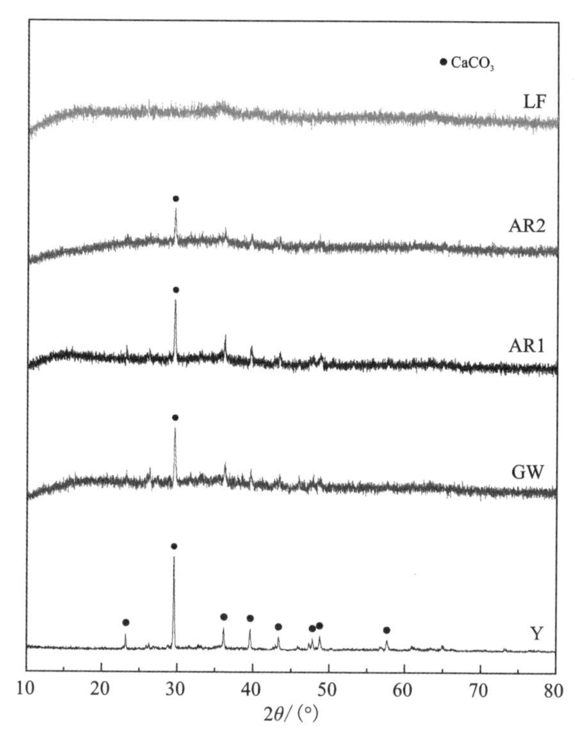

图 3-77　中和渣半动态侵蚀前后 XRD 图谱比对

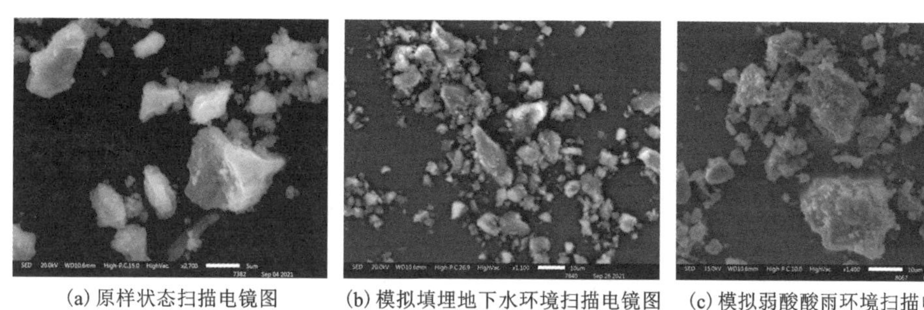

(a) 原样状态扫描电镜图　(b) 模拟填埋地下水环境扫描电镜图　(c) 模拟弱酸酸雨环境扫描电镜图

(d) 模拟强酸酸雨环境扫描电镜图

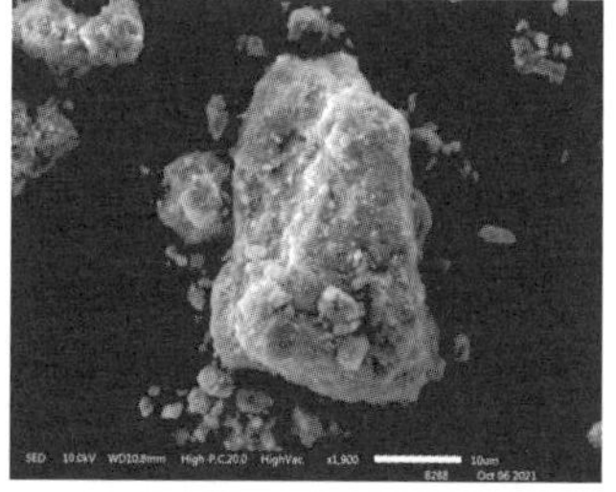

(e) 模拟填埋场环境扫描电镜图

图 3-78　中和渣半动态侵蚀前后扫描电镜图比对

境、模拟酸雨环境的浸出趋势不同，说明其浸出机理发生了改变。污酸处理石膏渣中 As 含量(质量分数)为 3.36%，明显高于其他重金属元素，且 As 主要以酸可提取态存在(87.55%)，因此其累积浸出量最高，浸出浓度最大超标 148.6 倍。

浸出液 pH 的变化如图 3-80 所示。实验初期，浸提液的 pH 明显升高，随着实验进程的推进略有下降，且前期中性地下水环境与模拟酸雨环境中浸提液的 pH 基本一致，说明在实验过程中浸提液的 pH 与其原始 pH 关系不大，这主要是由污酸处理石膏渣的性质决定的；实验后期，模拟强酸酸雨环境中可浸出物质逐渐被耗尽，对于浸提液的 pH 影响程度也降低了。

污酸处理石膏渣半动态侵蚀前后的 XRD 图谱及扫描电镜图变化不大，详见附录 C。

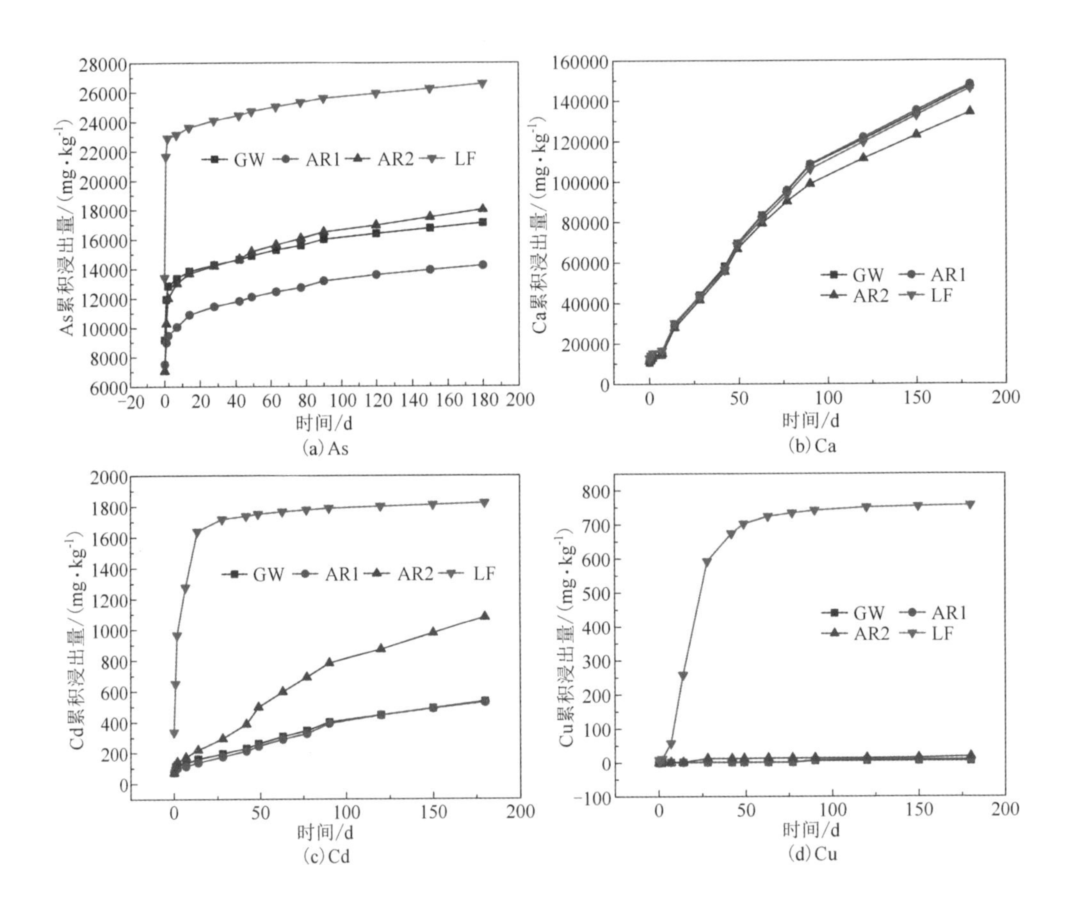

(a) As (b) Ca

(c) Cd (d) Cu

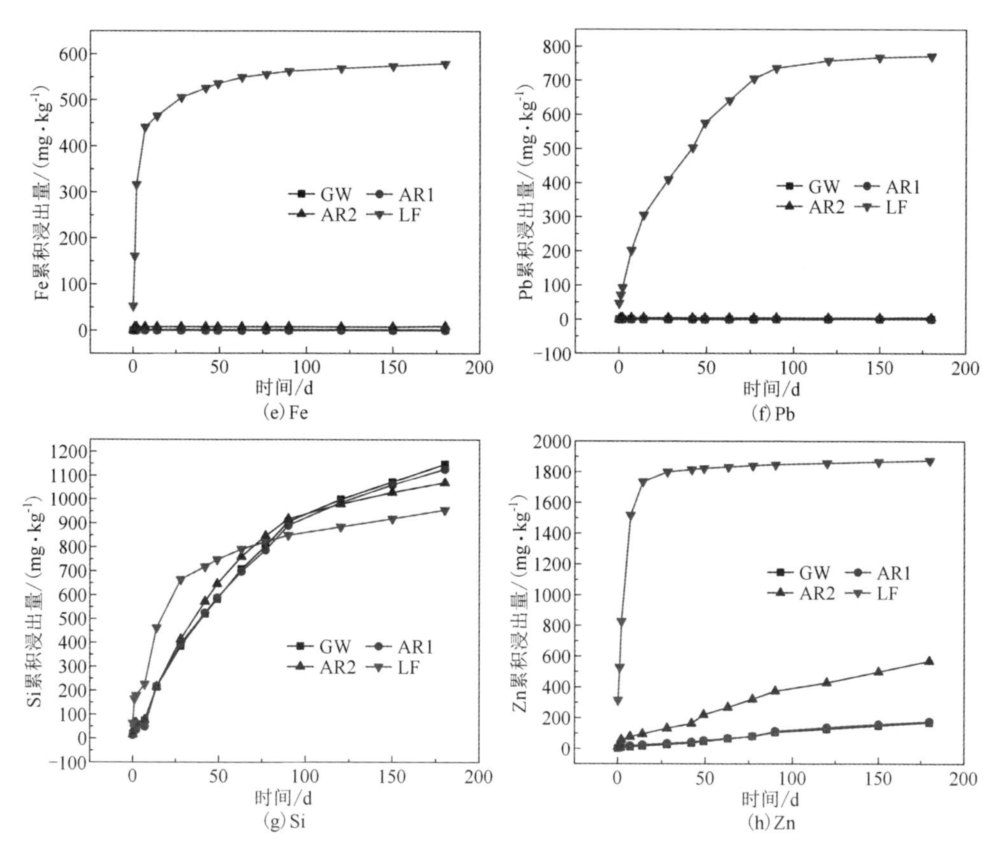

(e) Fe (f) Pb (g) Si (h) Zn

图 3-79　污酸处理石膏渣中金属元素半动态浸出行为

(13) 铅滤饼中重金属元素的释放特性及变化

铅滤饼中各重金属在四种模拟浸提液中累积浸出量的变化情况如图3-81所示，铅滤饼中As、Cd、Fe、Si、Zn的浸出规律较为类似，在中性地下水环境中的浸出量最大，在模拟填埋场环境及模拟强酸酸雨环境中的浸出量次之，二者相差不大，在模拟弱酸酸雨环境中的浸出量最小，且各模拟环境中的浸出趋

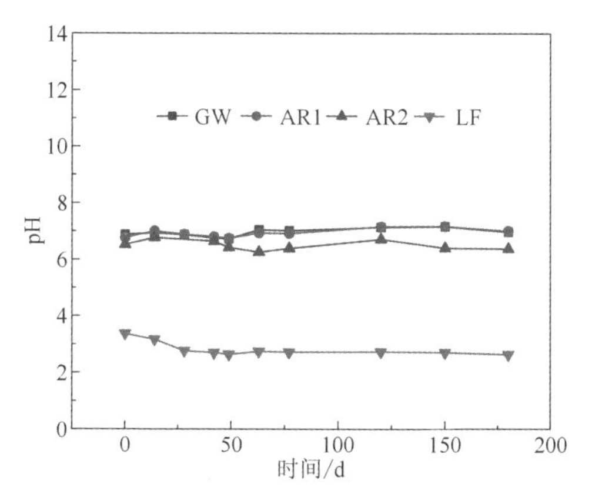

图 3-80　污酸处理石膏渣半动态浸出过程中浸提液 pH 变化特征

势基本一致，均表现为在实验初期迅速浸出，之后浸出速率迅速减缓，在实验后期浸出量基本保持恒定或增长极为缓慢。Ca 在中性地下水环境及模拟填埋场环境中的释放主要集中在实验前期的迅速释放过程中；而在模拟酸雨环境中，前期迅速释放后，后续整个实验过程中 Ca 以较为缓慢的速度持续溶出，说明酸雨环境可以促进铅滤饼中 Ca 的释放。Cu 的释放同样表现为前期迅速释放及后期缓速释放两个阶段，前期 Cu 在中性地下水环境中的释放量最大，而在后期释放过程中 Cu 的释放速率随 pH 降低而升高。Pb 在模拟填埋场环境中的释放量远大于其他模拟环境，在整个实验过程中的释放速率较为稳定，未呈现出明显的快速、缓速释放两个阶段。铅滤饼中 As 含量(质量分数)高达 32.10%，且根据 BCR 结果，As 的有效态含量(质量分数)为 95.60%，其中酸可提取态含量(质量分数)为 60.66%，因此其浸出浓度最高。

浸出液 pH 的变化如图 3-82 所示。实验初期，浸提液的 pH 均降低至 2~3，这主要是由铅滤饼的性质决定的，与浸提液原始的 pH 关系较小。铅滤饼在浸出过程中会释放酸，随着实验进程的推进，铅滤饼中可浸出物质逐渐耗尽，对于浸提液 pH 的影响也逐渐降低了。

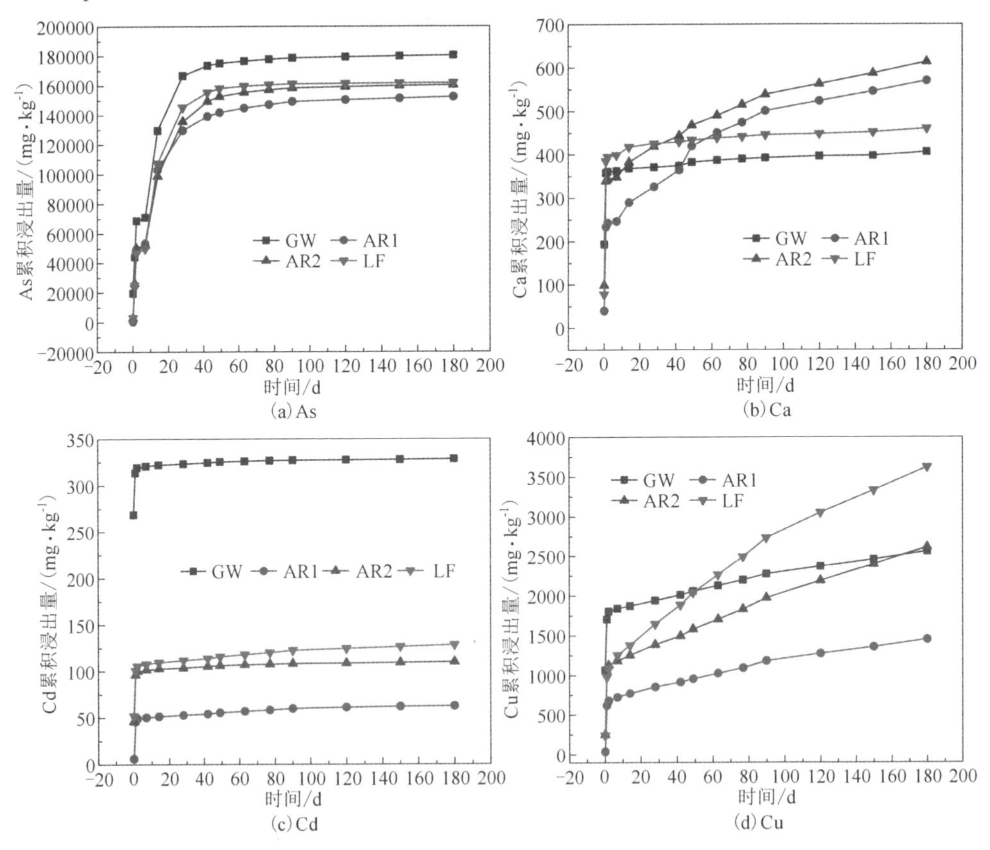

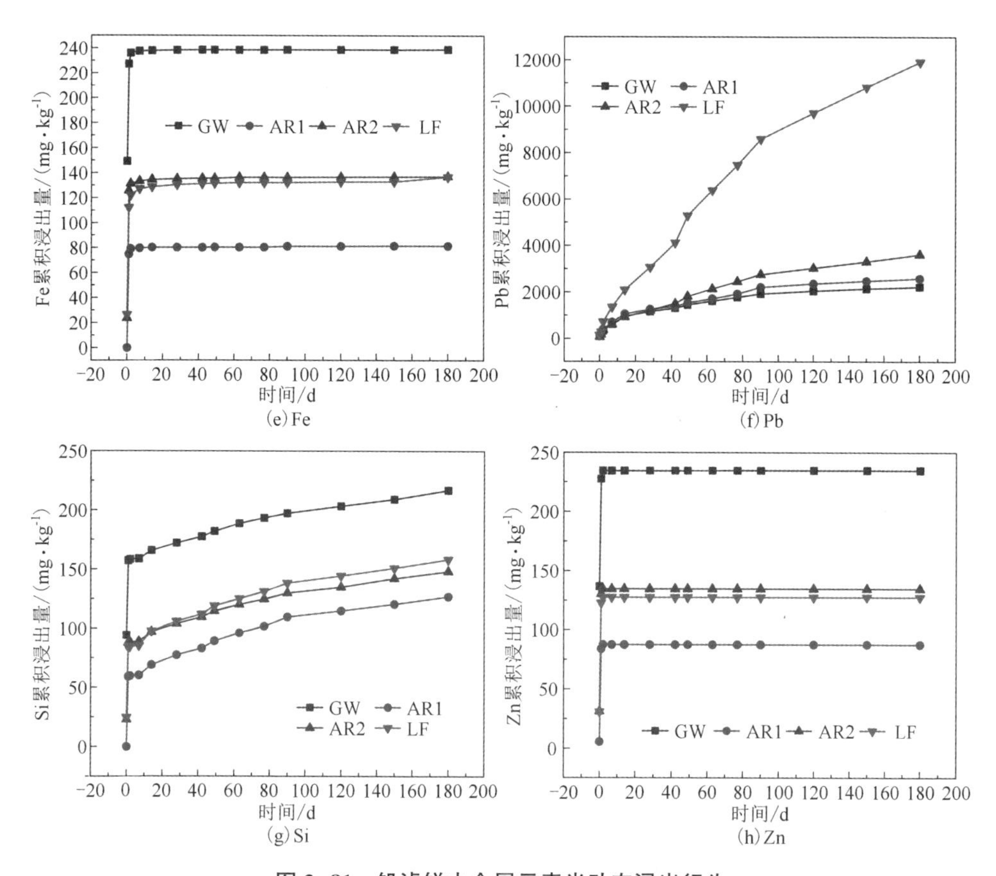

图 3-81　铅滤饼中金属元素半动态浸出行为

铅滤饼半动态侵蚀前后的 XRD 图谱如图 3-83 所示，铅滤饼经半动态浸出后，原 XRD 图谱中的 As_2O_3 特征峰消失，$PbSO_4$ 特征峰强度也有所降低，说明其在半动态浸出过程中二者发生了大量溶出。扫描电镜图(见图 3-84)表明，半动态侵蚀前后的表面形貌变化不大，为表面呈絮状团聚的不规则颗粒。

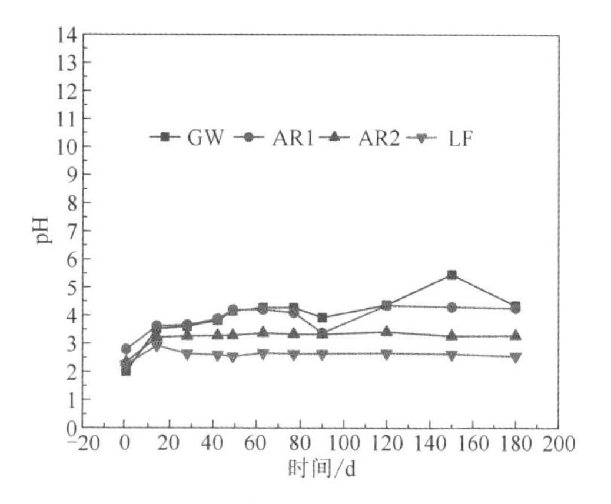

图 3-82　铅滤饼半动态浸出过程中浸提液 pH 变化特征

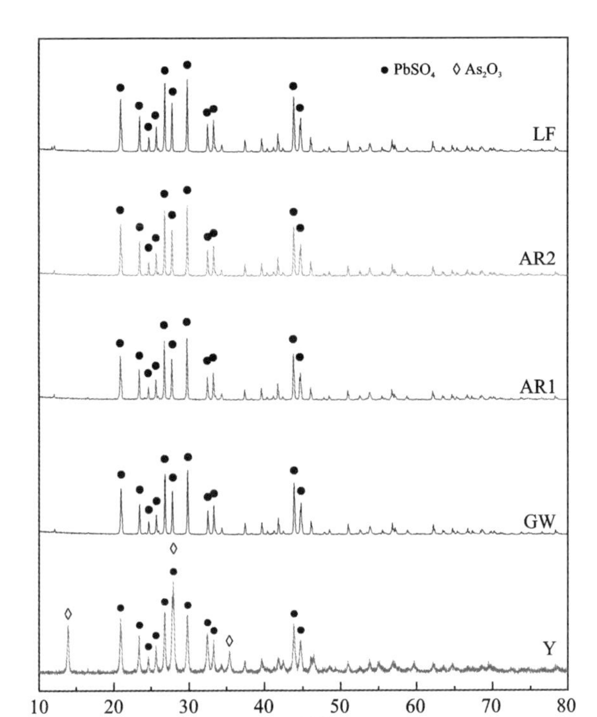

图 3-83　铅滤饼半动态侵蚀前后 XRD 图谱比对

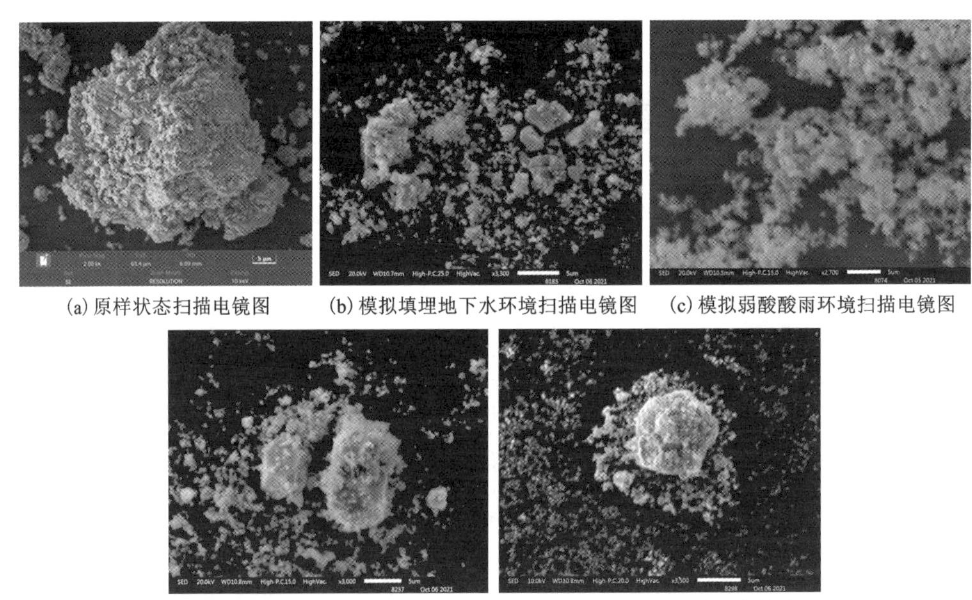

(a) 原样状态扫描电镜图　(b) 模拟填埋地下水环境扫描电镜图　(c) 模拟弱酸酸雨环境扫描电镜图

(d) 模拟强酸酸雨环境扫描电镜图　(e) 模拟填埋场环境扫描电镜图

图 3-84　铅滤饼半动态侵蚀前后扫描电镜图比对

3.4.2 半动态侵蚀下固废中重金属元素的释放动力学

采用前述相关动力学模型进行铜冶炼系统多源固废中重金属元素的释放动力学研究，将各固废的金属元素浸出数据进行动力学模型拟合计算，若浸出率有明显分段变化的，选择浸出浓度迅速增加的前段来表征浸出过程。根据拟合结果，部分拟合直线不过原点，与各动力学模型的方程描述不同，这可能是由于反应界面的金属元素消耗后，内部金属元素扩散过程中会受到具有黏附性、存在固相颗粒表面的“灰层”的阻力作用。

(1)原料粉尘中重金属元素半动态浸出动力学

采用前述相关动力学模型对原料粉尘中重金属元素半动态浸出实验结果(见图 3-43)进行拟合，拟合结果见表 3-20。由结果可知，多数浸出过程符合 Elovich 方程、双常数模型等经验式，Ca、Cd、Cu 分别在不同环境中有受扩散控制的现象；Fe 在模拟填埋场环境中受到扩散及界面化学反应的混合机理控制；Zn 在中性地下水环境及模拟强酸酸雨环境中主要受内扩散控制，而在模拟弱酸酸雨环境及模拟填埋场环境中受到混合机理控制。

(2)熔炼烟尘中重金属元素半动态浸出动力学

采用前述相关动力学模型对熔炼烟尘中重金属元素半动态浸出实验结果(见图 3-45)进行拟合，结果见表 3-21。熔炼烟尘中 As、Fe、Zn 的浸出主要符合 Elovich 方程、双常数模型等经验式，Cd、Cu 的浸出主要受到扩散控制，Ca 在模拟酸雨环境中的浸出液主要受到扩散控制，而 Pb 的浸出主要受到扩散及界面化学反应的混合机理控制。

(3)废耐火材料中重金属元素半动态浸出动力学

采用前述相关动力学模型对废耐火材料中重金属元素半动态浸出实验结果(见图 3-49)进行拟合，结果见表 3-22。废耐火材料中 As 在模拟填埋场环境中的浸出主要符合 Elovich 方程；Ca 在模拟酸雨环境及模拟填埋场环境、Cu 在模拟填埋场环境中基本是受到扩散及界面化学反应的混合机理控制；而 Cr、Fe、Pb、Zn 在模拟填埋场环境中的浸出均受到外扩散控制。

(4)熔炼渣中重金属元素半动态浸出动力学

采用前述相关动力学模型对熔炼渣中重金属元素半动态浸出实验结果(见图 3-53)进行拟合，结果见表 3-23。熔炼渣中 As、Fe 在模拟填埋场环境中的浸出主要受到扩散控制，Ca、Cu、Pb 的浸出主要受到混合机理控制，而 Zn 在模拟填埋场环境中的浸出符合 Elovich 方程。

(5)渣选厂尾矿中重金属元素半动态浸出动力学

采用前述相关动力学模型对渣选厂尾矿中重金属元素半动态浸出实验结果(见图 3-57)进行拟合，结果见表 3-24。渣选厂尾矿中 Ca、Fe、Pb 在模拟填埋场环境、As 在模拟填埋场环境、Cd 在中性地下水环境及模拟弱酸酸雨环境中的浸出主要受到扩散控制；Ca 在模拟酸雨环境、Cd 和 Zn 在模拟填埋场环境中的浸出受到界面化学反应及扩散过程的混合机理控制；Cu 在中性地下水环境及模拟弱酸酸雨环境中主要受到界面化学反应过程的控制，在其他环境中符合 Elovich 经验式。

表 3-20　原料粉尘中重金属元素半动态浸出动力学方程拟合结果

元素	模拟环境	符合模型	相关系数	参数		元素	模拟环境	符合模型	相关系数	参数	
As	GW	Elovich 方程	0.95624	a	5004.90317	Cu	GW	Avrami 模型	0.98863	k	0.13302
				b	855.29761					n	0.11733
	AR1	双常数模型	0.98286	a	8.32867		AR1	双常数模型	0.99212	a	9.74463
				b	0.16728					b	0.12233
	AR2	Elovich 方程	0.96229	a	7239.32900		AR2	Elovich 方程	0.97072	a	28106.6090
				b	1213.77821					b	3359.1726
	LF	Elovich 方程	0.92918	a	9456.98235		LF	Avrami 模型	0.96106	k	0.25765
				b	1609.67899					n	0.15651
Ca	GW	Elovich 方程	0.86412	a	1014.0614	Fe	GW	—	—	—	—
				b	128.10102						
	AR1	Avrami 模型	0.97493	k	0.10907		AR1	—	—	—	—
				n	0.18063						
	AR2	Elovich 方程	0.85092	a	1353.01644		AR2	—	—	—	—
				b	160.09393						
	LF	内扩散控制	0.94801	k	0.00047		LF	混合控制	0.97400	k	1.24159×10^{-7}
Cd	GW	Elovich 方程	0.99217	a	2792.37287	Pb	GW	内扩散控制	0.97842	k	2.74797×10^{-7}
				b	346.34937						
	AR1	Avrami 模型	0.98848	k	0.28111		AR1	混合控制	0.99320	k	1.69534×10^{-7}
				n	0.16583						
	AR2	Elovich 方程	0.94236	a	3951.03431		AR2	内扩散控制	0.99030	k	3.23131×10^{-7}
				b	476.22493						
	LF	Elovich 方程	0.95302	a	4656.17608		LF	Avrami 模型	0.98778	k	0.00300
				b	683.24436					n	0.72592

附注：k、n、a、b 为动力学模型参数。

表 3-21　熔炼烟尘中重金属元素半动态浸出动力学方程拟合结果

元素	模拟环境	符合模型	相关系数	参数		元素	模拟环境	符合模型	相关系数	参数		元素	模拟环境	符合模型	相关系数	参数	
As	GW	Elovich 方程	0. 91883	a	37108. 8735	Cu	GW	Avrami 模型	0. 97630	k	0. 91579	Pb	GW	Avrami 模型	0. 98635	k	0. 00063
				b	2250. 33451					n	0. 09866					n	0. 61492
	AR1	Elovich 方程	0. 90342	a	43668. 7559		AR1	Avrami 模型	0. 98465	k	1. 13053		AR1	Avrami 模型	0. 99151	k	0. 00041
				b	2982. 84638					n	0. 11693					n	0. 69638
	AR2	Elovich 方程	0. 88567	a	45832. 8838		AR2	Avrami 模型	0. 97995	k	1. 01240		AR2	Avrami 模型	0. 98230	k	0. 00056
				b	3100. 38883					n	0. 10969					n	0. 64960
	LF	Elovich 方程	0. 90682	a	52759. 4552		LF	Avrami 模型	0. 96869	k	1. 20307		LF	双常数模型	0. 98758	a	5. 37679
				b	3430. 94967					n	0. 14405					b	0. 74331
Ca	GW	Elovich 方程	0. 90369	a	218. 46016	Fe	GW	Elovich 方程	0. 98087	a	185. 75045	Zn	GW	Elovich 方程	0. 84795	a	9349. 13572
				b	24. 92877					b	20. 81208					b	496. 16669
	AR1	Avrami 模型	0. 98294	k	0. 23615		AR1	Elovich 方程	0. 91327	a	284. 69196		AR1	Elovich 方程	0. 87197	a	10143. 1573
				n	0. 23019					b	45. 68354					b	600. 87811
	AR2	Avrami 模型	0. 96823	k	0. 27253		AR2	Elovich 方程	0. 96334	a	232. 78043		AR2	Elovich 方程	0. 85110	a	11532. 6699
				n	0. 27705					b	21. 13708					b	602. 08693
	LF	Elovich 方程	0. 87134	a	350. 0105		LF	双常数模型	0. 93772	a	6. 13536		LF	Avrami 模型	0. 85098	k	1. 67198
				b	56. 44632					b	0. 21131					n	0. 08951

续表3-21

元素	模拟环境	符合模型	相关系数	参数		元素	模拟环境	符合模型	相关系数	参数		元素	模拟环境	符合模型	相关系数	参数	
Cd	GW	Avrami模型	0.99226	k	0.83890												
				n	0.11055												
	AR1	Avrami模型	0.99122	k	0.97773												
				n	0.12799												
	AR2	Avrami模型	0.99641	k	1.21023												
				n	0.12771												
	LF	Avrami模型	0.99462	k	1.53326												
				n	0.19700												

附注：k、n、a、b 为动力学模型参数。

表 3-22　废耐火材料中重金属元素半动态浸出动力学方程拟合结果

元素	模拟环境	符合模型	相关系数	参数		元素	模拟环境	符合模型	相关系数	参数		元素	模拟环境	符合模型	相关系数	参数	
As	GW	—	—	—	—	Cu	GW	—	—	—	—	Pb	GW	—	—	—	—
	AR1	—	—	—	—		AR1	—	—	—	—		AR1	—	—	—	—
	AR2	—	—	—	—		AR2	—	—	—	—		AR2	—	—	—	—
	LF	Elovich方程	0.94919	a	14.22965		LF	混合控制	0.97965	k	0.00210		LF	未收缩反应核模型-外扩散控制	0.98421	k	0.04039
				b	4.21272												

续表3-22

元素	模拟环境	符合模型	相关系数	参数		元素	模拟环境	符合模型	相关系数	参数		元素	模拟环境	符合模型	相关系数	参数	
Ca	GW	Avrami模型	0.97034	k	0.02196	Fe	GW	—	—	—	—	Zn	GW	—	—	—	—
				n	0.19066												
	AR1	混合控制	0.98462	k	1.85967×10^{-6}		AR1	—	—	—	—		AR1	—	—	—	—
	AR2	混合控制	0.99168	k	2.46382×10^{-6}		AR2	—	—	—	—		AR2	—	—	—	—
	LF	Avrami模型	0.91516	k	0.05641		LF	未收缩反应该模型-外扩散控制	0.97473	k	0.00405		LF	未收缩反应该模型-外扩散控制	0.95866	k	0.06410
				n	0.53638												
Cr	GW	—	—	—	—												
	AR1	—	—	—	—												
	AR2	—	—	—	—												
	LF	收缩核模型-外扩散控制	0.95430	k	0.00001												

附注：k、n、a、b 为动力学模型参数。

表 3-23　熔炼渣中重金属元素半动态浸出动力学方程拟合结果

元素	模拟环境	符合模型	相关系数	参数	
As	GW	—	—	—	—
	AR1	—	—	—	—
	AR2	—	—	—	—
	LF	内扩散控制	0.99408	k	7.29738 $\times10^{-8}$
Ca	GW	Avrami 模型	0.98649	k	0.00002
				n	0.86423
	AR1	内扩散控制	0.98593	k	6.63232 $\times10^{-8}$
	AR2	混合控制	0.99270	k	3.92619 $\times10^{-8}$
	LF	Avrami 模型	0.98903	k	0.00004
				n	0.77033
Cu	GW	Avrami 模型	0.99777	k	0.00019
				n	0.83737
	AR1	Avrami 模型	0.99541	k	0.00023
				n	0.84918
	AR2	Avrami 模型	0.99677	k	0.00909
				n	0.61206
	LF	未收缩反应核模型-外扩散控制	0.98784	k	0.54609

元素	模拟环境	符合模型	相关系数	参数	
Fe	GW	—	—	—	—
	AR1	—	—	—	—
	AR2	—	—	—	—
	LF	Avrami 模型	0.98689	k	0.00077
				n	0.37427
Pb	GW	—	—	—	—
	AR1	—	—	—	—
	AR2	—	—	—	—
	LF	混合控制	0.99742	k	0.00009
Zn	GW	—	—	—	—
	AR1	—	—	—	—
	AR2	—	—	—	—
	LF	Elovich 方程	0.98439	a	16.97741
				b	6.39321

附注：k、n、a、b 为动力学模型参数。

(6)吹炼白烟尘中重金属元素半动态浸出动力学

采用前述相关动力学模型对吹炼白烟尘中重金属元素半动态浸出实验结果(见图 3-61)进行拟合，结果见表 3-25。吹炼白烟尘中 As、Cd、Fe、Zn 主要符合 ELovich 方程、双常数模型等经验式，Ca 在模拟酸雨环境中及 Cu、Pb 的浸出主要受到扩散控制。

表 3-24　渣选厂尾矿中重金属元素半动态浸出动力学方程拟合结果

元素	模拟环境	符合模型	相关系数	参数		元素	模拟环境	符合模型	相关系数	参数		元素	模拟环境	符合模型	相关系数	参数	
As	GW	—	—	—	—	Cu	GW	Avrami 模型	0.99465	k	0.00041	Pb	GW	—	—	—	—
										n	0.94533						
	AR1	—	—	—	—		AR1	界面化学反应控制	0.99199	k	0.00011		AR1	—	—	—	—
	AR2	双常数模型	0.97857	a	4.31378		AR2	Elovich 方程	0.99240	a	379.89175		AR2	Avrami 模型	0.98606	k	0.00712
				b	0.39814					b	111.73414					n	0.35002
	LF	Avrami 模型	0.98327	k	0.21379		LF	Elovich 方程	0.95900	a	559.13062		LF	Avrami 模型	0.97888	k	0.05732
				n	0.25281					b	27.22948					n	0.39533
Ca	GW	—	—	—	—	Fe	GW	—	—	—	—	Zn	GW	—	—	—	—
	AR1	混合控制	0.96037	k	1.89111×10^{-7}		AR1	—	—	—	—		AR1	—	—	—	—
	AR2	混合控制	0.97918	k	5.69461×10^{-7}		AR2	—	—	—	—		AR2	—	—	—	—
	LF	Avrami 模型	0.95659	k	0.01176		LF	Avrami 模型	0.98390	k	0.01071		LF	Avrami 模型	0.99347	k	0.01901
				n	0.45719					n	0.00345					n	0.71622

续表3-24

元素	模拟环境	符合模型	相关系数	参数		元素	模拟环境	符合模型	相关系数	参数		元素	模拟环境	符合模型	相关系数	参数	
Cd	GW	内扩散控制	0.98195	k	7.55701×10^{-6}												
	AR1	内扩散控制	0.99283	k	9.8948×10^{-6}												
	AR2	Elovich方程	0.98479	a	2.98073												
				b	1.00743												
	LF	混合控制	0.98448	k	0.00047												
				n	0.92927												

附注：k、n、a、b 为动力学模型参数。

表 3-25　吹炼白烟尘中重金属元素半动态浸出动力学方程拟合结果

元素	模拟环境	符合模型	相关系数	参数	
As	GW	双常数模型	0.96704	a	6.39437
				b	0.19683
	AR1	Elovich方程	0.98209	a	515.13772
				b	137.36639
	AR2	Elovich方程	0.97053	a	1002.01073
				b	164.78741
	LF	Elovich方程	0.97457	a	1652.67833
				b	221.65108
Cu	GW	Avrami模型	0.99824	k	0.19221
				n	0.18000
	AR1	Avrami模型	0.98657	k	0.08626
				n	0.28035
	AR2	Avrami模型	0.99134	k	0.23103
				n	0.27086
	LF	Elovich方程	0.99057	a	7718.51529
				b	1535.30000
Pb	GW	内扩散控制	0.97899	k	5.34239×10^{-8}
	AR1	内扩散控制	0.97629	k	4.56056×10^{-8}
	AR2	内扩散控制	0.98380	k	2.66169×10^{-8}
	LF	内扩散控制	0.97859	k	2.43802×10^{-7}

续表3-25

元素	模拟环境	符合模型	相关系数	参数		元素	模拟环境	符合模型	相关系数	参数		元素	模拟环境	符合模型	相关系数	参数	
Ca	GW	Elovich方程	0.73646	a	74.12645	Fe	GW	—	—	—	—	Zn	GW	Elovich方程	0.87653	a	20250.9333
				b	5.38556											b	2334.38941
	AR1	Avrami模型	0.97294	k	0.17712		AR1	—	—	—	—		AR1	Elovich方程	0.82410	a	14304.7322
				n	0.00472											b	2262.13104
	AR2	Avrami模型	0.96374	k	0.23812		AR2	—	—	—	—		AR2	Elovich方程	0.85469	a	25720.2929
				n	0.00700											b	3642.81382
	LF	双常数模型	0.94018	a	3.32035		LF	双常数模型	0.97152	a	5.15634		LF	Elovich方程	0.92092	a	33506.0586
				b	0.41393					b	0.56153					b	3361.17566
Cd	GW	Elovich方程	0.94629	a	9961.59684												
				b	1338.39111												
	AR1	双常数模型	0.84335	a	9.12593												
				b	0.37397												
	AR2	Elovich方程	0.91513	a	12763.5314												
				b	1994.43038												
	LF	Elovich方程	0.89096	a	18627.4200												
				b	2064.79326												

附注：k、n、a、b 为动力学模型参数。

(7)黑铜泥中重金属元素半动态浸出动力学

采用前述相关动力学模型对黑铜泥中重金属元素半动态浸出实验结果(见图 3-63)进行拟合，结果见表 3-26。黑铜泥中 As 在模拟弱酸酸雨环境及模拟填埋场环境、Cd 及 Fe 在模拟填埋场环境、Zn 在模拟强酸酸雨环境及模拟填埋场环境中的浸出主要受到扩散控制，Ca 在模拟酸雨环境、Cu 在模拟填埋场环境中的浸出主要受到混合机理控制，其他浸出过程符合 Elovich 方程、双常数模型等经验式。

表 3-26　黑铜泥中重金属元素半动态浸出动力学方程拟合结果

元素	模拟环境	符合模型	相关系数	参数		元素	模拟环境	符合模型	相关系数	参数	
As	GW	双常数模型	0. 97772	a	10. 20101	Cu	GW	Elovich 方程	0. 99966	a	51168. 3028
				b	0. 28111					b	4461. 50308
	AR1	Avrami 模型	0. 97773	k	0. 08400		AR1	Elovich 方程	0. 99346	a	32508. 8472
				n	0. 29871					b	5021. 68263
	AR2	Elovich 方程	0. 97449	a	35204. 8829		AR2	Elovich 方程	0. 99901	a	40067. 6484
				b	12832. 4627					b	6091. 88361
	LF	内扩散控制	0. 99371	k	0. 00063		LF	混合控制	0. 98779	k	0. 00028
Ca	GW	—	—	—	—	Fe	GW	—	—	—	—
	AR1	混合控制	0. 97941	k	0. 00005		AR1	—	—	—	—
	AR2	混合控制	0. 98733	k	0. 00014		AR2	—	—	—	—
	LF	—	—	—	—		LF	未收缩反应核模型-外扩散控制	0. 95170	k	0. 10049
Cd	GW	Elovich 方程	0. 97904	a	237. 33248	Zn	GW	Elovich 方程	0. 99479	a	379. 13351
				b	49. 7823					b	41. 84659
	AR1	Elovich 方程	0. 98321	a	173. 52805		AR1	Elovich 方程	0. 99450	a	290. 9104
				b	50. 56229					b	42. 69073
	AR2	Elovich 方程	0. 97377	a	253. 46676		AR2	Avrami 模型	0. 99396	k	0. 79759
				b	83. 51554					n	0. 28272
	LF	Avrami 模型	0. 98531	k	0. 77808		LF	Avrami 模型	0. 98303	k	0. 83900
				n	0. 32179					n	0. 24948

附注：k、n、a、b 为动力学模型参数。

(8)阳极渣中重金属元素半动态浸出动力学

采用前述相关动力学模型对阳极渣中重金属元素半动态浸出实验结果(见图 3-67)进行拟合，结果见表 3-27。阳极渣中 As、Ca、Cu、Pb 在模拟填埋场环境中的浸出均受到界面化学反应和扩散过程的混合机理控制，Ca 在中性地下水环境中主要受到界面化学反应控制，Zn 在模拟填埋场环境中主要受到内扩散控制，其他浸出过程符合 Elovich 方程、双常数模型等经验式。

表 3-27　阳极渣中重金属元素半动态浸出动力学方程拟合结果

元素	模拟环境	符合模型	相关系数	参数		元素	模拟环境	符合模型	相关系数	参数	
As	GW	—	—	—	—	Fe	GW	—	—	—	—
	AR1	—	—	—	—		AR1	—	—	—	—
	AR2	—	—	—	—		AR2	—	—	—	—
	LF	Avrami 模型	0.99237	k	0.02488		LF	双常数模型	0.99463	a	3.44082
				n	0.51087					b	0.64756
Ca	GW	界面化学反应控制	0.93279	k	0.00017	Pb	GW	—	—	—	—
	AR1	双常数模型	0.99195	a	4.41921		AR1	—	—	—	—
				b	0.31973						
	AR2	双常数模型	0.98734	a	4.38919		AR2	—	—	—	—
				b	0.30453						
	LF	混合控制	0.99698	k	0.00011		LF	Avrami 模型	0.99894	k	0.01849
										n	0.54459
Cu	GW	—	—	—	—	Zn	GW	—	—	—	—
	AR1	—	—	—	—		AR1	—	—	—	—
	AR2	双常数模型	0.99223	a	5.67713		AR2	—	—	—	—
				b	0.60319						
	LF	Avrami 模型	0.99364	k	0.00573		LF	内扩散控制	0.99885	k	0.00002
				n	0.65869						

附注：k、n、a、b 为动力学模型参数。

(9)脱硫石膏渣中重金属元素半动态浸出动力学

采用前述相关动力学模型对脱硫石膏渣中重金属元素半动态浸出实验结果(见图3-69)进行拟合，结果见表3-28。脱硫石膏渣中As在中性至弱酸性环境、Cd在强酸性环境、Fe在中性地下水环境及模拟填埋场环境、Zn在模拟填埋场环境中受到扩散和界面化学反应的混合机理控制，Ca主要受到扩散控制，其他浸出过程符合Elovich方程、双常数模型等经验式。

(10)硫化砷渣中重金属元素半动态浸出动力学

采用前述相关动力学模型对硫化砷渣中重金属元素半动态浸出实验结果(见图3-71)进行拟合，结果见表3-29。硫化砷渣中As的浸出在中性地下水环境中受到扩散及界面化学反应过程的混合机理控制，在模拟酸雨环境及模拟填埋场环境中主要受到内扩散控制；Ca、Pb在模拟填埋场环境中的浸出主要受到扩散控制；Cu在中性地下水环境及模拟填埋酸雨环境中主要受到界面化学反应控制，而在模拟填埋场环境中主要受到混合机理控制；Fe、Pb、Zn的浸出过程基本符合Elovich方程、双常数模型等经验式。

(11)中和渣中重金属元素半动态浸出动力学

采用前述相关动力学模型对中和渣中重金属元素半动态浸出实验结果(见图3-75)进行拟合，结果见表3-30。中和渣中金属元素的浸出大多受到扩散及界面化学反应过程的混合机理控制，Ca在模拟填埋场环境中的浸出符合Elovich方程，Pb在模拟填埋场环境中的浸出主要受到内扩散控制。

(12)污酸处理石膏渣中重金属元素半动态浸出动力学

采用前述相关动力学模型对污酸处理石膏渣中重金属元素半动态浸出实验结果(见图3-79)进行拟合，结果见表3-31。污酸处理石膏渣中Cd、Zn在模拟填埋场环境中主要受到扩散控制，Ca、Pb在模拟填埋场环境、Zn在模拟强酸酸雨环境中受到扩散及界面化学反应的混合机理控制，Zn在中性地下水环境及模拟弱酸酸雨环境中主要受到界面化学反应控制，As及Fe在模拟填埋场环境中的浸出主要符合Elovich方程、双常数模型等经验式，Cu在模拟填埋场环境中的浸出符合前期浸出速率较慢的Avrami模型。

(13)铅滤饼中重金属元素半动态浸出动力学

采用前述相关动力学模型对铅滤饼中重金属元素半动态浸出实验结果(见图3-81)进行拟合，结果见表3-32。As、Cu在模拟酸雨环境及模拟填埋场环境中受到扩散及界面化学反应过程的混合机理控制，但在中性地下水环境中分别符合双常数模型及Avrami模型；Cu在模拟酸雨环境中主要受到扩散控制；Pb在中性地下水环境中符合Elovich方程，在模拟弱酸酸雨环境中主要受到扩散控制，在模拟强酸酸雨环境及模拟填埋场环境中受到扩散及界面化学反应过程的混合机理控制。

表 3-28　脱硫石膏渣中重金属元素半动态浸出动力学方程拟合结果

元素	模拟环境	符合模型	相关系数	参数		元素	模拟环境	符合模型	相关系数	参数		元素	模拟环境	符合模型	相关系数	参数	
As	GW	混合控制	0.99059	k	0.00022	Cu	GW	—	—	—	—	Pb	GW	—	—	—	—
	AR1	混合控制	0.99304	k	0.00024		AR1	—	—	—	—		AR1	—	—	—	—
	AR2	双常数模型	0.99484	a	8.60962		AR2	—	—	—	—		AR2	—	—	—	—
				b	0.22430												
	LF	Elovich方程	0.97978	a	9593.30392		LF	Elovich方程	0.86797	a	452.38149		LF	Elovich方程	0.99411	a	327.76084
				b	1300.53359					b	83.19987					b	74.61884
Ca	GW	内扩散控制	0.98426	k	0.00010	Fe	GW	混合控制	0.98033	k	9.12323×10^{-7}	Zn	GW	—	—	—	—
	AR1	Avrami模型	0.98398	k	0.04534		AR1	—	—	—	—		AR1	—	—	—	—
				n	0.00393												
	AR2	内扩散控制	0.98402	k	0.00023		AR2	—	—	—	—		AR2	—	—	—	—
	LF	Avrami模型	0.98555	k	0.05236		LF	混合控制	0.98226	k	0.00004		LF	混合控制	0.93484	k	0.00250
				n	0.00431												
Cd	GW	双常数模型	0.98364	a	3.28454												
				b	0.22945												
	AR1	双常数模型	0.97819	a	3.28851												
				b	0.20620												
	AR2	混合控制	0.99258	k	0.00013												
	LF	混合控制	0.94803	k	0.00341												

附注：k、n、a、b 为动力学模型参数。

表 3-29　硫化砷渣中重金属元素半动态浸出动力学方程拟合结果

元素	模拟环境	符合模型	相关系数	参数		元素	模拟环境	符合模型	相关系数	参数	
As	GW	混合控制	0.95841	k	0.00006	Fe	GW	双常数模型	0.91672	a	5.41060
										b	0.06609
	AR1	内扩散控制	0.96947	k	0.00008		AR1	双常数模型	0.92544	a	4.80580
										b	0.10826
	AR2	内扩散控制	0.97443	k	0.00007		AR2	双常数模型	0.94654	a	4.77565
										b	0.09666
	LF	内扩散控制	0.95567	k	0.00009		LF	双常数模型	0.89744	a	5.41433
										b	0.14616
Ca	GW	—	—	—	—	Pb	GW	Elovich方程	0.93545	a	107.31251
										b	21.45177
	AR1	—	—	—	—		AR1	Elovich方程	0.96271	a	60.04302
										b	11.67381
	AR2	—	—	—	—		AR2	Elovich方程	0.96821	a	80.43776
										b	19.72903
	LF	Avrami模型	0.96740	k	0.73190		LF	Avrami模型	0.98871	k	0.00589
				n	0.19258					n	0.26324
Cu	GW	Avrami模型	0.98035	k	0.00004	Zn	GW	Elovich方程	0.90185	a	519.76507
				n	0.85355					b	39.09179
	AR1	界面化学反应控制	0.94817	k	0.00002		AR1	Elovich方程	0.90636	a	281.93298
										b	27.08635
	AR2	界面化学反应控制	0.96052	k	0.00001		AR2	Elovich方程	0.93535	a	297.58319
										b	27.14322
	LF	Avrami模型	0.88965	k	0.00045		LF	Elovich方程	0.89909	a	477.86649
				n	0.52893					b	58.36776

附注：k、n、a、b 为动力学模型参数。

表 3-30　中和渣中重金属元素半动态浸出动力学方程拟合结果

元素	模拟环境	符合模型	相关系数	参数	
As	GW	—	—	—	—
	AR1	—	—	—	—
	AR2	—	—	—	—
	LF	混合控制	0.97289	k	0.00140
Ca	GW	Avrami 模型	0.99085	k	0.00059
				n	0.74191
	AR1	Avrami 模型	0.98775	k	0.00056
				n	0.79140
	AR2	Avrami 模型	0.99114	k	0.00096
				n	0.74105
	LF	Elovich 方程	0.90787	a	32719.8364
				b	1116.86634
Cd	GW	—	—	—	—
	AR1	—	—	—	—
	AR2	—	—	—	—
	LF	Avrami 模型	0.97783	k	0.13480
				n	0.62415

元素	模拟环境	符合模型	相关系数	参数	
Cu	GW	—	—	—	—
	AR1	—	—	—	—
	AR2	—	—	—	—
	LF	混合控制	0.99266	k	0.00240
Fe	GW	—	—	—	—
	AR1	—	—	—	—
	AR2	—	—	—	—
	LF	混合控制	0.98731	k	0.00016

元素	模拟环境	符合模型	相关系数	参数	
Pb	GW	—	—	—	—
	AR1	—	—	—	—
	AR2	—	—	—	—
	LF	内扩散控制	0.98795	k	0.00163
Zn	GW	—	—	—	—
	AR1	—	—	—	—
	AR2	—	—	—	—
	LF	混合控制	0.99483	k	0.00196

附注：k、n、a、b 为动力学模型参数。

表 3-31　污酸处理石膏渣中重金属元素半动态浸出动力学方程拟合结果

元素	模拟环境	符合模型	相关系数	参数		元素	模拟环境	符合模型	相关系数	参数		元素	模拟环境	符合模型	相关系数	参数	
As	GW	双常数模型	0.96763	a	9.34922	Cu	GW	—	—	—	—	Pb	GW	—	—	—	—
				b	0.07245												
	AR1	Avrami模型	0.98967	k	0.30955		AR1	—	—	—	—		AR1	—	—	—	—
				n	0.07697												
	AR2	Elovich方程	0.97798	a	10353.9107		AR2	—	—	—	—		AR2	—	—	—	—
				b	1333.91871												
	LF	Elovich方程	0.85465	a	19665.2480		LF	Avrami模型	0.99894	k	0.00278		LF	Avrami模型	0.99502	k	0.04696
				b	1369.81921					n	1.86479					n	0.74824
Ca	GW	Avrami模型	0.99274	k	0.01657	Fe	GW	—	—	—	—	Zn	GW	界面化学反应控制	0.98786	k	0.00017
				n	0.75721												
	AR1	Avrami模型	0.99183	k	0.01590		AR1	—	—	—	—		AR1	界面化学反应控制	0.98505	k	0.00017
				n	0.76736												
	AR2	内扩散控制	0.99089	k	0.00022		AR2	—	—	—	—		AR2	Avrami模型	0.98966	k	0.00544
																n	0.79299
	LF	Avrami模型	0.99061	k	0.01650		LF	Elovich方程	0.95308	a	240.2812		LF	Avrami模型	0.89653	k	0.57036
				n	0.75445					b	72.50487					n	0.40748

续表3-31

元素	模拟环境	符合模型	相关系数	参数		元素	模拟环境	符合模型	相关系数	参数		元素	模拟环境	符合模型	相关系数	参数	
Cd	GW	内扩散控制	0.98861	k	0.00004												
	AR1	内扩散控制	0.98232	k	0.00004												
	AR2	Avrami 模型	0.98467	k	0.01525												
				n	0.73069												
	LF	内扩散控制	0.98435	k	0.00679												

附注：k、n、a、b 为动力学模型参数。

表 3-32 铅滤饼中重金属元素半动态浸出动力学方程拟合结果

元素	模拟环境	符合模型	相关系数	参数		元素	模拟环境	符合模型	相关系数	参数	
As	GW	双常数模型	0.96422	a	10.74854	Cu	GW	Avrami 模型	0.90207	k	0.16886
				b	0.35571					n	0.09966
	AR1	混合控制	0.96220	k	0.00049		AR1	混合控制	0.96662	k	7.05002×10^{-6}
	AR2	混合控制	0.98070	k	0.00058		AR2	混合控制	0.98243	k	0.00003
	LF	混合控制	0.96579	k	0.00068		LF	混合控制	0.99306	k	0.00007

续表3-32

元素	模拟环境	符合模型	相关系数	参数		元素	模拟环境	符合模型	相关系数	参数	
Ca	GW	—	—	—	—	Pb	GW	双常数模型	0.98893	a	5.46810
										b	0.45707
	AR1	Avrami 模型	0.95423	k	0.11992		AR1	Avrami 模型	0.98790	k	0.00086
				n	0.28079					n	0.41539
	AR2	Avrami 模型	0.92996	k	0.20268		AR2	Avrami 模型	0.99250	k	0.00058
				n	0.19116					n	0.55239
	LF	—	—	—	—		LF	Avrami 模型	0.99081	k	0.00107
										n	0.66909

附注：k、n、a、b 为动力学模型参数。

综上所述，固废在不同模拟环境中的释放量有一定区别，从大多数固废的浸出规律可以看出，固废中金属元素的浸出强度受 pH 的影响，pH 越小酸性越强则浸出浓度越大。在大部分固废样品的浸出过程中可以发现，这些固废中金属元素的浸出浓度在模拟填埋场环境中特别大，可能是由于醋酸与金属离子具有一定络合能力，且其 pH 较低，有利于金属的溶解浸出。较为特殊的是脱硫石膏渣及污酸处理石膏渣中的 Ca，在不同模拟环境中的浸出趋势及浸出量基本一致，石膏渣中的主要成分为 $CaSO_4$，其溶解/沉淀控制着 Ca 的溶解，Ca 的浸出量基本不会随 pH 变化而变化；除此之外，硫化砷渣中 As 的浸出量随 pH 的增大而先增大后减小，在中性条件下达到最大值。

浸提液的 pH 会受到其原始 pH 及固废性质的影响。一般来说，在浸出初期固废的性质对于浸提液 pH 的影响较大，随着浸出过程的推进，固废中可溶出物质逐渐消耗，对于浸提液 pH 的影响也逐渐减小，浸提液的 pH 开始逐渐趋近其原始 pH。但有些固废对于浸提液 pH 的影响较大，如废耐火材料、脱硫石膏渣、中和渣、污酸处理石膏渣中由于含有碱性物质，浸提液 pH 相比原始 pH 上升并保持在较高的水平，而原料粉尘、熔炼烟尘、黑铜泥、阳极渣、硫化砷渣、铅滤饼的浸提液酸性很强。

各金属元素的浸出浓度与其在固废中的含量及化学形态关系较大，铜冶炼固废中环境潜在风险较大的元素有 As、Cd，具有极大的环境风险。其他固废中各金属元素的浸出浓度相对较低，环境风险也较低。

同一固废中不同金属元素的浸出规律也有区别，部分元素在浸出初期迅速释放，实验后段浸出速率减缓甚至趋近于 0，如原料粉尘、熔炼烟尘、吹炼白烟尘、铅滤饼中的 As 和 Cd 等；部分元素则在整个实验进程中持续浸出且浸出速率变化较小，如原料粉尘、熔炼烟尘中的 Pb，吹炼白烟尘中的 Pb、Si，脱硫石膏渣、污酸处理石膏渣中的 Ca 等。元素浸出规律与该元素的化学形态有关，可溶解的、弱吸附态金属可以通过溶解、与阳离子置换等方法在实验前期迅速溶出，而实验后期可交换态金属逐渐耗尽，更难交换的层间重金属或有机物结合态重金属等逐渐释放，且释放速率较慢。因此在实际生产中，大部分固废的环境风险将持续整个堆存过程，对于 As、Cd 这类高风险元素，可能会在前期大量释放，造成极大的环境风险。

固废中金属的浸出过程发生了复杂的表面反应，大多符合双常数模型、Elovich 方程等，金属的释放主要通过表面吸附物质的解吸、溶解实现。各金属元素由于其含量、化学形态的不同呈现出不同的释放规律，部分金属（如阳极渣中 Cu、脱硫石膏渣及污酸处理石膏渣中的 Ca）在浸出过程中持续释放，其环境风险将持续整个堆存过程；而 As、Cd 等金属元素在原料粉尘、熔炼烟尘、吹炼白烟尘、铅滤饼等的半动态侵蚀实验中均呈现出两段浸出特征，第一阶段是表面弱吸附态金属离子释放且速率较快，第二阶段则是较难释放的配合态、层间金属离子释放且速率较慢，而环境风险主要集中在第一阶段。铜冶炼系统多源固废的主要风险元素 As、Cd 在大部分固废中的释放均为两段式释放，其环境风险在实验前期更为明显，应重点关注。

第 4 章　固废资源环境属性的判别与界定方法

铜冶炼系统多源固废同时具有资源属性与环境属性，对其属性的判别与界定可以更好地指导固废的管理、处理与处置。本章采用层次分析法构建属性界定的模型与方法，对铜冶炼系统多源固废的资源、环境属性进行判别与界定，并根据界定结果对固废的管理、处理与处置提出建议。

4.1　综合评价方法

为解决复杂系统中多层次、多目标的决策问题，美国著名运筹学家 Thomas L. Saaty 于 20 世纪 70 年代中期提出了层次分析法(analytical hierarchy process，AHP)。该方法是一种定量与定性相结合的决策分析方法，其主要思路是根据问题的性质及最终目标，将复杂问题中相互关联、相互制约的各种因素分解为不同的相互联系且有序的层次，通过对各层次内指标的一定现实判断确定其相对重要性并定量表示，运用数学模型最终计算得到所有指标的相对重要性权值。

运用 AHP 法可以将人们对于复杂问题的思维过程数学化，且定量化结果的形式更有利于人们接受，同时还具有适用性、间接性、实用性、系统性等多方面的优点，因此目前在综合评价领域已得到了广泛应用。Zheng G Z 等利用 AHP 法对安全生产进行了评价；E. Topuz、Zeng J H 等用 AHP 法对化学物质、建设项目存在的风险进行了评价，得到各指标风险权重；温皓淳利用 AHP 法结合模糊综合评价法构建了航电枢纽项目环境影响评价指标体系。

在固废管理层面，也有学者运用 AHP 法构建了综合评价体系，王清、黄菊文等采用 AHP 法从经济、社会、环境等多个方面构建了评价体系，对工业固体废物综合利用技术进行了综合评价；武威从经济效益、环境效益及社会效益三个方面对沙岭子电厂固体废弃物的利用水平进行了综合评价；任倩利用 AHP 法构建了粉煤灰的资源化利用评价指标体系，为粉煤灰的资源化利用提供了科学建议；宋海燕等构建了钢铁业固体废物资源化效益评价模型，通过分析为宝钢集团识别固废资源化方面的不足提出了优化建议；孙鑫利用 AHP 法构建了典型大宗工业固体废物环境风险评价体系，对涉及铜尾矿、铅锌尾矿、赤泥、锰渣、磷石膏的 5 个典型企业开展评价，为固体废物的管理提出了对策建议。运用 AHP 法对固废进行多方位的综合评价有利于固废管理、处理与处置的进一步发展优化，但目前在有色金属冶炼固废方面暂未构建合理可行的综合评价方法，难以对冶炼固废的资源及环境属性进行精准的解析与界定。

本研究选择 AHP 法对铜冶炼系统多源固废进行资源、环境属性的综合判别与界定。AHP 法的基本步骤：(1)建立问题的递阶层次结构(评价指标体系)；(2)构造两两比较判断矩阵；(3)由判断矩阵计算被比较元素的相对权重；(4)计算各层元素的组合权重。

4.1.1 建立递阶层次结构

运用 AHP 法进行综合分析评价时首先要将评价的问题条理化和层次化，然后构建一个系统性的层次结构模型，即评价指标体系。最高层(目标层)一般只有一个元素，表示要解决的问题或者要分析的预定目标；中间层(准则层)可分为多层，一般是衡量目标能否实现的各项标准，同一层次的准则对下一层次的某些元素起到支配作用，同时又受到上一层次元素的支配；最底层(方案层)是实现目标的方案。

4.1.2 构造判断矩阵

建立好递阶层次结构后即确立了上下层次间各指标的隶属关系，为了在上一层次准则下按照指标的相对重要性进行权重复制，AHP 法采用了两两比较的方法。对于 n 个指标可以得到其判断矩阵 $\boldsymbol{A}=(a_{i,j})_{n\times n}$，当 $a_{i,j}\times a_{j,k}=a_{i,k}$ 始终成立时，判断矩阵具有以下特性：$a_{i,j}>0$，$a_{i,j}=1/a_{j,i}$，$a_{i,i}=1$，$\boldsymbol{A}$ 称为一致性矩阵，其中的 $a_{i,j}$ 代表指标 i 与 j 相对于上一层次元素重要性的比例标度。

为了量化判断矩阵，一般采用 1~9 标度法进行重要性赋值，标度及其含义见表 4-1。

表 4-1　1~9 标度法的含义

标度	含义
1	表示两个元素相比，具有同样重要性
3	表示两个元素相比，一个元素比另一个元素稍微重要
5	表示两个元素相比，一个元素比另一个元素明显重要
7	表示两个元素相比，一个元素比另一个元素强烈重要
9	表示两个元素相比，一个元素比另一个元素极端重要
2, 4, 6, 8	为上述相邻判断的中值

4.1.3　计算单一准则下元素的相对权重

计算判断矩阵的特征根 $\boldsymbol{\lambda}_{max}$ 及其相应的特征向量 $\boldsymbol{W}$，所得 $\boldsymbol{W}$ 归一化后即可得到单一准则下各元素的排序权重，一般 $\boldsymbol{\lambda}_{max}$ 及 $\boldsymbol{W}$ 的计算采用方根法，具体计算过程如下。

将判断矩阵每一行的各元素相乘得到 M_i：

$$M_i = \prod_{j=1}^{n} a_{ij} \qquad (i = 1, 2, 3, \cdots, n) \tag{4-1}$$

M_i 开 n 次方后得到 $\overline{\boldsymbol{W}}_i$：

$$\overline{\boldsymbol{W}}_i = \sqrt[n]{\boldsymbol{M}_i} \tag{4-2}$$

归一化处理向量 $\overline{\boldsymbol{W}}_i$，即求特征向量 $\boldsymbol{W}=[\overline{\boldsymbol{W}}_1, \overline{\boldsymbol{W}}_2, \cdots, \overline{\boldsymbol{W}}_n]^{\mathrm{T}}$：

$$\boldsymbol{W}_i = \frac{\overline{\boldsymbol{W}}_i}{\sum_{i=1}^{n} \overline{\boldsymbol{W}}_i} \tag{4-3}$$

计算 λ_{max}：

$$\lambda_{max} = \sum_{i=1}^{n} \frac{(A\boldsymbol{W})_i}{n\boldsymbol{W}_i} \tag{4-4}$$

式中：$(A\boldsymbol{W})_i$ 为向量 $A\boldsymbol{W}$ 的第 i 个元素。

在判断矩阵的构造过程中未要求判断其一致性，在实际操作中，利用专家赋值构成的两两判断矩阵可能会存在差异性，因此得到特征根后应进行一致性检验。

（1）计算一致性指标 C. I.：

$$\mathrm{C.\,I.} = \frac{\lambda_{max} - n}{n - 1} \tag{4-5}$$

式中：n 为判断矩阵的阶数。

计算一致性比例 C. R.：

$$\mathrm{C.\,R.} = \frac{\mathrm{C.\,I.}}{\mathrm{R.\,I.}} \tag{4-6}$$

对于阶数为 1~9 的两两判断矩阵，其对应的 R. I. 值（平均随机一致性）见表 4-2。

表 4-2　平均随机一致性检验系数（R. I. ）

阶数	1	2	3	4	5	6	7	8	9
R. I.	0	0	0. 52	0. 89	1. 12	1. 26	1. 36	1. 41	1. 46

当 C. R. <0. 1 时，则认为判断矩阵的一致性可以接受。

4.1.4 计算指标综合权重

通过上一步求出的各指标的相对权重，综合后即可得到指标的综合权重。示例：以四级指标体系为例，假设指标层从上到下分别为总目标层、α 层、β 层、γ 层，则计算公式如下：

$$W(\gamma_k) = w(\gamma_k)w(\beta_j) \cdot w(\alpha_i) \tag{4-7}$$

式中：$w(\gamma_k)$ 为 γ 层的 γ_k 因素相对于其上一层次 β 层的权重；$w(\beta_j)$ 为 γ_k 所属的 β 层因素 β_j 相对于其上一层次 α 层的权重；$w(\alpha_i)$ 为 β_j 所属的 α 层因素 α_i 相对于其更上一层次（总目标层）的权重。

4.2 评价指标体系

4.2.1 构建遵循的相关原则

确定评价的指标体系是进行综合评价的基础，指标体系中的评价指标相互联系、相互作用，按一定的层次结构组成一个有机整体，只有构建合理的评价指标体系，才能实现评价的科学公正。评价指标体系的构建一般需遵循以下几项原则。

精炼性原则：评价指标体系的构建应从目的出发，反映评价目的所需的全部内容，但指标不宜过多。关键的不是指标数量，而是其在评价过程中所起的作用。精炼的评价指标体系一方面可以减少评价工作的时间与成本，另一方面可以使得评价更易开展。

独立性原则：评价指标体系的结构应保持层次分明，同一层次内的各个指标需相对独立，尽量不要重叠或存在因果关系。评价指标体系只有围绕评价目的逐层展开，才可使最终结果达到原始的评价目的。

代表性原则：评价指标体系内选择的各指标应具有代表性，可以较好地反映研究对象的特性，同时各指标间也应具有差异性和可比性。

可行性原则：所选择的评价指标首先要符合客观实际水平，其数据应有较为稳定的数据来源。为了便于操作，评价指标应做到含义明确、数据规范、口径一致。

4.2.2 设计思路阐述

基于上述评价指标体系的构建原则，结合铜冶炼系统多源固废的特性确定本研究的评价指标体系。关于固废资源属性的判别与界定主要从工艺矿物学角度展开，一般需考察其含水率、粒度等物理性质与元素含量、化学形态及物相组成等化学性质，而关于环境属性的判别与界定主要考虑其生态环境风险与长期浸出评价，同时，固废的粒度、含水率等也将在一定程度上影响其环境风险。由于固废同时具有资源与环境的双重属性，为综合表征其资源、环境属性，在分别得到资源、环境属性界定值后，将资源属性界定值除以环境属性界定值得到综合界定值。铜冶炼系统多源固废资源环境属性界定方法评价指标体系构建思路见图 4-1。

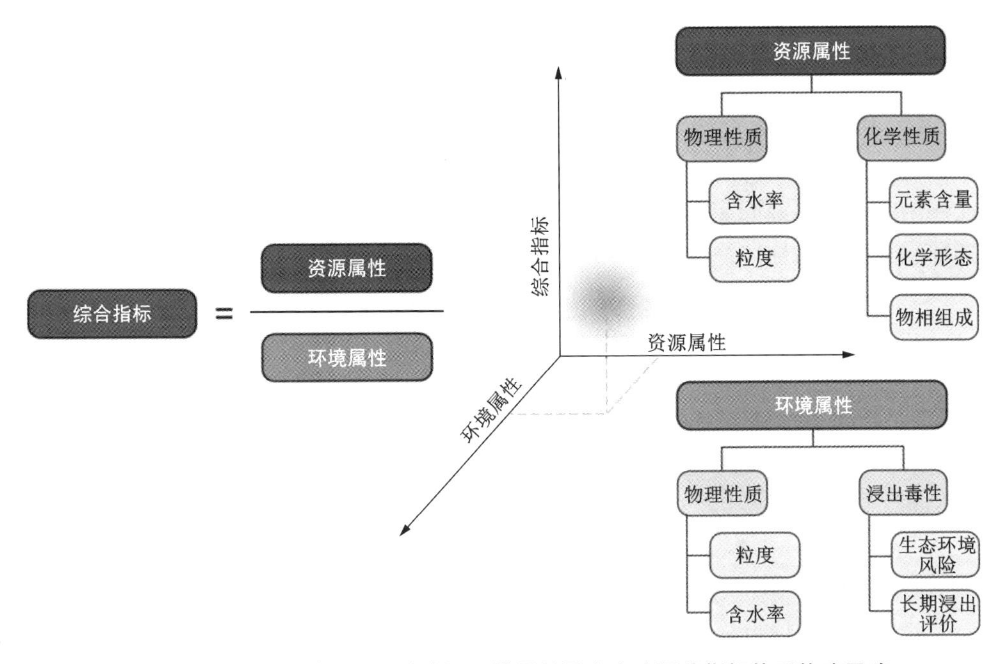

图 4-1　铜冶炼系统多源固废资源环境属性界定方法评价指标体系构建思路

(1) 资源属性界定体系设计思路

铜冶炼系统多源固废的资源属性评价指标体系由高至低分为四个层次，总体层反映铜冶炼系统多源固废的资源属性；Ⅰ级指标层分为物理性质及化学性质；Ⅱ级指标层是对Ⅰ级指标的分解；Ⅲ级指标层则是评价指标体系中的最底层，详细描述该层指标的水平，详见表 4-3。

共选取 5 个评价因子对固废的资源属性进行综合评定，其中Ⅰ级指标分为物理性质、化学性质，物理性质的底层评价指标为粒度、含水率；化学性质又细分为资源属性主要关注的三种元素 Cu、Pb、Zn，其底层评价指标分别为各元素的含量、化学形态、物相组成。

表 4-3　铜冶炼系统多源固废资源属性评价指标体系

总体层	Ⅰ级指标	Ⅱ级指标	Ⅲ级指标
铜冶炼系统多源固废资源属性评价指标体系 A	物理性质 B	—	粒度 B1
			含水率 B2
	化学性质 C	Cu、Pb、Zn	含量 C1
			化学形态 C2
			物相组成 C3

(2)环境属性界定体系设计思路

铜冶炼系统多源固废的环境属性评价体系由高至低分为三个层次，总体层反映铜冶炼系统多源固废的环境属性；Ⅰ级指标层分为物理性质及浸出毒性；Ⅱ级指标层是评价指标体系中的最底层，详细描述该层指标的水平，详见表 4-4。

表 4-4　铜冶炼系统多源固废环境属性评价指标体系

总体层	Ⅰ级指标	Ⅱ级指标
铜冶炼系统多源固废环境属性评价指标体系 D	物理性质 E	粒度 E1
		含水率 E2
	浸出毒性 F	生态环境风险 F1
		长期浸出评价 F2

共选取 4 个评价因子对固废的环境属性进行综合评定，其中Ⅰ级指标分为物理性质、浸出毒性，物理性质的底层评价指标为粒度、含水率，浸出毒性的底层评价指标分别为生态环境风险、长期浸出评价。

(3)资源环境属性综合界定体系设计思路

由于铜冶炼系统多源固废具有资源、环境双重属性，且二者相互影响，因此本研究设计根据固废资源属性界定值和环境属性界定值的比值大小对固废进行属性的综合评价。

4.3　判别界定方法

4.3.1　判别界定指标体系权重

为计算评价指标体系中各个指标的权重，本研究对固废综合利用、冶金环境工程环境科学、环境工程等领域的 22 名专家开展了问卷调查。各位专家依据自身的理论知识和实践经验对各指标的相对重要程度进行赋值打分。为了便于打分，专家对各指标的重要程度直接进行评分，A_{ij} 的赋值为指标 i 的分值/指标 j 的分值，构建出 AHP 法需要的判断矩阵，从而计算得到权重。其中，资源属性界定体系中Ⅱ级指标的各元素主要考虑其经济指标的影响，根据各元素 2021 年 1 月底的价格确定其权重，其他指标权重均采用 AHP 法由专家调查结果经计算确定。

资源属性界定体系的指标权重值详见表 4-5～表 4-7。由表中结果可知，固废资源属性界定体系的Ⅰ级指标中，化学性质更为重要；Ⅲ级指标计算结果显示，各指标的影响程度基本一致，其中化学元素含量的影响程度略大于其他指标。

表 4-5　资源属性界定体系Ⅰ级指标权重值

指标	B	C	权重 W
物理性质 B	1	0.581	0.367
化学性质 C	1.722	1	0.633
一致性检验：$\lambda_{max}=2$，C.I.=0，R.I.=0，C.R. 小于 3 阶不需要判断			

表 4-6　资源属性界定体系Ⅱ级指标权重值

元素	市场价格/(元·t^{-1})	权重 W
Cu	57550	0.618
Pb	15046	0.161
Zn	20543	0.221

表 4-7　资源属性界定体系Ⅲ级指标权重值

资源属性界定-物理性质指标				
物理性质指标 B	B1	B2	权重 W	
粒度 B1	1	0.970	0.492	
含水率 B2	1.031	1	0.508	
一致性检验：$\lambda_{max}=2$，C.I.=0，R.I.=0，C.R. 小于 3 阶不需要判断，通过检验				
资源属性界定-化学性质指标				
化学性质指标 C	C1	C2	C3	权重 W
含量 C1	1	1.059	1.079	0.348
化学形态 C2	0.944	1	1.018	0.329
物相结构 C3	0.927	0.982	1	0.323
一致性检验：$\lambda_{max}=3$，C.I.=0，R.I.=0.52，C.R.=0<0.10，通过检验				

环境属性界定体系的指标权重值详见表 4-8～表 4-9。由表中结果可知，固废环境属性界定体系的Ⅰ级指标中，浸出毒性的影响程度更大；Ⅱ级指标计算结果显示，各指标的影响程度基本一致。

表 4-8　环境属性界定体系Ⅰ级指标权重值

指标	E	F	权重 W
物理性质 E	1	0.651	0.394
浸出毒性 F	1.537	1	0.606
一致性检验：$\lambda_{max}=2$，C.I.=0，R.I.=0，C.R. 小于 3 阶不需要判断			

表 4-9　环境属性界定体系Ⅱ级指标权重值

环境属性界定-物理性质指标			
物理性质指标 E	E_1	E_2	权重 W
粒度 E_1	1	0.960	0.490
含水率 E_2	1.402	1	0.510
一致性检验：$\lambda_{max}=2$，C.I.=0，R.I.=0，C.R. 小于 3 阶不需要判断，通过检验			
环境属性界定-浸出毒性指标			
浸出毒性指标 F	F_1	F_2	权重 W
生态环境风险 F_1	1	0.995	0.499
长期浸出评价 F_2	1.005	1	0.501
一致性检验：$\lambda_{max}=2$，C.I.=0，R.I.=0，C.R. 小于 3 阶不需要判断，通过检验			

根据前文计算得到的各层次相对权重进行加权计算得出所有指标的综合权重，详见表 4-10，最终得到界定方程式(4-8)。

表 4-10　资源属性指标综合权重

B_1	B_2	$C_{1_{Cu}}$	$C_{2_{Cu}}$	$C_{3_{Cu}}$	$C_{1_{Pb}}$
0.181	0.186	0.136	0.129	0.126	0.035
$C_{2_{Pb}}$	$C_{3_{Pb}}$	$C_{1_{Zn}}$	$C_{2_{Zn}}$	$C_{3_{Zn}}$	
0.034	0.033	0.049	0.046	0.045	

续表4-10

环境属性指标综合权重			
E_1	E_2	F_1	F_2
0.193	0.201	0.302	0.304

$$C=\frac{\begin{gathered}0.181B_1+0.186B_2+0.136(C_1,\mathrm{Cu})+0.129(C_2,\mathrm{Cu})+\\0.126(C_3,\mathrm{Cu})+0.035(C_1,\mathrm{Pb})+0.034(C_2,\mathrm{Pb})+\\0.033(C_3,\mathrm{Pb})+0.049(C_1,\mathrm{Zn})+0.046(C_2,\mathrm{Zn})+0.045(C_3,\mathrm{Zn})\end{gathered}}{0.193E_3+0.201E+0.302F_1+0.304F_2} \tag{4-8}$$

4.3.2 判别界定标准

资源属性界定体系中各指标的评价标准见表4-11。

表4-11 资源属性界定体系中各指标的评价标准

资源Ⅰ级指标	资源Ⅱ级指标	资源Ⅲ级指标	评价基准值
物理性质 B	—	粒度 B_1	块状样品在综合回收利用前需进行破碎预处理，赋值为0.5，其他为1
		含水率 B_2	冶炼厂入炉物料一般要求含水率在10%以下，含水率过高需进行干燥预处理，含水率为10%以下时赋值为1，10%~30%时赋值为0.5，大于30%时赋值为0
化学性质 C	Cu、Pb、Zn	含量 C_1	根据元素含量在0~1的范围内对应进行赋值
		化学形态 C_2	根据元素有效态的含量在0~1的范围内对应进行赋值
		物相结构 C_3	根据固废的矿相组成、微观形态赋值，若存在矿相结构包裹有价金属的情况，由于金属利用难度提升，赋值为0.5，否则赋值为1

环境属性界定体系中各指标的评价标准见表4-12。

表 4-12 环境属性界定体系中各指标的评价标准

环境Ⅰ级指标	环境Ⅱ级指标	评价基准值
物理性质 E	粒度 E_1	粒度越小，比表面积越大，重金属浸出率越高，属于负指标；对于块状固体废物赋值为 0，对非块状固体废物，将中位粒径无量纲化处理后赋值
	含水率 E_2	含水率越大，固废重量及体积越大，且堆存过程中渗滤液可能污染外环境，属于正指标；对含水率无量纲化处理后赋值
浸出毒性 F	生态环境风险 F_1	PERI 为评价固废生态风险的综合指标，指标值越大说明其生态环境风险越大，属于正指标；对 PERI 无量纲化处理后赋值
	长期浸出评价 F_2	浸出毒性增幅用于评价固废的长期风险，指标值越大说明其长期风险越大，属于正指标，对其进行无量纲化后赋值

表 4-12 中提到的无量纲化主要是由于评价指标体系内的指标复杂，计量单位不同，且在具体数值的量级上存在较大差异，若直接进行评价不具备可比性，因此需采用相对化处理的办法，先对评价指标确定一个标准值，而后计算实际值与标准值之比，无量纲化后的数据方可用于综合评价。无量纲化计算方法：

$$v_i = \frac{x_i}{x_{\max}} \quad \text{（正指标）} \tag{4-9}$$

$$v_i = \frac{x_{\min}}{x_i} \quad \text{（负指标）} \tag{4-10}$$

式中：v_i 为各指标的评价值（无量纲化值）；x_i 为各指标的实际值；$x_{\max}$ 为正指标的最大值；$x_{\min}$ 为负指标的最小值。

除此以外还需注意，由于部分固废中某重金属的含量或浸出含量极低，对环境影响极小，为了简化评价流程，特做出以下规定。

(1) 对于生态环境风险 F_1，若固体废物中的某元素含量极低（$<0.1\%$），可不进行该元素的风险评价，将其污染指数记为 0。

(2) 对于长期浸出评价 F_2，浸出毒性增幅的值为固体废物中单个重金属元素的最大浸出毒性增幅，以 100 倍为上限，若增幅大于 100 则记为 100 倍，若所有元素的浸出浓度均未超过浓度限值或长期实验后未增高则记为 0。

4.4 固废属性的判别与界定

根据前文实验结果，结合本章确定的界定方法，最终计算得到铜冶炼系统多源固废的资源、环境属性界定值及总体界定值，详见表 4-13。

表 4-13　铜冶炼系统多源固废的资源环境属性界定值

固废样品	资源属性界定值	环境属性界定值	总体界定值
原料粉尘	0.596	0.098	6.055
熔炼烟尘	0.767	0.388	1.977
废耐火材料	0.583	0.003	216.116
熔炼渣	0.598	0.011	55.270
渣选厂尾矿	0.684	0.068	10.036
吹炼白烟尘	0.734	0.250	2.942
黑铜泥	0.644	0.231	2.784
阳极渣	0.653	0.058	11.214
脱硫石膏渣	0.541	0.134	4.034
硫化砷渣	0.542	0.825	0.657
中和渣	0.409	0.135	3.023
污酸处理石膏渣	0.466	0.272	1.717
铅滤饼	0.633	0.537	1.179

熔炼烟尘、吹炼白烟尘、阳极渣、渣选厂尾矿等的资源属性界定值较高，说明其具有较高的资源回收利用价值，建议延伸产业链回收其中有价金属或外售给其他公司进行综合回收利用；而中和渣、污酸处理石膏渣等的资源属性界定值较低，说明其资源回收利用价值较低，主要考虑对其进行安全处理与处置。

硫化砷渣的环境属性界定值明显高于其他固体废物，说明其环境风险很大，建议及时进行稳定化处理与处置，尽量减少其在厂内的堆存时间；而废耐火材料、阳极渣、熔炼渣、渣选厂尾矿等的环境属性界定值较低，说明其较为稳定。

废耐火材料、熔炼渣的总体界定值明显高于其他固体废物，说明其环境风险较低且具有资源回收利用价值，可进行综合利用；硫化砷渣的总体界定值明显小于其他固体废物，说明其环境风险隐患突出，应及时对其进行无害化处置。

综上所述，资源属性判别体系的Ⅰ级指标中，化学性质更为重要；环境属性判别体系的Ⅰ级指标中浸出毒性的影响更大。基于所构建的模型及确定的判别方法对本研究采集的 13 种铜冶炼系统多源固废进行判别与界定，发现熔炼烟尘、吹炼白烟尘、阳极渣、渣选厂尾矿等的资源属性界定值较高，具有一定资源回收利用价值；硫化砷渣的环境属性界定值明显高于其他固体废物，环境风险很大；废耐火材料、熔炼渣的总体界定值明显高于其他固体废物，环境风险较低且具有资源回收利用价值，可进行综合利用；硫化砷渣的总体界定值明显小于其他固废，环境风险隐患突出，应及时对其进行无害化处置。

第 5 章　固废资源环境属性解析数据库的构建

根据前文得到的实验数据与构建的判别与界定体系，开发了具有数据管理、数据分析和资源环境属性解析功能的固废资源环境属性解析数据库。本章对系统开发的相关技术进行介绍，并对数据库系统的设计与实现进行阐述。

5.1　相关技术

为构建铜冶炼系统多源固废资源环境属性解析数据库，采用对象关系数据库理念，以 MySQL 数据库作为底层数据库，借助 Python 语言实现。

5.1.1　对象关系数据库

数据库系统是为了管理大量信息所开发的，可以有组织、动态地存储大量相关数据的软件系统，其核心是数据模型。第一代数据库主要采用层次数据模型和网状数据模型，第二代数据库主要支持关系模型，由于其具有成熟的理论基础且使用便捷，已成为目前最常用的一种数据模型。

关系模型实际上就是指二维表格模型，而不同二维表及其相互之间的联系组成的数据组织则是一个关系型数据库，目前有很多成熟的关系型数据库管理软件，且已构建了一套标准数据查询语言——结构化查询语言(Structured Query Language, SQL)。关系模型采用集合、代数等数学方法对数据进行处理，用二维表描述现实世界的客观事物，有着严格的数学基础，因此其概念简单明了并易于理解，便于客户的使用及软件管理。但随着社会的不断发展，数据类型也变得更为复杂，传统的关系模型强调数据高度结构化，能存储的数据类型和数据间的关系有限，难以准确表示现实世界中日渐复杂的实体对象。

面向对象的程序设计是目前主流的程序设计思想，支持模块化设计和软件重用。区别于原先结构化、以过程为主的编程思想，面向对象的编程思想基于耦合、封装继承等软件工程原则，主要着眼于对象及对象的接口，将数据与方法封装在一起，从而可以模拟实体的复杂行为。将这一思想引入数据库系统中，主要有以下两种途径：(1)构建纯粹的面向对象数据库；(2)以传统的关系数据库为基础，结合面向对象技术，构建对象关系数据库。纯粹的面向对象数据库管理系统可以将数据与编程语言封装到对象中，能更好地反映现实世界中的复杂对象，但目前还缺乏关于面向对象数据模型的统一规范，理论构架的不完整导致数据模型难以达成共识，且这种纯粹的面向对象数据库不支持 SQL 语言，在通用性方面具有难以克服的缺陷。

因此，目前更多的研究者选择结合面向对象技术与关系数据库的优点，构建对象关系数据库。对象关系数据库以关系数据库为基础，借助面向对象的思维进行扩展，既可以通过对象封装实现方法与数据的关联，表达复杂对象及其之间的联系，又可以利用关系数据库和 SQL 语言实现数据的快速查询与操作。为了实现关系型数据库的对象化，需借助应用对象关系映射(Object Relationship Mapping，ORM)，目前各大编程语言均已推出了自身适用的 ORM 工具库。

固废资源环境属性解析数据库主要涉及铜冶炼固废的资源环境属性指标存储、计算及查询。由于铜冶炼过程中产生的固废种类较多，且每个固废涉及的指标数目较多，存储的信息量大，不仅需要建立一个良好的数据库结构以便迅速、准确地查找所需数据，还需便于对查找到的数据进行进一步分析，因此选用对象关系数据库的形式进行开发。

5.1.2　MySQL 数据库

目前主流的数据库主要是关系型数据库，通过几十年的发展，很多大公司已经开发出了成熟稳定的数据库系统，代表产品有 Oracle、DB2、SQL Server、MySQL 等。其中 MySQL 是一个小型关系型数据库管理系统，具有体积小、速度快、开放源码等特点，是目前许多中小型网站及应用软件开发的首选，同时其还具有优化的 SQL 查询算法、多种连接方式等优点，因此选用 MySQL 数据库作为本次软件开发的数据库。

5.1.3　Python 语言

Python 语言是一种完全面向对象的高级编程语言，其所含的函数、数字、字符串及模块等均是对象，并且支持继承、重载、动态类型等多种机制，源代码的重复利用性得到大幅增强。Python 语言是一种解释性语言，只需编码器对原始脚本进行字节编译即可在 Python 虚拟机上运行，节约了编译和链接的时间，同时可以提高程序的性能。Python 语言是一种简洁易懂的语言，语法清晰、关键字较少、结构简单，因此初学者在短时间内即可轻松上手。Python 语言是一种易于移植和拓展的开源语言，可以将采用其他语言(如 C 或 C++)制作的各种模块联结在一起，稍加改动后即可在各种平台上工作(如 Linux、Android、OS/2 等)，因此也被称为“胶水语言”。

Python 语言还拥有丰富的第三方工具库，可以帮助处理各种工作，如 GUI

(图形用户界面)、数据库、HTML、线程等。SQLAlchemy 也是 Python 语言中的一个数据库工具集，同时也被认为是目前 Python 语言中进行 ORM 开发的事实标准。SQLAlchemy 的 ORM 框架可以将类以开放式的多种形式映射到数据库上，使对象模型和数据库架构的设计得以分离。通过访问接口，程序开发人员在编写代码时不需要处理各种数据库间的 SQL 语言差异，只要关注软件开发的业务逻辑即可，这极大地提升了开发效率。

5.2 解析数据库基础架构

5.2.1 解析数据库基本功能设计

铜冶炼系统多源固废资源环境属性解析数据库的主要功能包括查询、分析、解析三大模块，见图 5-1。

查询模块：提供铜冶炼系统多源固废的各项资源、环境属性指标的更新(增加、修改、删除等)与查询。

分析模块：对存储的铜冶炼系统多源固废的各项资源、环境属性指标进行排序、筛选等分析。

解析模块：利用构建的铜冶炼系统多源固废资源环境属性解析方法，对数据库内存储的各项指标进行自动计算解析。

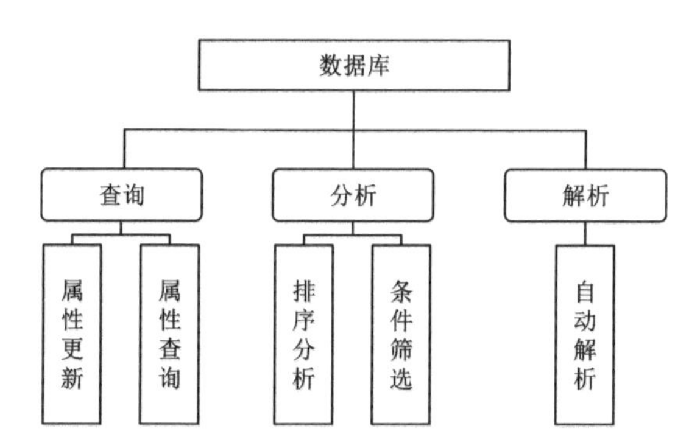

图 5-1 铜冶炼系统多源固废资源环境属性解析数据库系统功能结构图

5.2.2 数据库系统体系结构设计

如图 5-2 所示，本系统设计参照了由数据库层、业务逻辑层及表达层组成的标准三层体系机构。其中表达层为应用程序交互界面，采用 Python 语言自带的 PyQt5 进行编写，主要包括查询、分析、解析三大模块；业务逻辑层主要进行数据处理，通过 SQLAlchemy 的 ORM 框架构建对象关系数据库，并根据交互界面的相关指令对数据进行分析处理；数据库层用于数据存储，选择 MySQL 数据库作为本系统的底层数据库。

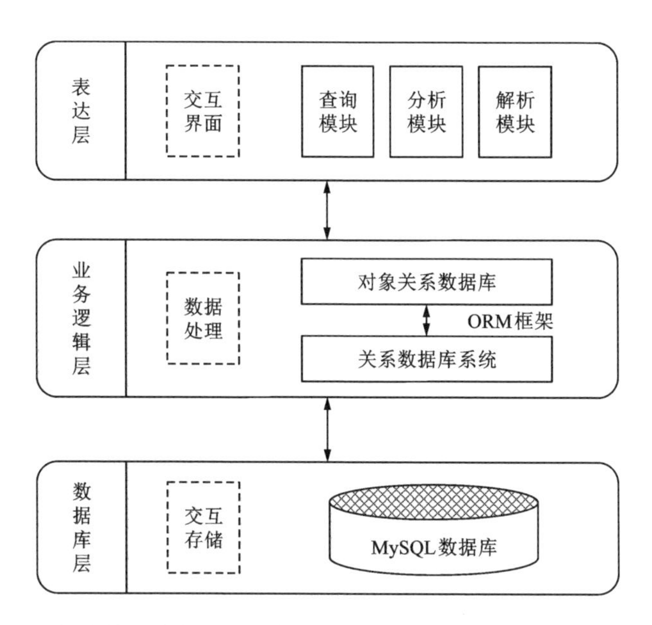

图 5-2　铜冶炼系统多源固废资源环境属性解析数据库系统体系结构图

5.2.3　底层数据库设计

数据库的设计是数据库系统开发的一个重要环节，本系统选用 MySQL 数据库这一关系数据库作为底层数据库。数据库内部包括多个数据表，各个数据表之间相互形成一对一、一对多等不同的关系，数据库结构详见图 5-3。

固废基础信息表(wastes)内存储固废的唯一标识即固废编码(wid)，其为每个录入的固废单独编码，同时存储固废名称、产生工段、含水率等基本信息。由于每个固废都可能有多条成分含量、浸出毒性、化学形态等数据，为了便于管理，将各项指标分别作为基础信息表单独储存，再与固废基础信息表通过唯一的固废编码(wid)相关联。最终在 MySQL 数据库中构建底层数据库，见图 5-4。

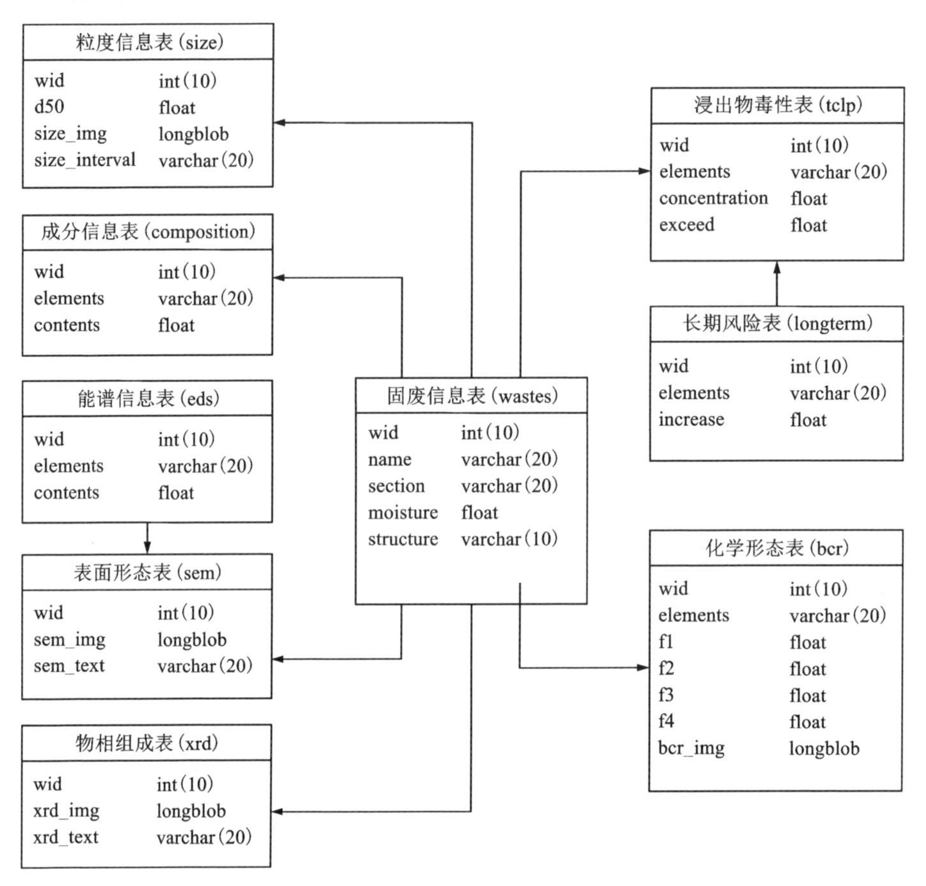

图 5-3 铜冶炼系统多源固废资源环境属性解析数据库系统数据库结构图

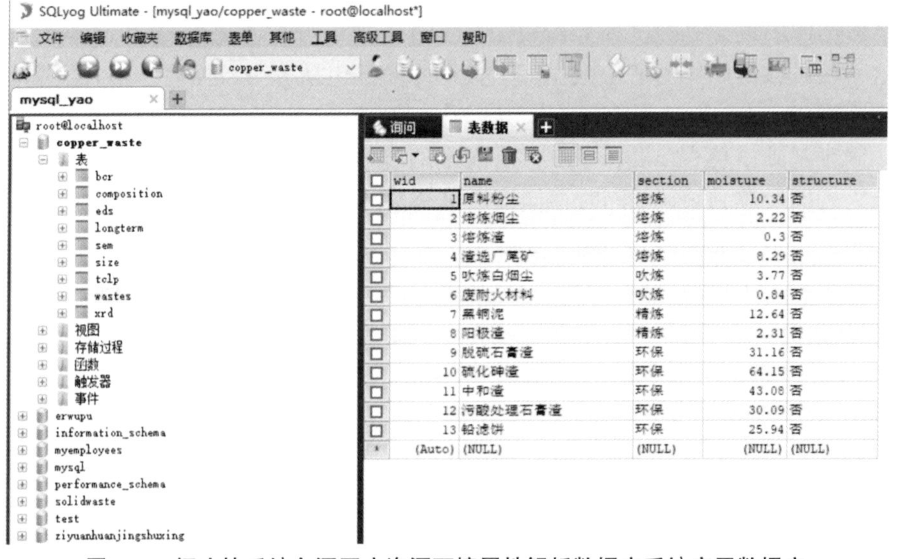

图 5-4 铜冶炼系统多源固废资源环境属性解析数据库系统底层数据库

5.3　解析数据库功能

本系统以 Windows 10 为开发平台，以 Python 语言为编程语言，采用 Pycharm 2020.1 作为开发工具(编程工具)，采用 MySQL 5.5.27 作为底层数据库。接下来，以本次实验的相关数据为例说明本软件的系统运行过程。

5.3.1　数据查询

数据库查询主界面如图 5-5 所示，界面左侧为固废选择区域，分不同工段显示录入的所有固废名称；右侧为数据显示区域，以表格形式展示录入的各项数据；右上角的三个按钮分别为增加、修改、删除固废信息的按钮，点击后将分别弹出对应的操作界面。

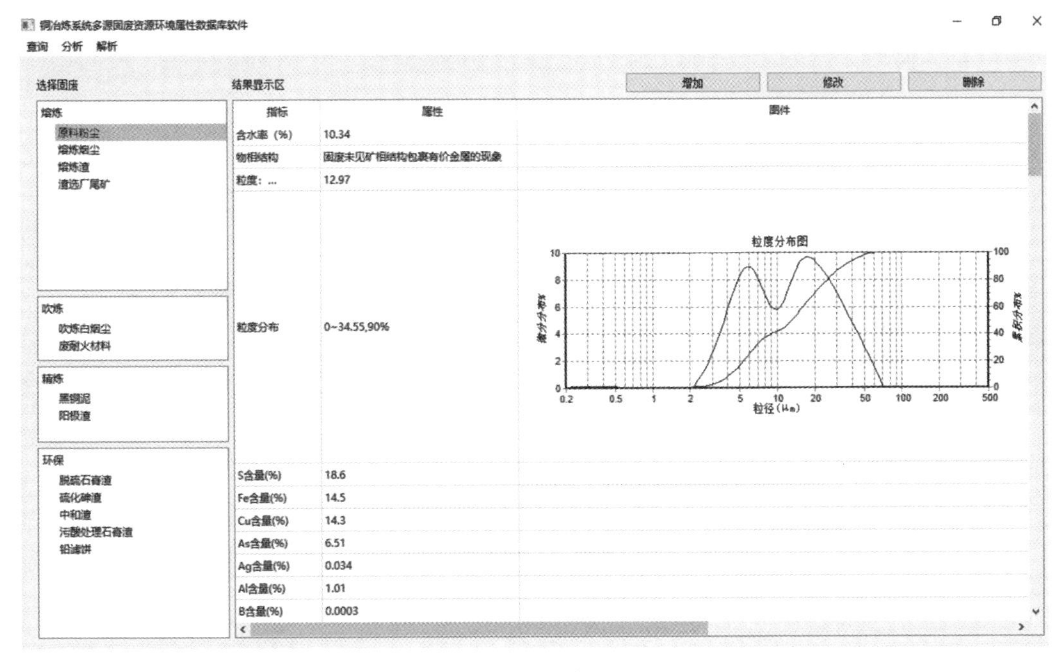

图 5-5　查询主界面

(1)增加固废信息

点击查询主界面的增加按钮后将弹出添加固废信息的界面(见图 5-6)，界面左侧可选择不同的数据类型，右侧可填写该固废的相关指标，包括固废信息、粒度信息、成分信息、表面形态、EDS、物相组成、浸出毒性、化学形态八个方面的内容，数据全部填写完成后点击界面右下角的保存按钮即可保存。

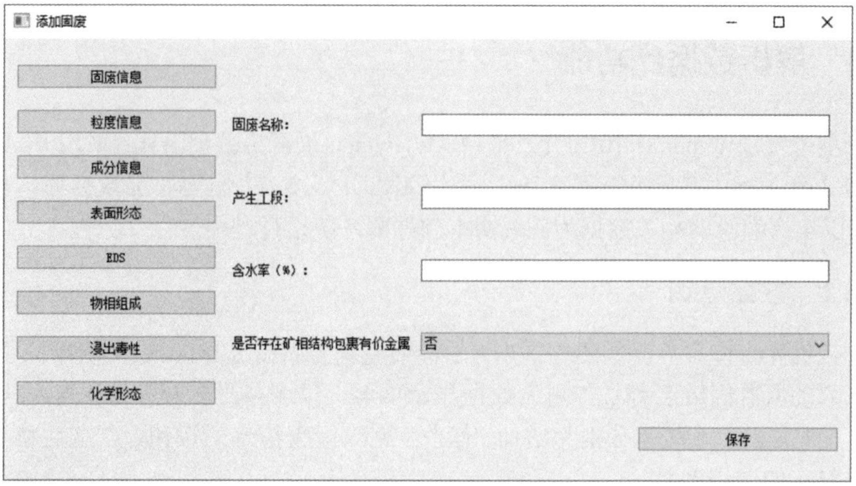

添加固废

固废信息
粒度信息
成分信息
表面形态
EDS
物相组成
浸出毒性
化学形态

固废名称：

产生工段：

含水率（%）：

是否存在矿相结构包裹有价金属 否

保存

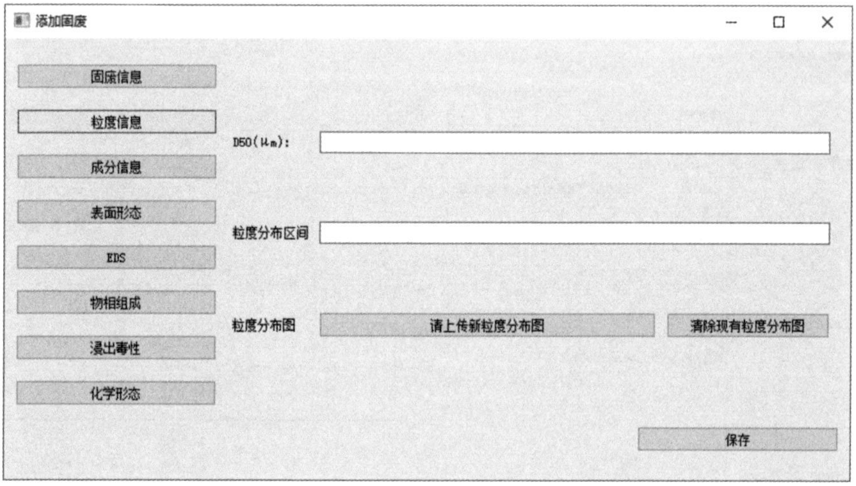

添加固废

固废信息
粒度信息
成分信息
表面形态
EDS
物相组成
浸出毒性
化学形态

D50(μm)：

粒度分布区间

粒度分布图 请上传新粒度分布图 清除现有粒度分布图

保存

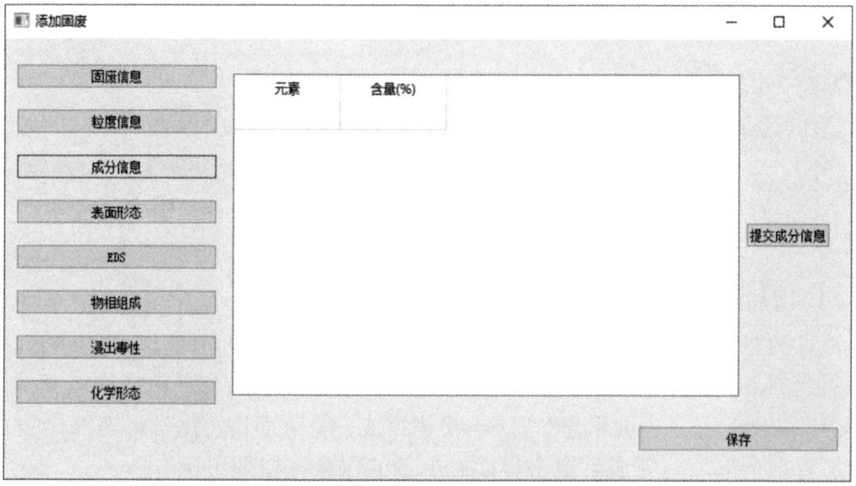

添加固废

固废信息
粒度信息
成分信息
表面形态
EDS
物相组成
浸出毒性
化学形态

元素	含量(%)

提交成分信息

保存

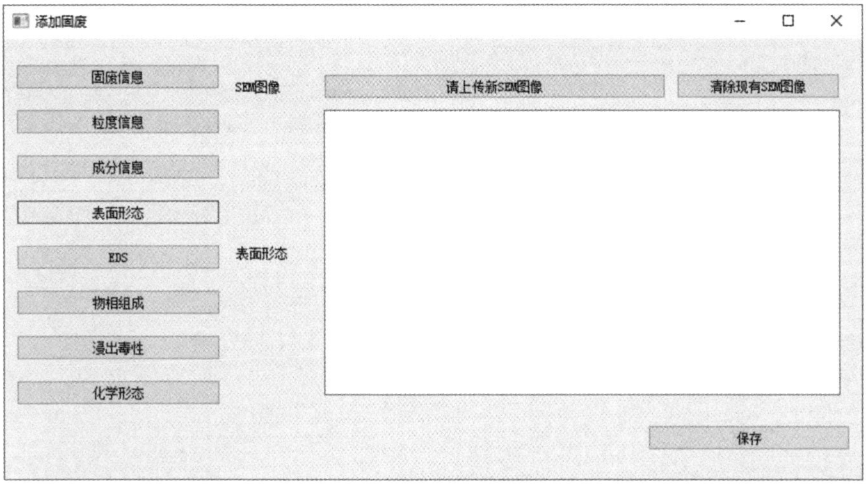

添加固废

固废信息
粒度信息
成分信息
表面形态
EDS
物相组成
浸出毒性
化学形态

SEM图像　请上传新SEM图像　清除现有SEM图像

表面形态

保存

添加固废

固废信息
粒度信息
成分信息
表面形态
EDS
物相组成
浸出毒性
化学形态

元素	含量(%)

提交eds信息

保存

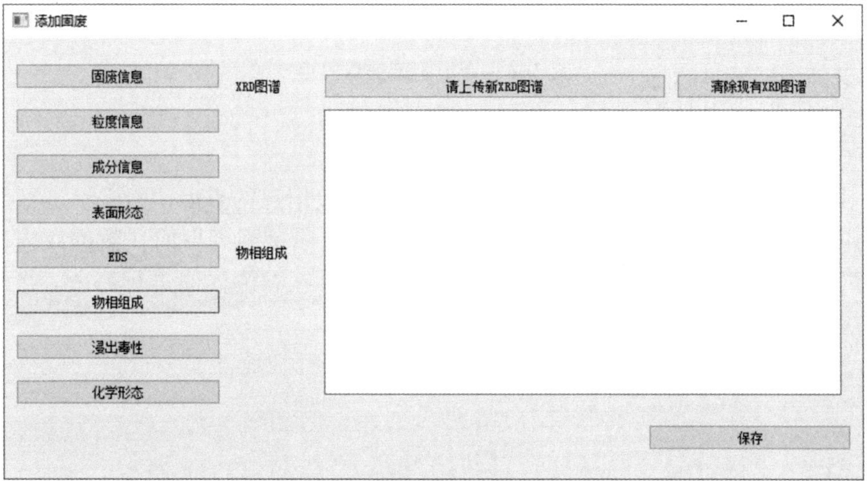

添加固废

固废信息
粒度信息
成分信息
表面形态
EDS
物相组成
浸出毒性
化学形态

XRD图谱　请上传新XRD图谱　清除现有XRD图谱

物相组成

保存

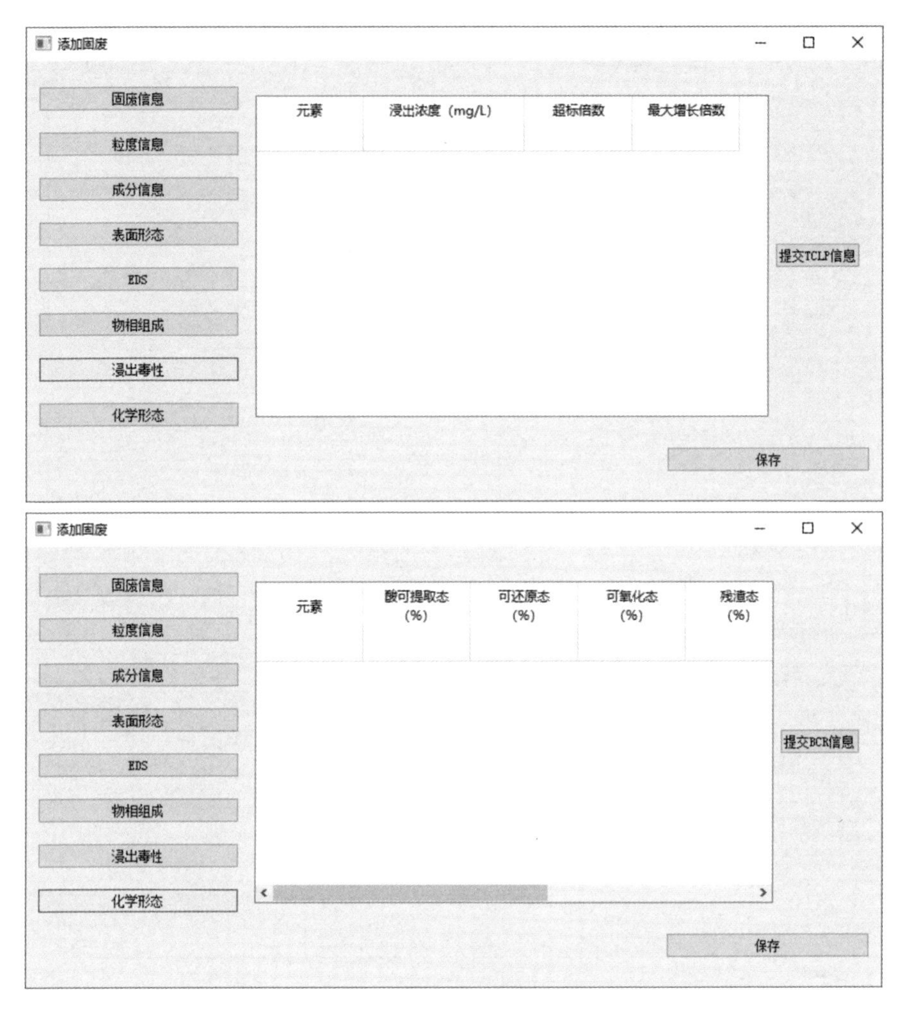

图 5-6　增加固废信息界面

(2)修改固废信息

点击查询主界面的修改按钮后将弹出修改固废信息的界面(见图 5-7)，界面顶端可选择需要修改的固废名称，选择后界面将显示该固废目前在数据库内存储的相应指标数据。在界面左侧选择相关指标后，可在右侧界面进行修改，修改完成后点击保存按钮即可完成固废信息的修改。

修改固废信息

请选择要修改的固废：原料粉尘

固废信息
粒度信息
成分信息
表面形态
EDS
物相组成
浸出毒性
化学形态

固废名称：原料粉尘

产生工段：熔炼

含水率（%）：10.34

是否存在矿相结构包裹有价金属：否

保存

修改固废信息

请选择要修改的固废：原料粉尘

固废信息
粒度信息
成分信息
表面形态
EDS
物相组成
浸出毒性
化学形态

D50(μm)：12.97

粒度分布区间：0~34.55,90%

粒度分布图：请上传新粒度分布图　清除现有粒度分布图

保存

修改固废信息

请选择要修改的固废：原料粉尘

固废信息
粒度信息
成分信息
表面形态
EDS
物相组成
浸出毒性
化学形态

元素	含量(%)
S	18.6
Fe	14.5
Cu	14.3
As	6.51
Ag	0.034
Al	1.01
B	0.0003
Ba	0.028
Bi	2.3

提交成分信息

保存

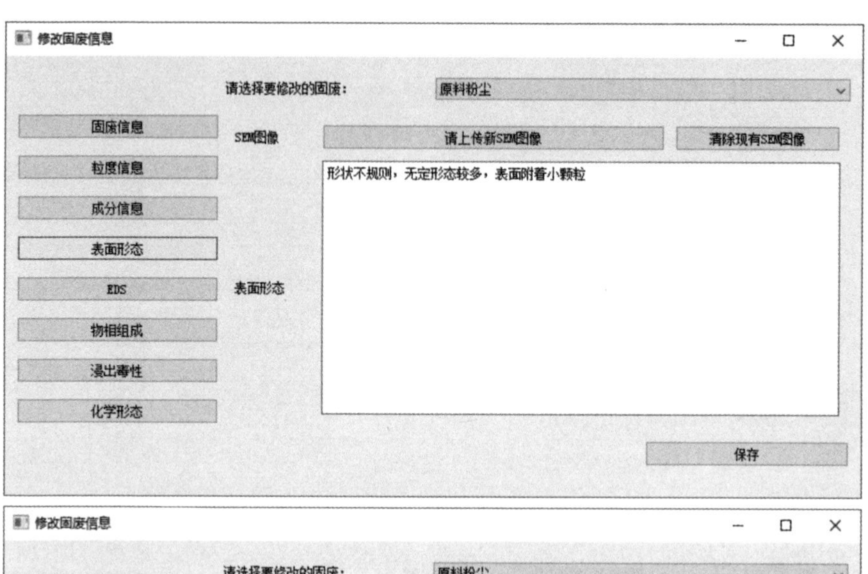
修改固废信息
请选择要修改的固废：
原料粉尘
固废信息
粒度信息
成分信息
表面形态
EDS
物相组成
浸出毒性
化学形态
SEM图像
请上传新SEM图像
清除现有SEM图像
形状不规则，无定形态较多，表面附着小颗粒
表面形态
保存

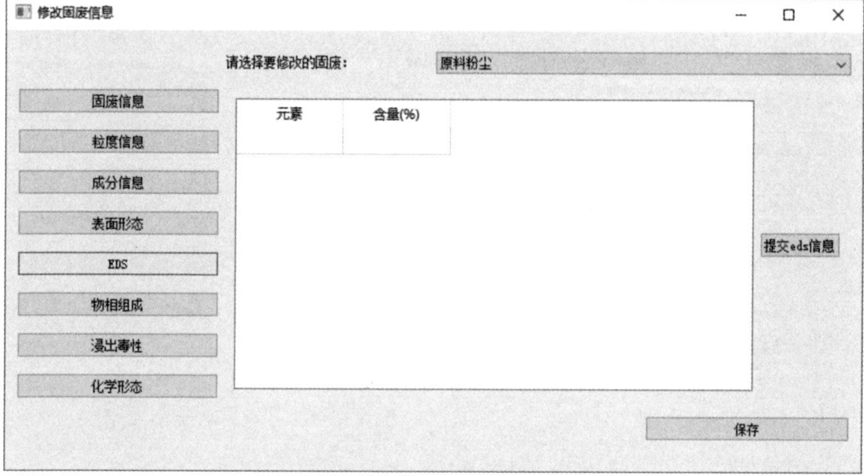
修改固废信息
请选择要修改的固废：
原料粉尘
固废信息
粒度信息
成分信息
表面形态
EDS
物相组成
浸出毒性
化学形态
元素
含量(%)
提交eds信息
保存

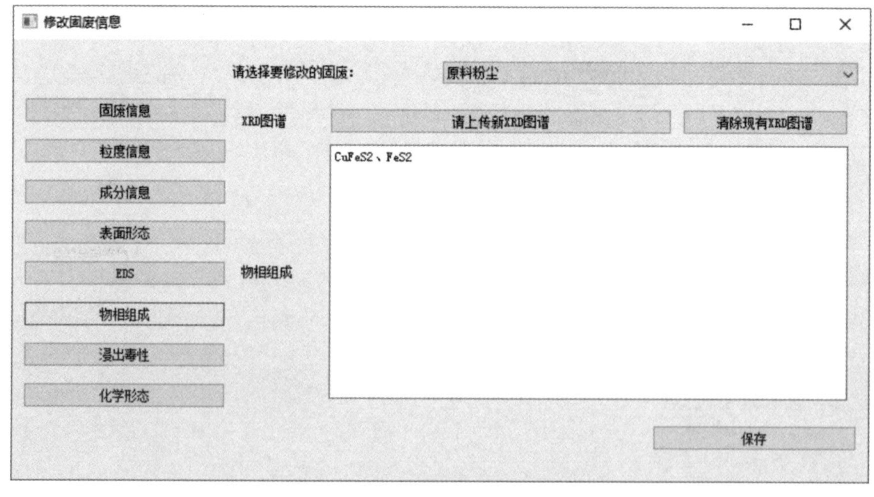
修改固废信息
请选择要修改的固废：
原料粉尘
固废信息
粒度信息
成分信息
表面形态
EDS
物相组成
浸出毒性
化学形态
XRD图谱
请上传新XRD图谱
清除现有XRD图谱
CuFeS2、FeS2
物相组成
保存

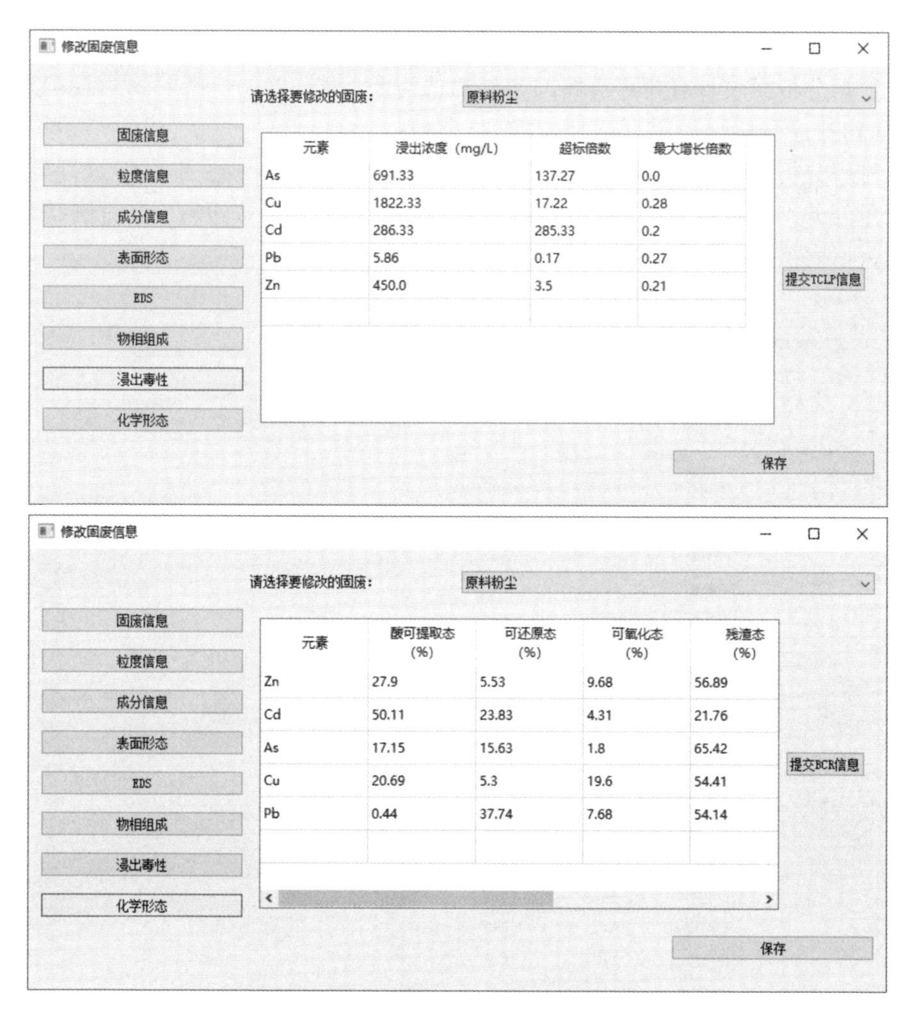

图 5-7　修改固废信息界面

(3)删除固废信息

点击查询主界面的删除按钮后将弹出删除固废信息的界面(见图 5-8)，在下拉框中选择需删除的固废并点击 OK 按钮后，即可删除数据库中该固废的所有数据。

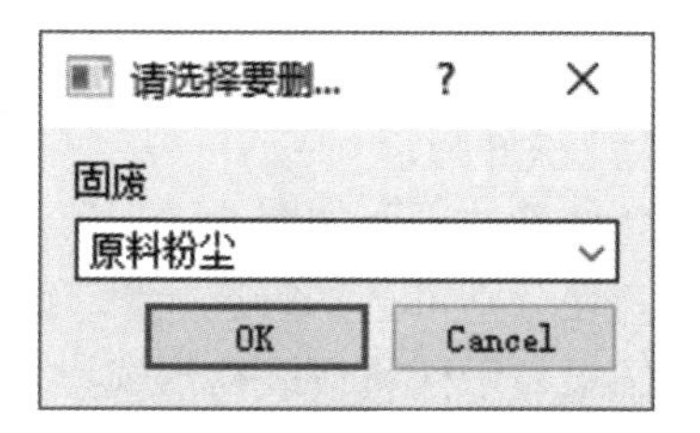

图 5-8　删除固废信息界面

5.3.2 数据分析

数据分析模块具有排序分析与条件筛选两大功能。

(1)排序分析

排序分析界面如图 5-9 所示，左侧可选择对元素含量或浸出毒性进行分析，右上角处分别可选择排序规律、分析元素，点击开始分析按钮后，在右侧结果显示区将以表格形式显示分析结果。

铜冶炼系统多源固废资源环境属性数据库软件

查询 分析 解析

分析内容：元素含量、浸出毒性

结果显示区　□倒序排列　请选择分析的元素：As　开始分析

固废	元素	含量
废耐火材料	As	0.081
渣选厂尾矿	As	0.2
阳极渣	As	0.38
中和渣	As	0.4
熔炼渣	As	0.6
脱硫石膏渣	As	2.37
污酸处理石膏渣	As	3.36
吹炼白烟尘	As	3.8
原料粉尘	As	6.51
原料粉尘	As	6.51
原料粉尘	As	6.51
原料粉尘	As	6.51
熔炼烟尘	As	11.9
黑铜泥	As	29.1
铅滤饼	As	32.1

图 5-9　排序分析界面

(2)条件筛选

条件筛选界面如图 5-10 所示，左侧可选择对元素含量或浸出毒性进行分析，右上角处分别可选择筛选元素、筛选方式及筛选标准，点击开始筛选按钮后，在右侧结果显示区将以表格形式显示筛选结果。

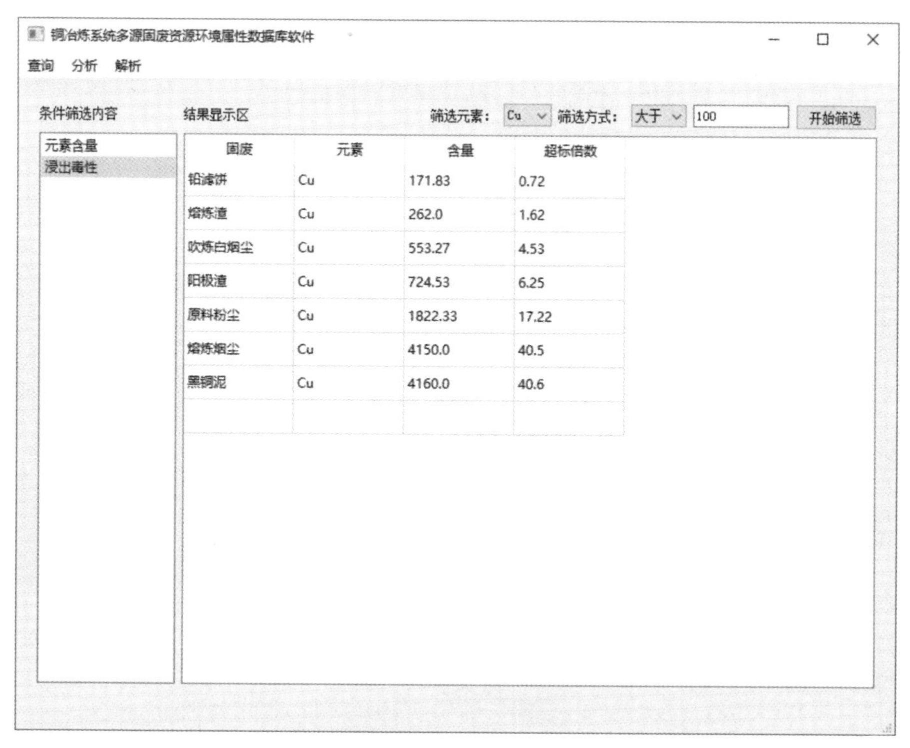

图 5-10　条件筛选界面

5.3.3　数据解析

数据解析模块内置资源环境属性的判别与界定方法，界面如图 5-11 所示，以表格形式显示解析界定结果。

综上所述，基于 MySQL 数据库及 ORM 框架，本系统使用 Python 语言构建数据库，实现了数据查询、数据分析、数据解析三大功能模块，可为铜冶炼系统多源固废的管理、处理与处置提供依据。建议可在本数据库的基础上不断更新、丰富与完善，在其他涉及固废的行业推广应用。

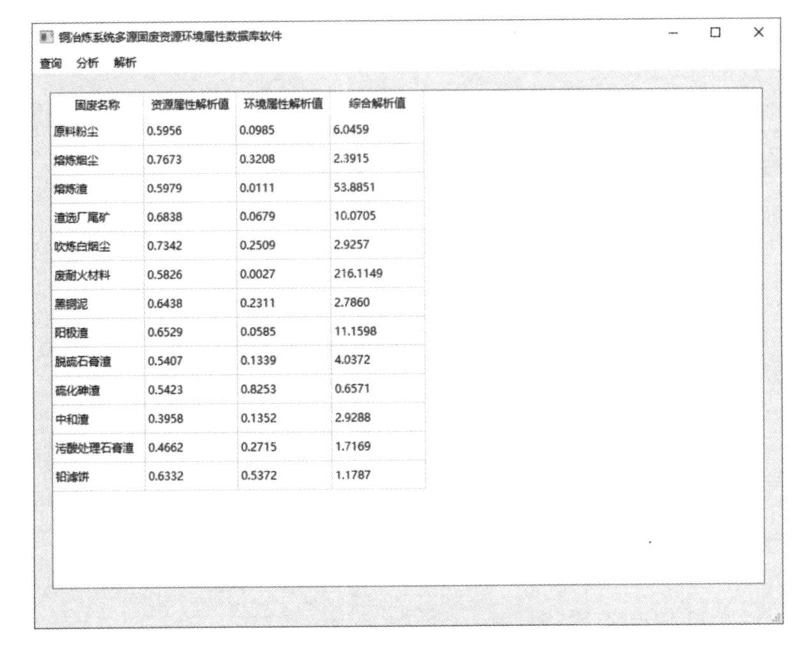

固废名称	资源属性解析值	环境属性解析值	综合解析值
原料粉尘	0.5956	0.0985	6.0459
熔炼烟尘	0.7673	0.3208	2.3915
熔炼渣	0.5979	0.0111	53.8851
渣选厂尾矿	0.6838	0.0679	10.0705
吹炼白烟尘	0.7342	0.2509	2.9257
废耐火材料	0.5826	0.0027	216.1149
黑铜泥	0.6438	0.2311	2.7860
阳极渣	0.6529	0.0585	11.1598
脱硫石膏渣	0.5407	0.1339	4.0372
硫化砷渣	0.5423	0.8253	0.6571
中和渣	0.3958	0.1352	2.9288
污酸处理石膏渣	0.4662	0.2715	1.7169
铅滤饼	0.6332	0.5372	1.1787

图 5-11　解析界面

附 录

附录 A 静态侵蚀前后固废的物相及形貌变化

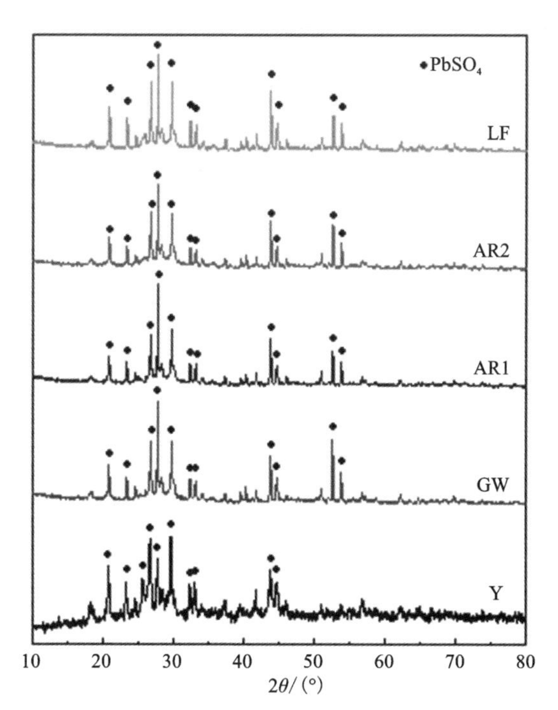

附注：图中 Y、GW、AR1、AR2、LF 分别代表原样、模拟地下水环境、模拟弱酸酸雨环境、模拟强酸酸雨环境、模拟填埋场环境，模拟环境所用浸提液配置方法详见 3.1.4 节，下同。

附图 A-1 熔炼烟尘静态侵蚀前后 XRD 图谱比对

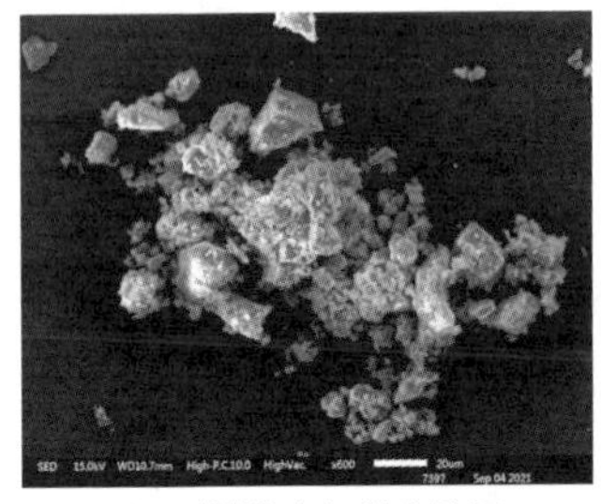

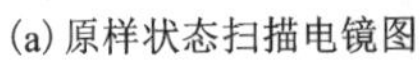

(a) 原样状态扫描电镜图

(b) 模拟填埋地下水环境扫描电镜图

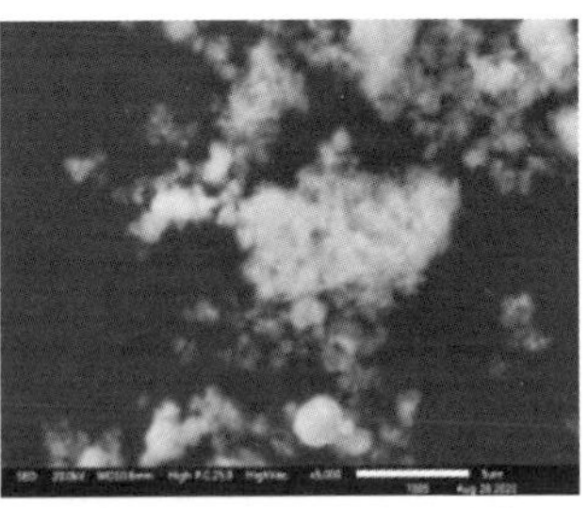

(c) 模拟弱酸酸雨环境扫描电镜图

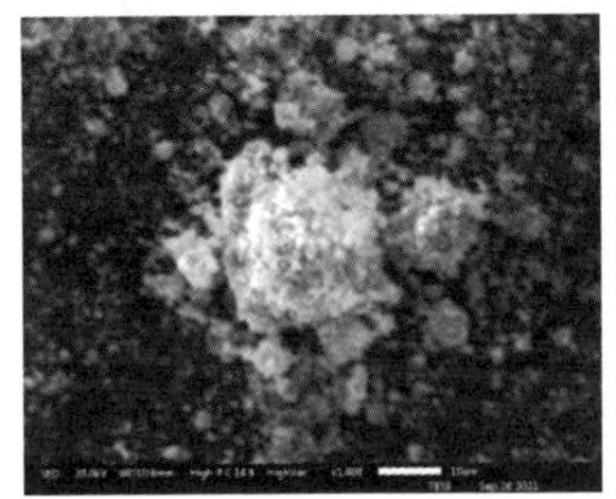

(d) 模拟强酸酸雨环境扫描电镜图

(e) 模拟填埋场环境扫描电镜图

附图 A-2　熔炼烟尘静态侵蚀前后扫描电镜图比对

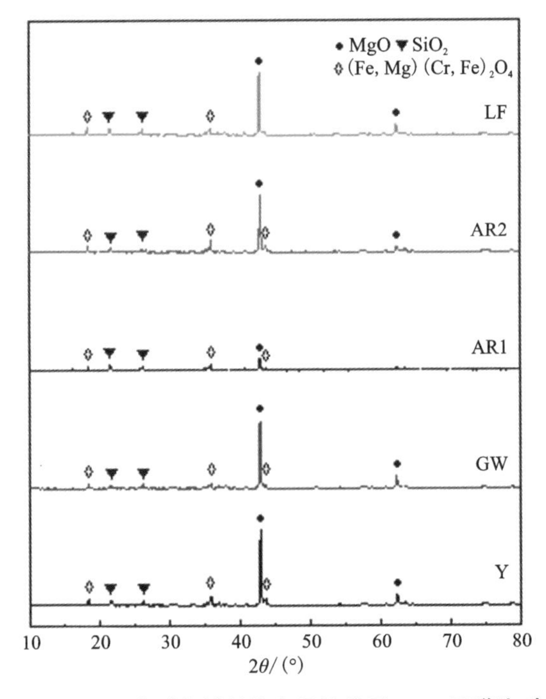

附图 A-3　废耐火材料静态侵蚀前后 XRD 图谱比对

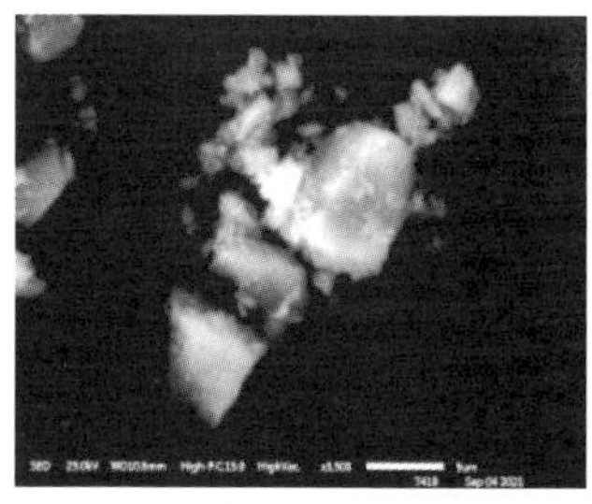

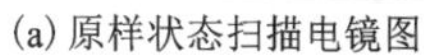

(a) 原样状态扫描电镜图

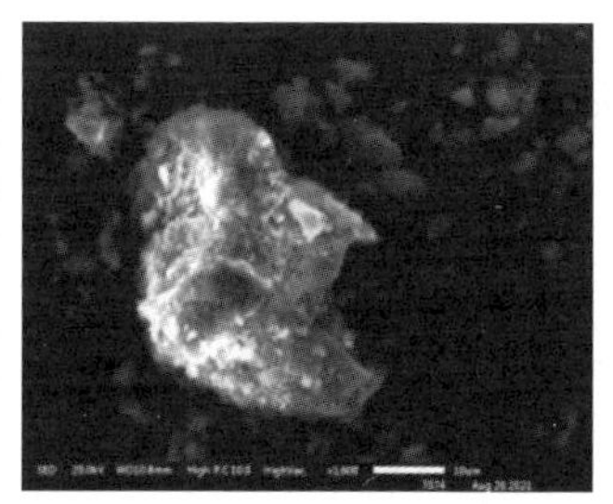

(b) 模拟填埋地下水环境扫描电镜图

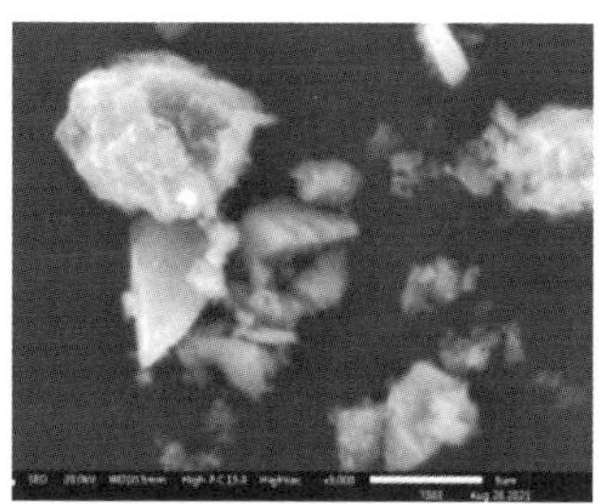

(c) 模拟弱酸酸雨环境扫描电镜图

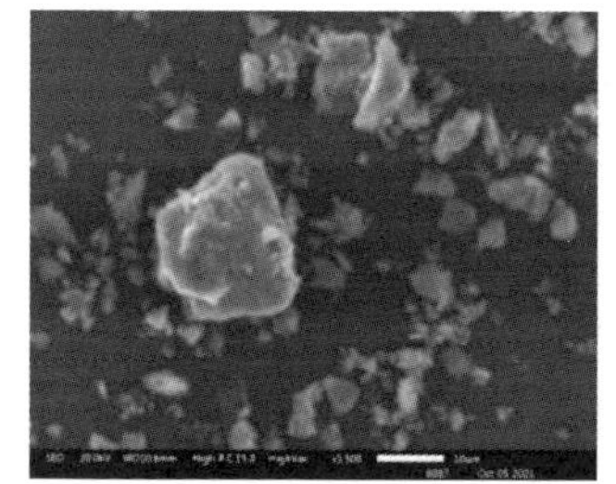

(d) 模拟强酸酸雨环境扫描电镜图

(e) 模拟填埋场环境扫描电镜图

附图 A-4 废耐火材料静态侵蚀前后扫描电镜图比对

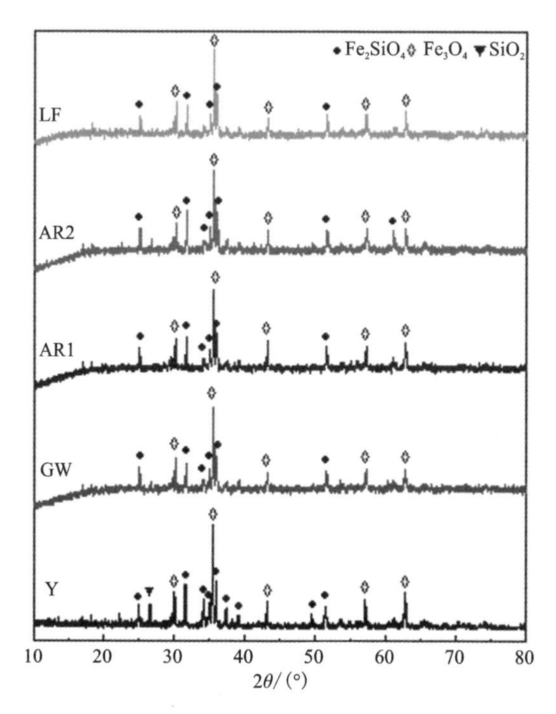

附图 A-5 渣选厂尾矿静态侵蚀前后 XRD 图谱比对

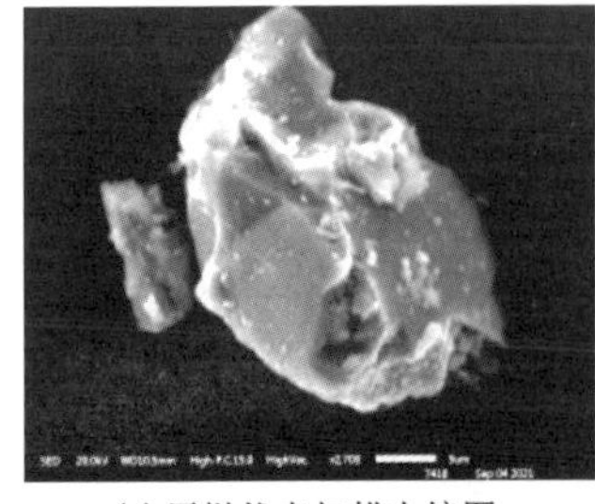
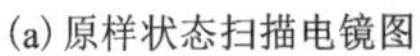

(a) 原样状态扫描电镜图

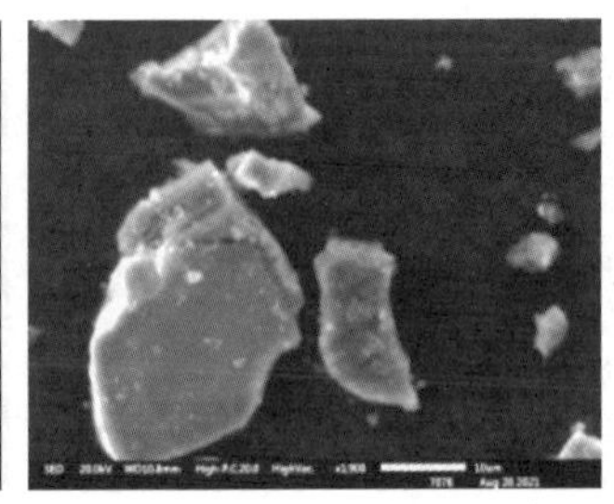

(b) 模拟填埋地下水环境扫描电镜图

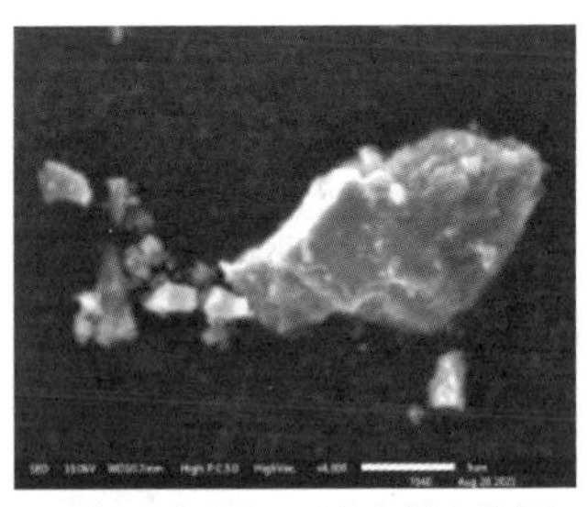

(c) 模拟弱酸酸雨环境扫描电镜图

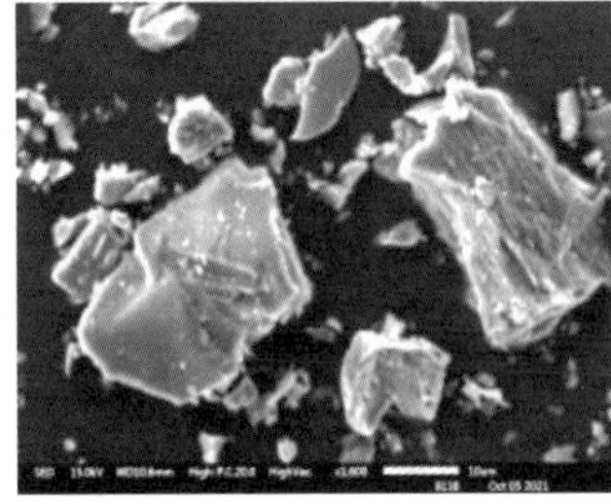

(d) 模拟强酸酸雨环境扫描电镜图

(e) 模拟填埋场环境扫描电镜图

附图 A-6　渣选厂尾矿静态侵蚀前后扫描电镜图比对

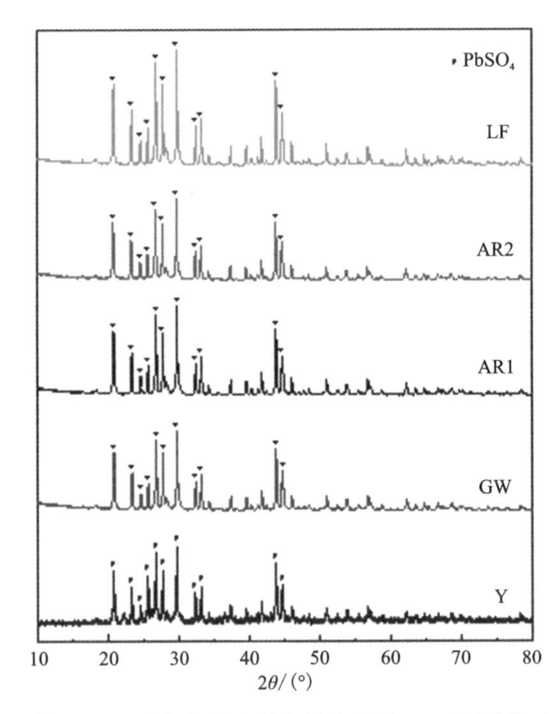

附图 A-7　吹炼白烟尘静态侵蚀前后 XRD 图谱比对

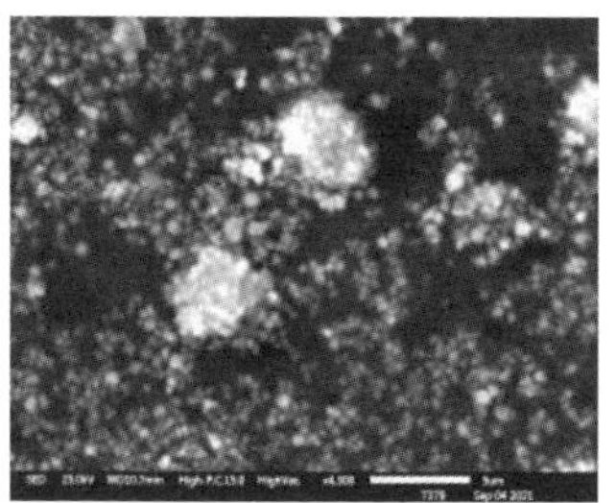

(a) 原样状态扫描电镜图

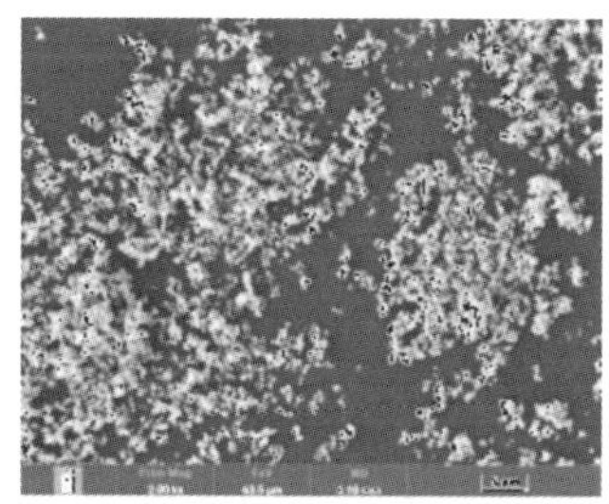

(b) 模拟填埋地下水环境扫描电镜图

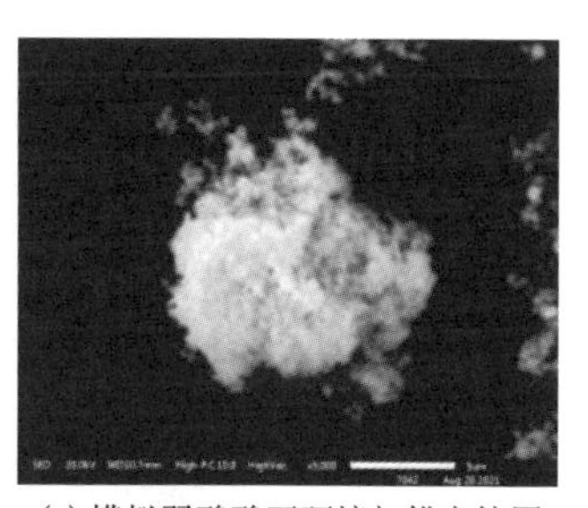

(c) 模拟弱酸酸雨环境扫描电镜图

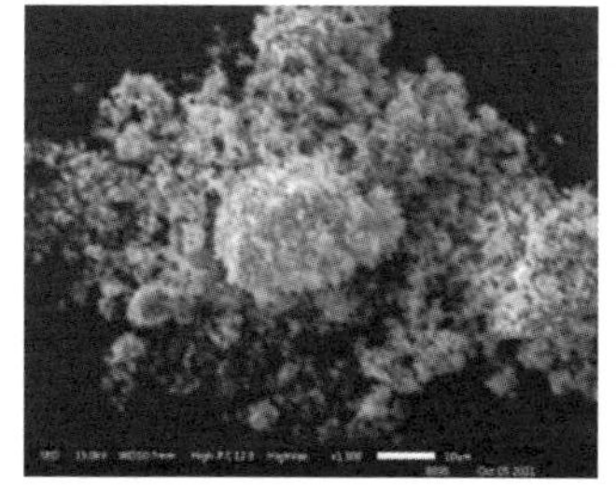

(d) 模拟强酸酸雨环境扫描电镜图

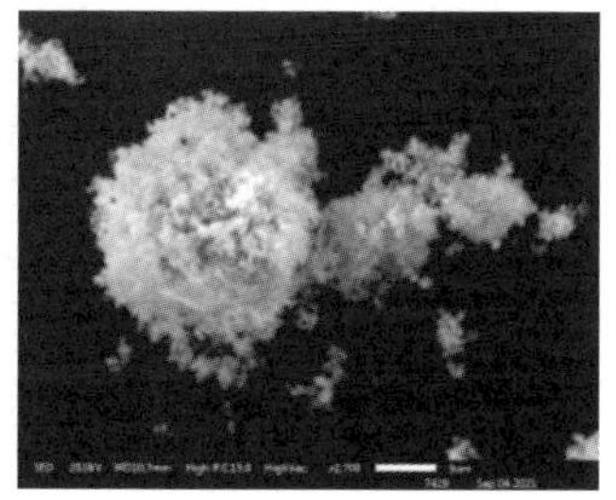

(e) 模拟填埋场环境扫描电镜图

附图 **A-8** 吹炼白烟尘静态侵蚀前后扫描电镜图比对

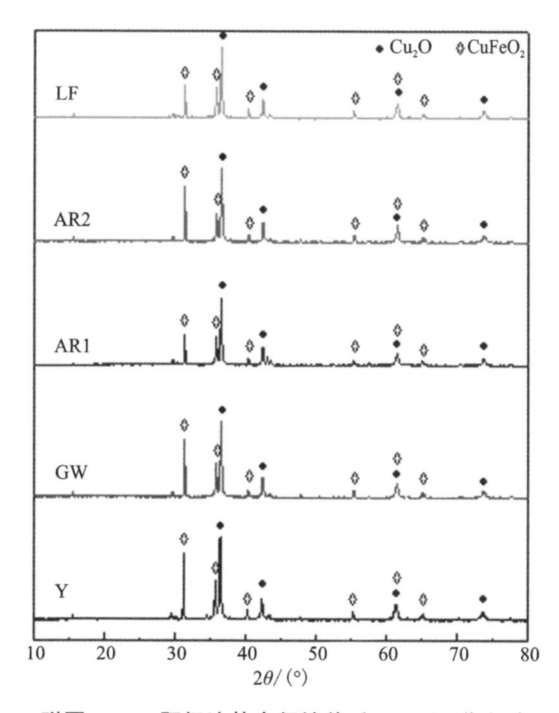

附图 **A-9** 阳极渣静态侵蚀前后 **XRD** 图谱比对

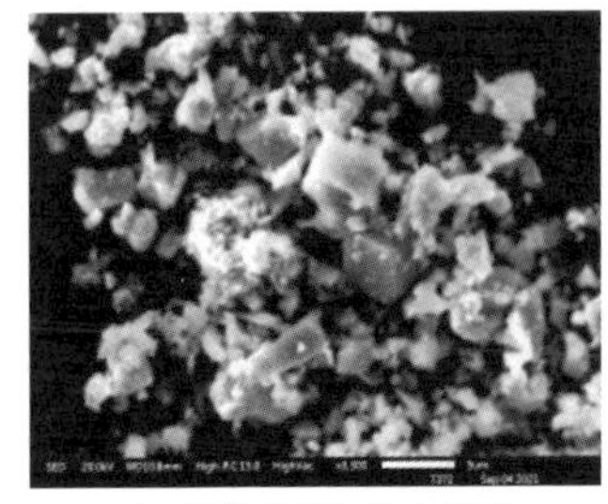

(a) 原样状态扫描电镜图

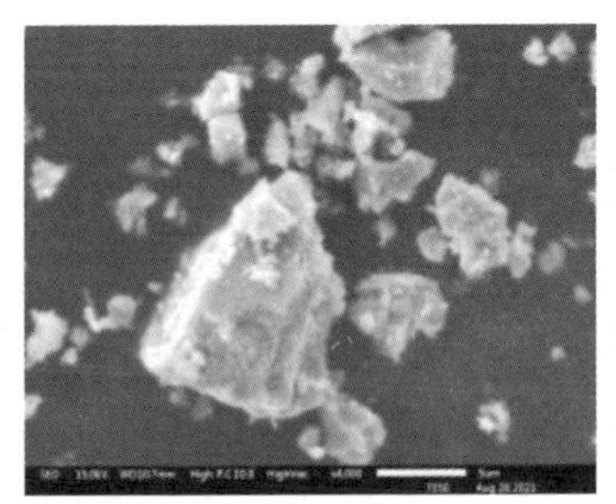

(b) 模拟填埋地下水环境扫描电镜图

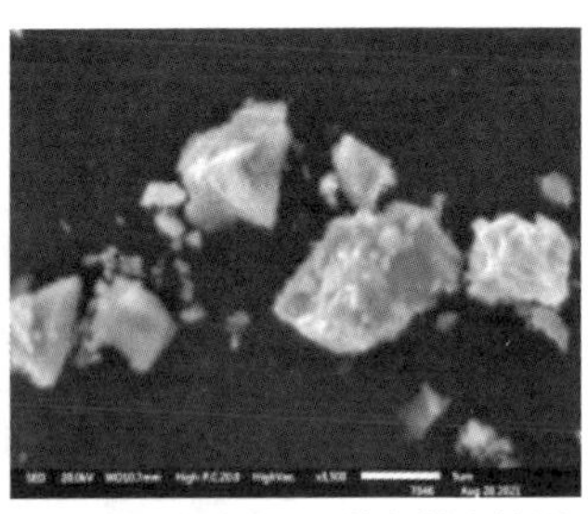

(c) 模拟弱酸酸雨环境扫描电镜图

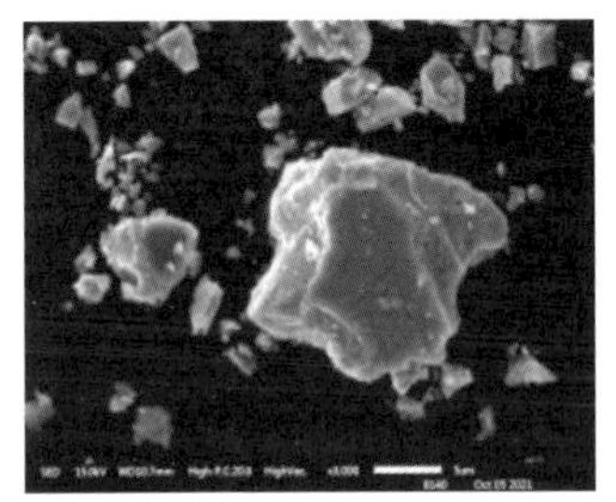

(d) 模拟强酸酸雨环境扫描电镜图

(e) 模拟填埋场环境扫描电镜图

附图 **A-10**　阳极渣静态侵蚀前后扫描电镜图比对

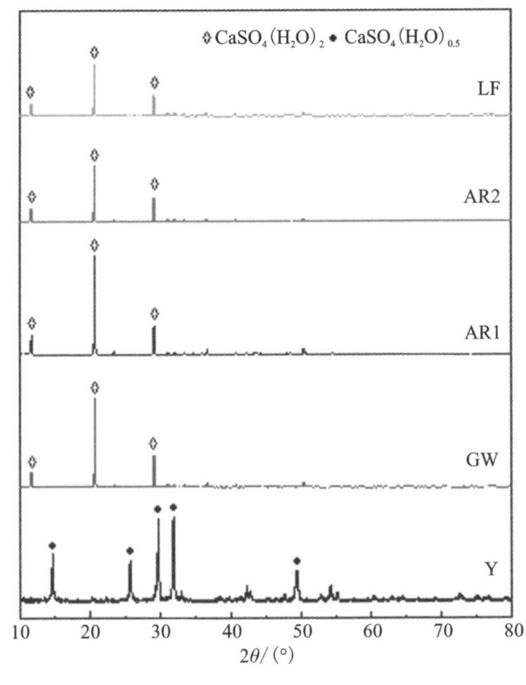

附图 **A-11**　脱硫石膏渣静态侵蚀前后 **XRD** 图谱比对

(a) 原样状态扫描电镜图

(b) 模拟填埋地下水环境扫描电镜图

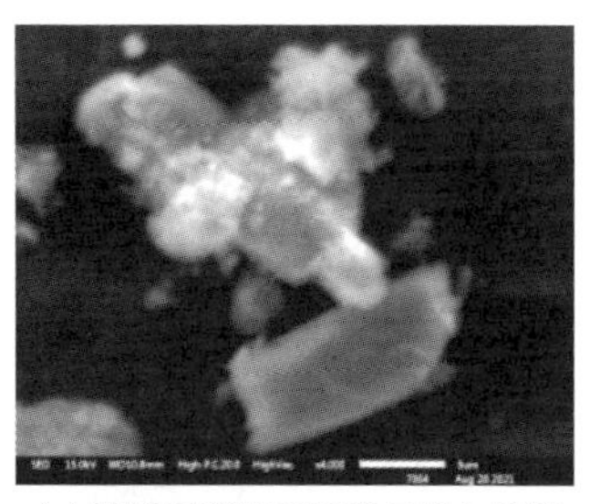

(c) 模拟弱酸酸雨环境扫描电镜图

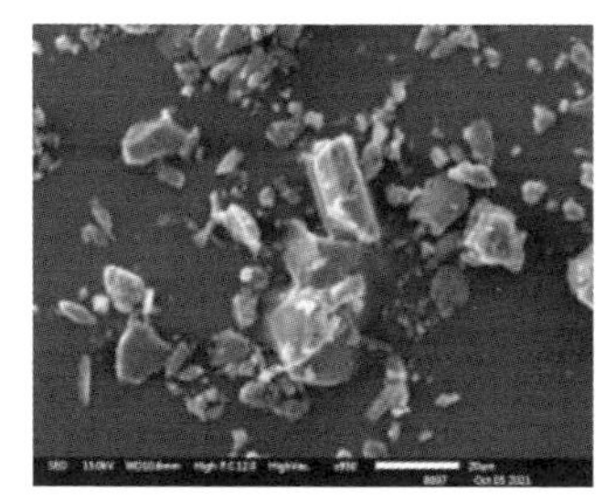

(d) 模拟强酸酸雨环境扫描电镜图

(e) 模拟填埋场环境扫描电镜图

附图 A-12　脱硫石膏渣静态侵蚀前后扫描电镜图比对

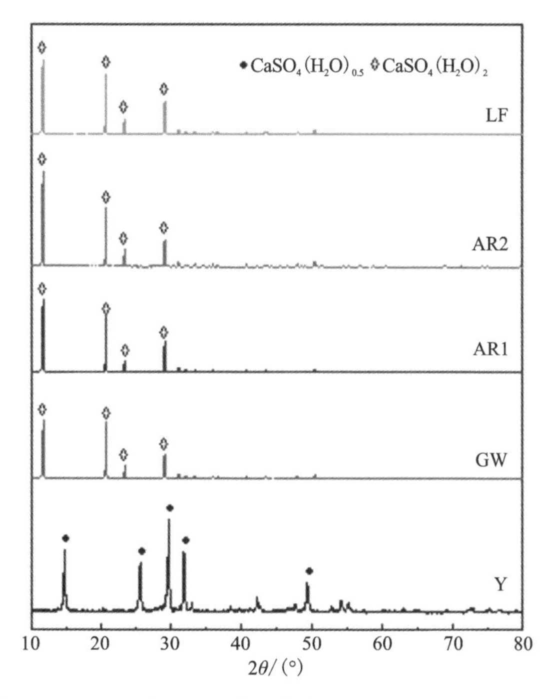

附图 A-13　污酸处理石膏渣静态侵蚀前后 XRD 图谱比对

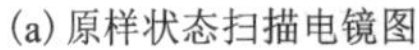

(a) 原样状态扫描电镜图

(b) 模拟填埋地下水环境扫描电镜图

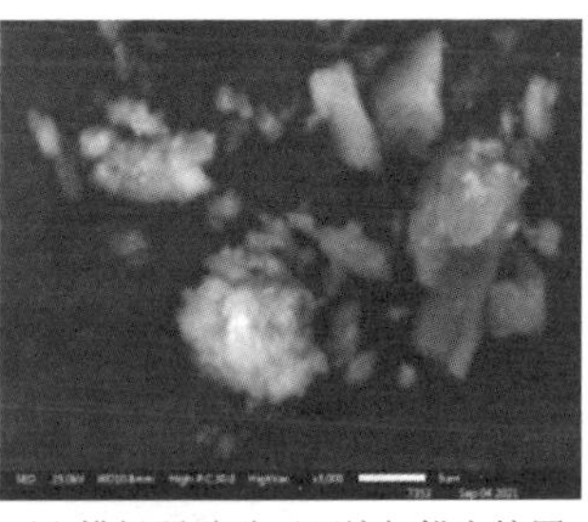

(c) 模拟弱酸酸雨环境扫描电镜图

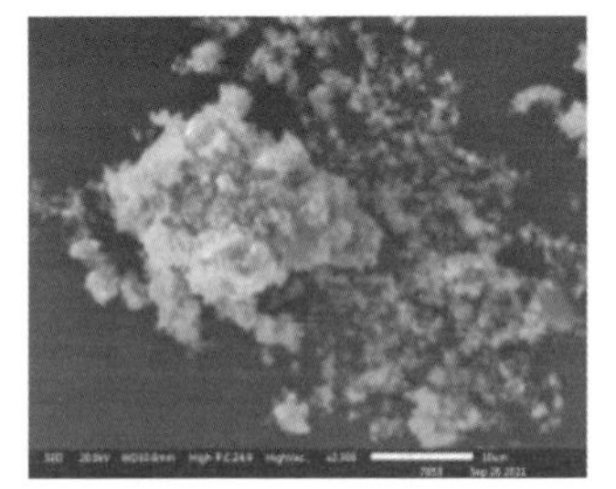

(d) 模拟强酸酸雨环境扫描电镜图

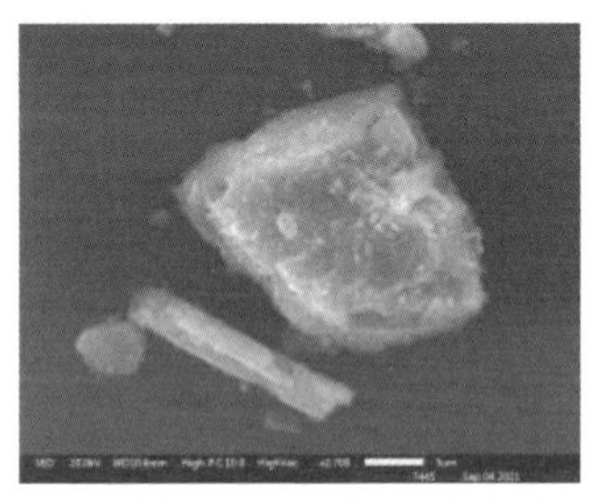

(e) 模拟填埋场环境扫描电镜图

附图 A-14　污酸处理石膏渣静态侵蚀前后扫描电镜图比对

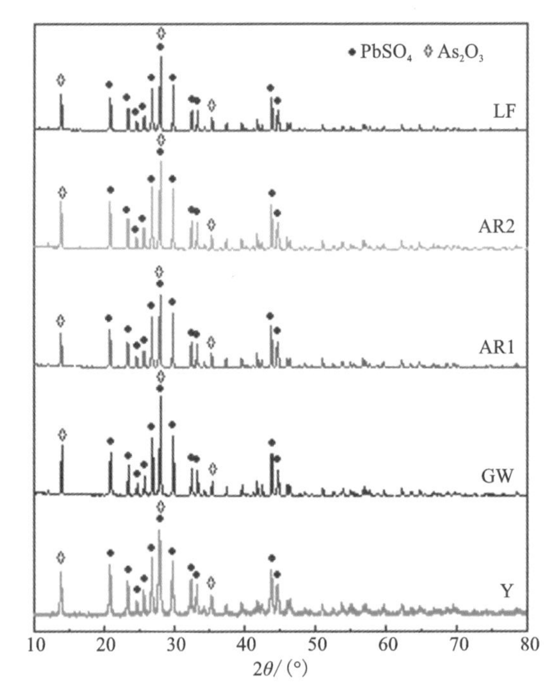

附图 A-15　铅滤饼静态侵蚀前后 XRD 图谱比对

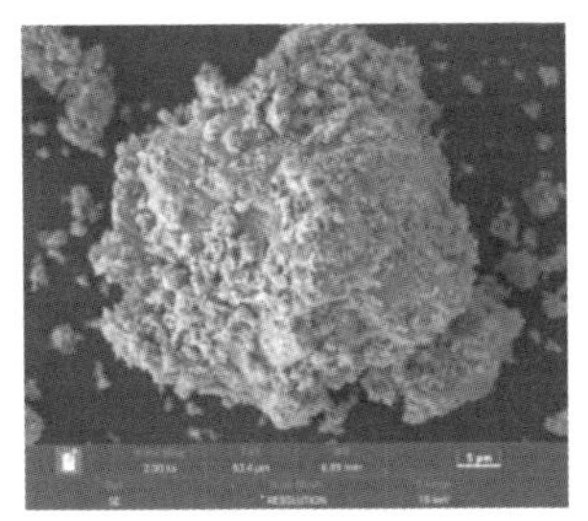

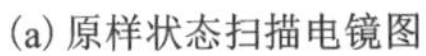

(a) 原样状态扫描电镜图

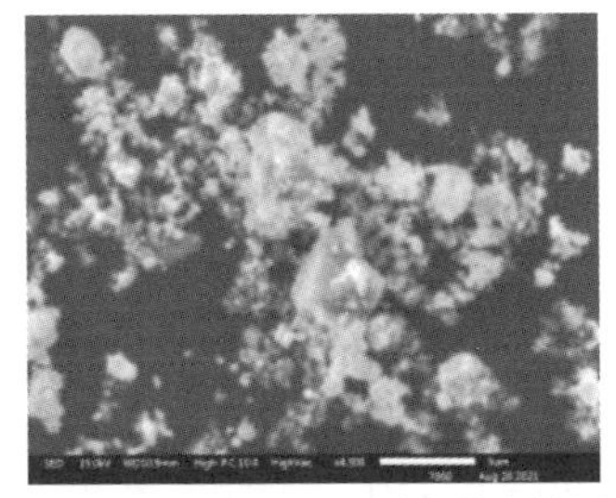

(b) 模拟填埋地下水环境扫描电镜图

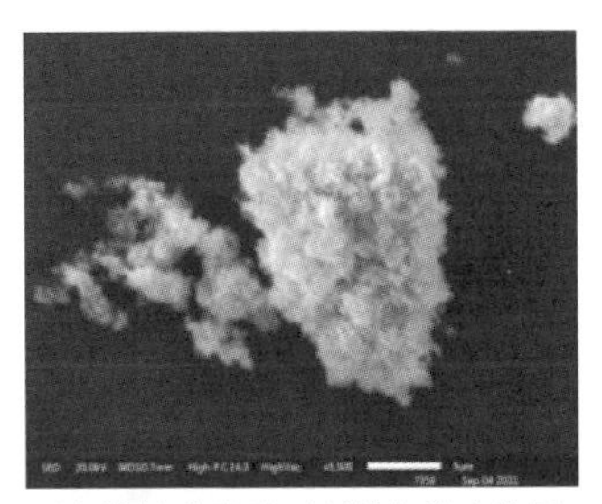

(c) 模拟弱酸酸雨环境扫描电镜图

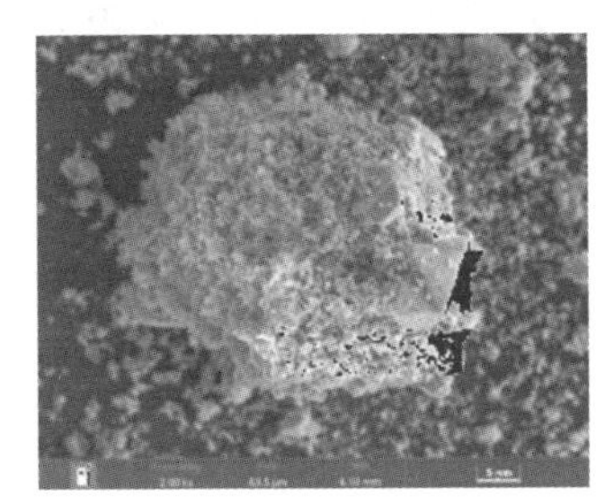

(d) 模拟强酸酸雨环境扫描电镜图

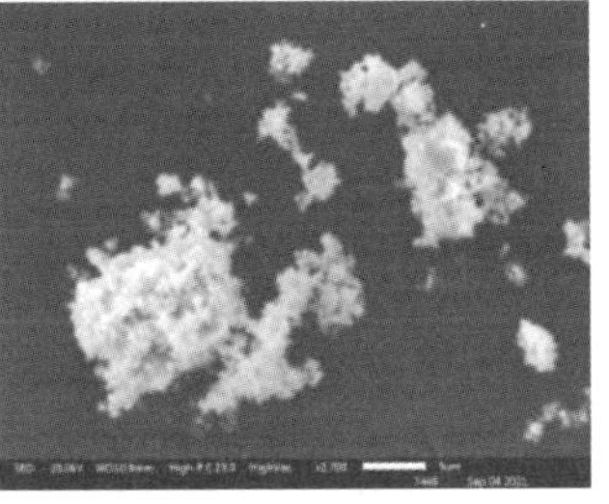

(e) 模拟填埋场环境扫描电镜图

附图 A-16　铅滤饼静态侵蚀前后扫描电镜图比对

附录 B 静态侵蚀动力学模型拟合参数

附表 B-1 原料粉尘中 As 静态浸出动力学模型拟合结果

模型名称	模型参数	GW	AR1	AR2	LF
未收缩反应核模型-外扩散控制 $X=kt$	k	0.04593	0.05291	0.04970	0.06435
	R^2	0.86416	0.97638	**0.91019**	0.95554
收缩核模型-外扩散控制 $1-(1-X)^{2/3}=kt$	k	0.00492	0.00567	0.00525	0.00691
	R^2	0.86515	0.97661	0.90934	0.95597
内扩散控制 $1-2/3X-(1-X)^{2/3}=kt$	k	0.00021	0.00025	0.00016	0.00032
	R^2	0.88300	**0.97701**	0.87833	0.96155
界面化学反应控制 $1-(1-X)^{1/3}=kt$	k	0.00257	0.00297	0.00271	0.00363
	R^2	0.86589	0.97675	0.90857	0.95648
混合机理控制 $1/3\ln(1-X)+(1-X)^{-1/3}-1=kt$	k	0.00012	0.00014	0.00009	0.00019
	R^2	0.88490	0.97660	0.87523	**0.96185**
双常数模型 $\ln C=a+b\ln t$	a	1.46302	1.45119	1.03861	1.47749
	b	0.19232	0.20005	0.24400	0.22885
	R^2	**0.94517**	0.89335	0.74155	0.90548
Elovich 方程 $C=a+b\ln t$	a	4.27169	4.18583	2.73727	4.30150
	b	1.00999	1.07679	0.93089	1.28655
	R^2	0.94027	0.87226	0.69195	0.87752
Avrami 模型 $-\ln(1-X)=kt^n$	k	0.10486	0.10160	0.06380	0.10418
	n	0.20482	0.22870	0.29644	0.26120
	R^2	**0.94197**	0.91241	0.76795	0.91580

附注：X 为浸出率；C 为浸出浓度（mmol/L）；t 为反应时间（d）；k 为速率常数（h^{-1}）；R 为相关系数，下同。

附表 B-2 原料粉尘中 Ca 静态浸出动力学模型拟合结果

模型名称	模型参数	GW	AR1	AR2	LF
未收缩反应核模型-外扩散控制 $X=kt$	k	0.00885	0.00702	0.00870	0.00937
	R^2	0.60171	0.73808	0.94215	0.94383

续附表B-2

模型名称	模型参数	GW	AR1	AR2	LF
收缩核模型-外扩散控制 $1-(1-X)^{2/3}=kt$	k	0.00796	0.00601	0.00711	0.00838
	R^2	0.63591	0.77077	0.95811	0.96538
内扩散控制 $1-2/3X-(1-X)^{2/3}=kt$	k	0.00206	0.00133	0.00130	0.00214
	R^2	0.72416	0.87436	**0.97813**	0.96397
界面化学反应控制 $1-(1-X)^{1/3}=kt$	k	0.00543	0.00388	0.00438	0.00572
	R^2	0.66946	0.80254	0.97049	**0.97555**
混合机理控制 $1/3\ln(1-X)+(1-X)^{-1/3}-1=kt$	k	0.00295	0.00155	0.00137	0.00332
	R^2	0.79656	0.93662	0.95630	0.89672
双常数模型 $\ln C=a+b\ln t$	a	0.53957	0.53429	0.01663	0.39370
	b	0.31040	0.25503	0.33371	0.28316
	R^2	0.92014	0.93189	0.93764	0.93051
Elovich 方程 $C=a+b\ln t$	a	1.39596	1.46185	0.65959	1.10109
	b	1.00812	0.76003	0.76623	0.83898
	R^2	**0.93312**	0.93915	0.84526	0.84507
Avrami 模型 $-\ln(1-X)=kt^n$	k	0.20269	0.18481	0.08868	0.13368
	n	0.31213	0.27938	0.43033	0.38157
	R^2	0.89899	**0.95292**	0.95113	0.92710

附表 B-3 原料粉尘中 Cd 静态浸出动力学模型拟合结果

模型名称	模型参数	GW	AR1	AR2	LF
未收缩反应核模型-外扩散控制 $X=kt$	k	0.00885	0.00702	0.00830	0.00916
	R^2	0.60171	0.73808	0.90983	0.94855
收缩核模型-外扩散控制 $1-(1-X)^{2/3}=kt$	k	0.00333	0.00342	0.00528	0.00472
	R^2	0.55108	0.63949	0.68399	0.71484
内扩散控制 $1-2/3X-(1-X)^{2/3}=kt$	k	0.00078	0.00081	0.01616	0.00111
	R^2	0.58513	0.66322	0.76886	0.79411
界面化学反应控制 $1-(1-X)^{1/3}=kt$	k	0.00218	0.00225	0.00330	0.00309
	R^2	0.56180	0.64732	0.70677	0.74005

续附表B-3

模型名称	模型参数	GW	AR1	AR2	LF
混合机理控制 $1/3\ln(1-X)+(1-X)^{-1/3}-1=kt$	k	0.00089	0.00094	0.00109	0.00130
	R^2	0.61121	0.6836	0.81543	0.86034
双常数模型 $\ln C=a+b\ln t$	a	0.59527	0.60262	0.12695	0.42327
	b	0.13330	0.12618	0.24940	0.18396
	R^2	**0.92442**	**0.89387**	**0.93583**	0.93511
Elovich 方程 $C=a+b\ln t$	a	39.18959	39.2931	22.35217	10.60785
	b	6.99409	6.75743	10.60785	31.43692
	R^2	0.92390	0.88207	0.93443	0.93559
Avrami 模型 $-\ln(1-X)=kt^n$	k	0.52115	0.50981	0.29365	0.40058
	n	0.18712	0.19213	0.32236	0.27014
	R^2	0.89415	0.87957	0.93274	**0.95468**

附表 B-4　原料粉尘中 Cu 静态浸出动力学模型拟合结果

模型名称	模型参数	GW	AR1	AR2	LF
未收缩反应核模型-外扩散控制 $X=kt$	k	0.00229	0.00271	0.00230	0.00634
	R^2	0.49377	0.84917	0.64580	0.72586
收缩核模型-外扩散控制 $1-(1-X)^{2/3}=kt$	k	0.00169	0.00201	0.00526	0.00464
	R^2	0.49411	0.85064	0.64794	0.72883
内扩散控制 $1-2/3X-(1-X)^{2/3}=kt$	k	0.00017	0.00021	0.00038	0.00042
	R^2	0.50543	0.86176	0.67372	0.76029
界面化学反应控制 $1-(1-X)^{1/3}=kt$	k	0.00094	0.00112	0.00284	0.00255
	R^2	0.49543	0.85216	0.65011	0.73209
混合机理控制 $1/3\ln(1-X)+(1-X)^{-1/3}-1=kt$	k	0.00011	0.00014	0.00024	0.00028
	R^2	0.50867	0.86571	0.67973	0.76933
双常数模型 $\ln C=a+b\ln t$	a	3.32449	3.35892	2.81189	3.08989
	b	0.05547	0.05099	0.20895	0.14251
	R^2	**0.83570**	0.91859	**0.85436**	0.82085

续附表B-4

模型名称	模型参数	GW	AR1	AR2	LF
Elovich 方程 $C=a+b\ln t$	a	27.75886	28.70121	16.27507	21.66471
	b	1.64428	1.57827	4.58076	3.83614
	R^2	0.83532	0.91278	0.84521	0.81694
Avrami 模型 $-\ln(1-X)=kt^n$	k	0.28397	0.29438	0.16153	0.21523
	n	0.06325	0.06116	0.22729	0.16909
	R^2	0.82100	**0.92049**	0.83606	**0.83900**

附表 B-5 原料粉尘中 Fe 静态浸出动力学模型拟合结果

模型名称	模型参数	GW	AR1	AR2	LF
未收缩反应核模型-外扩散控制 $X=kt$	k	—	—	—	0.00002
	R^2	—	—	—	**0.97117**
收缩核模型-外扩散控制 $1-(1-X)^{2/3}=kt$	k	—	—	—	0.00001
	R^2	—	—	—	0.96026
内扩散控制 $1-2/3X-(1-X)^{2/3}=kt$	k	—	—	—	5.92404×10^{-9}
	R^2	—	—	—	0.94502
界面化学反应控制 $1-(1-X)^{1/3}=kt$	k	—	—	—	6.22284×10^{-6}
	R^2	—	—	—	0.96303
混合机理控制 $1/3\ln(1-X)+(1-X)^{-1/3}-1=kt$	k	—	—	—	2.96845×10^{-9}
	R^2	—	—	—	0.94680
双常数模型 $\ln C=a+b\ln t$	a	—	—	—	-2.40307
	b	—	—	—	0.21109
	R^2	—	—	—	0.78053
Elovich 方程 $C=a+b\ln t$	a	—	—	—	0.07154
	b	—	—	—	0.03557
	R^2	—	—	—	0.70575
Avrami 模型 $-\ln(1-X)=kt^n$	k	—	—	—	0.00063
	n	—	—	—	0.25406
	R^2	—	—	—	0.79948

附表 B-6　原料粉尘中 Zn 静态浸出动力学模型拟合结果

模型名称	模型参数	GW	AR1	AR2	LF
未收缩反应核模型-外扩散控制 $X=kt$	k	0.00237	0.00235	0.00498	0.00425
	R^2	0.44815	0.54865	0.69342	0.60362
收缩核模型-外扩散控制 $1-(1-X)^{2/3}=kt$	k	0.00193	0.00192	0.00391	0.00341
	R^2	0.45979	0.56001	0.7092	0.62319
内扩散控制 $1-2/3X-(1-X)^{2/3}=kt$	k	0.00035	0.00035	0.00059	0.00057
	R^2	0.51581	0.61221	0.78755	0.72238
界面化学反应控制 $1-(1-X)^{1/3}=kt$	k	0.00118	0.00117	0.00230	0.00205
	R^2	0.47188	0.57162	0.72452	0.6432
混合机理控制 $1/3\ln(1-X)+(1-X)^{-1/3}-1=kt$	k	0.00032	0.00033	0.00050	0.00052
	R^2	0.55404	0.64665	0.81611	0.77926
双常数模型 $\ln C=a+b\ln t$	a	1.84143	1.85135	1.29446	1.54683
	b	0.10287	0.09847	0.23815	0.18865
	R^2	0.82353	0.89470	**0.96410**	0.87113
Elovich 方程 $C=a+b\ln t$	a	6.26345	6.29996	3.32444	4.48758
	b	0.77579	0.75779	1.42389	1.28712
	R^2	**0.84380**	**0.91020**	0.96175	**0.90409**
Avrami 模型 $-\ln(1-X)=kt^n$	k	0.45726	0.45609	0.23758	0.32396
	n	0.12602	0.12644	0.28448	0.2246
	R^2	0.82228	0.89793	0.9523	0.89639

附表 B-7　熔炼烟尘中 As 静态浸出动力学模型拟合结果

模型名称	模型参数	GW	AR1	AR2	LF
未收缩反应核模型-外扩散控制 $X=kt$	k	0.01857	0.02107	0.01787	0.01392
	R^2	0.84781	**0.83854**	**0.98661**	**0.92869**
收缩核模型-外扩散控制 $1-(1-X)^{2/3}=kt$	k	0.01483	0.01642	0.01404	0.01062
	R^2	0.84825	0.83006	0.98531	0.92827
内扩散控制 $1-2/3X-(1-X)^{2/3}=kt$	k	0.00244	0.00237	0.00212	0.00134
	R^2	0.84983	0.78091	0.97554	0.92520

续附表B-7

模型名称	模型参数	GW	AR1	AR2	LF
界面化学反应控制 $1-(1-X)^{1/3}=kt$	k	0.00888	0.00960	0.00827	0.00608
	R^2	0.84873	0.82205	0.98393	0.92796
混合机理控制 $1/3\ln(1-X)+(1-X)^{-1/3}-1=kt$	k	0.00210	0.00191	0.00174	0.00101
	R^2	**0.85046**	0.75474	0.96859	0.92359
双常数模型 $\ln C=a+b\ln t$	a	3.36910	3.20663	3.27917	3.14419
	b	0.11221	0.14421	0.12432	0.10991
	R^2	0.66853	0.66557	0.88077	0.76984
Elovich 方程 $C=a+b\ln t$	a	28.93375	24.51428	26.39558	23.08127
	b	3.67950	4.19845	3.77066	2.88409
	R^2	0.66155	0.61375	0.85236	0.75898
Avrami 模型 $-\ln(1-X)=kt^n$	k	0.44961	0.36443	0.40259	0.34223
	n	0.15949	0.20214	0.16980	0.14409
	R^2	0.69441	0.63411	0.87091	0.78775

附表 B-8　熔炼烟尘中 Ca 静态浸出动力学模型拟合结果

模型名称	模型参数	GW	AR1	AR2	LF
未收缩反应核模型-外扩散控制 $X=kt$	k	0.00647	0.01030	0.00694	0.01194
	R^2	0.6533	0.74417	0.90149	0.93380
收缩核模型-外扩散控制 $1-(1-X)^{2/3}=kt$	k	0.00520	0.00871	0.00550	0.01190
	R^2	0.67314	0.77587	0.92161	0.98111
内扩散控制 $1-2/3X-(1-X)^{2/3}=kt$	k	0.00088	0.00184	0.00087	0.00393
	R^2	0.75938	0.87537	0.98865	0.98362
界面化学反应控制 $1-(1-X)^{1/3}=kt$	k	0.00314	0.00558	0.00328	0.00944
	R^2	0.6924	0.80788	0.93977	**0.99852**
混合机理控制 $1/3\ln(1-X)+(1-X)^{-1/3}-1=kt$	k	0.00082	0.00224	0.00080	0.01362
	R^2	0.80196	**0.93848**	**0.99004**	0.83642

续附表B-8

模型名称	模型参数	GW	AR1	AR2	LF
双常数模型 $\ln C=a+b\ln t$	a	-0. 94784	-1. 08048	-1. 08946	-0. 73201
	b	0. 31042	0. 39768	0. 30404	0. 33096
	R^2	0. 92649	0. 93540	0. 95919	0. 97797
Elovich 方程 $C=a+b\ln t$	a	0. 30109	0. 19969	0. 25099	0. 31878
	b	0. 23435	0. 32972	0. 20694	0. 34914
	R^2	**0. 93249**	0. 92105	0. 91532	0. 90672
Avrami 模型 $-\ln(1-X)=kt^n$	k	0. 2215	0. 18267	0. 15334	0. 07753
	n	0. 36041	0. 51209	0. 42259	0. 90182
	R^2	0. 92046	0. 95094	0. 97312	0. 94960

附表 B-9　熔炼烟尘中 Cd 静态浸出动力学模型拟合结果

模型名称	模型参数	GW	AR1	AR2	LF
未收缩反应核模型-外扩散控制 $X=kt$	k	0. 02300	0. 03030	0. 01792	0. 02203
	R^2	**0. 92845**	**0. 77238**	**0. 82305**	**0. 90091**
收缩核模型-外扩散控制 $1-(1-X)^{2/3}=kt$	k	0. 02748	0. 03312	0. 02006	0. 02276
	R^2	0. 92269	0. 73634	0. 81051	0. 89135
内扩散控制 $1-2/3X-(1-X)^{2/3}=kt$	k	0. 01214	0. 01292	0. 00812	0. 00807
	R^2	0. 91267	0. 67545	0. 79063	0. 87304
界面化学反应控制 $1-(1-X)^{1/3}=kt$	k	0. 02470	0. 02730	0. 01688	0. 01765
	R^2	0. 91527	0. 69766	0. 79735	0. 88163
混合机理控制 $1/3\ln(1-X)+(1-X)^{-1/3}-1=kt$	k	0. 03605	0. 03028	0. 01961	0. 01525
	R^2	0. 88039	0. 55560	0. 75112	0. 83984
双常数模型 $\ln C=a+b\ln t$	a	2. 08332	1. 96460	2. 04348	1. 95266
	b	0. 07063	0. 10365	0. 05897	0. 07447
	R^2	0. 75551	0. 66773	0. 62881	0. 68510
Elovich 方程 $C=a+b\ln t$	a	8. 01798	7. 10898	7. 70701	7. 03223
	b	0. 61166	0. 82876	0. 48840	0. 57089
	R^2	0. 74370	0. 62181	0. 61140	0. 66742

续附表B-9

模型名称	模型参数	GW	AR1	AR2	LF
Avrami 模型 $-\ln(1-X)=kt^n$	k	1.37507	1.06996	1.28513	1.07112
	n	0.20987	0.26576	0.15262	0.16841
	R^2	0.73846	0.51970	0.59103	0.66580

附表 B-10 熔炼烟尘中 Cu 静态浸出动力学模型拟合结果

模型名称	模型参数	GW	AR1	AR2	LF
未收缩反应核模型-外扩散控制 $X=kt$	k	0.00251	0.00317	0.00291	0.00280
	R^2	0.40233	0.60983	0.78784	0.7231
收缩核模型-外扩散控制 $1-(1-X)^{2/3}=kt$	k	0.00309	0.00357	0.00342	0.00296
	R^2	0.45164	0.65908	0.83119	0.75639
内扩散控制 $1-2/3X-(1-X)^{2/3}=kt$	k	0.00141	0.00146	0.00147	0.00109
	R^2	0.51420	0.73115	0.88264	0.81450
界面化学反应控制 $1-(1-X)^{1/3}=kt$	k	0.00288	0.00305	0.00303	0.00235
	R^2	0.50441	0.70885	0.87039	0.79009
混合机理控制 $1/3\ln(1-X)+(1-X)^{-1/3}-1=kt$	k	0.00489	0.00383	0.00437	0.00226
	R^2	0.68028	0.86260	**0.95250**	0.89707
双常数模型 $\ln C=a+b\ln t$	a	3.98697	3.8754	3.92966	3.83082
	b	0.06196	0.07601	0.06002	0.06812
	R^2	0.79336	0.94511	0.93719	0.93848
Elovich 方程 $C=a+b\ln t$	a	53.87573	47.7078	49.43583	44.79173
	b	3.6774	4.31976	3.88817	3.99699
	R^2	0.73929	0.91375	0.92785	0.94403
Avrami 模型 $-\ln(1-X)=kt^n$	k	1.32400	1.03557	1.11095	0.95538
	n	0.15558	0.17347	0.15969	0.14458
	R^2	**0.85937**	**0.96375**	0.91470	**0.96234**

附表 B-11　熔炼烟尘中 Fe 静态浸出动力学模型拟合结果

模型名称	模型参数	GW	AR1	AR2	LF
未收缩反应核模型-外扩散控制 $X=kt$	k	0. 00017	0. 00019	0. 00022	0. 00017
	R^2	0. 94708	**0. 89808**	0. 95272	0. 62775
收缩核模型-外扩散控制 $1-(1-X)^{2/3}=kt$	k	0. 00096	0. 00094	0. 00092	0. 00111
	R^2	0. 94326	0. 89403	0. 95259	0. 63767
内扩散控制 $1-2/3X-(1-X)^{2/3}=kt$	k	8.32432×10^{-8}	9.89831×10^{-8}	1.18644×10^{-7}	9.23077×10^{-8}
	R^2	0. 96303	0. 85653	0. 94052	**0. 64274**
界面化学反应控制 $1-(1-X)^{1/3}=kt$	k	0. 00006	0. 00006	0. 00007	0. 00006
	R^2	0. 94763	0. 89775	**0. 95391**	0. 62693
混合机理控制 $1/3\ln(1-X)+(1-X)^{-1/3}-1=kt$	k	4.11622×10^{-8}	5.03051×10^{-8}	5.98814×10^{-8}	4.52692×10^{-8}
	R^2	0. 96496	0. 86261	0. 94045	0. 62010
双常数模型 $\ln C=a+b\ln t$	a	-2. 60192	-2. 57284	-2. 58339	-2. 42892
	b	0. 32548	0. 32595	0. 36188	0. 26951
	R^2	0. 99001	0. 84595	0. 86195	0. 58352
Elovich 方程 $C=a+b\ln t$	a	0. 06673	0. 06645	0. 06324	0. 08141
	b	0. 0368	0. 0398	0. 04589	0. 03463
	R^2	**0. 99002**	0. 79146	0. 83933	0. 57272
Avrami 模型 $-\ln(1-X)=kt^n$	k	0. 00139	0. 00138	0. 00136	0. 00162
	n	0. 32194	0. 34784	0. 38810	0. 28240
	R^2	0. 98642	0. 83485	0. 89311	0. 59842

附表 B-12　熔炼烟尘中 Zn 静态浸出动力学模型拟合结果

模型名称	模型参数	GW	AR1	AR2	LF
未收缩反应核模型-外扩散控制 $X=kt$	k	0. 01381	0. 01980	0. 01804	0. 01133
	R^2	0. 85554	0. 89718	0. 78227	0. 85587
收缩核模型-外扩散控制 $1-(1-X)^{2/3}=kt$	k	0. 01598	0. 02323	0. 01874	0. 01091
	R^2	0. 90085	0. 94462	0. 80587	0. 87573

续附表B-12

模型名称	模型参数	GW	AR1	AR2	LF
内扩散控制 $1-2/3X-(1-X)^{2/3}=kt$	k	0. 00678	0. 01003	0. 00672	0. 00342
	R^2	0. 94679	0. 94862	0. 84447	0. 85703
界面化学反应控制 $1-(1-X)^{1/3}=kt$	k	0. 01414	0. 02159	0. 01469	0. 00804
	R^2	0. 93677	**0. 94867**	0. 82939	0. 84006
混合机理控制 $1/3\ln(1-X)+(1-X)^{-1/3}-1=kt$	k	0. 02144	0. 04784	0. 01355	0. 00540
	R^2	**0. 95771**	0. 73302	0. 90543	**0. 89259**
双常数模型 $\ln C=a+b\ln t$	a	2. 07749	1. 93605	2. 03337	1. 89960
	b	0. 13079	0. 18873	0. 12639	0. 12152
	R^2	0. 93263	0. 97994	0. 75548	0. 76064
Elovich 方程 $C=a+b\ln t$	a	7. 85043	6. 73765	7. 5387	6. 55363
	b	1. 30152	1. 77827	1. 17152	1. 01783
	R^2	0. 92546	0. 95671	0. 75229	0. 74991
Avrami 模型 $-\ln(1-X)=kt^n$	k	1. 00029	0. 56698	0. 91318	0. 73998
	n	0. 80215	1. 53244	0. 71022	0. 5818
	R^2	0. 93695	0. 69443	**0. 95252**	0. 77086

附表 B-13 废耐火材料中 Ca 静态浸出动力学模型拟合结果

模型名称	模型参数	GW	AR1	AR2	LF
未收缩反应核模型-外扩散控制 $X=kt$	k	0. 00076	0. 00151	0. 00224	0. 00104
	R^2	0. 75081	0. 65061	0. 75915	0. 71149
收缩核模型-外扩散控制 $1-(1-X)^{2/3}=kt$	k	0. 00052	0. 00101	0. 00152	0. 00075
	R^2	0. 74148	0. 65521	0. 76028	0. 66947
内扩散控制 $1-2/3X-(1-X)^{2/3}=kt$	k	1.03846×10^{-6}	4.35714×10^{-6}	0. 00002	0. 00004
	R^2	0. 88045	0. 79668	0. 81077	0. 89873
界面化学反应控制 $1-(1-X)^{1/3}=kt$	k	0. 00026	0. 00051	0. 00077	0. 00039
	R^2	0. 74023	0. 65584	0. 76087	0. 71149
混合机理控制 $1/3\ln(1-X)+(1-X)^{-1/3}-1=kt$	k	4.23077×10^{-7}	2.17857×10^{-6}	9.07143×10^{-6}	0. 00003
	R^2	0. 85996	0. 74273	0. 80932	0. 91353

续附表B-13

模型名称	模型参数	GW	AR1	AR2	LF
双常数模型 $\ln C=a+b\ln t$	a	-3.63836	-2.84872	-1.61055	-1.5296
	b	0.48319	0.46884	0.23371	0.48221
	R^2	0.83556	0.78296	0.92008	0.56261
Elovich 方程 $C=a+b\ln t$	a	0.02657	0.05961	0.19878	0.23011
	b	0.01926	0.03940	0.05724	0.31994
	R^2	**0.91860**	**0.87490**	**0.94444**	0.98164
Avrami 模型 $-\ln(1-X)=kt^n$	k	0.00402	0.00910	0.02807	0.24076
	n	0.40293	0.37079	0.22141	0.31487
	R^2	0.85317	0.79673	0.91436	**0.99714**

附表 B-14　废耐火材料中 Cr 静态浸出动力学模型拟合结果

模型名称	模型参数	GW	AR1	AR2	LF
未收缩反应核模型-外扩散控制 $X=kt$	k	—	—	3.11562×10^{-7}	9.81462×10^{-7}
	R^2	—	—	0.79434	0.51399
收缩核模型-外扩散控制 $1-(1-X)^{2/3}=kt$	k	—	—	2.07709×10^{-7}	6.54286×10^{-7}
	R^2	—	—	0.79468	0.51480
内扩散控制 $1-2/3X-(1-X)^{2/3}=kt$	k	—	—	2.07922×10^{-12}	1.04486×10^{-11}
	R^2	—	—	**0.95038**	0.66712
界面化学反应控制 $1-(1-X)^{1/3}=kt$	k	—	—	1.03852×10^{-7}	3.27171×10^{-7}
	R^2	—	—	0.79460	0.51474
混合机理控制 $1/3\ln(1-X)+(1-X)^{-1/3}-1=kt$	k	—	—	1.03935×10^{-12}	5.22377×10^{-12}
	R^2	—	—	0.95028	0.66705
双常数模型 $\ln C=a+b\ln t$	a	—	—	-8.29094	-7.54423
	b	—	—	0.18328	0.51455
	R^2	—	—	0.84562	0.79939
Elovich 方程 $C=a+b\ln t$	a	—	—	-0.00015	0.00044
	b	—	—	0.00016	0.00072
	R^2	—	—	0.86448	**0.92684**

续附表B-14

模型名称	模型参数	GW	AR1	AR2	LF
Avrami 模型 $-\ln(1-X)=kt^n$	k	—	—	1.42837×10^{-6}	0.00002
	n	—	—	0.49378	0.33503
	R^2	—	—	0.78384	0.80462

附表 B-15　废耐火材料中 Cu 静态浸出动力学模型拟合结果

模型名称	模型参数	GW	AR1	AR2	LF
未收缩反应核模型-外扩散控制 $X=kt$	k	—	—	—	0.00152
	R^2	—	—	—	0.63450
收缩核模型-外扩散控制 $1-(1-X)^{2/3}=kt$	k	—	—	—	1.12244×10^{-4}
	R^2	—	—	—	0.91689
内扩散控制 $1-2/3X-(1-X)^{2/3}=kt$	k	—	—	—	1.50664×10^{-5}
	R^2	—	—	—	0.70958
界面化学反应控制 $1-(1-X)^{1/3}=kt$	k	—	—	—	5.22467×10^{-4}
	R^2	—	—	—	0.63857
混合机理控制 $1/3\ln(1-X)+(1-X)^{-1/3}-1=kt$	k	—	—	—	7.92157×10^{-6}
	R^2	—	—	—	0.71258
双常数模型 $\ln C=a+b\ln t$	a	—	—	—	-3.39604
	b	—	—	—	0.31367
	R^2	—	—	—	0.90834
Elovich 方程 $C=a+b\ln t$	a	—	—	—	0.03151
	b	—	—	—	0.01641
	R^2	—	—	—	**0.93284**
Avrami 模型 $-\ln(1-X)=kt^n$	k	—	—	—	0.02758
	n	—	—	—	0.27519
	R^2	—	—	—	0.87611

附表 B-16　熔炼渣中 Ca 静态浸出动力学模型拟合结果

模型名称	模型参数	GW	AR1	AR2	LF
未收缩反应核模型-外扩散控制 $X=kt$	k	0.00003	0.00004	0.00004	0.00002
	R^2	0.43924	0.55176	0.84745	0.79757
收缩核模型-外扩散控制 $1-(1-X)^{2/3}=kt$	k	0.00002	0.00003	0.00003	0.00017
	R^2	0.44186	0.55227	0.84863	0.79807
内扩散控制 $1-2/3X-(1-X)^{2/3}=kt$	k	1.41065×10^{-8}	2.79705×10^{-8}	7.60629×10^{-8}	1.06149×10^{-6}
	R^2	0.66138	0.73128	0.89363	0.90547
界面化学反应控制 $1-(1-X)^{1/3}=kt$	k	0.00001	0.00001	0.00001	0.00008
	R^2	0.43947	0.55272	0.84779	0.79915
混合机理控制 $1/3\ln(1-X)+(1-X)^{-1/3}-1=kt$	k	7.17493×10^{-9}	1.40072×10^{-8}	3.83853×10^{-8}	5.41499×10^{-7}
	R^2	0.67027	0.73094	0.89394	0.90698
双常数模型 $\ln C=a+b\ln t$	a	-3.42857	-3.03618	-1.5417	-1.09151
	b	0.30201	0.3101	0.08341	0.236
	R^2	0.87626	0.75693	0.95397	0.95088
Elovich 方程 $C=a+b\ln t$	a	0.01533	0.04658	0.21122	0.30100
	b	0.02279	0.02485	0.02150	0.12900
	R^2	**0.90362**	**0.93672**	0.93824	0.96921
Avrami 模型 $-\ln(1-X)=kt^n$	k	6.13846×10^{-4}	0.00117	0.00431	0.00695
	n	0.31007	0.2342	0.08551	0.22685
	R^2	0.74828	0.85742	**0.95420**	**0.97480**

附表 B-17　熔炼渣中 Cr 静态浸出动力学模型拟合结果

模型名称	模型参数	GW	AR1	AR2	LF
未收缩反应核模型-外扩散控制 $X=kt$	k	—	—	—	0.00066
	R^2	—	—	—	0.72625
收缩核模型-外扩散控制 $1-(1-X)^{2/3}=kt$	k	—	—	—	0.00046
	R^2	—	—	—	0.73232

续附表B-17

模型名称	模型参数	GW	AR1	AR2	LF
内扩散控制 $1-2/3X-(1-X)^{2/3}=kt$	k	—	—	—	0. 00001
	R^2	—	—	—	0. 89041
界面化学反应控制 $1-(1-X)^{1/3}=kt$	k	—	—	—	0. 00024
	R^2	—	—	—	0. 73799
混合机理控制 $1/3\ln(1-X)+(1-X)^{-1/3}-1=kt$	k	—	—	—	7.62883×10^{-6}
	R^2	—	—	—	0. 89958
双常数模型 $\ln C=a+b\ln t$	a	—	—	—	-9. 92317
	b	—	—	—	0. 78302
	R^2	—	—	—	0. 77802
Elovich 方程 $C=a+b\ln t$	a	—	—	—	-0. 00087
	b	—	—	—	0. 00058
	R^2	—	—	—	**0. 97378**
Avrami 模型 $-\ln(1-X)=kt^n$	k	—	—	—	0. 01588
	n	—	—	—	0. 45194
	R^2	—	—	—	0. 88475

附表 B-18 熔炼渣中 Cu 静态浸出动力学模型拟合结果

模型名称	模型参数	GW	AR1	AR2	LF
未收缩反应核模型-外扩散控制 $X=kt$	k	—	—	—	0. 00532
	R^2	—	—	—	**0. 98790**
收缩核模型-外扩散控制 $1-(1-X)^{2/3}=kt$	k	—	—	—	0. 00485
	R^2	—	—	—	**0. 99410**
内扩散控制 $1-2/3X-(1-X)^{2/3}=kt$	k	—	—	—	0. 00130
	R^2	—	—	—	0. 86600
界面化学反应控制 $1-(1-X)^{1/3}=kt$	k	—	—	—	0. 00362
	R^2	—	—	—	0. 94630
混合机理控制 $1/3\ln(1-X)+(1-X)^{-1/3}-1=kt$	k	—	—	—	0. 00664
	R^2	—	—	—	0. 45867

续附表B-18

模型名称	模型参数	GW	AR1	AR2	LF
双常数模型 $\ln C=a+b\ln t$	a	—	—	—	-1.53712
	b	—	—	—	0.65957
	R^2	—	—	—	0.99066
Elovich 方程 $C=a+b\ln t$	a	—	—	—	-1.07649
	b	—	—	—	1.19709
	R^2	—	—	—	0.84398
Avrami 模型 $-\ln(1-X)=kt^n$	k	—	—	—	6.75751×10^{-7}
	n	—	—	—	3.02344
	R^2	—	—	—	0.95390

附表 B-19　熔炼渣中 Fe 静态浸出动力学模型拟合结果

模型名称	模型参数	GW	AR1	AR2	LF
未收缩反应核模型-外扩散控制 $X=kt$	k	—	—	—	0.00011
	R^2	—	—	—	0.83488
收缩核模型-外扩散控制 $1-(1-X)^{2/3}=kt$	k	—	—	—	0.00007
	R^2	—	—	—	0.83715
内扩散控制 $1-2/3X-(1-X)^{2/3}=kt$	k	—	—	—	2.32351×10^{-7}
	R^2	—	—	—	0.94814
界面化学反应控制 $1-(1-X)^{1/3}=kt$	k	—	—	—	0.00004
	R^2	—	—	—	0.83742
混合机理控制 $1/3\ln(1-X)+(1-X)^{-1/3}-1=kt$	k	—	—	—	1.17593×10^{-7}
	R^2	—	—	—	0.94878
双常数模型 $\ln C=a+b\ln t$	a	—	—	—	-1.87554
	b	—	—	—	0.80249
	R^2	—	—	—	0.90546
Elovich 方程 $C=a+b\ln t$	a	—	—	—	-1.04901
	b	—	—	—	1.33539
	R^2	—	—	—	**0.96142**

续附表B-19

模型名称	模型参数	GW	AR1	AR2	LF
Avrami 模型 $-\ln(1-X)=kt^n$	k	—	—	—	0.00151
	n	—	—	—	0.50076
	R^2	—	—	—	0.95371

附表 B-20 熔炼渣中 Pb 静态浸出动力学模型拟合结果

模型名称	模型参数	GW	AR1	AR2	LF
未收缩反应核模型-外扩散控制 $X=kt$	k	—	—	—	0.03637
	R^2	—	—	—	0.97532
收缩核模型-外扩散控制 $1-(1-X)^{2/3}=kt$	k	—	—	—	0.00026
	R^2	—	—	—	0.85729
内扩散控制 $1-2/3X-(1-X)^{2/3}=kt$	k	—	—	—	3.62623×10^{-6}
	R^2	—	—	—	0.96677
界面化学反应控制 $1-(1-X)^{1/3}=kt$	k	—	—	—	0.00013
	R^2	—	—	—	0.85936
混合机理控制 $1/3\ln(1-X)+(1-X)^{-1/3}-1=kt$	k	—	—	—	1.90536×10^{-6}
	R^2	—	—	—	0.96908
双常数模型 $\ln C=a+b\ln t$	a	—	—	—	-4.46435
	b	—	—	—	0.58193
	R^2	—	—	—	0.93533
Elovich 方程 $C=a+b\ln t$	a	—	—	—	-0.01711
	b	—	—	—	0.03637
	R^2	—	—	—	0.97532
Avrami 模型 $-\ln(1-X)=kt^n$	k	—	—	—	0.00793
	n	—	—	—	0.44582
	R^2	—	—	—	**0.97823**

附表 B-21 熔炼渣中 Zn 静态浸出动力学模型拟合结果

模型名称	模型参数	GW	AR1	AR2	LF
未收缩反应核模型-外扩散控制 $X=kt$	k	—	—	—	0. 00011
	R^2	—	—	—	0. 77091
收缩核模型-外扩散控制 $1-(1-X)^{2/3}=kt$	k	—	—	—	0. 00007
	R^2	—	—	—	0. 77159
内扩散控制 $1-2/3X-(1-X)^{2/3}=kt$	k	—	—	—	2.63186×10^{-7}
	R^2	—	—	—	0. 89330
界面化学反应控制 $1-(1-X)^{1/3}=kt$	k	—	—	—	0. 00004
	R^2	—	—	—	0. 77192
混合机理控制 $1/3\ln(1-X)+(1-X)^{-1/3}-1=kt$	k	—	—	—	1.32975×10^{-7}
	R^2	—	—	—	0. 89534
双常数模型 $\ln C=a+b\ln t$	a	—	—	—	-4. 20467
	b	—	—	—	0. 67792
	R^2	—	—	—	0. 93770
Elovich 方程 $C=a+b\ln t$	a	—	—	—	-0. 04282
	b	—	—	—	0. 07000
	R^2	—	—	—	**0. 96250**
Avrami 模型 $-\ln(1-X)=kt^n$	k	—	—	—	0. 00200
	n	—	—	—	0. 46071
	R^2	—	—	—	0. 93759

附表 B-22 渣选厂尾矿中 As 静态浸出动力学模型拟合结果

模型名称	模型参数	GW	AR1	AR2	LF
未收缩反应核模型-外扩散控制 $X=kt$	k	—	—	—	0. 00213
	R^2	—	—	—	0. 76032
收缩核模型-外扩散控制 $1-(1-X)^{2/3}=kt$	k	—	—	—	0. 00150
	R^2	—	—	—	0. 76379
内扩散控制 $1-2/3X-(1-X)^{2/3}=kt$	k	—	—	—	0. 00008
	R^2	—	—	—	0. 82153

续附表B-22

模型名称	模型参数	GW	AR1	AR2	LF
界面化学反应控制 $1-(1-X)^{1/3}=kt$	k	—	—	—	0. 00079
	R^2	—	—	—	0. 76718
混合机理控制 $1/3\ln(1-X)+(1-X)^{-1/3}-1=kt$	k	—	—	—	0. 00047
	R^2	—	—	—	0. 83046
双常数模型 $\ln C=a+b\ln t$	a	—	—	—	-1. 86867
	b	—	—	—	0. 13841
	R^2	—	—	—	0. 97575
Elovich 方程 $C=a+b\ln t$	a	—	—	—	0. 15257
	b	—	—	—	0. 02688
	R^2	—	—	—	**0. 98896**
Avrami 模型 $-\ln(1-X)=kt^n$	k	—	—	—	0. 12421
	n	—	—	—	0. 14502
	R^2	—	—	—	0. 97573

附表 B-23 渣选厂尾矿中 Ca 静态浸出动力学模型拟合结果

模型名称	模型参数	GW	AR1	AR2	LF
未收缩反应核模型-外扩散控制 $X=kt$	k	0. 00008	0. 00007	0. 00007	0. 00046
	R^2	0. 65551	0. 54411	0. 66207	0. 87079
收缩核模型-外扩散控制 $1-(1-X)^{2/3}=kt$	k	0. 00005	0. 00004	0. 00005	0. 00031
	R^2	0. 65771	0. 54659	0. 66072	0. 87303
内扩散控制 $1-2/3X-(1-X)^{2/3}=kt$	k	3.70091×10^{-7}	3.70091×10^{-7}	3.79251×10^{-7}	9.78833×10^{-6}
	R^2	0. 77479	0. 69054	0. 80183	0. 93087
界面化学反应控制 $1-(1-X)^{1/3}=kt$	k	0. 00027	0. 00023	0. 00024	0. 00016
	R^2	0. 65865	0. 54710	0. 66170	0. 87526
混合机理控制 $1/3\ln(1-X)+(1-X)^{-1/3}-1=kt$	k	1.89273×10^{-7}	1.55308×10^{-7}	1.94344×10^{-7}	5.4126×10^{-6}
	R^2	0. 78197	0. 69872	0. 80706	0. 93417

续附表B-23

模型名称	模型参数	GW	AR1	AR2	LF
双常数模型 $\ln C=a+b\ln t$	a	−1. 65163	−1. 50123	−1. 38503	−0. 33934
	b	0. 18848	0. 15441	0. 14429	0. 22053
	R^2	0. 86523	0. 77555	0. 81227	0. 97733
Elovich 方程 $C=a+b\ln t$	a	0. 18027	0. 22040	0. 24425	0. 56823
	b	0. 05759	0. 04804	0. 05106	0. 30114
	R^2	**0. 95621**	**0. 89954**	**0. 88716**	0. 96342
Avrami 模型 $-\ln(1-X)=kt^n$	k	0. 01200	0. 01403	0. 01535	0. 04209
	n	0. 16910	0. 13225	0. 13144	0. 22921
	R^2	0. 93159	0. 85506	0. 86568	**0. 98493**

附表 B-24 渣选厂尾矿中 Fe 静态浸出动力学模型拟合结果

模型名称	模型参数	GW	AR1	AR2	LF
未收缩反应核模型−外扩散控制 $X=kt$	k	—	—	—	0. 00165
	R^2	—	—	—	0. 98952
收缩核模型−外扩散控制 $1-(1-X)^{2/3}=kt$	k	—	—	—	0. 00112
	R^2	—	—	—	0. 99030
内扩散控制 $1-2/3X-(1-X)^{2/3}=kt$	k	—	—	—	0. 00002
	R^2	—	—	—	0. 93659
界面化学反应控制 $1-(1-X)^{1/3}=kt$	k	—	—	—	0. 00057
	R^2	—	—	—	**0. 99100**
混合机理控制 $1/3\ln(1-X)+(1-X)^{-1/3}-1=kt$	k	—	—	—	8.8565×10^{-6}
	R^2	—	—	—	0. 93229
双常数模型 $\ln C=a+b\ln t$	a	—	—	—	−1. 70520
	b	—	—	—	1. 37279
	R^2	—	—	—	0. 98001

续附表B-24

模型名称	模型参数	GW	AR1	AR2	LF
Elovich 方程 $C=a+b\ln t$	a	—	—	—	-2.13915
	b	—	—	—	2.10643
	R^2	—	—	—	0.74346
Avrami 模型 $-\ln(1-X)=kt^n$	k	—	—	—	0.00131
	n	—	—	—	1.05876
	R^2	—	—	—	0.98621

附表 B-25 渣选厂尾矿中 Zn 静态浸出动力学模型拟合结果

模型名称	模型参数	GW	AR1	AR2	LF
未收缩反应核模型-外扩散控制 $X=kt$	k	—	—	—	0.00253
	R^2	—	—	—	0.97514
收缩核模型-外扩散控制 $1-(1-X)^{2/3}=kt$	k	—	—	—	0.00174
	R^2	—	—	—	0.97744
内扩散控制 $1-2/3X-(1-X)^{2/3}=kt$	k	—	—	—	0.00005
	R^2	—	—	—	**0.98355**
界面化学反应控制 $1-(1-X)^{1/3}=kt$	k	—	—	—	0.00089
	R^2	—	—	—	0.97965
混合机理控制 $1/3\ln(1-X)+(1-X)^{-1/3}-1=kt$	k	—	—	—	0.00003
	R^2	—	—	—	0.97887
双常数模型 $\ln C=a+b\ln t$	a	—	—	—	-1.57106
	b	—	—	—	0.60332
	R^2	—	—	—	0.96437
Elovich 方程 $C=a+b\ln t$	a	—	—	—	-0.23428
	b	—	—	—	0.57411
	R^2	—	—	—	0.81663
Avrami 模型 $-\ln(1-X)=kt^n$	k	—	—	—	0.01717
	n	—	—	—	0.00277
	R^2	—	—	—	0.98173

附表 B-26　吹炼白烟尘中 As 静态浸出动力学模型拟合结果

模型名称	模型参数	GW	AR1	AR2	LF
未收缩反应核模型-外扩散控制 $X=kt$	k	0.00025	0.00098	0.00689	0.00048
	R^2	0.99416	0.82902	0.81818	0.40402
收缩核模型-外扩散控制 $1-(1-X)^{2/3}=kt$	k	0.00016	0.00065	0.00463	0.00055
	R^2	0.98352	0.83244	0.82258	0.89633
内扩散控制 $1-2/3X-(1-X)^{2/3}=kt$	k	1.26923×10^{-6}	7.02857×10^{-6}	-0.00004	7.15751×10^{-6}
	R^2	**0.99451**	0.85930	0.83420	0.88931
界面化学反应控制 $1-(1-X)^{1/3}=kt$	k	0.00008	0.00033	0.00233	0.00028
	R^2	0.98392	0.83068	0.82229	**0.89648**
混合机理控制 $1/3\ln(1-X)+(1-X)^{-1/3}-1=kt$	k	7.30769×10^{-7}	3.54286×10^{-6}	0.00002	3.7326×10^{-6}
	R^2	0.98352	0.85035	0.84100	0.88662
双常数模型 $\ln C=a+b\ln t$	a	-0.59318	-0.28863	-1.62983	-0.22599
	b	0.02514	0.07515	0.97728	0.10034
	R^2	0.92110	**0.89130**	0.90911	0.71681
Elovich 方程 $C=a+b\ln t$	a	0.55255	0.74909	-0.00592	0.79033
	b	0.01418	0.05964	0.57219	0.09506
	R^2	0.91697	0.88388	**0.91707**	0.68169
Avrami 模型 $-\ln(1-X)=kt^n$	k	0.02205	0.03003	0.00900	0.03170
	n	0.02547	0.07631	0.88027	0.10963
	R^2	0.91862	0.88297	0.83432	0.71443

附表 B-27　吹炼白烟尘中 Ca 静态浸出动力学模型拟合结果

模型名称	模型参数	GW	AR1	AR2	LF
未收缩反应核模型-外扩散控制 $X=kt$	k	0.02177	0.01903	0.01341	0.00297
	R^2	0.98456	0.95967	0.67220	0.70082
收缩核模型-外扩散控制 $1-(1-X)^{2/3}=kt$	k	0.01592	0.01409	0.00986	0.00359
	R^2	0.98480	0.96153	0.67920	0.86261

续附表B-27

模型名称	模型参数	GW	AR1	AR2	LF
内扩散控制 $1-2/3X-(1-X)^{2/3}=kt$	k	0.00140	0.00139	0.00092	0.00161
	R^2	0.97891	**0.96907**	0.74116	**0.98806**
界面化学反应控制 $1-(1-X)^{1/3}=kt$	k	0.00873	0.00782	0.00544	0.00381
	R^2	**0.98484**	0.96324	0.68561	0.97071
混合机理控制 $1/3\ln(1-X)+(1-X)^{-1/3}-1=kt$	k	0.00093	0.00096	0.00062	0.02699
	R^2	0.97511	0.96721	0.75953	0.80700
双常数模型 $\ln C=a+b\ln t$	a	-1.99214	-1.79289	-1.75503	-1.28538
	b	0.28385	0.22397	0.18300	0.21551
	R^2	0.92708	0.96622	**0.84160**	0.98715
Elovich 方程 $C=a+b\ln t$	a	0.13083	0.16409	0.17418	0.23927
	b	0.05354	0.04690	0.04003	0.10563
	R^2	0.89085	0.93786	0.83213	0.98652
Avrami 模型 $-\ln(1-X)=kt^n$	k	0.17545	0.22549	0.24722	0.04621
	n	0.35671	0.27156	0.20697	0.93700
	R^2	0.93746	0.95173	0.78348	0.92327

附表 B-28 吹炼白烟尘中 Cd 静态浸出动力学模型拟合结果

模型名称	模型参数	GW	AR1	AR2	LF
未收缩反应核模型-外扩散控制 $X=kt$	k	0.04056	0.00493	0.00707	0.00758
	R^2	**0.84270**	0.72166	0.90779	0.77465
收缩核模型-外扩散控制 $1-(1-X)^{2/3}=kt$	k	0.03215	0.00481	0.00669	0.00784
	R^2	0.83956	0.75673	0.93172	0.83803
内扩散控制 $1-2/3X-(1-X)^{2/3}=kt$	k	0.00510	0.00152	0.00197	0.00278
	R^2	0.81766	0.82766	0.97423	0.93234
界面化学反应控制 $1-(1-X)^{1/3}=kt$	k	0.01913	0.00354	0.00480	0.00623
	R^2	0.83613	0.79069	0.95321	0.89488
混合机理控制 $1/3\ln(1-X)+(1-X)^{-1/3}-1=kt$	k	0.00438	0.00259	0.00326	0.00693
	R^2	0.80571	0.90735	**0.99792**	**0.98026**

续附表B-28

模型名称	模型参数	GW	AR1	AR2	LF
双常数模型 $\ln C=a+b\ln t$	a	1. 23853	1. 80492	1. 54829	1. 66541
	b	0. 28302	0. 13499	0. 18669	0. 19811
	R^2	0. 63983	0. 95141	0. 90619	0. 93719
Elovich 方程 $C=a+b\ln t$	a	3. 27743	5. 90278	4. 25809	4. 87308
	b	1. 40411	1. 10053	1. 40362	1. 62064
	R^2	0. 60187	0. 95534	0. 87074	0. 93688
Avrami 模型 $-\ln(1-X)=kt^n$	k	0. 25742	0. 61967	0. 36020	0. 45557
	n	0. 49860	0. 24212	0. 37871	0. 40139
	R^2	0. 71652	**0. 97308**	0. 96054	0. 96417

附表 B-29　吹炼白烟尘中 Cu 静态浸出动力学模型拟合结果

模型名称	模型参数	GW	AR1	AR2	LF
未收缩反应核模型-外扩散控制 $X=kt$	k	0. 00330	0. 00259	0. 00348	0. 00299
	R^2	0. 68884	0. 81500	0. 95428	0. 90497
收缩核模型-外扩散控制 $1-(1-X)^{2/3}=kt$	k	0. 00238	0. 00197	0. 00262	0. 00249
	R^2	0. 69528	0. 82469	0. 95865	0. 92262
内扩散控制 $1-2/3X-(1-X)^{2/3}=kt$	k	0. 00018	0. 00025	0. 00030	0. 00050
	R^2	0. 77162	0. 88826	0. 98131	0. 97421
界面化学反应控制 $1-(1-X)^{1/3}=kt$	k	0. 00128	0. 00113	0. 00148	0. 00157
	R^2	0. 70154	0. 83434	0. 96280	0. 93910
混合机理控制 $1/3\ln(1-X)+(1-X)^{-1/3}-1=kt$	k	0. 00012	0. 00019	0. 00022	0. 00055
	R^2	0. 78763	0. 91101	**0. 98518**	**0. 99294**
双常数模型 $\ln C=a+b\ln t$	a	0. 80489	1. 28289	1. 01203	1. 04153
	b	0. 17147	0. 13379	0. 17429	0. 26242
	R^2	0. 86288	0. 94546	0. 82777	0. 98761
Elovich 方程 $C=a+b\ln t$	a	2. 16859	3. 46901	2. 48459	1. 97024
	b	0. 51643	0. 65385	0. 76097	1. 65543
	R^2	0. 87303	0. 93876	0. 78004	0. 95658

续附表B-29

模型名称	模型参数	GW	AR1	AR2	LF
Avrami 模型 $-\ln(1-X)=kt^n$	k	0. 15638	0. 25853	0. 16999	0. 16705
	n	0. 18620	0. 16731	0. 25466	0. 38476
	R^2	**0. 87373**	**0. 95957**	0. 88639	0. 99055

附表 B-30 吹炼白烟尘中 Fe 静态浸出动力学模型拟合结果

模型名称	模型参数	GW	AR1	AR2	LF
未收缩反应核模型-外扩散控制 $X=kt$	k	—	—	—	0. 00905
	R^2	—	—	—	**0. 99909**
收缩核模型-外扩散控制 $1-(1-X)^{2/3}=kt$	k	—	—	—	0. 00678
	R^2	—	—	—	0. 99714
内扩散控制 $1-2/3X-(1-X)^{2/3}=kt$	k	—	—	—	0. 00075
	R^2	—	—	—	0. 90443
界面化学反应控制 $1-(1-X)^{1/3}=kt$	k	—	—	—	0. 00383
	R^2	—	—	—	0. 99290
混合机理控制 $1/3\ln(1-X)+(1-X)^{-1/3}-1=kt$	k	—	—	—	0. 00062
	R^2	—	—	—	0. 87345
双常数模型 $\ln C=a+b\ln t$	a	—	—	—	-3. 72429
	b	—	—	—	0. 93532
	R^2	—	—	—	0. 99477
Elovich 方程 $C=a+b\ln t$	a	—	—	—	-0. 19957
	b	—	—	—	0. 25525
	R^2	—	—	—	0. 74756
Avrami 模型 $-\ln(1-X)=kt^n$	k	—	—	—	0. 00542
	n	—	—	—	1. 21671
	R^2	—	—	—	0. 99628

附表 B-31　吹炼白烟尘中 Zn 静态浸出动力学模型拟合结果

模型名称	模型参数	GW	AR1	AR2	LF
未收缩反应核模型-外扩散控制 $X=kt$	k	0.00729	0.00997	0.00695	0.00759
	R^2	0.81370	0.95604	0.87039	0.88247
收缩核模型-外扩散控制 $1-(1-X)^{2/3}=kt$	k	0.00601	0.01106	0.00723	0.00850
	R^2	0.81616	0.97014	0.90514	0.94316
内扩散控制 $1-2/3X-(1-X)^{2/3}=kt$	k	0.00115	0.00441	0.00259	0.00344
	R^2	0.82448	0.97166	0.95427	**0.99414**
界面化学反应控制 $1-(1-X)^{1/3}=kt$	k	0.00372	0.00934	0.00574	0.00747
	R^2	0.81836	**0.97205**	0.93669	0.98385
混合机理控制 $1/3\ln(1-X)+(1-X)^{-1/3}-1=kt$	k	0.00110	0.01440	0.00611	0.01316
	R^2	0.82940	0.88443	**0.99724**	0.93510
双常数模型 $\ln C=a+b\ln t$	a	2.54457	3.07681	2.78989	2.83254
	b	0.14186	0.11282	0.16320	0.16880
	R^2	**0.93624**	0.95783	0.90008	0.99096
Elovich 方程 $C=a+b\ln t$	a	12.46383	21.36077	15.1913	16.02458
	b	2.34876	3.03345	3.9727	4.19979
	R^2	0.92319	0.93486	0.88791	0.96572
Avrami 模型 $-\ln(1-X)=kt^n$	k	0.42755	0.80886	0.47777	0.43533
	n	0.20005	0.29076	0.37854	0.46794
	R^2	0.92965	0.86935	0.96589	0.93204

附表 B-32　黑铜泥中 As 静态浸出动力学模型拟合结果

模型名称	模型参数	GW	AR1	AR2	LF
未收缩反应核模型-外扩散控制 $X=kt$	k	0.00504	0.00576	0.00543	0.00513
	R^2	0.84472	0.70656	0.91080	0.91012
收缩核模型-外扩散控制 $1-(1-X)^{2/3}=kt$	k	0.00359	0.00414	0.00385	0.00355
	R^2	0.85839	0.72386	0.92030	0.90853
内扩散控制 $1-2/3X-(1-X)^{2/3}=kt$	k	0.00023	0.00029	0.00023	0.00023
	R^2	0.99189	0.91846	**0.99580**	**0.99683**

续附表B-32

模型名称	模型参数	GW	AR1	AR2	LF
界面化学反应控制 $1-(1-X)^{1/3}=kt$	k	0.00192	0.00223	0.00205	0.00195
	R^2	0.87178	0.74103	0.92932	0.93010
混合机理控制 $1/3\ln(1-X)+(1-X)^{-1/3}-1=kt$	k	0.00015	0.00019	0.00015	0.00015
	R^2	**0.99661**	0.94581	0.99547	0.99557
双常数模型 $\ln C=a+b\ln t$	a	1.20129	0.93516	0.59458	1.25211
	b	0.80686	0.96276	0.93199	0.73814
	R^2	0.86942	0.83274	0.93290	0.94785
Elovich 方程 $C=a+b\ln t$	a	-3.38755	-5.08144	-8.6479	-5.69781
	b	14.97205	18.14629	15.54922	14.78219
	R^2	0.96873	**0.97080**	0.91356	0.91593
Avrami 模型 $-\ln(1-X)=kt^n$	k	0.03728	0.05257	0.01981	0.02590
	n	0.57887	0.53803	0.73391	0.66464
	R^2	0.96498	0.90795	0.97373	0.98503

附表 B-33 黑铜泥中 Cd 静态浸出动力学模型拟合结果

模型名称	模型参数	GW	AR1	AR2	LF
未收缩反应核模型-外扩散控制 $X=kt$	k	0.03299	0.10323	0.08285	0.05142
	R^2	0.89937	0.96371	0.70285	**0.94619**
收缩核模型-外扩散控制 $1-(1-X)^{2/3}=kt$	k	0.02523	0.08329	0.06429	0.03855
	R^2	0.89944	0.94299	0.67441	0.93951
内扩散控制 $1-2/3X-(1-X)^{2/3}=kt$	k	0.00324	0.01447	0.00906	0.00426
	R^2	0.89460	0.78486	0.48284	0.86479
界面化学反应控制 $1-(1-X)^{1/3}=kt$	k	0.01448	0.05094	0.03766	0.02171
	R^2	**0.89950**	0.91825	0.64525	0.93240
混合机理控制 $1/3\ln(1-X)+(1-X)^{-1/3}-1=kt$	k	0.00249	0.01575	0.00834	0.00317
	R^2	0.89090	0.72473	0.42736	0.83922

续附表B-33

模型名称	模型参数	GW	AR1	AR2	LF
双常数模型 $\ln C=a+b\ln t$	a	−3.66019	−4.66107	−4.68605	−4.18039
	b	0.28448	1.01702	0.81859	0.56353
	R^2	0.71199	0.95720	0.63783	0.90264
Elovich 方程 $C=a+b\ln t$	a	0.02485	0.00209	0.00405	0.01378
	b	0.01028	0.03190	0.02284	0.01616
	R^2	0.68260	0.70095	0.35872	0.78492
Avrami 模型 $-\ln(1-X)=kt^n$	k	0.23811	0.03201	0.00269	0.10175
	n	0.41926	1.85949	3.01368	0.88536
	R^2	0.78624	**0.99069**	**0.96669**	0.90139

附表 B-34　黑铜泥中 Cu 静态浸出动力学模型拟合结果

模型名称	模型参数	GW	AR1	AR2	LF
未收缩反应核模型-外扩散控制 $X=kt$	k	0.00215	0.00201	0.00219	0.00221
	R^2	0.61259	0.52837	0.69873	0.73764
收缩核模型-外扩散控制 $1-(1-X)^{2/3}=kt$	k	0.00151	0.00141	0.00154	0.00155
	R^2	0.62212	0.53590	0.70650	0.74714
内扩散控制 $1-2/3X-(1-X)^{2/3}=kt$	k	0.00008	0.00007	0.00008	0.00008
	R^2	0.77911	0.67198	0.83261	0.90008
界面化学反应控制 $1-(1-X)^{1/3}=kt$	k	0.00080	0.00074	0.00081	0.00082
	R^2	0.63151	0.54320	0.71413	0.75651
混合机理控制 $1/3\ln(1-X)+(1-X)^{-1/3}-1=kt$	k	0.00005	0.00004	0.00005	0.00005
	R^2	0.80106	0.68989	0.84565	0.91541
双常数模型 $\ln C=a+b\ln t$	a	2.47569	2.36378	2.21471	2.32316
	b	0.47330	0.49970	0.51471	0.49037
	R^2	0.91982	0.79899	0.88242	0.87411
Elovich 方程 $C=a+b\ln t$	a	6.48055	7.53973	0.83279	3.34744
	b	16.16287	15.47559	16.26792	15.88096
	R^2	**0.97415**	**0.92213**	**0.94736**	**0.96319**

续附表B-34

模型名称	模型参数	GW	AR1	AR2	LF
Avrami 模型 $-\ln(1-X)=kt^n$	k	0.06904	0.09287	0.05082	0.05390
	n	0.33164	0.25477	0.38892	0.37629
	R^2	0.88100	0.55384	0.84052	0.89917

附表 B-35 黑铜泥中 Fe 静态浸出动力学模型拟合结果

模型名称	模型参数	GW	AR1	AR2	LF
未收缩反应核模型-外扩散控制 $X=kt$	k	0.00252	0.00358	0.00477	0.00591
	R^2	0.84461	0.93053	**0.94220**	0.91683
收缩核模型-外扩散控制 $1-(1-X)^{2/3}=kt$	k	0.00170	0.00239	0.00321	0.00399
	R^2	**0.84637**	0.93006	0.94120	0.91838
内扩散控制 $1-2/3X-(1-X)^{2/3}=kt$	k	0.00001	0.00001	0.00003	0.00005
	R^2	0.79868	0.95996	0.89101	0.95371
界面化学反应控制 $1-(1-X)^{1/3}=kt$	k	0.00085	0.00120	0.00162	0.00202
	R^2	**0.84542**	0.93022	0.94093	0.91903
混合机理控制 $1/3\ln(1-X)+(1-X)^{-1/3}-1=kt$	k	7.38012×10^{-6}	5.59062×10^{-6}	1.53488×10^{-5}	2.85544×10^{-5}
	R^2	0.79739	**0.96028**	0.88954	**0.95490**
双常数模型 $\ln C=a+b\ln t$	a	-4.81234	-6.16395	-4.75946	-4.36141
	b	0.37848	0.95923	0.48458	0.48653
	R^2	0.72231	0.83634	0.84722	0.88577
Elovich 方程 $C=a+b\ln t$	a	0.00654	0.00104	0.00743	0.01163
	b	0.00540	0.00626	0.00719	0.01059
	R^2	0.66898	0.84623	0.76056	0.87644
Avrami 模型 $-\ln(1-X)=kt^n$	k	0.01298	0.00354	0.01286	0.02171
	n	0.43851	1.00717	0.60800	0.51836
	R^2	0.75054	0.93023	0.88346	0.93074

附表 B-36　阳极渣中 As 静态浸出动力学模型拟合结果

模型名称	模型参数	GW	AR1	AR2	LF
未收缩反应核模型-外扩散控制 $X=kt$	k	—	—	—	0.0014
	R^2	—	—	—	0.84286
收缩核模型-外扩散控制 $1-(1-X)^{2/3}=kt$	k	—	—	—	0.00094
	R^2	—	—	—	0.84416
内扩散控制 $1-2/3X-(1-X)^{2/3}=kt$	k	—	—	—	9.01295×10^{-6}
	R^2	—	—	—	0.94732
界面化学反应控制 $1-(1-X)^{1/3}=kt$	k	—	—	—	0.00048
	R^2	—	—	—	0.84545
混合机理控制 $1/3\ln(1-X)+(1-X)^{-1/3}-1=kt$	k	—	—	—	4.65174×10^{-6}
	R^2	—	—	—	0.94887
双常数模型 $\ln C=a+b\ln t$	a	—	—	—	-4.00182
	b	—	—	—	0.60879
	R^2	—	—	—	0.93322
Elovich 方程 $C=a+b\ln t$	a	—	—	—	0.00843
	b	—	—	—	0.03212
	R^2	—	—	—	**0.97231**
Avrami 模型 $-\ln(1-X)=kt^n$	k	—	—	—	0.00972
	n	—	—	—	0.49096
	R^2	—	—	—	0.95081

附表 B-37　阳极渣中 Ca 静态浸出动力学模型拟合结果

模型名称	模型参数	GW	AR1	AR2	LF
未收缩反应核模型-外扩散控制 $X=kt$	k	—	—	—	0.00159
	R^2	—	—	—	0.96113
收缩核模型-外扩散控制 $1-(1-X)^{2/3}=kt$	k	—	—	—	0.00113
	R^2	—	—	—	0.96612
内扩散控制 $1-2/3X-(1-X)^{2/3}=kt$	k	—	—	—	0.00007
	R^2	—	—	—	0.97758

续附表B-37

模型名称	模型参数	GW	AR1	AR2	LF
界面化学反应控制 $1-(1-X)^{1/3}=kt$	k	—	—	—	0.00061
	R^2	—	—	—	0.97055
混合机理控制 $1/3\ln(1-X)+(1-X)^{-1/3}-1=kt$	k	—	—	—	0.00005
	R^2	—	—	—	0.96554
双常数模型 $\ln C=a+b\ln t$	a	—	—	—	-3.21823
	b	—	—	—	0.45114
	R^2	—	—	—	**0.99323**
Elovich 方程 $C=a+b\ln t$	a	—	—	—	-0.02713
	b	—	—	—	0.07576
	R^2	—	—	—	0.87739
Avrami 模型 $-\ln(1-X)=kt^n$	k	—	—	—	0.05814
	n	—	—	—	0.00195
	R^2	—	—	—	0.97441

附表 B-38 阳极渣中 Cu 静态浸出动力学模型拟合结果

模型名称	模型参数	GW	AR1	AR2	LF
未收缩反应核模型-外扩散控制 $X=kt$	k	—	—	—	0.00026
	R^2	—	—	—	0.98547
收缩核模型-外扩散控制 $1-(1-X)^{2/3}=kt$	k	—	—	—	0.00018
	R^2	—	—	—	0.98583
内扩散控制 $1-2/3X-(1-X)^{2/3}=kt$	k	—	—	—	1.42123×10^{-6}
	R^2	—	—	—	0.97292
界面化学反应控制 $1-(1-X)^{1/3}=kt$	k	—	—	—	0.00009
	R^2	—	—	—	0.98623
混合机理控制 $1/3\ln(1-X)+(1-X)^{-1/3}-1=kt$	k	—	—	—	7.32738×10^{-7}
	R^2	—	—	—	0.97158

续附表B-38

模型名称	模型参数	GW	AR1	AR2	LF
双常数模型 $\ln C = a + b\ln t$	a	—	—	—	−0. 61980
	b	—	—	—	0. 71049
	R^2	—	—	—	0. 97869
Elovich 方程 $C = a + b\ln t$	a	—	—	—	−3. 58738
	b	—	—	—	3. 79778
	R^2	—	—	—	0. 82362
Avrami 模型 $-\ln(1-X) = kt^n$	k	—	—	—	0. 00120
	n	—	—	—	0. 71464
	R^2	—	—	—	**0. 99439**

附表 B-39　阳极渣中 Fe 静态浸出动力学模型拟合结果

模型名称	模型参数	GW	AR1	AR2	LF
未收缩反应核模型-外扩散控制 $X = kt$	k	—	—	—	0. 00003
	R^2	—	—	—	0. 87414
收缩核模型-外扩散控制 $1-(1-X)^{2/3} = kt$	k	—	—	—	0. 00002
	R^2	—	—	—	0. 88538
内扩散控制 $1-2/3X-(1-X)^{2/3} = kt$	k	—	—	—	1.9726×10^{-9}
	R^2	—	—	—	0. 95487
界面化学反应控制 $1-(1-X)^{1/3} = kt$	k	—	—	—	0. 00001
	R^2	—	—	—	0. 87314
混合机理控制 $1/3\ln(1-X)+(1-X)^{-1/3}-1 = kt$	k	—	—	—	9.89954×10^{-10}
	R^2	—	—	—	**0. 95527**
双常数模型 $\ln C = a + b\ln t$	a	—	—	—	−4. 67933
	b	—	—	—	0. 83227
	R^2	—	—	—	0. 92995
Elovich 方程 $C = a + b\ln t$	a	—	—	—	0. 00369
	b	—	—	—	0. 02372
	R^2	—	—	—	0. 92873

续附表B-39

模型名称	模型参数	GW	AR1	AR2	LF
Avrami 模型 $-\ln(1-X)=kt^n$	k	—	—	—	8.73761×10^{-5}
	n	—	—	—	0.65931
	R^2	—	—	—	0.93332

附表 B-40 阳极渣中 Pb 静态浸出动力学模型拟合结果

模型名称	模型参数	GW	AR1	AR2	LF
未收缩反应核模型-外扩散控制 $X=kt$	k	—	—	—	0.00047
	R^2	—	—	—	0.91192
收缩核模型-外扩散控制 $1-(1-X)^{2/3}=kt$	k	—	—	—	0.00032
	R^2	—	—	—	0.91368
内扩散控制 $1-2/3X-(1-X)^{2/3}=kt$	k	—	—	—	4.39674×10^{-6}
	R^2	—	—	—	0.99115
界面化学反应控制 $1-(1-X)^{1/3}=kt$	k	—	—	—	0.00016
	R^2	—	—	—	0.91536
混合机理控制 $1/3\ln(1-X)+(1-X)^{-1/3}-1=kt$	k	—	—	—	2.31152×10^{-6}
	R^2	—	—	—	**0.99195**
双常数模型 $\ln C=a+b\ln t$	a	—	—	—	-3.99284
	b	—	—	—	0.63923
	R^2	—	—	—	0.96753
Elovich 方程 $C=a+b\ln t$	a	—	—	—	-0.04698
	b	—	—	—	0.07677
	R^2	—	—	—	0.92790
Avrami 模型 $-\ln(1-X)=kt^n$	k	—	—	—	0.00568
	n	—	—	—	0.52742
	R^2	—	—	—	0.98702

附表 B-41　阳极渣中 Zn 静态浸出动力学模型拟合结果

模型名称	模型参数	GW	AR1	AR2	LF
未收缩反应核模型-外扩散控制 $X=kt$	k	—	—	—	0. 00043
	R^2	—	—	—	0. 91235
收缩核模型-外扩散控制 $1-(1-X)^{2/3}=kt$	k	—	—	—	0. 00029
	R^2	—	—	—	0. 91426
内扩散控制 $1-2/3X-(1-X)^{2/3}=kt$	k	—	—	—	4.11936×10^{-6}
	R^2	—	—	—	0. 99608
界面化学反应控制 $1-(1-X)^{1/3}=kt$	k	—	—	—	0. 00015
	R^2	—	—	—	0. 91618
混合机理控制 $1/3\ln(1-X)+(1-X)^{-1/3}-1=kt$	k	—	—	—	2.16673×10^{-6}
	R^2	—	—	—	**0. 99693**
双常数模型 $\ln C=a+b\ln t$	a	—	—	—	-4. 69023
	b	—	—	—	0. 67871
	R^2	—	—	—	0. 95425
Elovich 方程 $C=a+b\ln t$	a	—	—	—	-0. 03521
	b	—	—	—	0. 04903
	R^2	—	—	—	0. 93272
Avrami 模型 $-\ln(1-X)=kt^n$	k	—	—	—	0. 00541
	n	—	—	—	0. 53002
	R^2	—	—	—	0. 99011

附表 B-42　脱硫石膏渣中 As 静态浸出动力学模型拟合结果

模型名称	模型参数	GW	AR1	AR2	LF
未收缩反应核模型-外扩散控制 $X=kt$	k	0. 01171	0. 01344	0. 01810	0. 04128
	R^2	0. 62647	0. 84434	0. 86175	0. 71638
收缩核模型-外扩散控制 $1-(1-X)^{2/3}=kt$	k	0. 00806	0. 00927	0. 01256	0. 03865
	R^2	0. 62797	0. 84641	0. 86518	0. 80486
内扩散控制 $1-2/3X-(1-X)^{2/3}=kt$	k	0. 00025	0. 00031	0. 00049	0. 01113
	R^2	0. 66785	0. 89668	0. 93098	0. 93959

续附表B-42

模型名称	模型参数	GW	AR1	AR2	LF
界面化学反应控制 $1-(1-X)^{1/3}=kt$	k	0.00416	0.00480	0.00653	0.02854
	R^2	0.62951	0.84859	0.86850	0.88639
混合机理控制 $1/3\ln(1-X)+(1-X)^{-1/3}-1=kt$	k	0.00014	0.00017	0.00028	0.02907
	R^2	0.67154	0.90072	0.93661	**0.95765**
双常数模型 $\ln C=a+b\ln t$	a	0.21042	0.22176	0.23565	0.68520
	b	0.48831	0.49331	0.5936	0.90242
	R^2	0.84486	0.96358	0.96519	0.89046
Elovich 方程 $C=a+b\ln t$	a	1.21625	1.21043	1.21124	-0.64184
	b	0.92218	0.97645	1.31112	7.10899
	R^2	**0.85992**	**0.97196**	**0.98480**	0.89246
Avrami 模型 $-\ln(1-X)=kt^n$	k	0.06391	0.06192	0.06606	0.13871
	n	0.41894	0.46318	0.53893	0.97874
	R^2	0.77779	0.93942	0.94661	0.94571

附表 B-43 脱硫石膏渣中 Ca 静态浸出动力学模型拟合结果

模型名称	模型参数	GW	AR1	AR2	LF
未收缩反应核模型-外扩散控制 $X=kt$	k	0.00043	0.00128	0.00035	0.00461
	R^2	0.89975	0.93732	0.75211	**0.92047**
收缩核模型-外扩散控制 $1-(1-X)^{2/3}=kt$	k	0.00029	0.00086	0.00024	0.00313
	R^2	0.90251	0.93705	0.75101	0.91966
内扩散控制 $1-2/3X-(1-X)^{2/3}=kt$	k	4.0000×10^{-6}	0.00001	3.4×10^{-6}	0.00006
	R^2	**0.91600**	**0.93836**	0.78922	0.86999
界面化学反应控制 $1-(1-X)^{1/3}=kt$	k	0.00015	0.00044	0.00012	0.00160
	R^2	0.89979	0.93739	0.75257	0.91876
混合机理控制 $1/3\ln(1-X)+(1-X)^{-1/3}-1=kt$	k	2.0678×10^{-6}	6.17143×10^{-6}	1.65×10^{-6}	0.00003
	R^2	0.87104	0.92824	0.72360	0.86370

续附表B-43

模型名称	模型参数	GW	AR1	AR2	LF
双常数模型 $\ln C=a+b\ln t$	a	2. 54110	2. 45344	2. 58892	2. 58782
	b	0. 04142	0. 11260	0. 02816	0. 24056
	R^2	0. 80895	0. 86815	0. 96423	0. 77853
Elovich 方程 $C=a+b\ln t$	a	12. 67435	11. 50153	13. 31502	12. 78369
	b	0. 55734	1. 51945	0. 38407	4. 35704
	R^2	0. 80993	0. 86470	0. 96637	0. 71584
Avrami 模型 $-\ln(1-X)=kt^n$	k	0. 03906	0. 03564	0. 04103	0. 03899
	n	0. 04265	0. 11706	0. 02862	0. 28650
	R^2	0. 81599	0. 87800	**0. 96310**	0. 78400

附表 B-44　脱硫石膏渣中 Cd 静态浸出动力学模型拟合结果

模型名称	模型参数	GW	AR1	AR2	LF
未收缩反应核模型-外扩散控制 $X=kt$	k	0. 01108	0. 00892	0. 00715	0. 11357
	R^2	0. 68709	0. 71721	0. 93739	**0. 91961**
收缩核模型-外扩散控制 $1-(1-X)^{2/3}=kt$	k	0. 00749	0. 00607	0. 00490	0. 10787
	R^2	0. 68979	0. 71925	0. 93812	0. 85706
内扩散控制 $1-2/3X-(1-X)^{2/3}=kt$	k	0. 00011	0. 00012	0. 00013	0. 03215
	R^2	0. 85290	0. 81723	0. 95409	0. 65414
界面化学反应控制 $1-(1-X)^{1/3}=kt$	k	0. 00380	0. 00310	0. 00251	0. 08095
	R^2	0. 69260	0. 72161	0. 93843	0. 76160
混合机理控制 $1/3\ln(1-X)+(1-X)^{-1/3}-1=kt$	k	0. 00006	0. 00007	0. 00007	0. 09409
	R^2	0. 85662	0. 82237	0. 95557	0. 38369
双常数模型 $\ln C=a+b\ln t$	a	-6. 05016	-6. 49547	-5. 77696	-4. 29264
	b	0. 38581	0. 69762	0. 34596	0. 63968
	R^2	0. 88918	0. 81367	0. 96100	0. 81015

续附表B-44

模型名称	模型参数	GW	AR1	AR2	LF
Elovich 方程 $C=a+b\ln t$	a	0.00060	0.00078	0.00275	0.00849
	b	0.00237	0.00242	0.00166	0.02002
	R^2	**0.89907**	**0.89621**	0.95799	0.69466
Avrami 模型 $-\ln(1-X)=kt^n$	k	0.02302	0.03017	0.05073	0.00339
	n	0.69012	0.57337	0.35969	3.47868
	R^2	0.75534	0.80387	**0.96176**	0.89524

附表 B-45 脱硫石膏渣中 Cu 静态浸出动力学模型拟合结果

模型名称	模型参数	GW	AR1	AR2	LF
未收缩反应核模型-外扩散控制 $X=kt$	k	—	—	—	0.01498
	R^2	—	—	—	0.99728
收缩核模型-外扩散控制 $1-(1-X)^{2/3}=kt$	k	—	—	—	0.01106
	R^2	—	—	—	0.99847
内扩散控制 $1-2/3X-(1-X)^{2/3}=kt$	k	—	—	—	0.00108
	R^2	—	—	—	0.97808
界面化学反应控制 $1-(1-X)^{1/3}=kt$	k	—	—	—	0.00614
	R^2	—	—	—	**0.99901**
混合机理控制 $1/3\ln(1-X)+(1-X)^{-1/3}-1=kt$	k	—	—	—	0.00076
	R^2	—	—	—	0.96173
双常数模型 $\ln C=a+b\ln t$	a	—	—	—	-2.89926
	b	—	—	—	0.43112
	R^2	—	—	—	0.94610
Elovich 方程 $C=a+b\ln t$	a	—	—	—	0.03882
	b	—	—	—	0.05273
	R^2	—	—	—	0.86336
Avrami 模型 $-\ln(1-X)=kt^n$	k	—	—	—	0.08393
	n	—	—	—	0.59033
	R^2	—	—	—	0.96919

附表 B-46 脱硫石膏渣中 Zn 静态浸出动力学模型拟合结果

模型名称	模型参数	GW	AR1	AR2	LF
未收缩反应核模型-外扩散控制 $X=kt$	k	—	—	—	0. 01566
	R^2	—	—	—	0. 93149
收缩核模型-外扩散控制 $1-(1-X)^{2/3}=kt$	k	—	—	—	0. 01168
	R^2	—	—	—	0. 93795
内扩散控制 $1-2/3X-(1-X)^{2/3}=kt$	k	—	—	—	0. 00125
	R^2	—	—	—	0. 97369
界面化学反应控制 $1-(1-X)^{1/3}=kt$	k	—	—	—	0. 00655
	R^2	—	—	—	0. 94407
混合机理控制 $1/3\ln(1-X)+(1-X)^{-1/3}-1=kt$	k	—	—	—	0. 00091
	R^2	—	—	—	0. 98026
双常数模型 $\ln C=a+b\ln t$	a	—	—	—	-3. 34855
	b	—	—	—	0. 42440
	R^2	—	—	—	0. 94429
Elovich 方程 $C=a+b\ln t$	a	—	—	—	0. 02671
	b	—	—	—	0. 03155
	R^2	—	—	—	0. 91586
Avrami 模型 $-\ln(1-X)=kt^n$	k	—	—	—	0. 11543
	n	—	—	—	0. 52354
	R^2	—	—	—	**0. 97513**

附表 B-47 硫化砷渣中 As 静态浸出动力学模型拟合结果

模型名称	模型参数	GW	AR1	AR2	LF
未收缩反应核模型-外扩散控制 $X=kt$	k	0. 01558	0. 02363	0. 02609	0. 03267
	R^2	0. 96222	0. 87394	0. 95172	0. 91213
收缩核模型-外扩散控制 $1-(1-X)^{2/3}=kt$	k	0. 01099	0. 01671	0. 01831	0. 02310
	R^2	0. 96413	0. 88001	0. 95392	0. 91611
内扩散控制 $1-2/3X-(1-X)^{2/3}=kt$	k	0. 00061	0. 00096	0. 00091	0. 00132
	R^2	0. 98884	0. 96113	0. 97490	0. 95944

续附表B-47

模型名称	模型参数	GW	AR1	AR2	LF
界面化学反应控制 $1-(1-X)^{1/3}=kt$	k	0.00581	0.00887	0.00964	0.01225
	R^2	0.96601	0.88594	0.95600	0.91993
混合机理控制 $1/3\ln(1-X)+(1-X)^{-1/3}-1=kt$	k	0.00036	0.00058	0.00054	0.00080
	R^2	0.99155	0.96983	0.97544	0.96325
双常数模型 $\ln C=a+b\ln t$	a	3.24254	3.01812	2.66216	2.64593
	b	0.31402	0.53116	0.66677	0.78764
	R^2	**0.99918**	0.91308	**0.98796**	0.94890
Elovich 方程 $C=a+b\ln t$	a	25.31127	20.07981	12.10789	12.54718
	b	10.86202	17.91612	19.32243	24.51929
	R^2	0.99149	**0.97734**	0.96924	**0.99118**
Avrami 模型 $-\ln(1-X)=kt^n$	k	0.11553	0.10144	0.06583	0.07651
	n	0.34203	0.50527	0.68341	0.71187
	R^2	0.99837	0.94497	0.97764	0.95204

附表 B-48 硫化砷渣中 Ca 静态浸出动力学模型拟合结果

模型名称	模型参数	GW	AR1	AR2	LF
未收缩反应核模型-外扩散控制 $X=kt$	k	0.04247	0.05949	0.07090	0.12114
	R^2	0.60617	0.76241	0.80954	0.90850
收缩核模型-外扩散控制 $1-(1-X)^{2/3}=kt$	k	0.03552	0.04864	0.05727	0.11510
	R^2	0.63488	0.78673	0.84092	0.96590
内扩散控制 $1-2/3X-(1-X)^{2/3}=kt$	k	0.00721	0.00899	0.01002	0.03388
	R^2	0.74877	0.88075	0.95811	0.97694
界面化学反应控制 $1-(1-X)^{1/3}=kt$	k	0.02235	0.02996	0.03491	0.08363
	R^2	0.66411	0.81026	0.87116	0.96674
混合机理控制 $1/3\ln(1-X)+(1-X)^{-1/3}-1=kt$	k	0.00751	0.00898	0.00998	0.08602
	R^2	0.82865	0.92523	**0.99356**	0.79706

续附表B-48

模型名称	模型参数	GW	AR1	AR2	LF
双常数模型 $\ln C=a+b\ln t$	a	0. 54916	0. 23789	−0. 04836	0. 07107
	b	0. 33194	0. 49840	0. 66089	0. 82792
	R^2	0. 81197	0. 87962	0. 92828	0. 90057
Elovich 方程 $C=a+b\ln t$	a	1. 74747	1. 27237	0. 93944	0. 96264
	b	0. 73542	0. 97605	1. 14832	1. 87102
	R^2	**0. 87444**	**0. 94583**	0. 98507	**0. 98158**
Avrami 模型 $-\ln(1-X)=kt^n$	k	0. 45969	0. 28221	0. 16963	−0. 19418
	n	0. 08465	0. 11119	0. 12841	0. 39474
	R^2	0. 69351	0. 83270	0. 89943	0. 97216

附表 B-49　硫化砷渣中 Cd 静态浸出动力学模型拟合结果

模型名称	模型参数	GW	AR1	AR2	LF
未收缩反应核模型-外扩散控制 $X=kt$	k	0. 10753	0. 11108	0. 10750	0. 13137
	R^2	0. 92542	0. 76692	0. 95149	0. 77457
收缩核模型-外扩散控制 $1-(1-X)^{2/3}=kt$	k	0. 08716	0. 09439	0. 09347	0. 12320
	R^2	0. 93055	0. 80915	0. 97165	0. 82448
内扩散控制 $1-2/3X-(1-X)^{2/3}=kt$	k	0. 01547	0. 02034	0. 02180	0. 03561
	R^2	0. 95179	0. 93765	**0. 99832**	0. 90743
界面化学反应控制 $1-(1-X)^{1/3}=kt$	k	0. 05324	0. 06068	0. 06141	0. 08844
	R^2	0. 93589	0. 84993	0. 98658	0. 86546
混合机理控制 $1/3\ln(1-X)+(1-X)^{-1/3}-1=kt$	k	0. 01528	0. 02422	0. 02712	0. 06418
	R^2	0. 96854	**0. 99161**	0. 97404	**0. 91898**
双常数模型 $\ln C=a+b\ln t$	a	−2. 27827	−2. 11928	−1. 97984	−1. 91494
	b	0. 66301	0. 68588	0. 56018	0. 65426
	R^2	0. 98095	0. 86259	0. 99072	0. 86607
Elovich 方程 $C=a+b\ln t$	a	0. 10281	0. 12123	0. 13104	0. 14786
	b	0. 11643	0. 13292	0. 12149	0. 15626
	R^2	**0. 98726**	0. 94385	0. 99659	0. 93908

续附表B-49

模型名称	模型参数	GW	AR1	AR2	LF
Avrami 模型 $-\ln(1-X)=kt^n$	k	0.08183	0.17064	0.13581	0.10229
	n	0.19609	0.23606	0.24386	0.38883
	R^2	0.94144	0.88774	0.99584	0.89527

附表 B-50 硫化砷渣中 Fe 静态浸出动力学模型拟合结果

模型名称	模型参数	GW	AR1	AR2	LF
未收缩反应核模型-外扩散控制 $X=kt$	k	0.05469	0.06205	0.06739	0.07548
	R^2	0.40858	0.50299	0.69000	0.43352
收缩核模型-外扩散控制 $1-(1-X)^{2/3}=kt$	k	0.04748	0.05334	0.05571	0.06503
	R^2	0.42356	0.53720	0.72236	0.48441
内扩散控制 $1-2/3X-(1-X)^{2/3}=kt$	k	0.01102	0.01197	0.01078	0.01471
	R^2	0.47483	0.65675	0.83613	0.65535
界面化学反应控制 $1-(1-X)^{1/3}=kt$	k	0.03111	0.03468	0.03476	0.04255
	R^2	0.44021	0.57293	0.75341	0.53713
混合机理控制 $1/3\ln(1-X)+(1-X)^{-1/3}-1=kt$	k	0.01344	0.01463	0.01152	0.01925
	R^2	0.53858	0.75752	0.89105	0.77509
双常数模型 $\ln C=a+b\ln t$	a	-2.00833	-2.14322	-2.49620	-2.36410
	b	0.39650	0.47483	0.60975	0.64634
	R^2	0.77895	0.71343	0.82429	0.65480
Elovich 方程 $C=a+b\ln t$	a	0.13782	0.12375	0.08257	0.10347
	b	0.07139	0.07850	0.08564	0.09846
	R^2	**0.79950**	**0.78455**	**0.90903**	**0.76762**
Avrami 模型 $-\ln(1-X)=kt^n$	k	0.60200	0.54371	0.35301	0.50044
	n	0.42248	0.47341	0.60182	0.56632
	R^2	0.68596	0.74919	0.85591	0.71766

附表 B-51　硫化砷渣中 Zn 静态浸出动力学模型拟合结果

模型名称	模型参数	GW	AR1	AR2	LF
未收缩反应核模型-外扩散控制 $X=kt$	k	0. 04884	0. 05802	0. 07125	0. 08561
	R^2	0. 50602	0. 52425	0. 6679	0. 49686
收缩核模型-外扩散控制 $1-(1-X)^{2/3}=kt$	k	0. 04236	0. 05029	0. 05972	0. 08016
	R^2	0. 51706	0. 55744	0. 6927	0. 59314
未收缩反应核模型内扩散控制 $1-2/3X-(1-X)^{2/3}=kt$	k	0. 00979	0. 01162	0. 01222	0. 02309
	R^2	0. 55394	0. 66822	0. 77269	0. 81306
界面化学反应控制 $1-(1-X)^{1/3}=kt$	k	0. 02768	0. 03294	0. 03779	0. 05777
	R^2	0. 52889	0. 59178	0. 71666	0. 69088
混合机理控制 $1/3\ln(1-X)+(1-X)^{-1/3}-1=kt$	k	0. 01161	0. 01432	0. 01354	0. 04409
	R^2	0. 59690	0. 76213	0. 81923	**0. 96160**
双常数模型 $\ln C=a+b\ln t$	a	-1. 27545	-1. 38948	-1. 70620	-1. 57323
	b	0. 33817	0. 42200	0. 58631	0. 65568
	R^2	0. 81985	0. 73607	0. 86686	0. 70007
Elovich 方程 $C=a+b\ln t$	a	0. 28457	0. 25845	0. 17898	0. 21754
	b	0. 12140	0. 14319	0. 17410	0. 22471
	R^2	**0. 83537**	**0. 80239**	**0. 91449**	0. 83865
Avrami 模型 $-\ln(1-X)=kt^n$	k	0. 61079	0. 56295	0. 40107	0. 54100
	n	0. 38441	0. 45134	0. 58679	0. 68688
	R^2	0. 75020	0. 77136	0. 83655	0. 85165

附表 B-52　中和渣中 As 静态浸出动力学模型拟合结果

模型名称	模型参数	GW	AR1	AR2	LF
未收缩反应核模型-外扩散控制 $X=kt$	k	—	—	—	0. 00576
	R^2	—	—	—	0. 64167
收缩核模型-外扩散控制 $1-(1-X)^{2/3}=kt$	k	—	—	—	0. 00430
	R^2	—	—	—	0. 66742
内扩散控制 $1-2/3X-(1-X)^{2/3}=kt$	k	—	—	—	0. 00046
	R^2	—	—	—	0. 87009

续附表B-52

模型名称	模型参数	GW	AR1	AR2	LF
界面化学反应控制 $1-(1-X)^{1/3}=kt$	k	—	—	—	0. 00241
	R^2	—	—	—	0. 69295
混合机理控制 $1/3\ln(1-X)+(1-X)^{-1/3}-1=kt$	k	—	—	—	0. 00034
	R^2	—	—	—	0. 91522
双常数模型 $\ln C=a+b\ln t$	a	—	—	—	2. 94384
	b	—	—	—	0. 51166
	R^2	—	—	—	0. 83882
Elovich 方程 $C=a+b\ln t$	a	—	—	—	13. 02232
	b	—	—	—	24. 94617
	R^2	—	—	—	**0. 98233**
Avrami 模型 $-\ln(1-X)=kt^n$	k	—	—	—	0. 12258
	n	—	—	—	0. 39875
	R^2	—	—	—	0. 92614

附表 B-53　中和渣中 Zn 静态浸出动力学模型拟合结果

模型名称	模型参数	GW	AR1	AR2	LF
未收缩反应核模型-外扩散控制 $X=kt$	k	—	—	—	0. 00099
	R^2	—	—	—	0. 93859
收缩核模型-外扩散控制 $1-(1-X)^{2/3}=kt$	k	—	—	—	0. 00066
	R^2	—	—	—	0. 93851
内扩散控制 $1-2/3X-(1-X)^{2/3}=kt$	k	—	—	—	4.66953×10^{-6}
	R^2	—	—	—	**0. 94888**
界面化学反应控制 $1-(1-X)^{1/3}=kt$	k	—	—	—	0. 00033
	R^2	—	—	—	0. 93838
混合机理控制 $1/3\ln(1-X)+(1-X)^{-1/3}-1=kt$	k	—	—	—	2.36695×10^{-6}
	R^2	—	—	—	0. 94457

续附表B-53

模型名称	模型参数	GW	AR1	AR2	LF
双常数模型 $\ln C=a+b\ln t$	a	—	—	—	-6.00476
	b	—	—	—	0.23300
	R^2	—	—	—	0.83649
Elovich 方程 $C=a+b\ln t$	a	—	—	—	0.00234
	b	—	—	—	0.00083
	R^2	—	—	—	0.76007
Avrami 模型 $-\ln(1-X)=kt^n$	k	—	—	—	0.01264
	n	—	—	—	0.27277
	R^2	—	—	—	0.85235

附表 B-54　污酸处理石膏渣中 As 静态浸出动力学模型拟合结果

模型名称	模型参数	GW	AR1	AR2	LF
未收缩反应核模型-外扩散控制 $X=kt$	k	3.51822	3.26954	3.15470	0.03773
	R^2	0.51985	0.22511	0.57020	0.74289
收缩核模型-外扩散控制 $1-(1-X)^{2/3}=kt$	k	0.01791	0.01456	0.01656	0.03413
	R^2	0.54355	0.25644	0.59678	0.81406
内扩散控制 $1-2/3X-(1-X)^{2/3}=kt$	k	0.00213	0.00177	0.00175	0.00897
	R^2	0.71445	0.53565	0.80017	0.96170
界面化学反应控制 $1-(1-X)^{1/3}=kt$	k	0.01019	0.00832	0.00928	0.02391
	R^2	0.56743	0.28940	0.62331	0.88068
混合机理控制 $1/3\ln(1-X)+(1-X)^{-1/3}-1=kt$	k	0.00166	0.00142	0.00131	0.01732
	R^2	0.77717	0.63729	0.85088	**0.98584**
双常数模型 $\ln C=a+b\ln t$	a	1.08084	1.15068	0.87933	0.98696
	b	0.60517	0.63146	0.62803	0.76135
	R^2	0.80638	0.45355	0.85649	0.82565
Elovich 方程 $C=a+b\ln t$	a	2.84618	4.08423	2.36408	1.34055
	b	3.51822	3.26954	3.15470	6.75645
	R^2	**0.90383**	**0.65600**	**0.94334**	0.93069

续附表B-54

模型名称	模型参数	GW	AR1	AR2	LF
Avrami 模型 $-\ln(1-X)=kt^n$	k	0. 19990	0. 26733	0. 16318	0. 20929
	n	0. 46486	0. 36046	0. 48754	0. 77992
	R^2	0. 78805	0. 56473	0. 83883	0. 95674

附表 B-55 污酸处理石膏渣中 Ca 静态浸出动力学模型拟合结果

模型名称	模型参数	GW	AR1	AR2	LF
未收缩反应核模型-外扩散控制 $X=kt$	k	0. 00253	0. 00361	0. 00192	0. 00065
	R^2	0. 82231	0. 45041	0. 75945	0. 61104
收缩核模型-外扩散控制 $1-(1-X)^{2/3}=kt$	k	0. 00161	0. 00244	0. 00130	0. 00044
	R^2	0. 83327	0. 45336	0. 76327	0. 61354
内扩散控制 $1-2/3X-(1-X)^{2/3}=kt$	k	0. 00003	0. 00004	0. 00002	0. 00001
	R^2	0. 84845	0. 50155	0. 79372	0. 68756
界面化学反应控制 $1-(1-X)^{1/3}=kt$	k	0. 01272	0. 00124	0. 00066	0. 00023
	R^2	0. 82810	0. 45393	0. 76396	0. 61539
混合机理控制 $1/3\ln(1-X)+(1-X)^{-1/3}-1=kt$	k	0. 00002	0. 00002	0. 00001	5.48441×10^{-6}
	R^2	0. 85265	0. 50482	0. 78777	0. 69143
双常数模型 $\ln C=a+b\ln t$	a	2. 69866	2. 51121	2. 69032	2. 69347
	b	0. 15036	0. 25624	0. 12457	0. 17165
	R^2	0. 97980	0. 66239	0. 96102	0. 94798
Elovich 方程 $C=a+b\ln t$	a	14. 85428	12. 50844	14. 72667	14. 72667
	b	2. 54733	3. 74759	2. 04524	2. 04524
	R^2	**0. 98633**	**0. 69809**	**0. 97030**	**0. 98143**
Avrami 模型 $-\ln(1-X)=kt^n$	k	0. 04697	0. 04034	0. 04657	0. 04806
	n	0. 15172	0. 22895	0. 12498	0. 16459
	R^2	0. 97540	0. 64051	0. 95590	0. 95254

附表 B-56　污酸处理石膏渣中 Cd 静态浸出动力学模型拟合结果

模型名称	模型参数	GW	AR1	AR2	LF
未收缩反应核模型-外扩散控制 $X=kt$	k	—	—	—	0. 01328
	R^2	—	—	—	0. 96785
收缩核模型-外扩散控制 $1-(1-X)^{2/3}=kt$	k	—	—	—	0. 01516
	R^2	—	—	—	0. 98110
内扩散控制 $1-2/3X-(1-X)^{2/3}=kt$	k	—	—	—	0. 00318
	R^2	—	—	—	0. 83861
界面化学反应控制 $1-(1-X)^{1/3}=kt$	k	—	—	—	0. 00908
	R^2	—	—	—	0. 94131
混合机理控制 $1/3\ln(1-X)+(1-X)^{-1/3}-1=kt$	k	—	—	—	0. 00641
	R^2	—	—	—	0. 77557
双常数模型 $\ln C=a+b\ln t$	a	—	—	—	-3. 42341
	b	—	—	—	0. 77688
	R^2	—	—	—	0. 89407
Elovich 方程 $C=a+b\ln t$	a	—	—	—	-0. 17313
	b	—	—	—	0. 22001
	R^2	—	—	—	0. 50823
Avrami 模型 $-\ln(1-X)=kt^n$	k	—	—	—	0. 00101
	n	—	—	—	1. 88437
	R^2	—	—	—	**0. 99836**

附表 B-57　污酸处理石膏渣中 Cu 静态浸出动力学模型拟合结果

模型名称	模型参数	GW	AR1	AR2	LF
未收缩反应核模型-外扩散控制 $X=kt$	k	—	—	—	0. 19812
	R^2	—	—	—	0. 95215
收缩核模型-外扩散控制 $1-(1-X)^{2/3}=kt$	k	—	—	—	0. 00170
	R^2	—	—	—	0. 94498
内扩散控制 $1-2/3X-(1-X)^{2/3}=kt$	k	—	—	—	0. 00011
	R^2	—	—	—	**0. 96713**

续附表B-57

模型名称	模型参数	GW	AR1	AR2	LF
界面化学反应控制 $1-(1-X)^{1/3}=kt$	k	—	—	—	0. 00091
	R^2	—	—	—	0. 95158
混合机理控制 $1/3\ln(1-X)+(1-X)^{-1/3}-1=kt$	k	—	—	—	0. 00007
	R^2	—	—	—	0. 96286
双常数模型 $\ln C=a+b\ln t$	a	—	—	—	-17. 33413
	b	—	—	—	3. 17681
	R^2	—	—	—	0. 83037
Elovich 方程 $C=a+b\ln t$	a	—	—	—	-0. 37303
	b	—	—	—	0. 10763
	R^2	—	—	—	0. 95217
Avrami 模型 $-\ln(1-X)=kt^n$	k	—	—	—	-0. 07030
	n	—	—	—	0. 00295
	R^2	—	—	—	0. 95762

附表 B-58 污酸处理石膏渣中 Zn 静态浸出动力学模型拟合结果

模型名称	模型参数	GW	AR1	AR2	LF
未收缩反应核模型-外扩散控制 $X=kt$	k	—	—	—	0. 00912
	R^2	—	—	—	**0. 98628**
收缩核模型-外扩散控制 $1-(1-X)^{2/3}=kt$	k	—	—	—	0. 00701
	R^2	—	—	—	0. 97762
内扩散控制 $1-2/3X-(1-X)^{2/3}=kt$	k	—	—	—	0. 00093
	R^2	—	—	—	0. 87272
界面化学反应控制 $1-(1-X)^{1/3}=kt$	k	—	—	—	0. 00407
	R^2	—	—	—	0. 96697
混合机理控制 $1/3\ln(1-X)+(1-X)^{-1/3}-1=kt$	k	—	—	—	0. 00084
	R^2	—	—	—	0. 84026

续附表B-58

模型名称	模型参数	GW	AR1	AR2	LF
双常数模型 $\ln C=a+b\ln t$	a	—	—	—	-2.93022
	b	—	—	—	0.56922
	R^2	—	—	—	0.89803
Elovich 方程 $C=a+b\ln t$	a	—	—	—	-0.05530
	b	—	—	—	0.14824
	R^2	—	—	—	0.64615
Avrami 模型 $-\ln(1-X)=kt^n$	k	—	—	—	0.00525
	n	—	—	—	1.25728
	R^2	—	—	—	0.97111

附表 B-59　铅滤饼中 As 静态浸出动力学模型拟合结果

模型名称	模型参数	GW	AR1	AR2	LF
未收缩反应核模型-外扩散控制 $X=kt$	k	0.00477	0.00484	0.00454	0.00565
	R^2	0.68992	0.63737	0.72392	0.74495
收缩核模型-外扩散控制 $1-(1-X)^{2/3}=kt$	k	0.00384	0.00395	0.00373	0.00464
	R^2	0.73038	0.68067	0.75356	0.79108
内扩散控制 $1-2/3X-(1-X)^{2/3}=kt$	k	0.00066	0.00072	0.00070	0.00088
	R^2	0.89778	0.84963	0.85870	0.94812
界面化学反应控制 $1-(1-X)^{1/3}=kt$	k	0.00234	0.00244	0.00231	0.00290
	R^2	0.76947	0.72234	0.78162	0.83527
混合机理控制 $1/3\ln(1-X)+(1-X)^{-1/3}-1=kt$	k	0.00067	0.00078	0.00074	0.00102
	R^2	0.95130	0.90952	0.89887	**0.99186**
双常数模型 $\ln C=a+b\ln t$	a	2.63682	2.59726	3.20026	2.23526
	b	0.57823	0.61354	0.41017	0.70358
	R^2	0.79246	0.72093	**0.95530**	0.77823
Elovich 方程 $C=a+b\ln t$	a	1.25492	3.53992	5.57606	-8.80732
	b	30.73102	32.20191	29.94301	35.20212
	R^2	**0.99041**	**0.98246**	0.95186	0.99077

续附表B-59

模型名称	模型参数	GW	AR1	AR2	LF
Avrami 模型 $-\ln(1-X)=kt^n$	k	0. 13830	0. 16313	0. 14716	0. 11178
	n	0. 44817	0. 43019	0. 44491	0. 53015
	R^2	0. 95479	0. 93516	0. 94744	0. 97309

附表 B-60 铅滤饼中 Ca 静态浸出动力学模型拟合结果

模型名称	模型参数	GW	AR1	AR2	LF
未收缩反应核模型-外扩散控制 $X=kt$	k	0. 03841	0. 01692	0. 02194	0. 02388
	R^2	0. 55999	0. 49218	0. 61341	0. 54086
收缩核模型-外扩散控制 $1-(1-X)^{2/3}=kt$	k	0. 04120	0. 01239	0. 01623	0. 01836
	R^2	0. 69897	0. 50730	0. 62855	0. 57415
内扩散控制 $1-2/3X-(1-X)^{2/3}=kt$	k	0. 01559	0. 00110	0. 00160	0. 00244
	R^2	0. 90199	0. 66691	0. 75071	0. 79055
界面化学反应控制 $1-(1-X)^{1/3}=kt$	k	0. 03495	0. 00681	0. 00901	0. 01062
	R^2	0. 83055	0. 52257	0. 64349	0. 60757
混合机理控制 $1/3\ln(1-X)+(1-X)^{-1/3}-1=kt$	k	0. 05608	0. 00076	0. 00114	0. 00200
	R^2	**0. 99702**	0. 71120	0. 78304	0. 86110
双常数模型 $\ln C=a+b\ln t$	a	0. 03364	-1. 18180	-1. 28358	-0. 91693
	b	0. 41015	0. 55243	0. 62497	0. 57355
	R^2	0. 80104	0. 77773	0. 85089	0. 75350
Elovich 方程 $C=a+b\ln t$	a	1. 00526	0. 31037	0. 25019	0. 40042
	b	0. 67030	0. 29471	0. 35890	0. 41441
	R^2	0. 90251	**0. 88110**	**0. 93582**	**0. 91237**
Avrami 模型 $-\ln(1-X)=kt^n$	k	0. 31357	0. 10644	0. 09636	0. 13929
	n	0. 40036	0. 37239	0. 45296	0. 40039
	R^2	0. 86949	0. 7575	0. 81974	0. 79433

附表 B-61　铅滤饼中 Cd 静态浸出动力学模型拟合结果

模型名称	模型参数	GW	AR1	AR2	LF
未收缩反应核模型-外扩散控制 $X=kt$	k	0.08516	0.07158	0.07182	0.07712
	R^2	0.83091	0.89473	0.94700	0.93293
收缩核模型-外扩散控制 $1-(1-X)^{2/3}=kt$	k	0.06054	0.05133	0.05109	0.05501
	R^2	0.83855	0.89453	0.94147	0.93779
内扩散控制 $1-2/3X-(1-X)^{2/3}=kt$	k	0.00377	0.00361	0.00321	0.00360
	R^2	0.90050	0.87770	0.82213	0.96349
界面化学反应控制 $1-(1-X)^{1/3}=kt$	k	0.03230	0.02762	0.02727	0.02945
	R^2	0.84578	0.89431	0.93559	0.94236
混合机理控制 $1/3\ln(1-X)+(1-X)^{-1/3}-1=kt$	k	0.00238	0.00230	0.00201	0.00227
	R^2	0.90240	0.87586	0.79619	0.96266
双常数模型 $\ln C=a+b\ln t$	a	-4.38803	-3.71134	-4.03923	-3.99100
	b	1.52636	0.87990	0.98896	1.13130
	R^2	0.87322	**0.93402**	0.92688	0.96214
Elovich 方程 $C=a+b\ln t$	a	0.01222	0.02144	0.01277	0.01626
	b	0.05215	0.04154	0.03958	0.04583
	R^2	**0.95951**	0.87348	0.78488	**0.97974**
Avrami 模型 $-\ln(1-X)=kt^n$	k	0.08908	0.09570	0.04806	0.08683
	n	1.03635	0.95661	1.37984	1.02487
	R^2	0.83675	0.89515	**0.96308**	0.94172

附表 B-62　铅滤饼中 Cu 静态浸出动力学模型拟合结果

模型名称	模型参数	GW	AR1	AR2	LF
未收缩反应核模型-外扩散控制 $X=kt$	k	0.00193	0.00207	0.00205	0.00209
	R^2	0.81036	0.81891	0.77774	0.84520
收缩核模型-外扩散控制 $1-(1-X)^{2/3}=kt$	k	0.00146	0.00158	0.00155	0.00157
	R^2	0.83326	0.84426	0.80469	0.86729
内扩散控制 $1-2/3X-(1-X)^{2/3}=kt$	k	0.00017	0.00020	0.00018	0.00018
	R^2	0.96145	**0.96038**	0.95172	0.98281

续附表B-62

模型名称	模型参数	GW	AR1	AR2	LF
界面化学反应控制 $1-(1-X)^{1/3}=kt$	k	0. 00083	0. 00090	0. 00088	0. 00089
	R^2	0. 85446	0. 86707	0. 82974	0. 88747
混合机理控制 $1/3\ln(1-X)+(1-X)^{-1/3}-1=kt$	k	0. 00013	0. 00016	0. 00014	0. 00014
	R^2	**0. 97294**	0. 95383	**0. 95536**	**0. 98545**
双常数模型 $\ln C=a+b\ln t$	a	-0. 41290	-0. 46586	-0. 70467	-0. 67144
	b	0. 35108	0. 37452	0. 42733	0. 41352
	R^2	0. 79379	0. 72729	0. 73785	0. 67256
Elovich 方程 $C=a+b\ln t$	a	0. 46515	0. 46335	0. 32426	0. 39878
	b	0. 57419	0. 60324	0. 61655	0. 60006
	R^2	0. 96314	0. 94476	0. 95547	0. 96506
Avrami 模型 $-\ln(1-X)=kt^n$	k	0. 11157	0. 11193	0. 10283	0. 10316
	n	0. 33366	0. 34480	0. 35487	0. 35173
	R^2	0. 96467	0. 93836	0. 94160	0. 95877

附表 B-63 铅滤饼中 Fe 静态浸出动力学模型拟合结果

模型名称	模型参数	GW	AR1	AR2	LF
未收缩反应核模型-外扩散控制 $X=kt$	k	0. 13686	0. 14559	0. 14426	0. 14364
	R^2	0. 82271	0. 89489	**0. 99738**	0. 89836
收缩核模型-外扩散控制 $1-(1-X)^{2/3}=kt$	k	0. 10300	0. 10853	0. 10683	0. 10628
	R^2	0. 83495	0. 90187	0. 99239	0. 91352
内扩散控制 $1-2/3X-(1-X)^{2/3}=kt$	k	0. 01176	0. 01146	0. 01063	0. 01053
	R^2	0. 87697	0. 89907	0. 84200	0. 96802
界面化学反应控制 $1-(1-X)^{1/3}=kt$	k	0. 05831	0. 06085	0. 05950	0. 05915
	R^2	0. 84590	0. 90750	0. 98468	0. 92736
混合机理控制 $1/3\ln(1-X)+(1-X)^{-1/3}-1=kt$	k	0. 00921	0. 00874	0. 00804	0. 00791
	R^2	0. 78162	**0. 96432**	0. 78162	0. 96432
双常数模型 $\ln C=a+b\ln t$	a	-2. 64919	-3. 06476	-3. 39177	-3. 42764
	b	1. 36263	1. 64860	1. 78220	1. 95334
	R^2	0. 88448	0. 92660	0. 98369	0. 87525

续附表B-63

模型名称	模型参数	GW	AR1	AR2	LF
Elovich 方程 $C=a+b\ln t$	a	0. 06885	0. 03529	0. 00918	0. 02820
	b	0. 23644	0. 24520	0. 23149	0. 24426
	R^2	**0. 95204**	0. 95488	0. 91756	**0. 98732**
Avrami 模型 $-\ln(1-X)=kt^n$	k	−0. 06159	−0. 12864	−0. 18441	−0. 12743
	n	0. 19868	0. 20528	0. 19946	0. 19814
	R^2	0. 85536	0. 91193	0. 97436	0. 93968

附表 B-64　铅滤饼中 Zn 静态浸出动力学模型拟合结果

模型名称	模型参数	GW	AR1	AR2	LF
未收缩反应核模型-外扩散控制 $X=kt$	k	0. 05866	0. 07481	0. 06743	0. 07493
	R^2	0. 81290	0. 92856	0. 90242	0. 70031
收缩核模型-外扩散控制 $1-(1-X)^{2/3}=kt$	k	0. 04323	0. 05545	0. 04923	0. 05534
	R^2	0. 82880	0. 93729	0. 91711	0. 71833
内扩散控制 $1-2/3X-(1-X)^{2/3}=kt$	k	0. 00413	0. 00558	0. 00427	0. 00539
	R^2	0. 94267	0. 96998	**0. 98572**	0. 84343
界面化学反应控制 $1-(1-X)^{1/3}=kt$	k	0. 02394	0. 03089	0. 02700	0. 03073
	R^2	0. 84399	0. 94493	0. 93062	0. 73585
混合机理控制 $1/3\ln(1-X)+(1-X)^{-1/3}-1=kt$	k	0. 00294	0. 00411	0. 00299	0. 00396
	R^2	**0. 95724**	0. 96855	0. 98303	0. 87003
双常数模型 $\ln C=a+b\ln t$	a	−2. 80342	−3. 13111	−3. 43009	−3. 33692
	b	0. 86711	1. 10638	1. 25897	1. 37704
	R^2	0. 82831	0. 91353	0. 90076	0. 79002
Elovich 方程 $C=a+b\ln t$	a	0. 06154	0. 03548	0. 02020	0. 03875
	b	0. 11114	0. 13753	0. 12597	0. 14669
	R^2	0. 95653	**0. 99213**	0. 98258	**0. 93133**
Avrami 模型 $-\ln(1-X)=kt^n$	k	0. 14308	0. 10542	0. 08570	0. 15251
	n	0. 73216	0. 97493	0. 99606	0. 79177
	R^2	0. 89254	0. 95096	0. 93915	0. 79340

附录 C 半动态侵蚀前后固废的物相及形貌变化

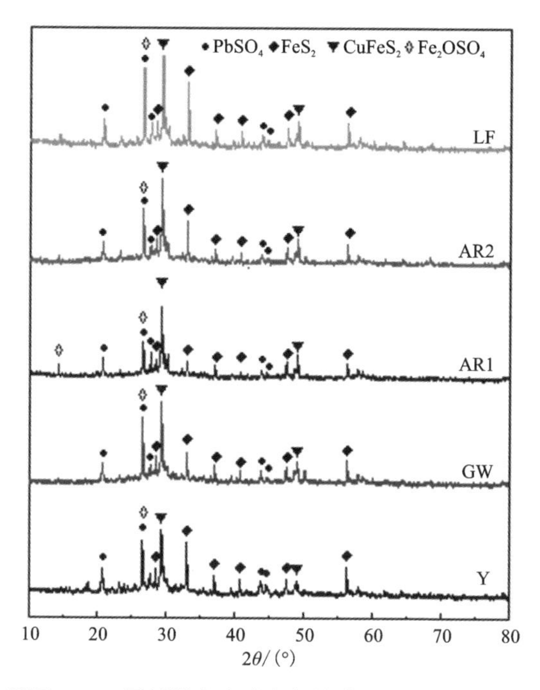

附图 C-1 原料粉尘半动态侵蚀前后 XRD 图谱比对

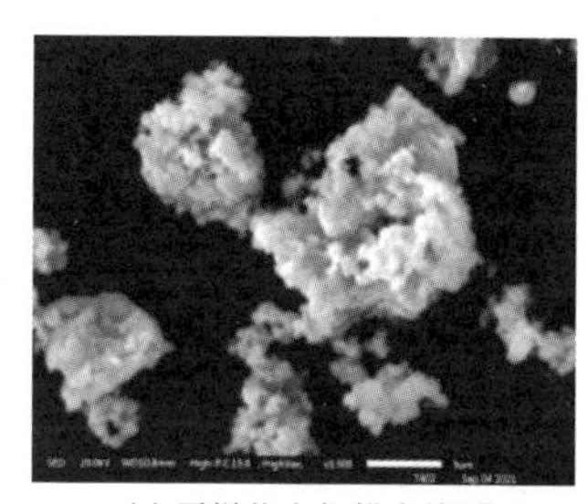

(a) 原样状态扫描电镜图

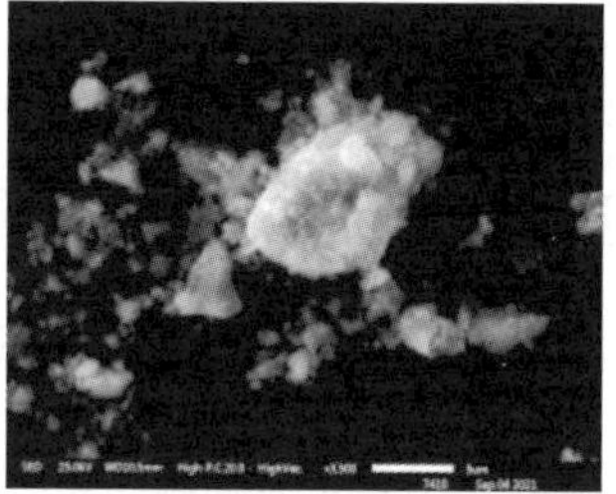

(b) 模拟填埋地下水环境扫描电镜图

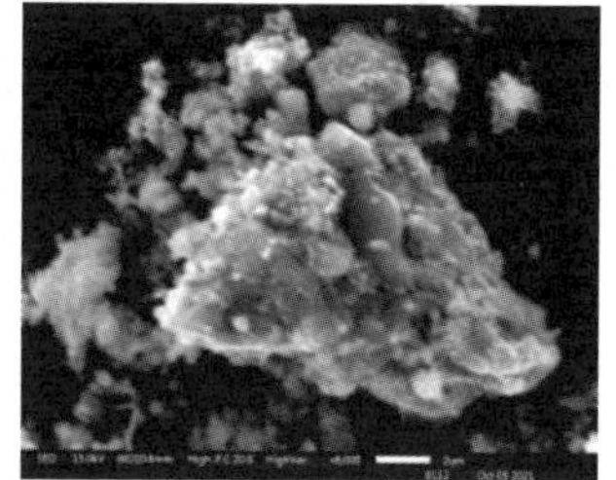

(c) 模拟弱酸酸雨环境扫描电镜图

(d) 模拟强酸酸雨环境扫描电镜图

(e) 模拟填埋场环境扫描电镜图

附图 C-2 原料粉尘半动态侵蚀前后扫描电镜图比对

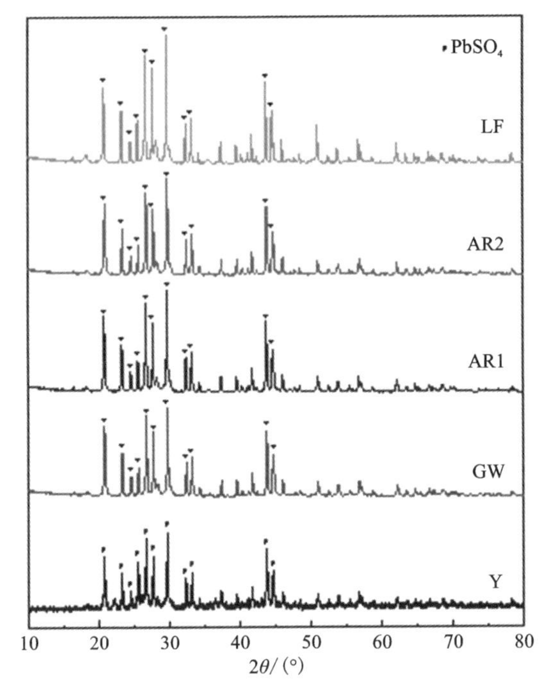

附图 C-3 吹炼白烟尘半动态侵蚀前后 XRD 图谱比对

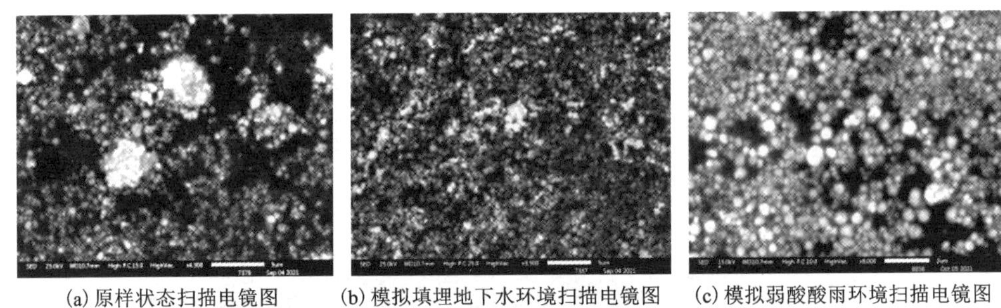

(a) 原样状态扫描电镜图 (b) 模拟填埋地下水环境扫描电镜图 (c) 模拟弱酸酸雨环境扫描电镜图

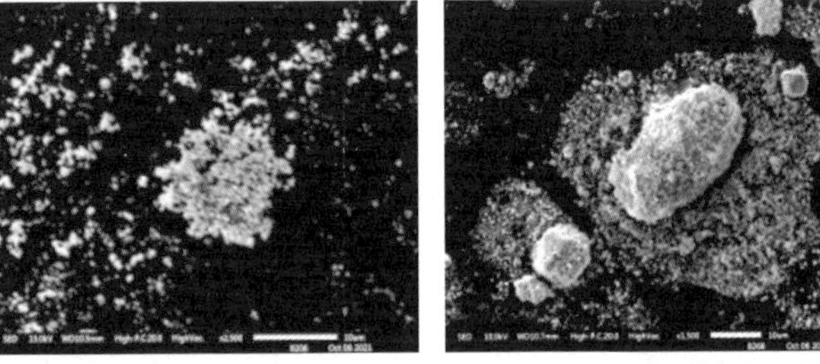

(d) 模拟强酸酸雨环境扫描电镜图 (e) 模拟填埋场环境扫描电镜图

附图 C-4 吹炼白烟尘半动态侵蚀前后扫描电镜图比对

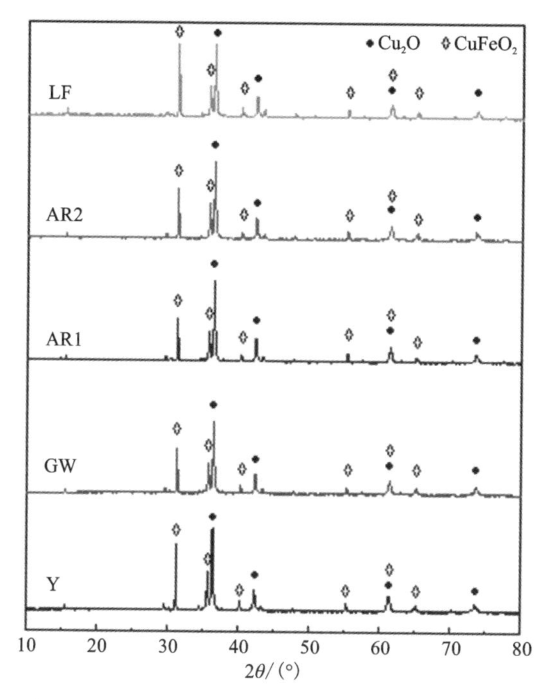

附图 C-5 阳极渣半动态侵蚀前后 XRD 图谱比对

(a) 原样状态扫描电镜图

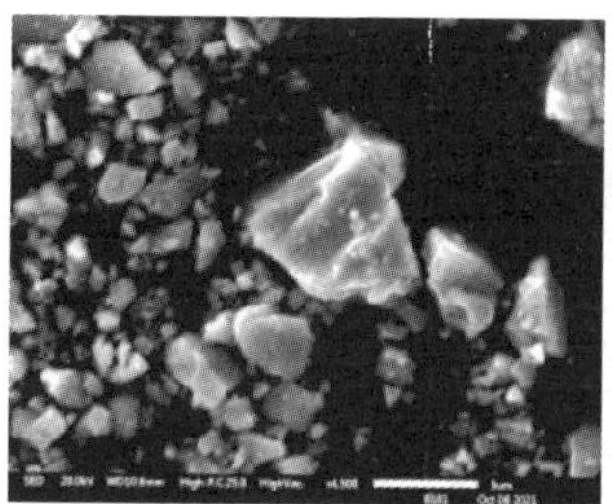

(b) 模拟填埋地下水环境扫描电镜图

(c) 模拟弱酸酸雨环境扫描电镜图

(d) 模拟强酸酸雨环境扫描电镜图

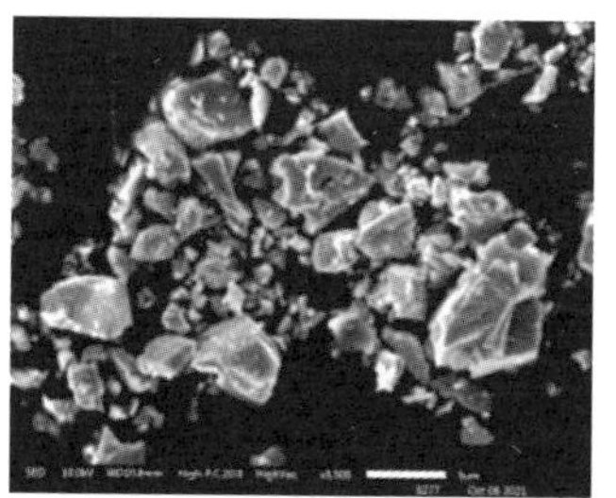

(e) 模拟填埋场环境扫描电镜图

附图 C-6 阳极渣半动态侵蚀前后扫描电镜图比对

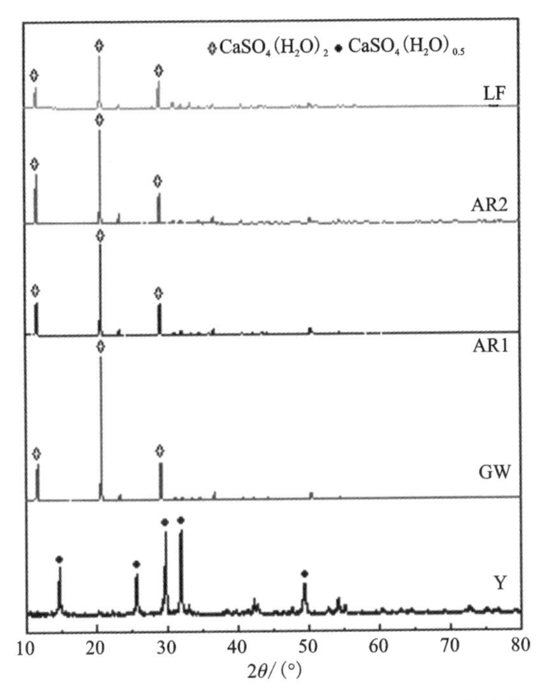

附图 C-7　脱硫石膏渣半动态侵蚀前后 XRD 图谱比对

(a) 原样状态扫描电镜图

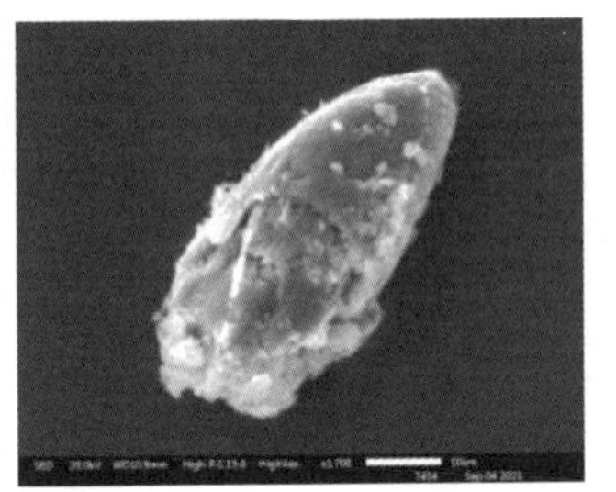

(b) 模拟填埋地下水环境扫描电镜图

(c) 模拟弱酸酸雨环境扫描电镜图

(d) 模拟强酸酸雨环境扫描电镜图

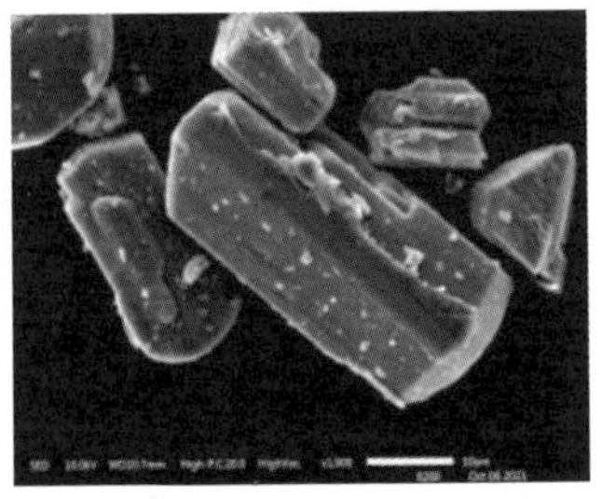

(e) 模拟填埋场环境扫描电镜图

附图 C-8　脱硫石膏渣半动态侵蚀前后扫描电镜图比对

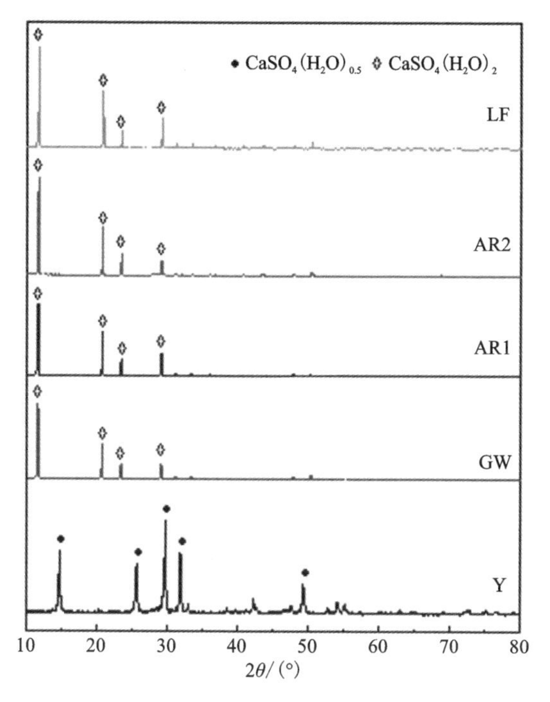

附图 **C-9** 污酸处理石膏渣半动态侵蚀前后 **XRD** 图谱比对

(a) 原样状态扫描电镜图

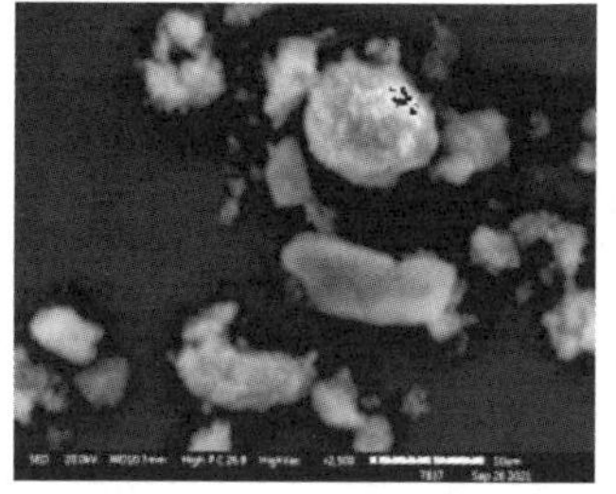
(b) 模拟填埋地下水环境扫描电镜图

(c) 模拟弱酸酸雨环境扫描电镜图

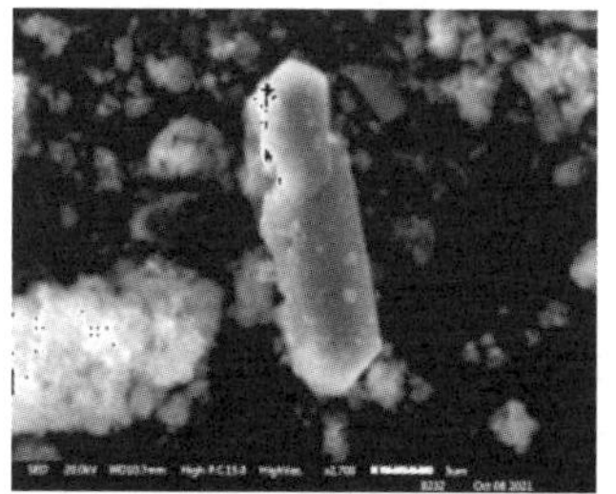
(d) 模拟强酸酸雨环境扫描电镜图

(e) 模拟填埋场环境扫描电镜图

附图 **C-10** 污酸处理石膏渣半动态侵蚀前后扫描电镜图比对

附录 D　半动态侵蚀动力学模型拟合参数

附表 D-1　原料粉尘中 As 半动态浸出动力学模型拟合结果

模型名称	模型参数	GW	AR1	AR2	LF
未收缩反应核模型-外扩散控制 $X=kt$	k	0. 36120	0. 32801	0. 47369	0. 63664
	R^2	0. 49095	0. 65177	0. 37388	0. 37448
收缩核模型-外扩散控制 $1-(1-X)^{2/3}=kt$	k	0. 00248	0. 00224	0. 00329	0. 00448
	R^2	0. 49404	0. 65454	0. 37935	0. 37976
内扩散控制 $1-2/3X-(1-X)^{2/3}=kt$	k	0. 00007	0. 00006	0. 00013	0. 00024
	R^2	0. 60117	0. 75666	0. 51526	0. 47172
界面化学反应控制 $1-(1-X)^{1/3}=kt$	k	0. 00128	0. 00115	0. 00171	0. 00237
	R^2	0. 49724	0. 65729	0. 38467	0. 38491
混合机理控制 $1/3\ln(1-X)+(1-X)^{-1/3}-1=kt$	k	0. 00004	0. 00003	0. 00008	0. 00014
	R^2	0. 60901	0. 76292	0. 5312	0. 48557
双常数模型 $\ln C=a+b\ln t$	a	8. 45918	8. 32867	8. 82137	9. 09001
	b	0. 18131	0. 16728	0. 18653	0. 18557
	R^2	0. 94756	**0. 98286**	0. 90599	0. 91121
Elovich 方程 $C=a+b\ln t$	a	5004. 90317	4342. 97927	7239. 32900	9456. 98235
	b	855. 29761	713. 04165	1213. 77821	1609. 67899
	R^2	**0. 95624**	0. 96550	**0. 96229**	**0. 92918**
Avrami 模型 $-\ln(1-X)=kt^n$	k	0. 07705	0. 06607	0. 11479	0. 15261
	n	0. 17051	0. 17055	0. 16296	0. 17022
	R^2	0. 92516	0. 97810	0. 89349	0. 87063

附注：X 为浸出率；C 为累计释放浓度(mg/kg)；t 为反应时间(d)；k 为速率常数(h^{-1})；R 为相关系数，下同。

附表 D-2　原料粉尘中 Ca 半动态浸出动力学模型拟合结果

模型名称	模型参数	GW	AR1	AR2	LF
未收缩反应核模型-外扩散控制 $X=kt$	k	0. 32209	0. 33847	0. 40313	0. 67036
	R^2	0. 24793	0. 69140	0. 24352	0. 92458

续附表D-2

模型名称	模型参数	GW	AR1	AR2	LF
收缩核模型-外扩散控制 $1-(1-X)^{2/3}=kt$	k	0.00232	0.00237	0.00299	0.00494
	R^2	0.25699	0.69946	0.25612	0.92756
内扩散控制 $1-2/3X-(1-X)^{2/3}=kt$	k	0.00017	0.00011	0.00031	0.00047
	R^2	0.38640	0.85316	0.38338	**0.94801**
界面化学反应控制 $1-(1-X)^{1/3}=kt$	k	0.00125	0.00124	0.00167	0.00273
	R^2	0.26629	0.70740	0.26902	0.93045
混合机理控制 $1/3\ln(1-X)+(1-X)^{-1/3}-1=kt$	k	0.00011	0.00006	0.00022	0.00032
	R^2	0.41839	0.86890	0.42807	0.95335
双常数模型 $\ln C=a+b\ln t$	a	6.86671	6.27021	7.16162	6.92278
	b	0.13763	0.17753	0.12822	0.12565
	R^2	0.79651	0.97191	0.78885	0.70200
Elovich 方程 $C=a+b\ln t$	a	1014.0614	564.17036	1353.01644	1043.73124
	b	128.10102	102.31765	160.09393	154.36553
	R^2	**0.86412**	0.96685	**0.85092**	0.63099
Avrami 模型 $-\ln(1-X)=kt^n$	k	0.21662	0.10907	0.30220	0.20192
	n	0.12017	0.18063	0.11767	0.19908
	R^2	0.79688	**0.97493**	0.79271	0.76958

附表 D-3 原料粉尘中 Cd 半动态浸出动力学模型拟合结果

模型名称	模型参数	GW	AR1	AR2	LF
未收缩反应核模型-外扩散控制 $X=kt$	k	0.53343	0.62894	0.65917	1.01270
	R^2	0.53584	0.68241	0.35926	0.45488
收缩核模型-外扩散控制 $1-(1-X)^{2/3}=kt$	k	0.00403	0.00472	0.00530	0.00869
	R^2	0.55127	0.69638	0.38673	0.48856
内扩散控制 $1-2/3X-(1-X)^{2/3}=kt$	k	0.00047	0.00053	0.00091	0.00194
	R^2	0.66932	0.80247	0.53513	0.60988
界面化学反应控制 $1-(1-X)^{1/3}=kt$	k	0.00228	0.00266	0.00320	0.00562
	R^2	0.56662	0.7102	0.41486	0.52276

续附表D-3

模型名称	模型参数	GW	AR1	AR2	LF
混合机理控制 $1/3\ln(1-X)+(1-X)^{-1/3}-1=kt$	k	0. 00035	0. 00039	0. 00083	0. 00222
	R^2	0. 71009	0. 83545	0. 61919	0. 70384
双常数模型 $\ln C=a+b\ln t$	a	7. 90234	7. 81282	8. 24093	8. 39805
	b	0. 12267	0. 13731	0. 12567	0. 14647
	R^2	0. 97639	0. 98540	0. 88317	0. 93957
Elovich 方程 $C=a+b\ln t$	a	2792. 37287	2792. 37287	3951. 03431	4656. 17608
	b	346. 34937	346. 34937	476. 22493	683. 24436
	R^2	**0. 99217**	0. 96282	**0. 94236**	**0. 95302**
Avrami 模型 $-\ln(1-X)=kt^n$	k	0. 31787	0. 28111	0. 49833	0. 61720
	n	0. 13742	0. 16583	0. 13702	0. 18809
	R^2	0. 98056	**0. 98848**	0. 91405	0. 94125

附表 D-4 原料粉尘中 Cu 半动态浸出动力学模型拟合结果

模型名称	模型参数	GW	AR1	AR2	LF
未收缩反应核模型-外扩散控制 $X=kt$	k	0. 05264	0. 06387	0. 07145	0. 12381
	R^2	0. 65773	0. 74623	0. 58356	0. 67979
收缩核模型-外扩散控制 $1-(1-X)^{2/3}=kt$	k	0. 00037	0. 00045	0. 00053	0. 00095
	R^2	0. 66535	0. 75324	0. 59820	0. 70331
内扩散控制 $1-2/3X-(1-X)^{2/3}=kt$	k	0. 00002	0. 00003	0. 00005	0. 00012
	R^2	0. 78252	0. 85325	0. 7429	0. 85554
界面化学反应控制 $1-(1-X)^{1/3}=kt$	k	0. 00020	0. 00024	0. 00029	0. 00055
	R^2	0. 67288	0. 76021	0. 61272	0. 72641
混合机理控制 $1/3\ln(1-X)+(1-X)^{-1/3}-1=kt$	k	0. 00001	0. 00002	0. 00003	0. 00010
	R^2	0. 80063	0. 86900	0. 77707	0. 90012
双常数模型 $\ln C=a+b\ln t$	a	9. 77567	9. 74463	10. 20516	10. 36728
	b	0. 11085	0. 12233	0. 10702	0. 13520
	R^2	0. 98422	**0. 99212**	0. 92618	0. 95513

续附表D-4

模型名称	模型参数	GW	AR1	AR2	LF
Elovich 方程 $C=a+b\ln t$	a	18082.8749	17396.4511	28106.6090	33299.0318
	b	2362.93448	2671.63658	3359.1726	5406.40838
	R^2	0.98444	0.95479	**0.97072**	0.95729
Avrami 模型 $-\ln(1-X)=kt^n$	k	0.13302	0.12420	0.21854	0.25765
	n	0.11733	0.14014	0.11130	0.15651
	R^2	**0.98863**	0.98921	0.95991	**0.96106**

附表 D-5　原料粉尘中 Fe 半动态浸出动力学模型拟合结果

模型名称	模型参数	GW	AR1	AR2	LF
未收缩反应核模型-外扩散控制 $X=kt$	k	—	—	—	0.00007
	R^2	—	—	—	0.90264
收缩核模型-外扩散控制 $1-(1-X)^{2/3}=kt$	k	—	—	—	0.01114
	R^2	—	—	—	0.90209
内扩散控制 $1-2/3X-(1-X)^{2/3}=kt$	k	—	—	—	2.46212×10^{-7}
	R^2	—	—	—	0.97558
界面化学反应控制 $1-(1-X)^{1/3}=kt$	k	—	—	—	0.00004
	R^2	—	—	—	0.90286
混合机理控制 $1/3\ln(1-X)+(1-X)^{-1/3}-1=kt$	k	—	—	—	1.24159×10^{-7}
	R^2	—	—	—	**0.97400**
双常数模型 $\ln C=a+b\ln t$	a	—	—	—	5.28342
	b	—	—	—	0.47800
	R^2	—	—	—	0.87388
Elovich 方程 $C=a+b\ln t$	a	—	—	—	178.13692
	b	—	—	—	373.56509
	R^2	—	—	—	0.68748
Avrami 模型 $-\ln(1-X)=kt^n$	k	—	—	—	0.00087
	n	—	—	—	0.60976
	R^2	—	—	—	0.96267

附表 D-6　原料粉尘中 Pb 半动态浸出动力学模型拟合结果

模型名称	模型参数	GW	AR1	AR2	LF
未收缩反应核模型-外扩散控制 $X=kt$	k	0. 01044	0. 01144	0. 01121	0. 06724
	R^2	0. 96833	0. 94690	0. 95372	0. 96443
收缩核模型-外扩散控制 $1-(1-X)^{2/3}=kt$	k	0. 00007	0. 00008	0. 00008	0. 00046
	R^2	0. 96860	0. 94754	0. 95416	0. 96618
内扩散控制 $1-2/3X-(1-X)^{2/3}=kt$	k	2.74797×10^{-7}	3.37599×10^{-7}	3.23131×10^{-7}	9.30871×10^{-6}
	R^2	**0. 97842**	0. 99250	**0. 99030**	0. 97784
界面化学反应控制 $1-(1-X)^{1/3}=kt$	k	0. 00004	0. 00004	0. 00004	0. 00023
	R^2	0. 96891	0. 94779	0. 95451	0. 96786
混合机理控制 $1/3\ln(1-X)+(1-X)^{-1/3}-1=kt$	k	1.40997×10^{-7}	1.69534×10^{-7}	1.64291×10^{-7}	5.02948×10^{-6}
	R^2	0. 97719	**0. 99320**	0. 98710	0. 97571
双常数模型 $\ln C=a+b\ln t$	a	5. 40915	5. 57350	5. 64619	6. 05566
	b	0. 34979	0. 34793	0. 32110	0. 57318
	R^2	0. 95794	0. 97295	0. 94912	0. 97789
Elovich 方程 $C=a+b\ln t$	a	237. 87245	286. 70869	291. 43225	425. 96241
	b	188. 73495	215. 67357	206. 68974	1187. 33711
	R^2	0. 70559	0. 75703	0. 72604	0. 66692
Avrami 模型 $-\ln(1-X)=kt^n$	k	0. 00143	0. 00212	0. 00197	0. 00300
	n	0. 51468	0. 45894	0. 46920	0. 72592
	R^2	0. 95730	0. 97440	0. 96212	**0. 98778**

附表 D-7　原料粉尘中 Zn 半动态浸出动力学模型拟合结果

模型名称	模型参数	GW	AR1	AR2	LF
未收缩反应核模型-外扩散控制 $X=kt$	k	0. 04120	0. 04650	0. 05631	0. 08207
	R^2	0. 46397	0. 55622	0. 28085	0. 30168
收缩核模型-外扩散控制 $1-(1-X)^{2/3}=kt$	k	0. 00030	0. 00034	0. 00043	0. 00065
	R^2	0. 47166	0. 56279	0. 29423	0. 31675

续附表D-7

模型名称	模型参数	GW	AR1	AR2	LF
内扩散控制 $1-2/3X-(1-X)^{2/3}=kt$	k	0.00002	0.00003	0.00006	0.00010
	R^2	0.58653	0.67663	0.42108	0.43010
界面化学反应控制 $1-(1-X)^{1/3}=kt$	k	0.00016	0.00018	0.00025	0.00038
	R^2	0.47923	0.56933	0.30792	0.33217
混合机理控制 $1/3\ln(1-X)+(1-X)^{-1/3}-1=kt$	k	0.00001	0.00002	0.00004	0.00009
	R^2	0.59297	0.66351	0.44862	0.4586
双常数模型 $\ln C=a+b\ln t$	a	8.27020	8.24536	8.75132	8.88346
	b	0.07916	0.08276	0.08162	0.09873
	R^2	0.92606	0.98891	0.75511	0.82897
Elovich 方程 $C=a+b\ln t$	a	3998.14147	3872.54825	6601.63891	7586.15068
	b	340.6793	360.57508	534.03029	775.65392
	R^2	**0.96959**	**0.99826**	**0.83826**	**0.88422**
Avrami 模型 $-\ln(1-X)=kt^n$	k	0.19371	0.18525	0.35125	0.42153
	n	0.08000	0.08893	0.07790	0.09909
	R^2	0.94739	0.99192	0.81369	0.85004

附表 D-8　熔炼烟尘中 As 半动态浸出动力学模型拟合结果

模型名称	模型参数	GW	AR1	AR2	LF
未收缩反应核模型-外扩散控制 $X=kt$	k	0.45579	0.58956	0.60381	0.07199
	R^2	0.28183	0.24529	0.22038	0.33885
收缩核模型-外扩散控制 $1-(1-X)^{2/3}=kt$	k	0.00344	0.00458	0.00473	0.00061
	R^2	0.28842	0.25364	0.22919	0.36011
内扩散控制 $1-2/3X-(1-X)^{2/3}=kt$	k	0.00041	0.00065	0.00071	0.00013
	R^2	0.34024	0.30667	0.28205	0.45069
界面化学反应控制 $1-(1-X)^{1/3}=kt$	k	0.00195	0.00267	0.00278	0.00038
	R^2	0.29518	0.26212	0.23815	0.38176
混合机理控制 $1/3\ln(1-X)+(1-X)^{-1/3}-1=kt$	k	0.00030	0.00052	0.00058	0.00013
	R^2	0.36185	0.33398	0.31155	0.51515

续附表D-8

模型名称	模型参数	GW	AR1	AR2	LF
双常数模型 $\ln C=a+b\ln t$	a	10. 51356	10. 67384	10. 72209	10. 85321
	b	0. 06258	0. 07105	0. 07061	0. 06308
	R^2	0. 89592	0. 87863	0. 85964	0. 85108
Elovich 方程 $C=a+b\ln t$	a	37108. 8735	43668. 7559	45832. 8838	52759. 4552
	b	2250. 33451	2982. 84638	3100. 38883	3430. 94967
	R^2	**0. 91883**	**0. 90342**	**0. 88567**	**0. 90682**
Avrami 模型 $-\ln(1-X)=kt^n$	k	0. 37275	0. 45644	0. 48598	0. 59923
	n	0. 07010	0. 08119	0. 08109	0. 07640
	R^2	0. 89149	0. 87034	0. 85129	0. 90409

附表 D-9　熔炼烟尘中 Ca 半动态浸出动力学模型拟合结果

模型名称	模型参数	GW	AR1	AR2	LF
未收缩反应核模型-外扩散控制 $X=kt$	k	0. 27096	0. 18533	0. 24466	0. 69476
	R^2	0. 35229	0. 67345	0. 75095	0. 50059
收缩核模型-外扩散控制 $1-(1-X)^{2/3}=kt$	k	0. 00193	0. 00145	0. 00206	0. 00528
	R^2	0. 36007	0. 69833	0. 79075	0. 52937
内扩散控制 $1-2/3X-(1-X)^{2/3}=kt$	k	0. 00013	0. 00022	0. 00043	0. 00065
	R^2	0. 48274	0. 82943	0. 91862	0. 73914
界面化学反应控制 $1-(1-X)^{1/3}=kt$	k	0. 00103	0. 00086	0. 00131	0. 00302
	R^2	0. 36804	0. 72254	0. 82763	0. 55806
混合机理控制 $1/3\ln(1-X)+(1-X)^{-1/3}-1=kt$	k	0. 00008	0. 00019	0. 00048	0. 00050
	R^2	0. 50597	0. 87722	0. 96627	0. 79413
双常数模型 $\ln C=a+b\ln t$	a	5. 34890	5. 58983	5. 82502	5. 78228
	b	0. 11898	0. 19245	0. 18834	0. 17115
	R^2	0. 85411	0. 96973	0. 95610	0. 83282
Elovich 方程 $C=a+b\ln t$	a	218. 46016	290. 27675	364. 10857	350. 0105
	b	24. 92877	73. 83977	91. 53629	56. 44632
	R^2	**0. 90369**	0. 95616	0. 92719	**0. 87134**

续附表D-9

模型名称	模型参数	GW	AR1	AR2	LF
Avrami 模型 $-\ln(1-X)=kt^n$	k	0.18244	0.23615	0.27253	0.30825
	n	0.11206	0.23019	0.27705	0.16938
	R^2	0.85729	**0.98294**	**0.96823**	0.83061

附表 D-10　熔炼烟尘中 Cd 半动态浸出动力学模型拟合结果

模型名称	模型参数	GW	AR1	AR2	LF
未收缩反应核模型-外扩散控制 $X=kt$	k	0.43883	0.49929	0.47065	0.55989
	R^2	0.53138	0.50519	0.50439	0.42426
收缩核模型-外扩散控制 $1-(1-X)^{2/3}=kt$	k	0.004406	0.00491	0.00508	0.00724
	R^2	0.56868	0.55217	0.56532	0.53964
内扩散控制 $1-2/3X-(1-X)^{2/3}=kt$	k	0.00113	0.00159	0.08689	0.00350
	R^2	0.66815	0.65472	0.66800	0.67418
界面化学反应控制 $1-(1-X)^{1/3}=kt$	k	0.00283	0.00365	0.00415	0.00729
	R^2	0.60572	0.59910	0.62595	0.66191
混合机理控制 $1/3\ln(1-X)+(1-X)^{-1/3}-1=kt$	k	0.00158	0.00273	0.00453	0.01793
	R^2	0.76477	0.77654	0.81950	0.94001
双常数模型 $\ln C=a+b\ln t$	a	9.49391	9.58307	9.70299	9.79856
	b	0.07054	0.07453	0.06286	0.07188
	R^2	0.97577	0.97219	0.97299	0.94392
Elovich 方程 $C=a+b\ln t$	a	13440.4538	14716.3089	16527.1467	18260.2247
	b	972.76319	1125.52322	1061.8824	1330.4297
	R^2	0.99259	0.98915	0.98985	0.96970
Avrami 模型 $-\ln(1-X)=kt^n$	k	0.83890	0.97773	1.21023	1.53326
	n	0.11055	0.12799	0.12771	0.19700
	R^2	**0.99226**	**0.99122**	**0.99641**	**0.99462**

附表 D-11　熔炼烟尘中 Cu 半动态浸出动力学模型拟合结果

模型名称	模型参数	GW	AR1	AR2	LF
未收缩反应核模型-外扩散控制 $X=kt$	k	0. 38605	0. 44229	0. 42547	0. 52786
	R^2	0. 45676	0. 45477	0. 44852	0. 37047
收缩核模型-外扩散控制 $1-(1-X)^{2/3}=kt$	k	0. 00364	0. 00457	0. 00418	0. 00564
	R^2	0. 49388	0. 50627	0. 49361	0. 43568
内扩散控制 $1-2/3X-(1-X)^{2/3}=kt$	k	0. 00106	0. 00162	0. 00134	0. 00212
	R^2	0. 58908	0. 60599	0. 59517	0. 55575
界面化学反应控制 $1-(1-X)^{1/3}=kt$	k	0. 00258	0. 00356	0. 00310	0. 00458
	R^2	0. 53131	0. 55847	0. 53923	0. 50404
混合机理控制 $1/3\ln(1-X)+(1-X)^{-1/3}-1=kt$	k	0. 00157	0. 00325	0. 00228	0. 00501
	R^2	0. 69380	0. 74724	0. 71986	0. 74274
双常数模型 $\ln C=a+b\ln t$	a	10. 92134	11. 03900	10. 97756	11. 05074
	b	0. 06247	0. 06364	0. 06544	0. 07989
	R^2	0. 94892	0. 95441	0. 94703	0. 91182
Elovich 方程 $C=a+b\ln t$	a	55924. 5142	62920. 2111	59222. 9844	64173. 9881
	b	3541. 55627	4068. 42526	3927. 3909	5139. 33094
	R^2	0. 97343	0. 97619	0. 97313	0. 94806
Avrami 模型 $-\ln(1-X)=kt^n$	k	0. 91579	1. 13053	1. 01240	1. 20307
	n	0. 09866	0. 11693	0. 10969	0. 14405
	R^2	**0. 97630**	**0. 98465**	**0. 97995**	**0. 96869**

附表 D-12　熔炼烟尘中 Fe 半动态浸出动力学模型拟合结果

模型名称	模型参数	GW	AR1	AR2	LF
未收缩反应核模型-外扩散控制 $X=kt$	k	0. 01671	0. 03209	0. 01589	0. 00964
	R^2	0. 44506	0. 19015	0. 31774	0. 86908
收缩核模型-外扩散控制 $1-(1-X)^{2/3}=kt$	k	0. 00011	0. 00021	0. 00011	0. 00065
	R^2	0. 44051	0. 19026	0. 32283	0. 87004

续附表D-12

模型名称	模型参数	GW	AR1	AR2	LF
内扩散控制 $1-2/3X-(1-X)^{2/3}=kt$	k	1.15504×10^{-7}	3.10954×10^{-7}	1.32557×10^{-7}	3.60398×10^{-7}
	R^2	0.50817	0.27544	0.41064	0.97570
界面化学反应控制 $1-(1-X)^{1/3}=kt$	k	0.00006	0.00011	0.00005	0.00003
	R^2	0.44732	0.18980	0.31801	0.87069
混合机理控制 $1/3\ln(1-X)+(1-X)^{-1/3}-1=kt$	k	6.04115×10^{-8}	1.58137×10^{-7}	6.36189×10^{-8}	1.83388×10^{-7}
	R^2	0.56110	0.30634	0.33649	0.97646
双常数模型 $\ln C=a+b\ln t$	a	5.20578	5.60459	5.43766	6.13536
	b	0.12042	0.19030	0.09725	0.21131
	R^2	0.97008	0.86934	0.94134	**0.93772**
Elovich 方程 $C=a+b\ln t$	a	185.75045	284.69196	232.78043	501.1527
	b	20.81208	45.68354	21.13708	150.00723
	R^2	**0.98087**	**0.91327**	**0.96334**	0.84989
Avrami 模型 $-\ln(1-X)=kt^n$	k	0.00305	0.00462	0.00384	0.00735
	n	0.11536	0.15802	0.09185	0.22587
	R^2	0.95911	0.81798	0.92880	0.93113

附表 D-13 熔炼烟尘中 Pb 半动态浸出动力学模型拟合结果

模型名称	模型参数	GW	AR1	AR2	LF
未收缩反应核模型-外扩散控制 $X=kt$	k	0.00821	0.00823	0.00869	0.03625
	R^2	0.96085	0.97388	0.96032	0.97869
收缩核模型-外扩散控制 $1-(1-X)^{2/3}=kt$	k	0.00005	0.00005	0.00006	0.00024
	R^2	0.96125	0.97404	0.96061	0.97928
内扩散控制 $1-2/3X-(1-X)^{2/3}=kt$	k	1.4521×10^{-7}	1.37555×10^{-7}	1.5832×10^{-7}	2.46349×10^{-6}
	R^2	0.98390	0.97218	0.97893	0.96033
界面化学反应控制 $1-(1-X)^{1/3}=kt$	k	0.00003	0.00003	0.00003	0.00012
	R^2	0.96135	0.97426	0.96078	0.97989

续附表D-13

模型名称	模型参数	GW	AR1	AR2	LF
混合机理控制 $1/3\ln(1-X)+(1-X)^{-1/3}-1=kt$	k	7. 3285×10^{-8}	6. 94324×10^{-8}	7. 99348×10^{-8}	1. 28079×10^{-6}
	R^2	0. 98359	0. 97191	0. 97871	0. 95855
双常数模型 $\ln C=a+b\ln t$	a	4. 70302	4. 62579	5. 03857	5. 37679
	b	0. 63105	0. 61825	0. 54326	0. 74331
	R^2	0. 93653	0. 98352	0. 97984	**0. 98758**
Elovich 方程 $C=a+b\ln t$	a	206. 88353	134. 24216	189. 99285	148. 26635
	b	332. 14406	323. 17315	346. 00463	1357. 05938
	R^2	0. 71424	0. 67785	0. 68880	0. 61129
Avrami 模型 $-\ln(1-X)=kt^n$	k	0. 00063	0. 00041	0. 00056	0. 00083
	n	0. 61492	0. 69638	0. 64960	0. 84497
	R^2	**0. 98635**	**0. 99151**	**0. 98230**	0. 98747

附表 D-14　熔炼烟尘中 Zn 半动态浸出动力学模型拟合结果

模型名称	模型参数	GW	AR1	AR2	LF
未收缩反应核模型-外扩散控制 $X=kt$	k	0. 36299	0. 44442	0. 44065	0. 61704
	R^2	0. 18883	0. 20831	0. 19041	0. 14685
收缩核模型-外扩散控制 $1-(1-X)^{2/3}=kt$	k	0. 00319	0. 00408	0. 00439	0. 00710
	R^2	0. 20458	0. 22964	0. 21830	0. 19792
内扩散控制 $1-2/3X-(1-X)^{2/3}=kt$	k	0. 00077	0. 00112	0. 00145	0. 00298
	R^2	0. 25818	0. 29125	0. 28096	0. 27984
界面化学反应控制 $1-(1-X)^{1/3}=kt$	k	0. 00211	0. 00282	0. 00329	0. 00625
	R^2	0. 22094	0. 25189	0. 24804	0. 25661
混合机理控制 $1/3\ln(1-X)+(1-X)^{-1/3}-1=kt$	k	0. 00091	0. 00152	0. 00255	0. 00933
	R^2	0. 31344	0. 36471	0. 38249	0. 48249
双常数模型 $\ln C=a+b\ln t$	a	9. 13419	9. 21398	9. 34444	9. 46365
	b	0. 05443	0. 06070	0. 05349	0. 06983
	R^2	0. 82022	0. 84278	0. 82383	0. 79539

续附表D-14

模型名称	模型参数	GW	AR1	AR2	LF
Elovich 方程 $C=a+b\ln t$	a	9349.13572	10143.1573	11532.6699	13076.9769
	b	496.16669	600.87811	602.08693	878.24431
	R^2	**0.84795**	**0.87197**	**0.85110**	0.82664
Avrami 模型 $-\ln(1-X)=kt^n$	k	0.82316	0.94640	1.19129	1.67198
	n	0.05034	0.05787	0.06026	0.08951
	R^2	0.81908	0.82212	0.84362	**0.85098**

附表 D-15　废耐火材料中 As 半动态浸出动力学模型拟合结果

模型名称	模型参数	GW	AR1	AR2	LF
未收缩反应核模型-外扩散控制 $X=kt$	k	—	—	—	0.22979
	R^2	—	—	—	0.27505
收缩核模型-外扩散控制 $1-(1-X)^{2/3}=kt$	k	—	—	—	0.00154
	R^2	—	—	—	0.27587
内扩散控制 $1-2/3X-(1-X)^{2/3}=kt$	k	—	—	—	8.29649×10^{-6}
	R^2	—	—	—	0.50190
界面化学反应控制 $1-(1-X)^{1/3}=kt$	k	—	—	—	0.00077
	R^2	—	—	—	0.27728
混合机理控制 $1/3\ln(1-X)+(1-X)^{-1/3}-1=kt$	k	—	—	—	4.22799×10^{-6}
	R^2	—	—	—	0.50551
双常数模型 $\ln C=a+b\ln t$	a	—	—	—	2.41705
	b	—	—	—	0.47280
	R^2	—	—	—	0.85132
Elovich 方程 $C=a+b\ln t$	a	—	—	—	14.22965
	b	—	—	—	4.21272
	R^2	—	—	—	**0.94919**
Avrami 模型 $-\ln(1-X)=kt^n$	k	—	—	—	0.01644
	n	—	—	—	0.28253
	R^2	—	—	—	0.77994

附表 D-16　废耐火材料中 Ca 半动态浸出动力学模型拟合结果

模型名称	模型参数	GW	AR1	AR2	LF
未收缩反应核模型-外扩散控制 $X=kt$	k	0. 02081	0. 03444	0. 04258	0. 32737
	R^2	0. 80716	0. 90217	0. 92960	0. 75621
收缩核模型-外扩散控制 $1-(1-X)^{2/3}=kt$	k	0. 00014	0. 00023	0. 00029	0. 00249
	R^2	0. 80902	0. 90403	0. 93133	0. 77155
内扩散控制 $1-2/3X-(1-X)^{2/3}=kt$	k	1.9546×10^{-6}	3.53192×10^{-6}	4.65277×10^{-6}	0. 00030
	R^2	0. 92442	0. 98376	0. 99088	0. 85651
界面化学反应控制 $1-(1-X)^{1/3}=kt$	k	0. 00007	0. 00012	0. 00015	0. 00142
	R^2	0. 81088	0. 90584	0. 93305	0. 78684
混合机理控制 $1/3\ln(1-X)+(1-X)^{-1/3}-1=kt$	k	1.02151×10^{-6}	1.85967×10^{-6}	2.46382×10^{-6}	0. 00025
	R^2	0. 92800	**0. 98462**	**0. 99168**	0. 88584
双常数模型 $\ln C=a+b\ln t$	a	4. 89024	4. 47435	4. 32374	5. 65536
	b	0. 17714	0. 29142	0. 33303	0. 48101
	R^2	0. 96546	0. 95128	0. 94209	0. 89991
Elovich 方程 $C=a+b\ln t$	a	139. 48593	96. 21747	77. 01333	339. 51991
	b	33. 86974	50. 35868	59. 58017	501. 32637
	R^2	0. 90720	0. 80168	0. 74984	0. 74377
Avrami 模型 $-\ln(1-X)=kt^n$	k	0. 02196	0. 01160	0. 00757	0. 05641
	n	0. 19066	0. 36091	0. 47298	0. 53638
	R^2	**0. 97034**	0. 96479	0. 97999	**0. 91516**

附表 D-17　废耐火材料中 Cr 半动态浸出动力学模型拟合结果

模型名称	模型参数	GW	AR1	AR2	LF
未收缩反应核模型-外扩散控制 $X=kt$	k	—	—	—	0. 00191
	R^2	—	—	—	0. 94980
收缩核模型-外扩散控制 $1-(1-X)^{2/3}=kt$	k	—	—	—	0. 00001
	R^2	—	—	—	**0. 95430**

续附表D-17

模型名称	模型参数	GW	AR1	AR2	LF
内扩散控制 $1-2/3X-(1-X)^{2/3}=kt$	k	—	—	—	6.30524×10^{-9}
	R^2	—	—	—	0.93856
界面化学反应控制 $1-(1-X)^{1/3}=kt$	k	—	—	—	6.37026×10^{-6}
	R^2	—	—	—	0.94993
混合机理控制 $1/3\ln(1-X)+(1-X)^{-1/3}-1=kt$	k	—	—	—	3.15825×10^{-9}
	R^2	—	—	—	0.93851
双常数模型 $\ln C=a+b\ln t$	a	—	—	—	1.31310
	b	—	—	—	0.60524
	R^2	—	—	—	0.85051
Elovich 方程 $C=a+b\ln t$	a	—	—	—	-0.01217
	b	—	—	—	15.96326
	R^2	—	—	—	0.52998
Avrami 模型 $-\ln(1-X)=kt^n$	k	—	—	—	0.00003
	n	—	—	—	0.92927
	R^2	—	—	—	**0.95209**

附表 D-18 废耐火材料中 Cu 半动态浸出动力学模型拟合结果

模型名称	模型参数	GW	AR1	AR2	LF
未收缩反应核模型-外扩散控制 $X=kt$	k	—	—	—	0.48687
	R^2	—	—	—	0.79539
收缩核模型-外扩散控制 $1-(1-X)^{2/3}=kt$	k	—	—	—	0.00437
	R^2	—	—	—	0.84324
内扩散控制 $1-2/3X-(1-X)^{2/3}=kt$	k	—	—	—	0.00112
	R^2	—	—	—	0.93801
界面化学反应控制 $1-(1-X)^{1/3}=kt$	k	—	—	—	0.00303
	R^2	—	—	—	0.89064
混合机理控制 $1/3\ln(1-X)+(1-X)^{-1/3}-1=kt$	k	—	—	—	0.00210
	R^2	—	—	—	**0.97965**

续附表D-18

模型名称	模型参数	GW	AR1	AR2	LF
双常数模型 $\ln C=a+b\ln t$	a	—	—	—	5.86288
	b	—	—	—	0.37336
	R^2	—	—	—	0.93666
Elovich 方程 $C=a+b\ln t$	a	—	—	—	382.77165
	b	—	—	—	341.41027
	R^2	—	—	—	0.78347
Avrami 模型 $-\ln(1-X)=kt^n$	k	—	—	—	0.07393
	n	—	—	—	0.66813
	R^2	—	—	—	0.97034

附表 D-19 废耐火材料中 Fe 半动态浸出动力学模型拟合结果

模型名称	模型参数	GW	AR1	AR2	LF
未收缩反应核模型-外扩散控制 $X=kt$	k	—	—	—	0.00405
	R^2	—	—	—	**0.97473**
收缩核模型-外扩散控制 $1-(1-X)^{2/3}=kt$	k	—	—	—	0.00003
	R^2	—	—	—	**0.97491**
内扩散控制 $1-2/3X-(1-X)^{2/3}=kt$	k	—	—	—	3.21351×10^{-8}
	R^2	—	—	—	0.90666
界面化学反应控制 $1-(1-X)^{1/3}=kt$	k	—	—	—	0.00001
	R^2	—	—	—	**0.97473**
混合机理控制 $1/3\ln(1-X)+(1-X)^{-1/3}-1=kt$	k	—	—	—	1.61288×10^{-8}
	R^2	—	—	—	0.90650
双常数模型 $\ln C=a+b\ln t$	a	—	—	—	3.23056
	b	—	—	—	0.44331
	R^2	—	—	—	0.82903
Elovich 方程 $C=a+b\ln t$	a	—	—	—	14.6787
	b	—	—	—	46.02634
	R^2	—	—	—	0.48580

续附表D-19

模型名称	模型参数	GW	AR1	AR2	LF
Avrami 模型 $-\ln(1-X)=kt^n$	k	—	—	—	0.00004
	n	—	—	—	1.02698
	R^2	—	—	—	0.97182

附表 D-20 废耐火材料中 Pb 半动态浸出动力学模型拟合结果

模型名称	模型参数	GW	AR1	AR2	LF
未收缩反应核模型-外扩散控制 $X=kt$	k	—	—	—	0.04039
	R^2	—	—	—	**0.98421**
收缩核模型-外扩散控制 $1-(1-X)^{2/3}=kt$	k	—	—	—	0.00028
	R^2	—	—	—	0.98405
内扩散控制 $1-2/3X-(1-X)^{2/3}=kt$	k	—	—	—	7.36404×10^{-6}
	R^2	—	—	—	0.95685
界面化学反应控制 $1-(1-X)^{1/3}=kt$	k	—	—	—	0.00014
	R^2	—	—	—	0.98390
混合机理控制 $1/3\ln(1-X)+(1-X)^{-1/3}-1=kt$	k	—	—	—	4.01156×10^{-6}
	R^2	—	—	—	0.95382
双常数模型 $\ln C=a+b\ln t$	a	—	—	—	3.90541
	b	—	—	—	0.10538
	R^2	—	—	—	0.62321
Elovich 方程 $C=a+b\ln t$	a	—	—	—	51.51353
	b	—	—	—	6.78351
	R^2	—	—	—	0.45696
Avrami 模型 $-\ln(1-X)=kt^n$	k	—	—	—	0.03114
	n	—	—	—	0.22463
	R^2	—	—	—	0.57570

附表 D-21　废耐火材料中 Zn 半动态浸出动力学模型拟合结果

模型名称	模型参数	GW	AR1	AR2	LF
未收缩反应核模型-外扩散控制 $X=kt$	k	—	—	—	0. 06410
	R^2	—	—	—	**0. 95866**
收缩核模型-外扩散控制 $1-(1-X)^{2/3}=kt$	k	—	—	—	0. 00043
	R^2	—	—	—	**0. 95866**
内扩散控制 $1-2/3X-(1-X)^{2/3}=kt$	k	—	—	—	5.61876×10^{-6}
	R^2	—	—	—	0. 93429
界面化学反应控制 $1-(1-X)^{1/3}=kt$	k	—	—	—	0. 00022
	R^2	—	—	—	**0. 95866**
混合机理控制 $1/3\ln(1-X)+(1-X)^{-1/3}-1=kt$	k	—	—	—	2.68946×10^{-6}
	R^2	—	—	—	0. 93741
双常数模型 $\ln C=a+b\ln t$	a	—	—	—	2. 35268
	b	—	—	—	0. 21717
	R^2	—	—	—	0. 62956
Elovich 方程 $C=a+b\ln t$	a	—	—	—	9. 93564
	b	—	—	—	3. 93401
	R^2	—	—	—	0. 55926
Avrami 模型 $-\ln(1-X)=kt^n$	k	—	—	—	0. 00236
	n	—	—	—	0. 76026
	R^2	—	—	—	0. 89996

附表 D-22　熔炼渣中 As 半动态浸出动力学模型拟合结果

模型名称	模型参数	GW	AR1	AR2	LF
未收缩反应核模型-外扩散控制 $X=kt$	k	—	—	—	0. 00575
	R^2	—	—	—	0. 97370
收缩核模型-外扩散控制 $1-(1-X)^{2/3}=kt$	k	—	—	—	0. 00004
	R^2	—	—	—	0. 97373
内扩散控制 $1-2/3X-(1-X)^{2/3}=kt$	k	—	—	—	7.29738×10^{-8}
	R^2	—	—	—	**0. 99408**

续附表D-22

模型名称	模型参数	GW	AR1	AR2	LF
界面化学反应控制 $1-(1-X)^{1/3}=kt$	k	—	—	—	0.00002
	R^2	—	—	—	0.97393
混合机理控制 $1/3\ln(1-X)+(1-X)^{-1/3}-1=kt$	k	—	—	—	3.67121×10^{-8}
	R^2	—	—	—	0.99398
双常数模型 $\ln C=a+b\ln t$	a	—	—	—	1.75689
	b	—	—	—	0.44145
	R^2	—	—	—	0.95470
Elovich 方程 $C=a+b\ln t$	a	—	—	—	6.51417
	b	—	—	—	8.44319
	R^2	—	—	—	0.75586
Avrami 模型 $-\ln(1-X)=kt^n$	k	—	—	—	0.00058
	n	—	—	—	0.56487
	R^2	—	—	—	0.99005

附表 D-23 熔炼渣中 Ca 半动态浸出动力学模型拟合结果

模型名称	模型参数	GW	AR1	AR2	LF
未收缩反应核模型-外扩散控制 $X=kt$	k	0.00093	0.00560	0.00571	0.00114
	R^2	0.97833	0.95753	0.94623	0.96932
收缩核模型-外扩散控制 $1-(1-X)^{2/3}=kt$	k	6.24416×10^{-6}	0.00004	0.00004	7.63296×10^{-6}
	R^2	0.97862	0.95789	0.94624	0.96964
内扩散控制 $1-2/3X-(1-X)^{2/3}=kt$	k	1.52143×10^{-9}	6.63232×10^{-8}	7.79635×10^{-8}	2.3898×10^{-9}
	R^2	0.94467	**0.98593**	0.99269	0.96353
界面化学反应控制 $1-(1-X)^{1/3}=kt$	k	3.11676×10^{-6}	0.00002	0.00002	3.81847×10^{-6}
	R^2	0.97830	0.95780	0.94665	0.96936
混合机理控制 $1/3\ln(1-X)+(1-X)^{-1/3}-1=kt$	k	7.6145×10^{-10}	3.33759×10^{-8}	3.92619×10^{-8}	1.19635×10^{-9}
	R^2	0.94460	0.98583	**0.99270**	0.96347

续附表D-23

模型名称	模型参数	GW	AR1	AR2	LF
双常数模型 $\ln C=a+b\ln t$	a	-4. 41369	3. 23155	3. 73682	-2. 00266
	b	1. 70034	0. 40837	0. 33309	1. 22149
	R^2	0. 77514	0. 89888	0. 90287	0. 87262
Elovich 方程 $C=a+b\ln t$	a	-0. 35998	22. 71715	40. 42091	0. 43054
	b	5. 21844	32. 95063	34. 72567	6. 64760
	R^2	0. 61076	0. 67413	0. 71444	0. 66166
Avrami 模型 $-\ln(1-X)=kt^n$	k	0. 00002	0. 00041	0. 00080	0. 00004
	n	0. 86423	0. 62498	0. 50838	0. 77033
	R^2	**0. 98649**	0. 98448	0. 98010	**0. 98903**

附表 D-24 熔炼渣中 Cu 半动态浸出动力学模型拟合结果

模型名称	模型参数	GW	AR1	AR2	LF
未收缩反应核模型-外扩散控制 $X=kt$	k	0. 00826	0. 01043	0. 10576	0. 54609
	R^2	0. 99025	0. 99163	0. 94585	**0. 98784**
收缩核模型-外扩散控制 $1-(1-X)^{2/3}=kt$	k	0. 00006	0. 00007	0. 00073	0. 00491
	R^2	0. 99043	0. 99172	0. 95032	0. 99450
内扩散控制 $1-2/3X-(1-X)^{2/3}=kt$	k	1.27071×10^{-7}	2.07957×10^{-7}	0. 00003	0. 00127
	R^2	0. 94642	0. 92872	0. 99231	0. 86103
界面化学反应控制 $1-(1-X)^{1/3}=kt$	k	0. 00003	0. 00003	0. 00038	0. 00353
	R^2	0. 99050	0. 99186	0. 95461	0. 96319
混合机理控制 $1/3\ln(1-X)+(1-X)^{-1/3}-1=kt$	k	6.41007×10^{-8}	1.05185×10^{-7}	0. 00001	0. 00405
	R^2	0. 94575	0. 92765	0. 98881	0. 56199
双常数模型 $\ln C=a+b\ln t$	a	1. 50545	2. 23426	5. 52237	6. 57607
	b	0. 86239	0. 74849	0. 58716	0. 67438
	R^2	0. 98825	0. 99215	0. 99111	0. 98512

续附表D-24

模型名称	模型参数	GW	AR1	AR2	LF
Elovich 方程 $C=a+b\ln t$	a	3.39146	6.90827	379.14914	841.94973
	b	45.87302	57.61118	648.28606	3036.45336
	R^2	0.63237	0.62632	0.75323	0.63311
Avrami 模型 $-\ln(1-X)=kt^n$	k	0.00019	0.00023	0.00909	0.00013
	n	0.83737	0.84918	0.61206	1.95519
	R^2	**0.99777**	**0.99541**	**0.99677**	0.98278

附表 D-25 熔炼渣中 Fe 半动态浸出动力学模型拟合结果

模型名称	模型参数	GW	AR1	AR2	LF
未收缩反应核模型-外扩散控制 $X=kt$	k	—	—	—	0.00260
	R^2	—	—	—	0.78977
收缩核模型-外扩散控制 $1-(1-X)^{2/3}=kt$	k	—	—	—	0.00002
	R^2	—	—	—	0.78835
内扩散控制 $1-2/3X-(1-X)^{2/3}=kt$	k	—	—	—	1.68583×10^{-8}
	R^2	—	—	—	0.94467
界面化学反应控制 $1-(1-X)^{1/3}=kt$	k	—	—	—	8.68332×10^{-6}
	R^2	—	—	—	0.79021
混合机理控制 $1/3\ln(1-X)+(1-X)^{-1/3}-1=kt$	k	—	—	—	8.45058×10^{-9}
	R^2	—	—	—	0.94526
双常数模型 $\ln C=a+b\ln t$	a	—	—	—	4.80058
	b	—	—	—	0.59458
	R^2	—	—	—	0.92867
Elovich 方程 $C=a+b\ln t$	a	—	—	—	290.02093
	b	—	—	—	269.64922
	R^2	—	—	—	0.90394
Avrami 模型 $-\ln(1-X)=kt^n$	k	—	—	—	0.00077
	n	—	—	—	0.37427
	R^2	—	—	—	**0.98689**

附表 D-26　熔炼渣中 Pb 半动态浸出动力学模型拟合结果

模型名称	模型参数	GW	AR1	AR2	LF
未收缩反应核模型-外扩散控制 $X=kt$	k	—	—	—	0. 21769
	R^2	—	—	—	0. 87838
收缩核模型-外扩散控制 $1-(1-X)^{2/3}=kt$	k	—	—	—	0. 00158
	R^2	—	—	—	0. 89375
内扩散控制 $1-2/3X-(1-X)^{2/3}=kt$	k	—	—	—	0. 00013
	R^2	—	—	—	0. 99656
界面化学反应控制 $1-(1-X)^{1/3}=kt$	k	—	—	—	0. 00086
	R^2	—	—	—	0. 90840
混合机理控制 $1/3\ln(1-X)+(1-X)^{-1/3}-1=kt$	k	—	—	—	0. 00009
	R^2	—	—	—	**0. 99742**
双常数模型 $\ln C=a+b\ln t$	a	—	—	—	5. 73621
	b	—	—	—	0. 50979
	R^2	—	—	—	0. 98454
Elovich 方程 $C=a+b\ln t$	a	—	—	—	421. 68037
	b	—	—	—	567. 6414
	R^2	—	—	—	0. 81808
Avrami 模型 $-\ln(1-X)=kt^n$	k	—	—	—	0. 03130
	n	—	—	—	0. 54392
	R^2	—	—	—	0. 99656

附表 D-27　熔炼渣中 Zn 半动态浸出动力学模型拟合结果

模型名称	模型参数	GW	AR1	AR2	LF
未收缩反应核模型-外扩散控制 $X=kt$	k	—	—	—	0. 00094
	R^2	—	—	—	0. 66591
收缩核模型-外扩散控制 $1-(1-X)^{2/3}=kt$	k	—	—	—	6.23325×10^{-6}
	R^2	—	—	—	0. 69170
内扩散控制 $1-2/3X-(1-X)^{2/3}=kt$	k	—	—	—	3.24946×10^{-9}
	R^2	—	—	—	0. 84379

续附表D-27

模型名称	模型参数	GW	AR1	AR2	LF
界面化学反应控制 $1-(1-X)^{1/3}=kt$	k	—	—	—	3.11984×10^{-6}
	R^2	—	—	—	0.66612
混合控制 $1/3\ln(1-X)+(1-X)^{-1/3}-1=kt$	k	—	—	—	1.62816×10^{-9}
	R^2	—	—	—	0.84410
双常数模型 $\ln C=a+b\ln t$	a	—	—	—	2.54357
	b	—	—	—	0.30005
	R^2	—	—	—	0.91658
Elovich 方程 $C=a+b\ln t$	a	—	—	—	16.97741
	b	—	—	—	6.39321
	R^2	—	—	—	**0.98439**
Avrami 模型 $-\ln(1-X)=kt^n$	k	—	—	—	0.00077
	n	—	—	—	0.22408
	R^2	—	—	—	0.98004

附表 D-28　渣选厂尾矿中 As 半动态浸出动力学模型拟合结果

模型名称	模型参数	GW	AR1	AR2	LF
未收缩反应核模型-外扩散控制 $X=kt$	k	—	—	0.51842	0.19934
	R^2	—	—	0.74022	0.65679
收缩核模型-外扩散控制 $1-(1-X)^{2/3}=kt$	k	—	—	0.00353	0.00156
	R^2	—	—	0.74446	0.68316
内扩散控制 $1-2/3X-(1-X)^{2/3}=kt$	k	—	—	0.00007	0.00023
	R^2	—	—	0.91100	0.82369
界面化学反应控制 $1-(1-X)^{1/3}=kt$	k	—	—	0.00180	0.00091
	R^2	—	—	0.74847	0.70870
混合机理控制 $1/3\ln(1-X)+(1-X)^{-1/3}-1=kt$	k	—	—	0.00004	0.00020
	R^2	—	—	0.91720	0.86780

续附表D-28

模型名称	模型参数	GW	AR1	AR2	LF
双常数模型 $\ln C=a+b\ln t$	a	—	—	4. 31378	5. 85955
	b	—	—	0. 39814	0. 23201
	R^2	—	—	**0. 97857**	0. 97253
Elovich 方程 $C=a+b\ln t$	a	—	—	96. 05055	400. 90215
	b	—	—	32. 91243	124. 38496
	R^2	—	—	0. 94577	0. 97025
Avrami 模型 $-\ln(1-X)=kt^n$	k	—	—	0. 04185	0. 21379
	n	—	—	0. 34680	0. 25281
	R^2	—	—	0. 97343	**0. 98327**

附表 D-29　渣选厂尾矿中 Ca 半动态浸出动力学模型拟合结果

模型名称	模型参数	GW	AR1	AR2	LF
未收缩反应核模型-外扩散控制 $X=kt$	k	—	0. 00937	0. 01771	0. 05972
	R^2	—	0. 88618	0. 89236	0. 84037
收缩核模型-外扩散控制 $1-(1-X)^{2/3}=kt$	k	—	0. 00006	0. 00012	0. 00041
	R^2	—	0. 88655	0. 89353	0. 84262
内扩散控制 $1-2/3X-(1-X)^{2/3}=kt$	k	—	3.71352×10^{-7}	1.10413×10^{-6}	8.84134×10^{-6}
	R^2	—	0. 95866	0. 97791	0. 91457
界面化学反应控制 $1-(1-X)^{1/3}=kt$	k	—	0. 00003	0. 00006	0. 00021
	R^2	—	0. 88726	0. 89449	0. 84479
混合机理控制 $1/3\ln(1-X)+(1-X)^{-1/3}-1=kt$	k	—	1.89111×10^{-7}	5.69461×10^{-7}	4.77563×10^{-6}
	R^2	—	**0. 96037**	**0. 97918**	0. 91796
双常数模型 $\ln C=a+b\ln t$	a	—	4. 91325	5. 13682	5. 38964
	b	—	0. 16232	0. 2184	0. 36435
	R^2	—	0. 92399	0. 94477	0. 92633
Elovich 方程 $C=a+b\ln t$	a	—	136. 99108	177. 23959	231. 34571
	b	—	32. 74108	61. 56428	205. 65342
	R^2	—	0. 82564	0. 82165	0. 75781

续附表D-29

模型名称	模型参数	GW	AR1	AR2	LF
Avrami 模型 $-\ln(1-X)=kt^n$	k	—	0.00864	0.01038	0.01176
	n	—	0.20211	0.26844	0.45719
	R^2	—	0.94591	0.95486	**0.95659**

附表 D-30　渣选厂尾矿中 Cd 半动态浸出动力学模型拟合结果

模型名称	模型参数	GW	AR1	AR2	LF
未收缩反应核模型-外扩散控制 $X=kt$	k	0.06401	0.06895	0.13729	0.22869
	R^2	0.94746	0.92394	0.45925	0.75826
收缩核模型-外扩散控制 $1-(1-X)^{2/3}=kt$	k	0.00043	0.00047	0.00102	0.00194
	R^2	0.94972	0.92698	0.48104	0.80339
内扩散控制 $1-2/3X-(1-X)^{2/3}=kt$	k	7.55701×10^{-6}	9.8948×10^{-6}	0.00010	0.00041
	R^2	**0.98195**	**0.99283**	0.69269	0.94281
界面化学反应控制 $1-(1-X)^{1/3}=kt$	k	0.00022	0.00024	0.00056	0.00124
	R^2	0.95193	0.93001	0.50292	0.84453
混合机理控制 $1/3\ln(1-X)+(1-X)^{-1/3}-1=kt$	k	4.05073×10^{-6}	5.36486×10^{-6}	0.00007	0.00047
	R^2	0.97970	0.99211	0.73828	**0.98448**
双常数模型 $\ln C=a+b\ln t$	a	-3.45129	-2.14027	1.23649	1.72242
	b	0.83745	0.58375	0.17409	0.17153
	R^2	0.97221	0.94298	0.92801	0.93164
Elovich 方程 $C=a+b\ln t$	a	0.00840	0.12083	2.98073	6.01410
	b	0.28765	0.32747	1.00743	1.30609
	R^2	0.67788	0.74709	**0.98479**	0.92025
Avrami 模型 $-\ln(1-X)=kt^n$	k	0.00533	0.01409	0.25519	0.44385
	n	0.00067	0.00074	0.00189	0.00477
	R^2	0.95410	0.93297	0.52477	0.88097

附表 D-31　渣选厂尾矿中 Cu 半动态浸出动力学模型拟合结果

模型名称	模型参数	GW	AR1	AR2	LF
未收缩反应核模型-外扩散控制 $X=kt$	k	0.03009	0.03158	0.11859	0.06421
	R^2	0.99306	0.99172	0.56638	0.63247
收缩核模型-外扩散控制 $1-(1-X)^{2/3}=kt$	k	0.00020	0.00021	0.00087	0.00046
	R^2	0.99329	0.99186	0.58262	0.63786
内扩散控制 $1-2/3X-(1-X)^{2/3}=kt$	k	1.66057×10^{-6}	2.17362×10^{-6}	0.00008	0.00004
	R^2	0.92799	0.92587	0.75662	0.70227
界面化学反应控制 $1-(1-X)^{1/3}=kt$	k	0.00010	0.00011	0.00047	0.00025
	R^2	0.99352	**0.99199**	0.59880	0.64335
混合机理控制 $1/3\ln(1-X)+(1-X)^{-1/3}-1=kt$	k	8.5768×10^{-7}	1.12921×10^{-6}	0.00005	0.00002
	R^2	0.92518	0.92226	0.79272	0.71725
双常数模型 $\ln C=a+b\ln t$	a	0.63764	2.54015	5.74960	6.32036
	b	0.81803	0.42524	0.24075	0.04677
	R^2	0.95852	0.89702	0.93390	0.95006
Elovich 方程 $C=a+b\ln t$	a	−0.28304	10.75546	379.89175	559.13062
	b	17.29828	18.35297	111.73414	27.22948
	R^2	0.58004	0.59404	**0.99240**	**0.95900**
Avrami 模型 $-\ln(1-X)=kt^n$	k	0.00041	0.00094	0.15007	0.22216
	n	0.94533	0.80602	0.20651	0.05149
	R^2	**0.99465**	0.97812	0.97065	0.95284

附表 D-32　渣选厂尾矿中 Fe 半动态浸出动力学模型拟合结果

模型名称	模型参数	GW	AR1	AR2	LF
未收缩反应核模型-外扩散控制 $X=kt$	k	—	—	—	0.30443
	R^2	—	—	—	0.97525
收缩核模型-外扩散控制 $1-(1-X)^{2/3}=kt$	k	—	—	—	0.00211
	R^2	—	—	—	0.97845

续附表D-32

模型名称	模型参数	GW	AR1	AR2	LF
内扩散控制 $1-2/3X-(1-X)^{2/3}=kt$	k	—	—	—	0.00008
	R^2	—	—	—	0.95908
界面化学反应控制 $1-(1-X)^{1/3}=kt$	k	—	—	—	0.00110
	R^2	—	—	—	0.98134
混合机理控制 $1/3\ln(1-X)+(1-X)^{-1/3}-1=kt$	k	—	—	—	0.00005
	R^2	—	—	—	0.94730
双常数模型 $\ln C=a+b\ln t$	a	—	—	—	7.41344
	b	—	—	—	0.99800
	R^2	—	—	—	0.94778
Elovich 方程 $C=a+b\ln t$	a	—	—	—	10666.3998
	b	—	—	—	15727.8460
	R^2	—	—	—	0.73333
Avrami 模型 $-\ln(1-X)=kt^n$	k	—	—	—	0.01071
	n	—	—	—	0.00345
	R^2	—	—	—	**0.98390**

附表 D-33　渣选厂尾矿中 Pb 半动态浸出动力学模型拟合结果

模型名称	模型参数	GW	AR1	AR2	LF
未收缩反应核模型-外扩散控制 $X=kt$	k	—	—	0.02024	0.16852
	R^2	—	—	0.83565	0.86054
收缩核模型-外扩散控制 $1-(1-X)^{2/3}=kt$	k	—	—	0.00014	0.00122
	R^2	—	—	0.83704	0.87096
内扩散控制 $1-2/3X-(1-X)^{2/3}=kt$	k	—	—	1.15152×10^{-6}	0.00010
	R^2	—	—	0.95984	0.95868
界面化学反应控制 $1-(1-X)^{1/3}=kt$	k	—	—	0.00007	0.00066
	R^2	—	—	0.83838	0.88105
混合机理控制 $1/3\ln(1-X)+(1-X)^{-1/3}-1=kt$	k	—	—	5.92965×10^{-7}	0.00007
	R^2	—	—	0.96152	0.97069

续附表D-33

模型名称	模型参数	GW	AR1	AR2	LF
双常数模型 $\ln C=a+b\ln t$	a	—	—	3. 47453	6. 02092
	b	—	—	0. 39326	0. 28450
	R^2	—	—	0. 95432	0. 96682
Elovich 方程 $C=a+b\ln t$	a	—	—	45. 20275	433. 81601
	b	—	—	29. 2472	233. 34492
	R^2	—	—	0. 87949	0. 82424
Avrami 模型 $-\ln(1-X)=kt^n$	k	—	—	0. 00712	0. 05732
	n	—	—	0. 35002	0. 39533
	R^2	—	—	**0. 98606**	**0. 97888**

附表 D-34　渣选厂尾矿中 Zn 半动态浸出动力学模型拟合结果

模型名称	模型参数	GW	AR1	AR2	LF
未收缩反应核模型-外扩散控制 $X=kt$	k	—	—	—	0. 43793
	R^2	—	—	—	0. 97309
收缩核模型-外扩散控制 $1-(1-X)^{2/3}=kt$	k	—	—	—	0. 00313
	R^2	—	—	—	0. 98087
内扩散控制 $1-2/3X-(1-X)^{2/3}=kt$	k	—	—	—	0. 00021
	R^2	—	—	—	0. 97497
	R^2	—	—	—	0. 89265
界面化学反应控制 $1-(1-X)^{1/3}=kt$	k	—	—	—	0. 00168
	R^2	—	—	—	0. 98316
混合机理控制 $1/3\ln(1-X)+(1-X)^{-1/3}-1=kt$	k	—	—	—	0. 00013
	R^2	—	—	—	0. 95867
双常数模型 $\ln C=a+b\ln t$	a	—	—	—	6. 58227
	b	—	—	—	0. 51564
	R^2	—	—	—	0. 95261

续附表D-34

模型名称	模型参数	GW	AR1	AR2	LF
Elovich 方程 $C=a+b\ln t$	a	—	—	—	1138.63888
	b	—	—	—	1095.13446
	R^2	—	—	—	0.75215
Avrami 模型 $-\ln(1-X)=kt^n$	k	—	—	—	0.01901
	n	—	—	—	0.71622
	R^2	—	—	—	**0.99347**

附表 D-35 吹炼白烟尘中 As 半动态浸出动力学模型拟合结果

模型名称	模型参数	GW	AR1	AR2	LF
未收缩反应核模型-外扩散控制 $X=kt$	k	0.15722	0.18408	0.21173	0.28676
	R^2	0.61738	0.55290	0.46040	0.47639
收缩核模型-外扩散控制 $1-(1-X)^{2/3}=kt$	k	0.00105	0.00123	0.00142	0.00194
	R^2	0.61926	0.55337	0.46224	0.47779
内扩散控制 $1-2/3X-(1-X)^{2/3}=kt$	k	5.98281×10^{-6}	5.56744×10^{-6}	0.00001	0.00003
	R^2	0.72901	0.74699	0.58256	0.57658
界面化学反应控制 $1-(1-X)^{1/3}=kt$	k	0.00053	0.00062	0.00072	0.00098
	R^2	0.61883	0.55479	0.46242	0.47926
混合机理控制 $1/3\ln(1-X)+(1-X)^{-1/3}-1=kt$	k	3.04314×10^{-6}	2.90469×10^{-6}	6.49005×10^{-6}	0.00001
	R^2	0.74109	0.75201	0.59809	0.57627
双常数模型 $\ln C=a+b\ln t$	a	6.39437	6.11072	6.86679	7.38293
	b	0.19683	0.34203	0.18518	0.14619
	R^2	**0.96704**	0.96073	0.96081	0.96894
Elovich 方程 $C=a+b\ln t$	a	628.62943	515.13772	1002.01073	1652.67833
	b	112.2361	137.36639	164.78741	221.65108
	R^2	0.93951	**0.98209**	**0.97053**	**0.97457**
Avrami 模型 $-\ln(1-X)=kt^n$	k	0.01593	0.01250	0.02581	0.04343
	n	0.19527	0.28419	0.17289	0.14203
	R^2	0.95470	0.93736	0.93857	0.95486

附表 D-36 吹炼白烟尘中 Ca 半动态浸出动力学模型拟合结果

模型名称	模型参数	GW	AR1	AR2	LF
未收缩反应核模型-外扩散控制 $X=kt$	k	—	0. 27933	0. 32802	0. 93952
	R^2	—	0. 93751	0. 91553	0. 91862
收缩核模型-外扩散控制 $1-(1-X)^{2/3}=kt$	k	—	0. 00221	0. 00278	0. 00731
	R^2	—	0. 95351	0. 94444	0. 93022
内扩散控制 $1-2/3X-(1-X)^{2/3}=kt$	k	—	0. 00034	0. 00059	0. 00077
	R^2	—	0. 97039	0. 95655	0. 92623
界面化学反应控制 $1-(1-X)^{1/3}=kt$	k	—	0. 00131	0. 00179	0. 00429
	R^2	—	0. 96550	0. 96143	0. 93707
混合机理控制 $1/3\ln(1-X)+(1-X)^{-1/3}-1=kt$	k	—	0. 00032	0. 00076	0. 00094
	R^2	—	0. 92254	0. 83470	0. 87129
双常数模型 $\ln C=a+b\ln t$	a	4. 29620	3. 49196	3. 76038	3. 32035
	b	0. 07888	0. 24941	0. 24606	0. 41393
	R^2	0. 73414	0. 92702	0. 95993	**0. 94018**
Elovich 方程 $C=a+b\ln t$	a	74. 12645	33. 79995	45. 50238	41. 26310
	b	5. 38556	15. 16003	18. 63960	19. 33419
	R^2	**0. 73646**	0. 74793	0. 80828	0. 84541
Avrami 模型 $-\ln(1-X)=kt^n$	k	—	0. 17712	0. 23812	0. 13132
	n	—	0. 00472	0. 00700	0. 01516
	R^2	—	**0. 97294**	**0. 96374**	0. 93917

附表 D-37 吹炼白烟尘中 Cd 半动态浸出动力学模型拟合结果

模型名称	模型参数	GW	AR1	AR2	LF
未收缩反应核模型-外扩散控制 $X=kt$	k	1. 16372	3. 23761	1. 65403	1. 66217
	R^2	0. 34055	0. 31669	0. 2648	0. 21933
收缩核模型-外扩散控制 $1-(1-X)^{2/3}=kt$	k	0. 00900	0. 02654	0. 01353	0. 01596
	R^2	0. 35715	0. 3297	0. 29165	0. 26104
内扩散控制 $1-2/3X-(1-X)^{2/3}=kt$	k	0. 00124	0. 00496	0. 00250	0. 00488
	R^2	0. 46631	0. 37878	0. 42049	0. 36546

续附表D-37

模型名称	模型参数	GW	AR1	AR2	LF
界面化学反应控制 $1-(1-X)^{1/3}=kt$	k	0.00523	0.01647	0.00833	0.01161
	R^2	0.37398	0.34295	0.31947	0.30579
混合机理控制 $1/3\ln(1-X)+(1-X)^{-1/3}-1=kt$	k	0.00100	0.00543	0.00247	0.00824
	R^2	0.51557	0.42086	0.50467	0.50632
双常数模型 $\ln C=a+b\ln t$	a	9.16580	9.12593	9.39195	9.80220
	b	0.14496	0.37397	0.17655	0.12009
	R^2	0.90704	**0.84335**	0.85901	0.85138
Elovich 方程 $C=a+b\ln t$	a	9961.59684	11842.2248	12763.5314	18627.4200
	b	1338.39111	3534.90689	1994.43038	2064.79326
	R^2	**0.94629**	0.77906	**0.91513**	**0.89096**
Avrami 模型 $-\ln(1-X)=kt^n$	k	0.42296	0.56842	0.59557	1.09350
	n	0.15212	0.31052	0.18002	0.16514
	R^2	0.89751	0.67855	0.85553	0.86942

附表 D-38 吹炼白烟尘中 Cu 半动态浸出动力学模型拟合结果

模型名称	模型参数	GW	AR1	AR2	LF
未收缩反应核模型-外扩散控制 $X=kt$	k	0.11862	0.12791	0.22531	0.22843
	R^2	0.66553	0.68612	0.74282	0.55397
收缩核模型-外扩散控制 $1-(1-X)^{2/3}=kt$	k	0.00088	0.00092	0.00182	0.00207
	R^2	0.68117	0.70156	0.77691	0.60081
内扩散控制 $1-2/3X-(1-X)^{2/3}=kt$	k	0.00009	0.00006	0.00032	0.00055
	R^2	0.81025	0.88978	0.91756	0.72859
界面化学反应控制 $1-(1-X)^{1/3}=kt$	k	0.00049	0.00049	0.00111	0.00143
	R^2	0.69663	0.71679	0.80936	0.64719
混合机理控制 $1/3\ln(1-X)+(1-X)^{-1/3}-1=kt$	k	0.00007	0.00004	0.00031	0.00081
	R^2	0.84441	0.91292	0.96434	0.83249

续附表D-38

模型名称	模型参数	GW	AR1	AR2	LF
双常数模型 $\ln C=a+b\ln t$	a	8.13092	6.71042	8.35532	8.88378
	b	0.16033	0.43967	0.20605	0.16174
	R^2	0.99506	0.82793	0.99050	0.97840
Elovich 方程 $C=a+b\ln t$	a	3580.09403	1626.91235	4617.11718	7718.51529
	b	732.88462	778.56185	1308.69163	1535.30000
	R^2	0.98290	0.98005	0.95637	**0.99057**
Avrami 模型 $-\ln(1-X)=kt^n$	k	0.19221	0.08626	0.23103	0.49034
	n	0.18000	0.28035	0.27086	0.22522
	R^2	**0.99824**	**0.98657**	**0.99134**	0.98909

附表 D-39 吹炼白烟尘中 Fe 半动态浸出动力学模型拟合结果

模型名称	模型参数	GW	AR1	AR2	LF
未收缩反应核模型-外扩散控制 $X=kt$	k	—	—	—	1.78467
	R^2	—	—	—	0.76604
收缩核模型-外扩散控制 $1-(1-X)^{2/3}=kt$	k	—	—	—	0.01263
	R^2	—	—	—	0.77349
内扩散控制 $1-2/3X-(1-X)^{2/3}=kt$	k	—	—	—	0.00073
	R^2	—	—	—	0.85924
界面化学反应控制 $1-(1-X)^{1/3}=kt$	k	—	—	—	0.00671
	R^2	—	—	—	0.78072
混合机理控制 $1/3\ln(1-X)+(1-X)^{-1/3}-1=kt$	k	—	—	—	0.00045
	R^2	—	—	—	0.86888
双常数模型 $\ln C=a+b\ln t$	a	—	—	—	5.15634
	b	—	—	—	0.56153
	R^2	—	—	—	**0.97152**
Elovich 方程 $C=a+b\ln t$	a	—	—	—	278.90381
	b	—	—	—	128.39029
	R^2	—	—	—	0.83472

续附表D-39

模型名称	模型参数	GW	AR1	AR2	LF
Avrami 模型 $-\ln(1-X)=kt^n$	k	—	—	—	0. 0931
	n	—	—	—	0. 49617
	R^2	—	—	—	0. 92790

附表 D-40 吹炼白烟尘中 Pb 半动态浸出动力学模型拟合结果

模型名称	模型参数	GW	AR1	AR2	LF
未收缩反应核模型-外扩散控制 $X=kt$	k	0. 00518	0. 00478	0. 00355	0. 01132
	R^2	0. 96875	0. 97273	0. 96412	0. 96562
收缩核模型-外扩散控制 $1-(1-X)^{2/3}=kt$	k	0. 00003	0. 00003	0. 00002	0. 00008
	R^2	0. 96900	0. 97293	0. 96399	0. 96599
内扩散控制 $1-2/3X-(1-X)^{2/3}=kt$	k	5.34239×10^{-8}	4.56056×10^{-8}	2.66169×10^{-8}	2.43802×10^{-7}
	R^2	**0. 97899**	**0. 97629**	**0. 98380**	**0. 97859**
界面化学反应控制 $1-(1-X)^{1/3}=kt$	k	0. 00002	0. 00002	0. 00001	0. 00004
	R^2	0. 96897	0. 97297	0. 96431	0. 96618
混合机理控制 $1/3\ln(1-X)+(1-X)^{-1/3}-1=kt$	k	2.68636×10^{-8}	2.29255×10^{-8}	1.33623×10^{-8}	1.23397×10^{-7}
	R^2	0. 97879	0. 97609	0. 98367	0. 97824
双常数模型 $\ln C=a+b\ln t$	a	5. 45929	5. 37199	5. 40300	5. 73049
	b	0. 52759	0. 52861	0. 47450	0. 63403
	R^2	0. 96955	0. 97127	0. 97599	0. 97722
Elovich 方程 $C=a+b\ln t$	a	216. 73848	199. 85899	227. 51398	274. 78585
	b	537. 81562	493. 71489	376. 21907	1174. 15249
	R^2	0. 66754	0. 66342	0. 69570	0. 66360
Avrami 模型 $-\ln(1-X)=kt^n$	k	0. 00082	0. 00075	0. 00078	0. 00136
	n	0. 00005	0. 00005	0. 00004	0. 00011
	R^2	0. 96912	0. 97306	0. 96440	0. 96648

附表 D-41　吹炼白烟尘中 Zn 半动态浸出动力学模型拟合结果

模型名称	模型参数	GW	AR1	AR2	LF
未收缩反应核模型-外扩散控制 $X=kt$	k	0.03913	0.03494	0.06302	0.09028
	R^2	0.08950	0.06833	0.10045	0.23711
收缩核模型-外扩散控制 $1-(1-X)^{2/3}=kt$	k	0.01598	0.01369	0.02595	0.03046
	R^2	0.12844	0.03813	0.09683	0.25640
内扩散控制 $1-2/3X-(1-X)^{2/3}=kt$	k	0.00005	0.00003	0.00013	0.00040
	R^2	0.11755	0.09799	0.15723	0.37152
界面化学反应控制 $1-(1-X)^{1/3}=kt$	k	0.00953	0.00762	0.01656	0.02304
	R^2	0.13844	0.04324	0.11503	0.30929
混合机理控制 $1/3\ln(1-X)+(1-X)^{-1/3}-1=kt$	k	0.00223	0.00098	0.00609	0.01908
	R^2	0.21307	0.10230	0.22735	0.54262
双常数模型 $\ln C=a+b\ln t$	a	9.89323	9.51846	10.11782	10.40333
	b	0.12912	0.19212	0.16593	0.10968
	R^2	0.85465	0.79767	0.82619	0.89363
Elovich 方程 $C=a+b\ln t$	a	20250.9333	14304.7322	25720.2929	33506.0586
	b	2334.38941	2262.13104	3642.81382	3361.17566
	R^2	**0.87653**	**0.82410**	**0.85469**	**0.92092**
Avrami 模型 $-\ln(1-X)=kt^n$	k	0.56086	0.35855	0.80126	1.27776
	n	0.14176	0.16910	0.18100	0.17473
	R^2	0.80332	0.70343	0.76242	0.90945

附表 D-42　黑铜泥中 As 半动态浸出动力学模型拟合结果

模型名称	模型参数	GW	AR1	AR2	LF
未收缩反应核模型-外扩散控制 $X=kt$	k	0.29617	0.29484	0.35101	0.55204
	R^2	0.68756	0.72189	0.66064	0.87894
收缩核模型-外扩散控制 $1-(1-X)^{2/3}=kt$	k	0.00211	0.00208	0.00252	0.00431
	R^2	0.69754	0.73117	0.67286	0.90494
内扩散控制 $1-2/3X-(1-X)^{2/3}=kt$	k	0.00013	0.00011	0.00018	0.00063
	R^2	0.83411	0.87600	0.82131	**0.99371**

续附表D-42

模型名称	模型参数	GW	AR1	AR2	LF
界面化学反应控制 $1-(1-X)^{1/3}=kt$	k	0.00113	0.00110	0.00136	0.00254
	R^2	0.70744	0.74035	0.68492	0.92801
混合机理控制 $1/3\ln(1-X)+(1-X)^{-1/3}-1=kt$	k	0.00008	0.00007	0.00012	0.00057
	R^2	0.85382	0.89230	0.84564	0.98637
双常数模型 $\ln C=a+b\ln t$	a	10.20101	9.84491	10.18645	10.43179
	b	0.28111	0.35077	0.32762	0.37083
	R^2	**0.97772**	0.97257	0.95906	0.98649
Elovich 方程 $C=a+b\ln t$	a	32806.7495	25626.1003	35204.8829	46063.5875
	b	10655.0418	10354.1721	12832.4627	23898.1055
	R^2	0.97537	0.96674	**0.97449**	0.90509
Avrami 模型 $-\ln(1-X)=kt^n$	k	0.11178	0.08400	0.12255	0.11359
	n	0.25784	0.29871	0.27502	0.45847
	R^2	0.97680	**0.97773**	0.96324	0.98597

附表 D-43　黑铜泥中 Ca 半动态浸出动力学模型拟合结果

模型名称	模型参数	GW	AR1	AR2	LF
未收缩反应核模型-外扩散控制 $X=kt$	k	—	0.12325	0.18376	—
	R^2	—	0.86010	0.88062	—
收缩核模型-外扩散控制 $1-(1-X)^{2/3}=kt$	k	—	0.00090	0.00140	—
	R^2	—	0.87223	0.89879	—
内扩散控制 $1-2/3X-(1-X)^{2/3}=kt$	k	—	0.00008	0.00018	—
	R^2	—	0.96980	0.98272	—
界面化学反应控制 $1-(1-X)^{1/3}=kt$	k	—	0.00049	0.00080	—
	R^2	—	0.88373	0.91528	—
混合机理控制 $1/3\ln(1-X)+(1-X)^{-1/3}-1=kt$	k	—	0.00005	0.00014	—
	R^2	—	**0.97941**	**0.98733**	—

续附表D-43

模型名称	模型参数	GW	AR1	AR2	LF
双常数模型 $\ln C=a+b\ln t$	a	—	4. 10776	4. 39380	—
	b	—	0. 17994	0. 19187	—
	R^2	—	0. 91482	0. 93730	—
Elovich 方程 $C=a+b\ln t$	a	—	64. 09001	84. 99132	—
	b	—	15. 89182	23. 48253	—
	R^2	—	0. 83415	0. 83745	—
Avrami 模型 $-\ln(1-X)=kt^n$	k	—	0. 11575	0. 14164	—
	n	—	0. 23138	0. 28255	—
	R^2	—	0. 90865	0. 91962	—

附表 D-44　黑铜泥中 Cd 半动态浸出动力学模型拟合结果

模型名称	模型参数	GW	AR1	AR2	LF
未收缩反应核模型-外扩散控制 $X=kt$	k	0. 38256	0. 39227	0. 68223	0. 65671
	R^2	0. 57754	0. 59404	0. 66523	0. 45978
收缩核模型-外扩散控制 $1-(1-X)^{2/3}=kt$	k	0. 00303	0. 00298	0. 00584	0. 00707
	R^2	0. 60331	0. 61318	0. 70456	0. 58197
内扩散控制 $1-2/3X-(1-X)^{2/3}=kt$	k	0. 00048	0. 00037	0. 00130	0. 00269
	R^2	0. 73201	0. 73502	0. 82109	0. 78959
界面化学反应控制 $1-(1-X)^{1/3}=kt$	k	0. 00180	0. 00171	0. 00379	0. 00606
	R^2	0. 62805	0. 63156	0. 74124	0. 71186
混合机理控制 $1/3\ln(1-X)+(1-X)^{-1/3}-1=kt$	k	0. 00043	0. 00029	0. 00162	0. 01029
	R^2	0. 77470	0. 76576	0. 87767	0. 97363
双常数模型 $\ln C=a+b\ln t$	a	5. 35066	4. 94195	5. 31871	5. 82112
	b	0. 19389	0. 26623	0. 28311	0. 23256
	R^2	0. 92329	0. 93118	0. 96197	0. 83368
Elovich 方程 $C=a+b\ln t$	a	237. 33248	173. 52805	253. 46676	417. 03482
	b	49. 7823	50. 56229	83. 51554	93. 10743
	R^2	**0. 97904**	**0. 98321**	**0. 97377**	0. 96569

续附表D-44

模型名称	模型参数	GW	AR1	AR2	LF
Avrami 模型 $-\ln(1-X)=kt^n$	k	0.34210	0.23766	0.35556	0.77808
	n	0.20052	0.23950	0.32309	0.32179
	R^2	0.95810	0.95493	0.97304	**0.98531**

附表 D-45　黑铜泥中 Cu 半动态浸出动力学模型拟合结果

模型名称	模型参数	GW	AR1	AR2	LF
未收缩反应核模型-外扩散控制 $X=kt$	k	0.32596	0.34977	0.44041	0.39946
	R^2	0.59134	0.50316	0.57157	0.85885
收缩核模型-外扩散控制 $1-(1-X)^{2/3}=kt$	k	0.00228	0.00241	0.00305	0.00303
	R^2	0.59550	0.50767	0.57678	0.87871
内扩散控制 $1-2/3X-(1-X)^{2/3}=kt$	k	0.00011	0.00073	0.00012	0.00036
	R^2	0.67530	0.65042	0.70858	0.98060
界面化学反应控制 $1-(1-X)^{1/3}=kt$	k	0.00120	0.00124	0.00159	0.00172
	R^2	0.59935	0.51188	0.58202	0.89714
混合机理控制 $1/3\ln(1-X)+(1-X)^{-1/3}-1=kt$	k	0.00006	0.00004	0.00007	0.00028
	R^2	0.68646	0.66134	0.72194	**0.98779**
双常数模型 $\ln C=a+b\ln t$	a	8.91897	8.37256	8.64274	8.86089
	b	1.2215	1.28763	1.24814	0.84152
	R^2	0.69793	0.74227	0.74233	0.76863
Elovich 方程 $C=a+b\ln t$	a	51168.3028	32508.8472	40067.6484	63777.8134
	b	4461.50308	5021.68263	6091.88361	23687.6475
	R^2	**0.99966**	**0.99346**	**0.99901**	0.91833
Avrami 模型 $-\ln(1-X)=kt^n$	k	0.12929	0.07623	0.09416	0.18850
	n	0.00378	0.00384	0.00495	0.00590
	R^2	0.60336	0.51623	0.58724	0.91399

附表 D-46　黑铜泥中 Fe 半动态浸出动力学模型拟合结果

模型名称	模型参数	GW	AR1	AR2	LF
未收缩反应核模型-外扩散控制 $X=kt$	k	—	—	—	0.10049
	R^2	—	—	—	**0.95170**
收缩核模型-外扩散控制 $1-(1-X)^{2/3}=kt$	k	—	—	—	0.00071
	R^2	—	—	—	0.94874
内扩散控制 $1-2/3X-(1-X)^{2/3}=kt$	k	—	—	—	0.00004
	R^2	—	—	—	0.86127
界面化学反应控制 $1-(1-X)^{1/3}=kt$	k	—	—	—	0.00037
	R^2	—	—	—	0.94550
混合机理控制 $1/3\ln(1-X)+(1-X)^{-1/3}-1=kt$	k	—	—	—	0.00002
	R^2	—	—	—	0.84249
双常数模型 $\ln C=a+b\ln t$	a	—	—	—	3.73342
	b	—	—	—	0.17253
	R^2	—	—	—	0.69325
Elovich 方程 $C=a+b\ln t$	a	—	—	—	39.85134
	b	—	—	—	12.59063
	R^2	—	—	—	0.47900
Avrami 模型 $-\ln(1-X)=kt^n$	k	—	—	—	0.01992
	n	—	—	—	0.48375
	R^2	—	—	—	0.71718

附表 D-47　黑铜泥中 Zn 半动态浸出动力学模型拟合结果

模型名称	模型参数	GW	AR1	AR2	LF
未收缩反应核模型-外扩散控制 $X=kt$	k	0.58352	0.67680	0.99622	0.22642
	R^2	0.56771	0.52304	0.63708	0.43325
收缩核模型-外扩散控制 $1-(1-X)^{2/3}=kt$	k	0.00655	0.00578	0.01031	0.00253
	R^2	0.61622	0.56256	0.71692	0.51357

续附表D-47

模型名称	模型参数	GW	AR1	AR2	LF
内扩散控制 $1-2/3X-(1-X)^{2/3}=kt$	k	0.00199	0.00127	0.00367	0.00102
	R^2	0.72541	0.70451	0.85012	0.64391
	R^2	0.38108	0.34979	0.35932	0.24955
界面化学反应控制 $1-(1-X)^{1/3}=kt$	k	0.00474	0.00372	0.00819	0.00222
	R^2	0.66315	0.60144	0.79234	0.60568
混合机理控制 $1/3\ln(1-X)+(1-X)^{-1/3}-1=kt$	k	0.00325	0.00144	0.00885	0.00374
	R^2	0.83004	0.79066	0.97203	0.88127
双常数模型 $\ln C=a+b\ln t$	a	5.71708	5.36144	5.64103	5.62967
	b	0.15010	0.20251	0.20128	0.17802
	R^2	0.88983	0.82074	0.90606	0.91119
Elovich 方程 $C=a+b\ln t$	a	379.13351	290.9104	383.16493	368.9913
	b	41.84659	42.69073	58.28538	56.37845
	R^2	**0.99479**	**0.99450**	0.98974	0.96007
Avrami 模型 $-\ln(1-X)=kt^n$	k	0.82957	0.56766	0.79759	0.83900
	n	0.17545	0.18050	0.28272	0.24948
	R^2	0.99322	0.98373	**0.99396**	**0.98303**

附表 D-48　阳极渣中 As 半动态浸出动力学模型拟合结果

模型名称	模型参数	GW	AR1	AR2	LF
未收缩反应核模型-外扩散控制 $X=kt$	k	—	—	—	0.15617
	R^2	—	—	—	0.85289
收缩核模型-外扩散控制 $1-(1-X)^{2/3}=kt$	k	—	—	—	0.00110
	R^2	—	—	—	0.87504
内扩散控制 $1-2/3X-(1-X)^{2/3}=kt$	k	—	—	—	0.00006
	R^2	—	—	—	0.98294
界面化学反应控制 $1-(1-X)^{1/3}=kt$	k	—	—	—	0.00059
	R^2	—	—	—	0.87422

续附表D-48

模型名称	模型参数	GW	AR1	AR2	LF
混合机理控制 $1/3\ln(1-X)+(1-X)^{-1/3}-1=kt$	k	—	—	—	0. 00004
	R^2	—	—	—	0. 98929
双常数模型 $\ln C=a+b\ln t$	a	—	—	—	4. 14728
	b	—	—	—	0. 58609
	R^2	—	—	—	0. 98658
Elovich 方程 $C=a+b\ln t$	a	—	—	—	112. 72644
	b	—	—	—	149. 25651
	R^2	—	—	—	0. 81767
Avrami 模型 $-\ln(1-X)=kt^n$	k	—	—	—	0. 02488
	n	—	—	—	0. 51087
	R^2	—	—	—	**0. 99237**

附表 D-49　阳极渣中 Ca 半动态浸出动力学模型拟合结果

模型名称	模型参数	GW	AR1	AR2	LF
未收缩反应核模型-外扩散控制 $X=kt$	k	0. 04942	0. 18270	0. 17679	0. 21463
	R^2	0. 93065	0. 81952	0. 8574	0. 87929
收缩核模型-外扩散控制 $1-(1-X)^{2/3}=kt$	k	0. 00035	0. 00157	0. 00148	0. 00179
	R^2	0. 89467	0. 83703	0. 86701	0. 89162
内扩散控制 $1-2/3X-(1-X)^{2/3}=kt$	k	7.69116×10^{-6}	0. 00012	0. 00011	0. 00015
	R^2	0. 91236	0. 96396	0. 97484	0. 99647
界面化学反应控制 $1-(1-X)^{1/3}=kt$	k	0. 00017	0. 00074	0. 00070	0. 00087
	R^2	**0. 93279**	0. 85269	0. 88481	0. 91272
混合机理控制 $1/3\ln(1-X)+(1-X)^{-1/3}-1=kt$	k	4.16701×10^{-6}	0. 00008	0. 00007	0. 00011
	R^2	0. 90763	0. 97885	0. 98333	**0. 99698**
双常数模型 $\ln C=a+b\ln t$	a	3. 14873	4. 41921	4. 38919	4. 16638
	b	0. 26420	0. 31973	0. 30453	0. 37692
	R^2	0. 90871	**0. 99195**	**0. 98734**	0. 99648

续附表D-49

模型名称	模型参数	GW	AR1	AR2	LF
Elovich 方程 $C=a+b\ln t$	a	24. 17368	96. 99465	88. 67045	75. 38293
	b	11. 86134	53. 09884	49. 33231	58. 78986
	R^2	0. 64919	0. 87634	0. 8378	0. 82465
Avrami 模型 $-\ln(1-X)=kt^n$	k	0. 01162	0. 07036	0. 05775	0. 04455
	n	0. 42627	0. 37902	0. 40418	0. 48825
	R^2	0. 85366	0. 98908	0. 98383	0. 99609

附表 D-50　阳极渣中 Cu 半动态浸出动力学模型拟合结果

模型名称	模型参数	GW	AR1	AR2	LF
未收缩反应核模型-外扩散控制 $X=kt$	k	—	—	0. 00582	0. 08836
	R^2	—	—	0. 85248	0. 94048
收缩核模型-外扩散控制 $1-(1-X)^{2/3}=kt$	k	—	—	0. 00004	0. 00061
	R^2	—	—	0. 85267	0. 94419
内扩散控制 $1-2/3X-(1-X)^{2/3}=kt$	k	—	—	7.16326×10^{-8}	0. 00002
	R^2	—	—	0. 93758	0. 98866
界面化学反应控制 $1-(1-X)^{1/3}=kt$	k	—	—	0. 00002	0. 00031
	R^2	—	—	0. 85292	0. 94777
混合机理控制 $1/3\ln(1-X)+(1-X)^{-1/3}-1=kt$	k	—	—	3.60596×10^{-8}	9.32589×10^{-6}
	R^2	—	—	0. 93781	0. 98628
双常数模型 $\ln C=a+b\ln t$	a	—	—	5. 67713	7. 76535
	b	—	—	0. 60319	0. 72409
	R^2	—	—	**0. 99223**	0. 98038
Elovich 方程 $C=a+b\ln t$	a	—	—	482. 38137	4433. 26278
	b	—	—	786. 16549	11027. 3842
	R^2	—	—	0. 76498	0. 70855
Avrami 模型 $-\ln(1-X)=kt^n$	k	—	—	0. 00076	0. 00573
	n	—	—	0. 51532	0. 65869
	R^2	—	—	0. 96740	**0. 99364**

附表 D-51 阳极渣中 Fe 半动态浸出动力学模型拟合结果

模型名称	模型参数	GW	AR1	AR2	LF
未收缩反应核模型-外扩散控制 $X=kt$	k	—	—	—	0.00291
	R^2	—	—	—	0.94281
收缩核模型-外扩散控制 $1-(1-X)^{2/3}=kt$	k	—	—	—	0.00002
	R^2	—	—	—	0.94287
内扩散控制 $1-2/3X-(1-X)^{2/3}=kt$	k	—	—	—	1.73862×10^{-8}
	R^2	—	—	—	0.96799
界面化学反应控制 $1-(1-X)^{1/3}=kt$	k	—	—	—	9.72005×10^{-6}
	R^2	—	—	—	0.94298
混合机理控制 $1/3\ln(1-X)+(1-X)^{-1/3}-1=kt$	k	—	—	—	8.72222×10^{-9}
	R^2	—	—	—	0.96782
双常数模型 $\ln C=a+b\ln t$	a	—	—	—	3.44082
	b	—	—	—	0.64756
	R^2	—	—	—	**0.99463**
Elovich 方程 $C=a+b\ln t$	a	—	—	—	47.47842
	b	—	—	—	107.45438
	R^2	—	—	—	0.70581
Avrami 模型 $-\ln(1-X)=kt^n$	k	—	—	—	0.00021
	n	—	—	—	0.62826
	R^2	—	—	—	0.99026

附表 D-52 阳极渣中 Pb 半动态浸出动力学模型拟合结果

模型名称	模型参数	GW	AR1	AR2	LF
未收缩反应核模型-外扩散控制 $X=kt$	k	—	—	—	0.14252
	R^2	—	—	—	0.89249
收缩核模型-外扩散控制 $1-(1-X)^{2/3}=kt$	k	—	—	—	0.00100
	R^2	—	—	—	0.90206
内扩散控制 $1-2/3X-(1-X)^{2/3}=kt$	k	—	—	—	0.00005
	R^2	—	—	—	0.99836

续附表D-52

模型名称	模型参数	GW	AR1	AR2	LF
界面化学反应控制 $1-(1-X)^{1/3}=kt$	k	—	—	—	0.00053
	R^2	—	—	—	0.91128
混合机理控制 $1/3\ln(1-X)+(1-X)^{-1/3}-1=kt$	k	—	—	—	0.00003
	R^2	—	—	—	0.99658
双常数模型 $\ln C=a+b\ln t$	a	—	—	—	5.38743
	b	—	—	—	0.67393
	R^2	—	—	—	0.95839
Elovich 方程 $C=a+b\ln t$	a	—	—	—	505.73426
	b	—	—	—	731.36825
	R^2	—	—	—	0.80278
Avrami 模型 $-\ln(1-X)=kt^n$	k	—	—	—	0.01849
	n	—	—	—	0.54459
	R^2	—	—	—	**0.99894**

附表 D-53 阳极渣中 Zn 半动态浸出动力学模型拟合结果

模型名称	模型参数	GW	AR1	AR2	LF
未收缩反应核模型-外扩散控制 $X=kt$	k	—	—	—	0.08582
	R^2	—	—	—	0.89529
收缩核模型-外扩散控制 $1-(1-X)^{2/3}=kt$	k	—	—	—	0.00059
	R^2	—	—	—	0.90078
内扩散控制 $1-2/3X-(1-X)^{2/3}=kt$	k	—	—	—	0.00002
	R^2	—	—	—	**0.99885**
界面化学反应控制 $1-(1-X)^{1/3}=kt$	k	—	—	—	0.00030
	R^2	—	—	—	0.90619
混合机理控制 $1/3\ln(1-X)+(1-X)^{-1/3}-1=kt$	k	—	—	—	9.741×10^{-6}
	R^2	—	—	—	0.99806

续附表D-53

模型名称	模型参数	GW	AR1	AR2	LF
双常数模型 $\ln C=a+b\ln t$	a	—	—	—	3.10115
	b	—	—	—	0.71054
	R^2	—	—	—	0.94833
Elovich 方程 $C=a+b\ln t$	a	—	—	—	57.93361
	b	—	—	—	85.85508
	R^2	—	—	—	0.80270
Avrami 模型 $-\ln(1-X)=kt^n$	k	—	—	—	0.02715
	n	—	—	—	0.00094
	R^2	—	—	—	0.91146

附表 D-54　脱硫石膏渣中 As 半动态浸出动力学模型拟合结果

模型名称	模型参数	GW	AR1	AR2	LF
未收缩反应核模型-外扩散控制 $X=kt$	k	0.23166	0.24150	0.29879	0.16771
	R^2	0.84369	0.84824	0.78510	0.59566
收缩核模型-外扩散控制 $1-(1-X)^{2/3}=kt$	k	0.00180	0.00189	0.00255	0.00147
	R^2	0.86607	0.87186	0.82748	0.64395
内扩散控制 $1-2/3X-(1-X)^{2/3}=kt$	k	0.00026	0.00028	0.00055	0.00035
	R^2	0.96782	0.97301	0.94863	0.79828
界面化学反应控制 $1-(1-X)^{1/3}=kt$	k	0.00106	0.00111	0.00164	0.00097
	R^2	0.88720	0.89398	0.86693	0.69068
混合机理控制 $1/3\ln(1-X)+(1-X)^{-1/3}-1=kt$	k	0.00022	0.00024	0.00067	0.00043
	R^2	**0.99059**	**0.99304**	0.99110	0.88839
双常数模型 $\ln C=a+b\ln t$	a	8.26926	8.25050	8.60962	9.12445
	b	0.22321	0.23229	0.22430	0.11890
	R^2	0.97846	0.98350	**0.99484**	0.93949
Elovich 方程 $C=a+b\ln t$	a	4050.21382	4002.41646	5863.27806	9593.30392
	b	1459.4307	1517.95246	1989.92146	1300.53359
	R^2	0.87460	0.87492	0.91950	**0.97978**

续附表D-54

模型名称	模型参数	GW	AR1	AR2	LF
Avrami 模型 $-\ln(1-X)=kt^n$	k	0. 13470	0. 12957	0. 20385	0. 51196
	n	0. 34245	0. 35780	0. 36353	0. 16170
	R^2	0. 98386	0. 98366	0. 98719	0. 97961

附表 D-55 脱硫石膏渣中 Ca 半动态浸出动力学模型拟合结果

模型名称	模型参数	GW	AR1	AR2	LF
未收缩反应核模型-外扩散控制 $X=kt$	k	0. 27748	0. 28317	0. 28982	0. 30021
	R^2	0. 94969	0. 95650	0. 95177	0. 95494
收缩核模型-外扩散控制 $1-(1-X)^{2/3}=kt$	k	0. 00205	0. 00210	0. 00216	0. 00225
	R^2	0. 96082	0. 96715	0. 96352	0. 96699
内扩散控制 $1-2/3X-(1-X)^{2/3}=kt$	k	0. 00010	0. 00021	0. 00023	0. 00025
	R^2	**0. 98426**	0. 98136	**0. 98402**	0. 98245
界面化学反应控制 $1-(1-X)^{1/3}=kt$	k	0. 00114	0. 00117	0. 00121	0. 00127
	R^2	0. 97066	0. 97637	0. 97374	0. 97728
混合机理控制 $1/3\ln(1-X)+(1-X)^{-1/3}-1=kt$	k	0. 00015	0. 00016	0. 00018	0. 00020
	R^2	0. 96927	0. 96273	0. 96580	0. 96005
双常数模型 $\ln C=a+b\ln t$	a	9. 28435	9. 32560	9. 39877	9. 48121
	b	0. 43390	0. 42676	0. 41996	0. 40999
	R^2	0. 85389	0. 85149	0. 85115	0. 84646
Elovich 方程 $C=a+b\ln t$	a	9362. 18873	9583. 59251	10528. 8761	11428. 7227
	b	16468. 6606	16648. 8119	17167. 2093	17719. 2481
	R^2	0. 67443	0. 66521	0. 67296	0. 66989
Avrami 模型 $-\ln(1-X)=kt^n$	k	0. 04729	0. 04534	0. 05067	0. 05236
	n	0. 00382	0. 00393	0. 00408	0. 00431
	R^2	0. 97906	**0. 98398**	0. 98225	**0. 98555**

附表 D-56　脱硫石膏渣中 Cd 半动态浸出动力学模型拟合结果

模型名称	模型参数	GW	AR1	AR2	LF
未收缩反应核模型-外扩散控制 $X=kt$	k	0.12782	0.11249	0.18171	0.15381
	R^2	0.83763	0.86371	0.86362	0.30222
收缩核模型-外扩散控制 $1-(1-X)^{2/3}=kt$	k	0.00092	0.00080	0.00138	0.00182
	R^2	0.84807	0.87249	0.88183	0.43062
内扩散控制 $1-2/3X-(1-X)^{2/3}=kt$	k	0.00007	0.00005	0.00016	0.00080
	R^2	0.95596	0.96774	0.98057	0.65538
界面化学反应控制 $1-(1-X)^{1/3}=kt$	k	0.00050	0.00043	0.00078	0.00170
	R^2	0.85820	0.88102	0.89887	0.58167
混合机理控制 $1/3\ln(1-X)+(1-X)^{-1/3}-1=kt$	k	0.00004	0.00003	0.00013	0.00341
	R^2	0.97021	0.97809	**0.99258**	**0.94803**
双常数模型 $\ln C=a+b\ln t$	a	3.28454	3.28851	3.80300	5.21467
	b	0.22945	0.20620	0.20444	0.09724
	R^2	**0.98364**	**0.97819**	0.98192	0.74063
Elovich 方程 $C=a+b\ln t$	a	28.12024	27.70015	46.87194	195.88399
	b	10.27073	8.85564	14.3811	18.65907
	R^2	0.88290	0.87032	0.88046	0.83861
Avrami 模型 $-\ln(1-X)=kt^n$	k	0.12819	0.12067	0.21047	1.48242
	n	0.00160	0.00139	0.00267	0.00996
	R^2	0.86808	0.88928	0.91467	0.73158

附表 D-57　脱硫石膏渣中 Cu 半动态浸出动力学模型拟合结果

模型名称	模型参数	GW	AR1	AR2	LF
未收缩反应核模型-外扩散控制 $X=kt$	k	—	—	—	2.68510
	R^2	—	—	—	0.18515
收缩核模型-外扩散控制 $1-(1-X)^{2/3}=kt$	k	—	—	—	0.02644
	R^2	—	—	—	0.44290
内扩散控制 $1-2/3X-(1-X)^{2/3}=kt$	k	—	—	—	0.00854
	R^2	—	—	—	0.43625

续附表D-57

模型名称	模型参数	GW	AR1	AR2	LF
界面化学反应控制 $1-(1-X)^{1/3}=kt$	k	—	—	—	0.02014
	R^2	—	—	—	0.34132
混合机理控制 $1/3\ln(1-X)+(1-X)^{-1/3}-1=kt$	k	—	—	—	0.01949
	R^2	—	—	—	0.68515
双常数模型 $\ln C=a+b\ln t$	a	—	—	—	6.01135
	b	—	—	—	0.22420
	R^2	—	—	—	0.79879
Elovich 方程 $C=a+b\ln t$	a	—	—	—	452.38149
	b	—	—	—	83.19987
	R^2	—	—	—	**0.86797**
Avrami 模型 $-\ln(1-X)=kt^n$	k	—	—	—	1.20011
	n	—	—	—	0.24585
	R^2	—	—	—	0.86372

附表 D-58 脱硫石膏渣中 Fe 半动态浸出动力学模型拟合结果

模型名称	模型参数	GW	AR1	AR2	LF
未收缩反应核模型-外扩散控制 $X=kt$	k	0.03014	—	—	0.17421
	R^2	0.87287	—	—	0.91433
收缩核模型-外扩散控制 $1-(1-X)^{2/3}=kt$	k	0.00020	—	—	0.00123
	R^2	0.87434	—	—	0.92180
内扩散控制 $1-2/3X-(1-X)^{2/3}=kt$	k	1.76468×10^{-6}	—	—	0.00007
	R^2	0.97951	—	—	0.98142
界面化学反应控制 $1-(1-X)^{1/3}=kt$	k	0.00010	—	—	0.00065
	R^2	0.87587	—	—	0.92898
混合机理控制 $1/3\ln(1-X)+(1-X)^{-1/3}-1=kt$	k	9.12323×10^{-7}	—	—	0.00004
	R^2	**0.98033**	—	—	**0.98226**

续附表D-58

模型名称	模型参数	GW	AR1	AR2	LF
双常数模型 $\ln C=a+b\ln t$	a	-1.69906	—	—	1.21618
	b	0.93224	—	—	0.65200
	R^2	0.90215	—	—	0.97937
Elovich 方程 $C=a+b\ln t$	a	0.63525	—	—	3.85170
	b	2.30791	—	—	12.78308
	R^2	0.76981	—	—	0.73412
Avrami 模型 $-\ln(1-X)=kt^n$	k	0.00288	—	—	0.01177
	n	0.57189	—	—	0.66444
	R^2	0.97139	—	—	0.98168

附表 D-59　脱硫石膏渣中 Pb 半动态浸出动力学模型拟合结果

模型名称	模型参数	GW	AR1	AR2	LF
未收缩反应核模型-外扩散控制 $X=kt$	k	—	—	—	0.22044
	R^2	—	—	—	0.49696
收缩核模型-外扩散控制 $1-(1-X)^{2/3}=kt$	k	—	—	—	0.00192
	R^2	—	—	—	0.54155
内扩散控制 $1-2/3X-(1-X)^{2/3}=kt$	k	—	—	—	0.00045
	R^2	—	—	—	0.68816
界面化学反应控制 $1-(1-X)^{1/3}=kt$	k	—	—	—	0.00127
	R^2	—	—	—	0.58560
混合机理控制 $1/3\ln(1-X)+(1-X)^{-1/3}-1=kt$	k	—	—	—	0.00057
	R^2	—	—	—	0.78131
双常数模型 $\ln C=a+b\ln t$	a	—	—	—	5.65875
	b	—	—	—	0.19485
	R^2	—	—	—	0.92638
Elovich 方程 $C=a+b\ln t$	a	—	—	—	327.76084
	b	—	—	—	74.61884
	R^2	—	—	—	**0.99411**

续附表D-59

模型名称	模型参数	GW	AR1	AR2	LF
Avrami 模型 $-\ln(1-X)=kt^n$	k	—	—	—	0. 44783
	n	—	—	—	0. 21730
	R^2	—	—	—	0. 97781

附表 D-60 脱硫石膏渣中 Zn 半动态浸出动力学模型拟合结果

模型名称	模型参数	GW	AR1	AR2	LF
未收缩反应核模型-外扩散控制 $X=kt$	k	—	—	—	0. 15835
	R^2	—	—	—	0. 31905
收缩核模型-外扩散控制 $1-(1-X)^{2/3}=kt$	k	—	—	—	0. 00179
	R^2	—	—	—	0. 43819
内扩散控制 $1-2/3X-(1-X)^{2/3}=kt$	k	—	—	—	0. 00073
	R^2	—	—	—	0. 66882
界面化学反应控制 $1-(1-X)^{1/3}=kt$	k	—	—	—	0. 00157
	R^2	—	—	—	0. 57439
混合机理控制 $1/3\ln(1-X)+(1-X)^{-1/3}-1=kt$	k	—	—	—	0. 00250
	R^2	—	—	—	**0. 93484**
双常数模型 $\ln C=a+b\ln t$	a	—	—	—	5. 42613
	b	—	—	—	0. 10255
	R^2	—	—	—	0. 73274
Elovich 方程 $C=a+b\ln t$	a	—	—	—	243. 80121
	b	—	—	—	24. 37873
	R^2	—	—	—	0. 83363
Avrami 模型 $-\ln(1-X)=kt^n$	k	—	—	—	1. 07638
	n	—	—	—	0. 16489
	R^2	—	—	—	0. 92134

附表 D-61　硫化砷渣中 As 半动态浸出动力学模型拟合结果

模型名称	模型参数	GW	AR1	AR2	LF
未收缩反应核模型-外扩散控制 $X=kt$	k	0. 11381	0. 13777	0. 13073	0. 13767
	R^2	0. 80044	0. 93857	0. 92858	0. 90679
收缩核模型-外扩散控制 $1-(1-X)^{2/3}=kt$	k	0. 00085	0. 00100	0. 00094	0. 00101
	R^2	0. 81848	0. 94574	0. 93664	0. 91673
内扩散控制 $1-2/3X-(1-X)^{2/3}=kt$	k	0. 00009	0. 00008	0. 00007	0. 00009
	R^2	0. 94340	**0. 96947**	**0. 97443**	**0. 95567**
界面化学反应控制 $1-(1-X)^{1/3}=kt$	k	0. 00047	0. 00054	0. 00051	0. 00055
	R^2	0. 83555	0. 95195	0. 94382	0. 92537
混合机理控制 $1/3\ln(1-X)+(1-X)^{-1/3}-1=kt$	k	0. 00006	0. 00005	0. 00005	0. 00006
	R^2	**0. 95841**	0. 95654	0. 96399	0. 94074
双常数模型 $\ln C=a+b\ln t$	a	11. 01553	10. 41394	10. 38837	10. 56808
	b	0. 13927	0. 20966	0. 21104	0. 19747
	R^2	0. 91143	0. 89884	0. 9178	0. 89134
Elovich 方程 $C=a+b\ln t$	a	63647. 7800	34933. 5817	34287. 7655	41519. 9567
	b	10873. 4347	11298. 6679	10983. 8651	11641. 9093
	R^2	0. 87420	0. 73253	0. 76452	0. 75714
Avrami 模型 $-\ln(1-X)=kt^n$	k	0. 18754	0. 06892	0. 07255	0. 09481
	n	0. 16508	0. 32509	0. 30603	0. 27539
	R^2	0. 88937	0. 85562	0. 87409	0. 83459

附表 D-62　硫化砷渣中 Ca 半动态浸出动力学模型拟合结果

模型名称	模型参数	GW	AR1	AR2	LF
未收缩反应核模型-外扩散控制 $X=kt$	k	—	—	—	0. 19889
	R^2	—	—	—	0. 44500
收缩核模型-外扩散控制 $1-(1-X)^{2/3}=kt$	k	—	—	—	0. 00200
	R^2	—	—	—	0. 54133
内扩散控制 $1-2/3X-(1-X)^{2/3}=kt$	k	—	—	—	0. 00067
	R^2	—	—	—	0. 75871

续附表D-62

模型名称	模型参数	GW	AR1	AR2	LF
界面化学反应控制 $1-(1-X)^{1/3}=kt$	k	—	—	—	0.00153
	R^2	—	—	—	0.63992
混合机理控制 $1/3\ln(1-X)+(1-X)^{-1/3}-1=kt$	k	—	—	—	0.00144
	R^2	—	—	—	0.93145
双常数模型 $\ln C=a+b\ln t$	a	—	—	—	7.48859
	b	—	—	—	0.13804
	R^2	—	—	—	0.82061
Elovich 方程 $C=a+b\ln t$	a	—	—	—	1967.98892
	b	—	—	—	281.9415
	R^2	—	—	—	0.93743
Avrami 模型 $-\ln(1-X)=kt^n$	k	—	—	—	0.73190
	n	—	—	—	0.19258
	R^2	—	—	—	**0.96740**

附表 D-63　硫化砷渣中 Cu 半动态浸出动力学模型拟合结果

模型名称	模型参数	GW	AR1	AR2	LF
未收缩反应核模型-外扩散控制 $X=kt$	k	0.00192	0.00474	0.00318	0.00390
	R^2	0.96994	0.94809	0.96046	0.75500
收缩核模型-外扩散控制 $1-(1-X)^{2/3}=kt$	k	0.00001	0.00003	0.00002	0.00003
	R^2	0.96994	0.94826	0.96035	0.75463
内扩散控制 $1-2/3X-(1-X)^{2/3}=kt$	k	6.2555×10^{-9}	3.68295×10^{-8}	1.6662×10^{-8}	2.63386×10^{-8}
	R^2	0.96019	0.91340	0.89878	0.88590
界面化学反应控制 $1-(1-X)^{1/3}=kt$	k	6.39388×10^{-6}	0.00002	0.00001	0.00001
	R^2	0.97007	**0.94817**	**0.96052**	0.75522
混合机理控制 $1/3\ln(1-X)+(1-X)^{-1/3}-1=kt$	k	3.13382×10^{-9}	1.85000×10^{-8}	8.35735×10^{-9}	1.32223×10^{-8}
	R^2	0.96009	0.91330	0.89864	0.88627

续附表D-63

模型名称	模型参数	GW	AR1	AR2	LF
双常数模型 $\ln C=a+b\ln t$	a	-3.73669	-3.50099	-3.94780	-1.04276
	b	1.74551	1.86588	1.85828	1.36411
	R^2	0.71371	0.83543	0.88258	0.84059
Elovich 方程 $C=a+b\ln t$	a	-1.32157	-6.87914	-5.55451	8.74765
	b	13.58583	31.97986	20.6282	33.51835
	R^2	0.61113	0.53116	0.49189	0.74616
Avrami 模型 $-\ln(1-X)=kt^n$	k	0.00004	0.00005	0.00002	0.00045
	n	0.85355	0.96836	1.08956	0.52893
	R^2	**0.98035**	0.94723	0.95753	**0.88965**

附表 D-64　硫化砷渣中 Fe 半动态浸出动力学模型拟合结果

模型名称	模型参数	GW	AR1	AR2	LF
未收缩反应核模型-外扩散控制 $X=kt$	k	1.44475	1.29509	1.18141	2.99611
	R^2	0.13836	0.18301	0.25423	0.11997
收缩核模型-外扩散控制 $1-(1-X)^{2/3}=kt$	k	0.01255	0.00972	0.00884	0.02608
	R^2	0.14885	0.18966	0.26166	0.14322
内扩散控制 $1-2/3X-(1-X)^{2/3}=kt$	k	0.00292	0.00108	0.00096	0.00611
	R^2	0.18396	0.24472	0.32283	0.22555
界面化学反应控制 $1-(1-X)^{1/3}=kt$	k	0.00818	0.00547	0.00496	0.01711
	R^2	0.15940	0.19648	0.26886	0.16823
混合机理控制 $1/3\ln(1-X)+(1-X)^{-1/3}-1=kt$	k	0.00328	0.00078	0.00069	0.00731
	R^2	0.21842	0.26646	0.34625	0.31584
双常数模型 $\ln C=a+b\ln t$	a	5.41060	4.80580	4.77565	5.41433
	b	0.06609	0.10826	0.09666	0.14616
	R^2	**0.91672**	**0.92544**	**0.94654**	**0.89744**

续附表D-64

模型名称	模型参数	GW	AR1	AR2	LF
Elovich 方程 $C=a+b\ln t$	a	225.13607	124.16801	120.07496	231.18333
	b	14.10457	12.31623	10.80528	29.56067
	R^2	0.88798	0.90921	0.93935	0.87681
Avrami 模型 $-\ln(1-X)=kt^n$	k	0.82777	0.36849	0.35410	0.87185
	n	0.09147	0.11564	0.10587	0.17367
	R^2	0.85279	0.85649	0.90133	0.81030

附表 D-65　硫化砷渣中 Pb 半动态浸出动力学模型拟合结果

模型名称	模型参数	GW	AR1	AR2	LF
未收缩反应核模型-外扩散控制 $X=kt$	k	0.01837	0.00913	0.01539	0.00983
	R^2	0.57036	0.45084	0.44960	0.80607
收缩核模型-外扩散控制 $1-(1-X)^{2/3}=kt$	k	0.00012	0.00006	0.00010	0.00007
	R^2	0.57006	0.45324	0.45118	0.80667
内扩散控制 $1-2/3X-(1-X)^{2/3}=kt$	k	2.86535×10^{-7}	7.50586×10^{-8}	1.75578×10^{-7}	3.19441×10^{-7}
	R^2	0.76688	0.64109	0.65021	0.94305
界面化学反应控制 $1-(1-X)^{1/3}=kt$	k	0.00006	0.00003	0.00005	0.00003
	R^2	0.57126	0.45126	0.44980	0.80770
混合机理控制 $1/3\ln(1-X)+(1-X)^{-1/3}-1=kt$	k	1.44386×10^{-7}	3.75496×10^{-8}	8.81549×10^{-8}	1.62379×10^{-7}
	R^2	0.76792	0.64205	0.65167	0.94406
双常数模型 $\ln C=a+b\ln t$	a	4.57467	3.98839	4.20832	4.64025
	b	0.20876	0.20986	0.27666	0.28186
	R^2	0.90410	0.88940	0.88590	0.97771
Elovich 方程 $C=a+b\ln t$	a	107.31251	60.04302	80.43776	124.04227
	b	21.45177	11.67381	19.72903	51.58000
	R^2	**0.93545**	**0.96271**	**0.96821**	0.93160
Avrami 模型 $-\ln(1-X)=kt^n$	k	0.00541	0.00306	0.00406	0.00589
	n	0.17706	0.16693	0.20212	0.26324
	R^2	0.89762	0.89342	0.88588	**0.98871**

附表 D-66　硫化砷渣中 Zn 半动态浸出动力学模型拟合结果

模型名称	模型参数	GW	AR1	AR2	LF
未收缩反应核模型-外扩散控制 $X=kt$	k	1.80412	1.24516	1.29410	2.66591
	R^2	0.17738	0.17424	0.24019	0.16216
收缩核模型-外扩散控制 $1-(1-X)^{2/3}=kt$	k	0.01577	0.00934	0.00980	0.02245
	R^2	0.19063	0.18076	0.24849	0.18361
内扩散控制 $1-2/3X-(1-X)^{2/3}=kt$	k	0.00375	0.00104	0.00117	0.00468
	R^2	0.23385	0.23522	0.31197	0.27155
界面化学反应控制 $1-(1-X)^{1/3}=kt$	k	0.01036	0.00526	0.00557	0.01422
	R^2	0.20412	0.18748	0.25694	0.20630
混合机理控制 $1/3\ln(1-X)+(1-X)^{-1/3}-1=kt$	k	0.00433	0.00075	0.00087	0.00496
	R^2	0.27521	0.25700	0.33910	0.35148
双常数模型 $\ln C=a+b\ln t$	a	6.24458	5.62680	5.68278	6.14386
	b	0.07998	0.10469	0.09829	0.13781
	R^2	0.88990	0.88413	0.91372	0.86719
Elovich 方程 $C=a+b\ln t$	a	519.76507	281.93298	297.58319	477.86649
	b	39.09179	27.08635	27.14322	58.36776
	R^2	**0.90185**	**0.90636**	**0.93535**	**0.89909**
Avrami 模型 $-\ln(1-X)=kt^n$	k	0.84742	0.36783	0.39301	0.74558
	n	0.11060	0.11187	0.10884	0.16188
	R^2	0.86096	0.85447	0.89547	0.84125

附表 D-67　中和渣中 As 半动态浸出动力学模型拟合结果

模型名称	模型参数	GW	AR1	AR2	LF
未收缩反应核模型-外扩散控制 $X=kt$	k	—	—	—	0.52218
	R^2	—	—	—	0.74874
收缩核模型-外扩散控制 $1-(1-X)^{2/3}=kt$	k	—	—	—	0.00441
	R^2	—	—	—	0.80887
内扩散控制 $1-2/3X-(1-X)^{2/3}=kt$	k	—	—	—	0.00093
	R^2	—	—	—	0.91623

续附表D-67

模型名称	模型参数	GW	AR1	AR2	LF
界面化学反应控制 $1-(1-X)^{1/3}=kt$	k	—	—	—	0. 00286
	R^2	—	—	—	0. 83835
混合机理控制 $1/3\ln(1-X)+(1-X)^{-1/3}-1=kt$	k	—	—	—	0. 00140
	R^2	—	—	—	**0. 97289**
双常数模型 $\ln C=a+b\ln t$	a	—	—	—	4. 04737
	b	—	—	—	0. 86015
	R^2	—	—	—	0. 95500
Elovich 方程 $C=a+b\ln t$	a	—	—	—	179. 195
	b	—	—	—	551. 50494
	R^2	—	—	—	0. 76498
Avrami 模型 $-\ln(1-X)=kt^n$	k	—	—	—	0. 06958
	n	—	—	—	0. 64852
	R^2	—	—	—	0. 94951

附表 D-68 中和渣中 Ca 半动态浸出动力学模型拟合结果

模型名称	模型参数	GW	AR1	AR2	LF
未收缩反应核模型-外扩散控制 $X=kt$	k	0. 01538	0. 01894	0. 02472	0. 01273
	R^2	0. 96563	0. 96974	0. 96517	0. 27250
收缩核模型-外扩散控制 $1-(1-X)^{2/3}=kt$	k	0. 00010	0. 00013	0. 00017	0. 00009
	R^2	0. 96604	0. 97024	0. 96589	0. 27327
内扩散控制 $1-2/3X-(1-X)^{2/3}=kt$	k	4.44775×10^{-7}	6.52805×10^{-7}	1.15848×10^{-6}	5.49752×10^{-6}
	R^2	0. 97977	0. 97174	0. 98132	0. 28500
界面化学反应控制 $1-(1-X)^{1/3}=kt$	k	0. 00005	0. 00006	0. 00008	0. 00005
	R^2	0. 96646	0. 97061	0. 96654	0. 27405
混合机理控制 $1/3\ln(1-X)+(1-X)^{-1/3}-1=kt$	k	2.25478×10^{-7}	3.33066×10^{-7}	5.92536×10^{-7}	3.32147×10^{-6}
	R^2	0. 98120	0. 96933	0. 98082	0. 28721

续附表D-68

模型名称	模型参数	GW	AR1	AR2	LF
双常数模型 $\ln C=a+b\ln t$	a	5.09260	4.87942	5.49027	10.39166
	b	0.64198	0.72683	0.66647	0.03299
	R^2	0.92894	0.94523	0.95794	0.90261
Elovich 方程 $C=a+b\ln t$	a	123.74768	70.94168	204.75631	32719.8364
	b	680.59759	823.71066	1096.34065	1116.86634
	R^2	0.66005	0.63760	0.66328	**0.90787**
Avrami 模型 $-\ln(1-X)=kt^n$	k	0.00059	0.00056	0.00096	0.17789
	n	0.74191	0.79140	0.74105	0.03465
	R^2	**0.99085**	**0.98775**	**0.99114**	0.88978

附表 D-69　中和渣中 Cd 半动态浸出动力学模型拟合结果

模型名称	模型参数	GW	AR1	AR2	LF
未收缩反应核模型-外扩散控制 $X=kt$	k	—	—	—	0.52201
	R^2	—	—	—	0.66788
收缩核模型-外扩散控制 $1-(1-X)^{2/3}=kt$	k	—	—	—	0.00502
	R^2	—	—	—	0.76743
内扩散控制 $1-2/3X-(1-X)^{2/3}=kt$	k	—	—	—	0.00154
	R^2	—	—	—	0.89164
界面化学反应控制 $1-(1-X)^{1/3}=kt$	k	—	—	—	0.00386
	R^2	—	—	—	0.83435
混合机理控制 $1/3\ln(1-X)+(1-X)^{-1/3}-1=kt$	k	—	—	—	0.00496
	R^2	—	—	—	0.97612
双常数模型 $\ln C=a+b\ln t$	a	—	—	—	0.54425
	b	—	—	—	0.54322
	R^2	—	—	—	0.96344

续附表D-69

模型名称	模型参数	GW	AR1	AR2	LF
Elovich 方程 $C=a+b\ln t$	a	—	—	—	3. 15701
	b	—	—	—	3. 39491
	R^2	—	—	—	0. 87666
Avrami 模型 $-\ln(1-X)=kt^n$	k	—	—	—	0. 13480
	n	—	—	—	0. 62415
	R^2	—	—	—	**0. 97783**

附表 D-70　中和渣中 Cu 半动态浸出动力学模型拟合结果

模型名称	模型参数	GW	AR1	AR2	LF
未收缩反应核模型-外扩散控制 $X=kt$	k	—	—	—	0. 52428
	R^2	—	—	—	0. 71181
收缩核模型-外扩散控制 $1-(1-X)^{2/3}=kt$	k	—	—	—	0. 00467
	R^2	—	—	—	0. 78029
内扩散控制 $1-2/3X-(1-X)^{2/3}=kt$	k	—	—	—	0. 00118
	R^2	—	—	—	0. 93964
界面化学反应控制 $1-(1-X)^{1/3}=kt$	k	—	—	—	0. 00324
	R^2	—	—	—	0. 85194
混合机理控制 $1/3\ln(1-X)+(1-X)^{-1/3}-1=kt$	k	—	—	—	0. 00240
	R^2	—	—	—	**0. 99266**
双常数模型 $\ln C=a+b\ln t$	a	—	—	—	2. 09720
	b	—	—	—	0. 74011
	R^2	—	—	—	0. 89414
Elovich 方程 $C=a+b\ln t$	a	—	—	—	22. 43728
	b	—	—	—	40. 08645
	R^2	—	—	—	0. 84917
Avrami 模型 $-\ln(1-X)=kt^n$	k	—	—	—	0. 09524
	n	—	—	—	0. 63068
	R^2	—	—	—	0. 98355

附表 D-71　中和渣中 Fe 半动态浸出动力学模型拟合结果

模型名称	模型参数	GW	AR1	AR2	LF
未收缩反应核模型-外扩散控制 $X=kt$	k	—	—	—	0. 30759
	R^2	—	—	—	0. 85608
收缩核模型-外扩散控制 $1-(1-X)^{2/3}=kt$	k	—	—	—	0. 00226
	R^2	—	—	—	0. 87347
内扩散控制 $1-2/3X-(1-X)^{2/3}=kt$	k	—	—	—	0. 00021
	R^2	—	—	—	0. 97807
界面化学反应控制 $1-(1-X)^{1/3}=kt$	k	—	—	—	0. 00125
	R^2	—	—	—	0. 89043
混合机理控制 $1/3\ln(1-X)+(1-X)^{-1/3}-1=kt$	k	—	—	—	0. 00016
	R^2	—	—	—	**0. 98731**
双常数模型 $\ln C=a+b\ln t$	a	—	—	—	5. 18486
	b	—	—	—	1. 27051
	R^2	—	—	—	0. 94517
Elovich 方程 $C=a+b\ln t$	a	—	—	—	1000. 17129
	b	—	—	—	12060. 6653
	R^2	—	—	—	0. 70196
Avrami 模型 $-\ln(1-X)=kt^n$	k	—	—	—	0. 03964
	n	—	—	—	0. 00417
	R^2	—	—	—	0. 90674

附表 D-72　中和渣中 Pb 半动态浸出动力学模型拟合结果

模型名称	模型参数	GW	AR1	AR2	LF
未收缩反应核模型-外扩散控制 $X=kt$	k	—	—	—	0. 60476
	R^2	—	—	—	0. 84204
收缩核模型-外扩散控制 $1-(1-X)^{2/3}=kt$	k	—	—	—	0. 00566
	R^2	—	—	—	0. 91965
内扩散控制 $1-2/3X-(1-X)^{2/3}=kt$	k	—	—	—	0. 00163
	R^2	—	—	—	**0. 98795**

续附表D-72

模型名称	模型参数	GW	AR1	AR2	LF
界面化学反应控制 $1-(1-X)^{1/3}=kt$	k	—	—	—	0.00433
	R^2	—	—	—	0.98190
混合机理控制 $1/3\ln(1-X)+(1-X)^{-1/3}-1=kt$	k	—	—	—	0.00753
	R^2	—	—	—	0.64917
双常数模型 $\ln C=a+b\ln t$	a	—	—	—	3.11390
	b	—	—	—	0.58819
	R^2	—	—	—	0.84496
Elovich 方程 $C=a+b\ln t$	a	—	—	—	24.71409
	b	—	—	—	73.41159
	R^2	—	—	—	0.71431
Avrami 模型 $-\ln(1-X)=kt^n$	k	—	—	—	0.00554
	n	—	—	—	1.27499
	R^2	—	—	—	0.98106

附表 D-73　中和渣中 Zn 半动态浸出动力学模型拟合结果

模型名称	模型参数	GW	AR1	AR2	LF
未收缩反应核模型-外扩散控制 $X=kt$	k	—	—	—	0.42680
	R^2	—	—	—	0.61818
收缩核模型-外扩散控制 $1-(1-X)^{2/3}=kt$	k	—	—	—	0.00386
	R^2	—	—	—	0.69470
内扩散控制 $1-2/3X-(1-X)^{2/3}=kt$	k	—	—	—	0.00102
	R^2	—	—	—	0.89304
界面化学反应控制 $1-(1-X)^{1/3}=kt$	k	—	—	—	0.00271
	R^2	—	—	—	0.77564
混合机理控制 $1/3\ln(1-X)+(1-X)^{-1/3}-1=kt$	k	—	—	—	0.00196
	R^2	—	—	—	**0.99483**

续附表D-73

模型名称	模型参数	GW	AR1	AR2	LF
双常数模型 $\ln C=a+b\ln t$	a	—	—	—	3. 15883
	b	—	—	—	0. 48419
	R^2	—	—	—	0. 94476
Elovich 方程 $C=a+b\ln t$	a	—	—	—	43. 4158
	b	—	—	—	32. 25546
	R^2	—	—	—	0. 93394
Avrami 模型 $-\ln(1-X)=kt^n$	k	—	—	—	0. 20643
	n	—	—	—	0. 46115
	R^2	—	—	—	0. 98977

附表 D-74　污酸处理石膏渣中 As 半动态浸出动力学模型拟合结果

模型名称	模型参数	GW	AR1	AR2	LF
未收缩反应核模型-外扩散控制 $X=kt$	k	0. 09089	0. 09038	0. 12658	0. 10596
	R^2	0. 67358	0. 76937	0. 65441	0. 34998
收缩核模型-外扩散控制 $1-(1-X)^{2/3}=kt$	k	0. 00073	0. 00069	0. 00101	0. 00103
	R^2	0. 69449	0. 78165	0. 68177	0. 40710
内扩散控制 $1-2/3X-(1-X)^{2/3}=kt$	k	0. 00012	0. 00009	0. 00017	0. 00033
	R^2	0. 79666	0. 85876	0. 81738	0. 55663
界面化学反应控制 $1-(1-X)^{1/3}=kt$	k	0. 00044	0. 00040	0. 00061	0. 00076
	R^2	0. 71496	0. 79372	0. 70858	0. 46785
混合机理控制 $1/3\ln(1-X)+(1-X)^{-1/3}-1=kt$	k	0. 00011	0. 00007	0. 00015	0. 00057
	R^2	0. 84445	0. 88685	0. 87444	0. 72791
双常数模型 $\ln C=a+b\ln t$	a	9. 34922	9. 09733	9. 21512	9. 85848
	b	0. 07245	0. 08240	0. 11052	0. 06879
	R^2	**0. 96763**	0. 98036	0. 97045	0. 78784
Elovich 方程 $C=a+b\ln t$	a	11622. 1462	8990. 66987	10353. 9107	19665. 2480
	b	940. 5196	872. 72355	1333. 91871	1369. 81921
	R^2	0. 96653	0. 94664	**0. 97798**	**0. 85465**

续附表D-74

模型名称	模型参数	GW	AR1	AR2	LF
Avrami 模型 $-\ln(1-X)=kt^n$	k	0. 42905	0. 30955	0. 36917	0. 93074
	n	0. 10284	0. 07697	0. 16169	0. 15954
	R^2	0. 92619	**0. 98967**	0. 94975	0. 75863

附表 D-75 污酸处理石膏渣中 Ca 半动态浸出动力学模型拟合结果

模型名称	模型参数	GW	AR1	AR2	LF
未收缩反应核模型-外扩散控制 $X=kt$	k	0. 31274	0. 31443	0. 28166	0. 30420
	R^2	0. 94834	0. 95154	0. 94126	0. 95595
收缩核模型-外扩散控制 $1-(1-X)^{2/3}=kt$	k	0. 00236	0. 00238	0. 00210	0. 00230
	R^2	0. 96241	0. 96506	0. 95433	0. 96851
内扩散控制 $1-2/3X-(1-X)^{2/3}=kt$	k	0. 00028	0. 00028	0. 00022	0. 00027
	R^2	0. 98596	0. 98444	**0. 99089**	0. 98433
界面化学反应控制 $1-(1-X)^{1/3}=kt$	k	0. 00134	0. 00136	0. 00118	0. 00131
	R^2	0. 97447	0. 97653	0. 96600	0. 97910
混合机理控制 $1/3\ln(1-X)+(1-X)^{-1/3}-1=kt$	k	0. 00022	0. 00023	0. 00017	0. 00022
	R^2	0. 96304	0. 96095	0. 97717	0. 96028
双常数模型 $\ln C=a+b\ln t$	a	9. 53794	9. 58204	9. 58722	9. 68296
	b	0. 40847	0. 39817	0. 38258	0. 37340
	R^2	0. 85365	0. 84253	0. 84790	0. 84300
Elovich 方程 $C=a+b\ln t$	a	12456. 1852	12861. 7274	13352. 1293	14335. 2179
	b	18344. 1891	18306. 2560	16655. 5429	17646. 7518
	R^2	0. 68454	0. 67553	0. 69170	0. 67325
Avrami 模型 $-\ln(1-X)=kt^n$	k	0. 01657	0. 01590	0. 01939	0. 01650
	n	0. 75721	0. 76736	0. 70065	0. 75445
	R^2	**0. 99274**	**0. 99183**	0. 99058	**0. 99061**

附表 D-76　污酸处理石膏渣中 Cd 半动态浸出动力学模型拟合结果

模型名称	模型参数	GW	AR1	AR2	LF
未收缩反应核模型-外扩散控制 $X=kt$	k	0.11605	0.12004	0.26229	3.74262
	R^2	0.96547	0.97252	0.96044	0.82778
收缩核模型-外扩散控制 $1-(1-X)^{2/3}=kt$	k	0.00081	0.00084	0.00194	0.03174
	R^2	0.96893	0.97529	0.96971	0.90628
内扩散控制 $1-2/3X-(1-X)^{2/3}=kt$	k	0.00004	0.00004	0.00019	0.00679
	R^2	**0.98861**	**0.98232**	0.98141	**0.98435**
界面化学反应控制 $1-(1-X)^{1/3}=kt$	k	0.00043	0.00044	0.00108	0.02042
	R^2	0.97216	0.97786	0.97769	0.91518
混合机理控制 $1/3\ln(1-X)+(1-X)^{-1/3}-1=kt$	k	0.00002	0.00002	0.00015	0.00839
	R^2	0.98529	0.97798	0.96334	0.97586
双常数模型 $\ln C=a+b\ln t$	a	4.65806	4.54649	4.78807	6.57166
	b	0.26335	0.27467	0.37433	0.31007
	R^2	0.88553	0.83699	0.90809	**0.98532**
Elovich 方程 $C=a+b\ln t$	a	101.46297	87.11677	110.08293	835.48567
	b	57.30526	57.55523	128.60837	247.42362
	R^2	0.68942	0.65008	0.6749	0.90645
Avrami 模型 $-\ln(1-X)=kt^n$	k	0.02041	0.01404	0.01525	0.37863
	n	0.49717	0.57181	0.73069	0.47382
	R^2	0.94913	0.95622	**0.98467**	0.97780

附表 D-77　污酸处理石膏渣中 Cu 半动态浸出动力学模型拟合结果

模型名称	模型参数	GW	AR1	AR2	LF
未收缩反应核模型-外扩散控制 $X=kt$	k	—	—	—	2.71715
	R^2	—	—	—	0.97182
收缩核模型-外扩散控制 $1-(1-X)^{2/3}=kt$	k	—	—	—	0.02166
	R^2	—	—	—	0.96841
内扩散控制 $1-2/3X-(1-X)^{2/3}=kt$	k	—	—	—	0.00354
	R^2	—	—	—	0.82583

续附表D-77

模型名称	模型参数	GW	AR1	AR2	LF
界面化学反应控制 $1-(1-X)^{1/3}=kt$	k	—	—	—	0. 01317
	R^2	—	—	—	0. 94373
混合机理控制 $1/3\ln(1-X)+(1-X)^{-1/3}-1=kt$	k	—	—	—	0. 00423
	R^2	—	—	—	0. 77607
双常数模型 $\ln C=a+b\ln t$	a	—	—	—	3. 03963
	b	—	—	—	0. 7529
	R^2	—	—	—	0. 69131
Elovich 方程 $C=a+b\ln t$	a	—	—	—	73. 95100
	b	—	—	—	80. 66362
	R^2	—	—	—	0. 40992
Avrami 模型 $-\ln(1-X)=kt^n$	k	—	—	—	0. 00278
	n	—	—	—	1. 86479
	R^2	—	—	—	**0. 99894**

附表 D-78 污酸处理石膏渣中 Fe 半动态浸出动力学模型拟合结果

模型名称	模型参数	GW	AR1	AR2	LF
未收缩反应核模型-外扩散控制 $X=kt$	k	—	—	—	0. 22043
	R^2	—	—	—	0. 40116
收缩核模型-外扩散控制 $1-(1-X)^{2/3}=kt$	k	—	—	—	0. 00183
	R^2	—	—	—	0. 43754
内扩散控制 $1-2/3X-(1-X)^{2/3}=kt$	k	—	—	—	0. 00036
	R^2	—	—	—	0. 60141
界面化学反应控制 $1-(1-X)^{1/3}=kt$	k	—	—	—	0. 00115
	R^2	—	—	—	0. 47537
混合机理控制 $1/3\ln(1-X)+(1-X)^{-1/3}-1=kt$	k	—	—	—	0. 00040
	R^2	—	—	—	0. 69752

续附表D-78

模型名称	模型参数	GW	AR1	AR2	LF
双常数模型 $\ln C=a+b\ln t$	a	—	—	—	5.14414
	b	—	—	—	0.28286
	R^2	—	—	—	0.85633
Elovich 方程 $C=a+b\ln t$	a	—	—	—	240.2812
	b	—	—	—	72.50487
	R^2	—	—	—	**0.95308**
Avrami 模型 $-\ln(1-X)=kt^n$	k	—	—	—	0.39235
	n	—	—	—	0.21878
	R^2	—	—	—	0.91907

附表 D-79　污酸处理石膏渣中 Pb 半动态浸出动力学模型拟合结果

模型名称	模型参数	GW	AR1	AR2	LF
未收缩反应核模型-外扩散控制 $X=kt$	k	—	—	—	0.78765
	R^2	—	—	—	0.93646
收缩核模型-外扩散控制 $1-(1-X)^{2/3}=kt$	k	—	—	—	0.00639
	R^2	—	—	—	0.96442
内扩散控制 $1-2/3X-(1-X)^{2/3}=kt$	k	—	—	—	0.00114
	R^2	—	—	—	0.99098
界面化学反应控制 $1-(1-X)^{1/3}=kt$	k	—	—	—	0.00394
	R^2	—	—	—	0.97923
混合机理控制 $1/3\ln(1-X)+(1-X)^{-1/3}-1=kt$	k	—	—	—	0.00129
	R^2	—	—	—	0.94870
双常数模型 $\ln C=a+b\ln t$	a	—	—	—	4.55342
	b	—	—	—	0.44115
	R^2	—	—	—	0.95735
Elovich 方程 $C=a+b\ln t$	a	—	—	—	129.49285
	b	—	—	—	107.11786
	R^2	—	—	—	0.80571

续附表D-79

模型名称	模型参数	GW	AR1	AR2	LF
Avrami 模型 $-\ln(1-X)=kt^n$	k	—	—	—	0.04696
	n	—	—	—	0.74824
	R^2	—	—	—	**0.99502**

附表 D-80 污酸处理石膏渣中 Zn 半动态浸出动力学模型拟合结果

模型名称	模型参数	GW	AR1	AR2	LF
未收缩反应核模型-外扩散控制 $X=kt$	k	0.04892	0.04928	0.15505	1.59540
	R^2	0.98729	0.98468	0.97911	0.55165
收缩核模型-外扩散控制 $1-(1-X)^{2/3}=kt$	k	0.00033	0.00033	0.00109	0.01525
	R^2	0.98758	0.98487	0.98260	0.67273
内扩散控制 $1-2/3X-(1-X)^{2/3}=kt$	k	4.52133×10^{-6}	4.94076×10^{-6}	0.00006	0.00462
	R^2	0.93139	0.93215	0.96223	0.72447
界面化学反应控制 $1-(1-X)^{1/3}=kt$	k	0.00017	0.00017	0.00057	0.01136
	R^2	**0.98786**	**0.98505**	0.98566	0.66701
混合机理控制 $1/3\ln(1-X)+(1-X)^{-1/3}-1=kt$	k	2.38502×10^{-6}	2.61196×10^{-6}	0.00003	0.01072
	R^2	0.92815	0.92869	0.94880	0.86228
双常数模型 $\ln C=a+b\ln t$	a	1.55733	2.34526	3.40197	6.49027
	b	0.62781	0.46716	0.53015	0.31316
	R^2	0.95009	0.88987	0.97486	0.93997
Elovich 方程 $C=a+b\ln t$	a	1.40038	6.80667	30.17508	824.1123
	b	19.79506	20.04589	67.55027	289.9545
	R^2	0.55761	0.56279	0.65391	0.87413
Avrami 模型 $-\ln(1-X)=kt^n$	k	0.00063	0.00092	0.00544	0.57036
	n	0.96108	0.89390	0.79299	0.40748
	R^2	0.98002	0.98108	**0.98966**	**0.89653**

附表 D-81　铅滤饼中 As 半动态浸出动力学模型拟合结果

模型名称	模型参数	GW	AR1	AR2	LF
未收缩反应核模型-外扩散控制 $X=kt$	k	1. 09733	0. 95379	1. 02026	1. 09903
	R^2	0. 83666	0. 81536	0. 86793	0. 86094
收缩核模型-外扩散控制 $1-(1-X)^{2/3}=kt$	k	0. 00844	0. 00703	0. 00758	0. 00821
	R^2	0. 85508	0. 83310	0. 88514	0. 87674
内扩散控制 $1-2/3X-(1-X)^{2/3}=kt$	k	0. 00112	0. 00067	0. 00078	0. 00088
	R^2	0. 93530	0. 94709	0. 97376	0. 95548
界面化学反应控制 $1-(1-X)^{1/3}=kt$	k	0. 00489	0. 00389	0. 00423	0. 00461
	R^2	0. 87206	0. 84987	0. 90104	0. 89144
混合机理控制 $1/3\ln(1-X)+(1-X)^{-1/3}-1=kt$	k	0. 00095	0. 00049	0. 00058	0. 00068
	R^2	0. 95076	**0. 96220**	**0. 98070**	**0. 96579**
双常数模型 $\ln C=a+b\ln t$	a	10. 74854	9. 19093	9. 86355	9. 86767
	b	0. 35571	0. 87436	0. 60885	0. 61503
	R^2	**0. 96422**	0. 83472	0. 93137	0. 94733
Elovich 方程 $C=a+b\ln t$	a	59983. 6730	39119. 2510	40400. 2037	40649. 0691
	b	25696. 3942	22976. 5832	23590. 0128	25200. 0650
	R^2	0. 82831	0. 86587	0. 83275	0. 809
Avrami 模型 $-\ln(1-X)=kt^n$	k	0. 14320	0. 09319	0. 08421	0. 08269
	n	0. 46437	0. 49665	0. 54438	0. 57035
	R^2	0. 95505	0. 96107	0. 97037	0. 96163

附表 D-82　铅滤饼中 Ca 半动态浸出动力学模型拟合结果

模型名称	模型参数	GW	AR1	AR2	LF
未收缩反应核模型-外扩散控制 $X=kt$	k	—	0. 16435	0. 13883	—
	R^2	—	0. 76311	0. 68737	—
收缩核模型-外扩散控制 $1-(1-X)^{2/3}=kt$	k	—	0. 00122	0. 00105	—
	R^2	—	0. 78375	0. 71522	—
内扩散控制 $1-2/3X-(1-X)^{2/3}=kt$	k	—	0. 00012	0. 00012	—
	R^2	—	0. 93418	0. 90828	—

续附表D-82

模型名称	模型参数	GW	AR1	AR2	LF
界面化学反应控制 $1-(1-X)^{1/3}=kt$	k	—	0. 00068	0. 00060	—
	R^2	—	0. 80343	0. 74206	—
混合机理控制 $1/3\ln(1-X)+(1-X)^{-1/3}-1=kt$	k	—	0. 00009	0. 00009	—
	R^2	—	0. 95544	0. 94281	—
双常数模型 $\ln C=a+b\ln t$	a	—	4. 92660	5. 44497	—
	b	—	0. 28648	0. 19056	—
	R^2	—	0. 87951	0. 86278	—
Elovich 方程 $C=a+b\ln t$	a	—	179. 5808	266. 13265	—
	b	—	65. 01979	58. 00762	—
	R^2	—	0. 90508	0. 92063	—
Avrami 模型 $-\ln(1-X)=kt^n$	k	—	0. 11992	0. 20268	—
	n	—	0. 28079	0. 19116	—
	R^2	—	**0. 95423**	**0. 92996**	—

附表 D-83　铅滤饼中 Cu 半动态浸出动力学模型拟合结果

模型名称	模型参数	GW	AR1	AR2	LF
未收缩反应核模型-外扩散控制 $X=kt$	k	0. 05640	0. 05541	0. 09998	0. 16404
	R^2	0. 71172	0. 74286	0. 84954	0. 90975
收缩核模型-外扩散控制 $1-(1-X)^{2/3}=kt$	k	0. 00041	0. 00038	0. 00071	0. 00119
	R^2	0. 72246	0. 75132	0. 86094	0. 92185
内扩散控制 $1-2/3X-(1-X)^{2/3}=kt$	k	0. 00003	0. 00001	0. 00004	0. 00010
	R^2	0. 85223	0. 96036	0. 98080	0. 99604
界面化学反应控制 $1-(1-X)^{1/3}=kt$	k	0. 00022	0. 00020	0. 00038	0. 00065
	R^2	0. 73303	0. 75968	0. 87179	0. 93303
混合机理控制 $1/3\ln(1-X)+(1-X)^{-1/3}-1=kt$	k	0. 00002	7.05002×10^{-6}	0. 00003	0. 00007
	R^2	0. 87347	**0. 96662**	**0. 98243**	**0. 99306**

续附表D-83

模型名称	模型参数	GW	AR1	AR2	LF
双常数模型 $\ln C=a+b\ln t$	a	7. 31769	5. 57794	6. 53194	6. 52391
	b	0. 09212	0. 35429	0. 24112	0. 30518
	R^2	0. 89812	0. 73746	0. 86776	0. 94107
Elovich 方程 $C=a+b\ln t$	a	1542. 75347	461. 79341	815. 14638	804. 5917
	b	160. 66007	155. 09185	254. 71509	400. 98725
	R^2	0. 89895	0. 90218	0. 83868	0. 82022
Avrami 模型 $-\ln(1-X)=kt^n$	k	0. 16886	0. 04598	0. 07365	0. 05467
	n	0. 09966	0. 22754	0. 25380	0. 39790
	R^2	**0. 90207**	0. 91506	0. 89959	0. 95571

附表 D-84　铅滤饼中 Pb 半动态浸出动力学模型拟合结果

模型名称	模型参数	GW	AR1	AR2	LF
未收缩反应核模型-外扩散控制 $X=kt$	k	0. 00315	0. 00370	0. 00544	0. 01865
	R^2	0. 81047	0. 84652	0. 92402	0. 95259
收缩核模型-外扩散控制 $1-(1-X)^{2/3}=kt$	k	0. 00002	0. 00002	0. 00004	0. 00013
	R^2	0. 81058	0. 84684	0. 92409	0. 95312
内扩散控制 $1-2/3X-(1-X)^{2/3}=kt$	k	2.45358×10^{-8}	2.45358×10^{-8}	6.28852×10^{-8}	6.85713×10^{-7}
	R^2	0. 94644	0. 96508	0. 99042	0. 98583
界面化学反应控制 $1-(1-X)^{1/3}=kt$	k	0. 00001	0. 00001	0. 00002	0. 00006
	R^2	0. 81104	0. 84710	0. 92451	0. 95376
混合机理控制 $1/3\ln(1-X)+(1-X)^{-1/3}-1=kt$	k	1.23153×10^{-8}	1.65989×10^{-8}	3.16408×10^{-8}	3.66816×10^{-6}
	R^2	0. 94686	0. 96497	0. 99044	0. 20316
双常数模型 $\ln C=a+b\ln t$	a	5. 46810	5. 52851	5. 36393	4. 30665
	b	0. 45707	0. 46720	0. 54791	0. 14853
	R^2	**0. 98893**	0. 97461	0. 99133	0. 56985

续附表D-84

模型名称	模型参数	GW	AR1	AR2	LF
Elovich 方程 $C=a+b\ln t$	a	339.42915	339.42915	285.84791	513.59826
	b	312.94744	312.94744	477.66351	1552.13383
	R^2	0.87793	0.85311	0.76369	0.69978
Avrami 模型 $-\ln(1-X)=kt^n$	k	0.00086	0.00086	0.00058	0.00107
	n	0.38829	0.41539	0.55239	0.66909
	R^2	0.98819	**0.98790**	**0.99250**	**0.99081**

参考文献

[1] 刘海浪. 白烟尘脱砷及铅、铜、锌回收基础研究[D]. 昆明：昆明理工大学，2018.

[2] 王满仓，陈瑞英. “碳达峰、碳中和”对我国铜工业发展的影响[J]. 中国有色冶金，2021，50(6)：1-4.

[3] Lin B，Chen X. Evaluating the CO_2 performance of China's non-ferrous metals Industry：A total factor meta-frontier Malmquist index perspective[J]. Journal of Cleaner Production，2019，209：1061-1077.

[4] 中华人民共和国工业和信息化部. 2021 年铜行业运行情况[EB/OL]. [2022-01-29]. https：//www. miit. gov. cn/jgsj/ycls/ysjs/art/2022/art _ c8d3a59f19b04cd8a697a3afa81e6b0b. html.

[5] 长江有色金属网. 国际铜研究组织发布 2021 年铜数据报告 12 月精炼铜供给缺口约 9. 2 万吨[EB/OL]. {2022-03-23]. https：//www. ccmn. cn/news/ZX018/202203/46c5cb957d5141558fce68fdfd9a2f29. html.

[6] 檀冰. 铜冶炼企业发展趋势探讨[J]. 低碳世界，2020，10(3)：67-68.

[7] 牟兴兵，杨雪，杨大锦，等. 还原熔炼铜渣回收铜钴的试验研究[J]. 云南冶金，2017，46(3)：31-34.

[8] 姚芝茂，徐成，赵丽娜. 铜冶炼工业固体废物综合环境管理方法研究[J]. 环境工程，2010，28(S1)：230-234.

[9] 陈立华. 浅述铜冶炼技术发展方向及趋势[J]. 有色矿冶，2010，26(5)：24-25.

[10] 白猛. 铜冶炼伴生元素砷、锑、铋、铼的增值冶金新方法研究[D]. 长沙：中南大学，2013.

[11] 罗亚中，张能，杨梅，等. 火法炼铜技术现状及发展趋势[J]. 世界有色金属，2019(13)：134+136.

[12] 杜柯，王成彦，王玲. 铜吹炼转炉渣主要元素分布及其矿相特征[J]. 中南大学学报(自然科学版)，2018，49(11)：2649-2655.

[13] 周俊. 铜冶炼工艺技术的进展与我国铜冶炼厂的技术升级[J]. 有色金属(冶炼部分)，2019(8)：1-10.

[14] 韩明霞，孙启宏，乔琦，等. 中国火法铜冶炼污染物排放情景分析[J]. 环境科学与管理，2009，34(12)：40-44.

[15] 李明周，周孑民，张文海，等. 铜闪速吹炼过程杂质元素分配行为的热力学分析[J]. 中国有色金属学报，2017，27(9)：1951-1959.

[16] 王森. 火法炼铜技术现状及发展趋势[J]. 江西建材，2015(19)：284-285.

[17] 张晓瑜. 铜电解精炼过程中砷锑铋杂质分布及其脱除研究[D]. 西安：西安建筑科技大

学, 2014.
[18] 赵成, 朱军, 王正民, 等. 重要有色金属冶炼废渣的特征及处理技术[J]. 矿产综合利用, 2019(6): 1-6.
[19] 曹志成. 铜渣转底炉直接还原回收铁锌工艺及机理研究[D]. 北京: 北京科技大学, 2019.
[20] 常青, 程晋阳. 有色金属行业含砷固废资源化探索[J]. 中国有色冶金, 2021, 50(6): 83-88.
[21] 闵小波, 柴立元, 柯勇, 等. 我国有色冶炼固体废物处理相关技术及政策建议[J]. 环境保护, 2017, 45(20): 24-30.
[22] Feng Y, Yang Q, Chen Q, et al. Characterization and evaluation of the pozzolanic activity of granulated copper slag modified with CaO[J]. Journal of Cleaner Production, 2019, 232(20): 1112-1120.
[23] 李涛, 佘世杰, 刘晨. 从铜渣中回收铜锌的试验研究[J]. 矿冶, 2019, 28(6): 49-53.
[24] 杨慧芬, 景丽丽, 党春阁. 铜渣中铁组分的直接还原与磁选回收[J]. 中国有色金属学报, 2011, 21(5): 1165-1170.
[25] Guo Z, Pan J, Zhu D, et al. Green and efficient utilization of waste ferric-oxide desulfurizer to clean waste copper slag by the smelting reduction-sulfurizing process[J]. Journal of Cleaner Production, 2018, 199: 891-899.
[26] 谭守良. 铜冶炼过程中杂质元素的分布[J]. 有色冶炼, 1993(6): 9-13.
[27] W. G. 达文波特, M. 金, M. 施莱辛格, 等. 铜冶炼技术[M]. 杨吉春, 董方, 译. 北京: 化学工业出版社, 2006: 5.
[28] 罗正波, 张圣南, 肖斌, 等. 从废弃镁铬耐火材料中回收有价金属生产实践[J]. 湖南有色金属, 2019, 35(3): 17-19.
[29] 陈彩霞. 黑铜渣中铜砷分离研究[D]. 西安: 西安建筑科技大学, 2014.
[30] Kong L, Peng X, Hu X. Mechanisms of UV-Light Promoted Removal of As(V) by Sulfide from Strongly Acidic Wastewater[J]. Environmental Science & Technology, 2017, 51(21): 12583.
[31] Rochette E A, Bostick B C, Li G, et al. Kinetics of arsenate reduction by dissolved sulfide [J]. Environmental Science & Technology, 2000, 34(22): 4714-4720.
[32] 巫瑞中. 石灰-铁盐法处理含重金属及砷工业废水[J]. 江西理工大学学报, 2006(3): 58-61.
[33] 廖亚龙, 周娟, 彭志强, 等. 二段铁盐沉淀深度脱除高浓度含砷废水中的砷[J]. 环境工程学报, 2015, 9(11): 5261-5266.
[34] 王菲, 张曼丽, 王雪娇, 等. 我国铜、铅和锌冶炼过程中危险废物产生与污染特性[J]. 环境工程技术学报, 2021, 11(5): 1012-1019.
[35] 钟菊芽. 我国渣选尾矿资源综合利用现状[J]. 世界有色金属, 2017(9): 191-192.
[36] 张恒. 铜渣/$Ca(OH)_2$/H_2O_2 混合浆液烟气同时脱硫脱硝实验研究[D]. 昆明: 昆明理工大学, 2015.
[37] 陈其洲, 朱荣, 吴京东. 铜渣汽化脱硫实验研究[J]. 工业加热, 2017, 46(6): 15-

16+20.
[38] 谢凌峰. 铜烟灰酸浸—磁选联合预处理及酸浸液选择性沉砷研究[D]. 赣州: 江西理工大学, 2017.
[39] Mitsune Y, Satoh S. Lead Smelting and Refining at Kosaka Smelter[J]. Journal of MMIJ, 2007, 123(12): 630-633.
[40] 徐养良, 黎英, 丁昆, 等. 艾萨炉高砷烟尘综合利用新工艺[J]. 中国有色冶金, 2005(5): 25-27.
[41] 王玉芳, 李相良, 周起帆, 等. 铜冶炼烟尘处理技术综述[J]. 有色金属工程, 2019, 9(11): 53-59.
[42] 阮胜寿, 路永锁. 浅议从炼铜电收尘烟灰中综合回收有价金属[J]. 有色冶炼, 2003(6): 41-44+2.
[43] 李明. 铜冶炼过程中有价元素的综合回收工艺[J]. 中国有色冶金, 2014, 43(2): 71-73+4.
[44] 李倩, 成伟芳. 硫化砷渣的综合利用研究[J]. 广州化工, 2013, 41(13): 17-19.
[45] 张建平. 冶金固废资源化利用现状及发展[J]. 有色冶金设计与研究, 2020, 41(5): 39-42.
[46] 赵占冲. 含砷石膏渣碳热还原分解特性研究[D]. 昆明: 昆明理工大学, 2016.
[47] 倪冲, 赵燕鹏, 阮福辉, 等. 氨浸法从含砷石灰铁盐渣中回收铜的动力学[J]. 中国有色金属学报, 2013, 23(6): 1769-1774.
[48] 杜冬云, 倪冲, 赵燕鹏, 等. 氨浸法从含砷石灰铁盐渣中回收锌的动力学研究[J]. 中南民族大学学报(自然科学版), 2012, 31(4): 6-10.
[49] Kierczak J, Neel C, Puziewicz J, et al. The mineralogy and weathering of slag produced by the smelting of lateritic Ni ores (Szklary, SW Poland)[J]. Canadian Mineralogist, 2011, 47(3): 557-572.
[50] Isteri V, Ohenoja K, Hanein T, et al. Production and properties of ferrite-rich CSAB cement from metallurgical industry residues [J]. Science of The Total Environment, 2020, 712: 136208.
[51] Azof F I, Vafeias M, Panias D, et al. The leachability of a ternary $CaO-Al_2O_3-SiO_2$ slag produced from smelting - reduction of low - grade bauxite for alumina recovery [J]. Hydrometallurgy, 2019, 191: 105184.
[52] 王巍. 废杂铜冶炼渣铜、锌回收研究[D]. 北京: 北京有色金属研究总院, 2012.
[53] Tam, Panias, Vassiliadou. Sintering Optimisation and Recovery of Aluminum and Sodium from Greek Bauxite Residue[J]. Minerals, 2019, 9(10): 571.
[54] Khanlarian M, Roshanfar M, Rashchi F, et al. Phyto - extraction of zinc, lead, nickel, and cadmium from zinc leach residue by a halophyte: Salicornia europaea [J]. Ecological Engineering, 2020, 148: 105797.
[55] 杨建文, 肖骏, 陈代雄, 等. 矿物解离分析仪在泥堡金尾矿金赋存状态分析中的应用[J]. 科学技术与工程, 2020, 20(7): 2619-2624.

[56] 吕子虎，赵登魁，程宏伟，等．某钒钛磁铁矿尾矿资源化利用[J]．有色金属(选矿部分)，2020(1)：55-58.

[57] 吴玉元，何东升，胡洋，等．某铜铁矿尾矿工艺矿物学研究[J]．矿产综合利用，2019(2)：75-78.

[58] 于雪．赞比亚某铜反射炉渣工艺矿物学研究及可选性分析[J]．有色金属(选矿部分)，2012(6)：5-10.

[59] 张代林．从工艺矿物学分析转炉渣选矿存在的问题及对策[J]．金属矿山，2009(11)：186-189.

[60] 莎茹拉，于宏东，金翠叶，等．内蒙古某铜浮选尾渣工艺矿物学研究[J]．矿冶，2020，29(2)：110-116.

[61] 金建文，肖仪武．铜冶炼渣工艺矿物学研究[J]．有色金属(选矿部分)，2013(S1)：58-60+63.

[62] 刘长东，张晓丹，车贤，等．铜冶炼渣矿物学研究与资源化实践应用[J]．中国资源综合利用，2020，38(2)：18-23+33.

[63] Vítková M, Ettler V, Hyks J, et al. Leaching of metals from copper smelter flue dust (Mufulira, Zambian Copperbelt)[J]. Applied Geochemistry, 2011, 26: S263-S266.

[64] British Standards Institution. Characterization of Waste-Leaching Behaviour Tests-Influence of pH on Leaching with Continuous pH-control: DD CEN/TS 14997[S]. Brussels, Belgium: Standards Policy and Strategy Committee, 2006.

[65] Buj I, Torras J, Rovira M, et al. Leaching behaviour of magnesium phosphate cements containing high quantities of heavy metals[J]. Journal of Hazardous Materials, 2010, 175(1): 789-794.

[66] British Standards Institution. Characterisation of waste - Leaching-Compliance test for leaching of granular waste materials and sludges-Part 2: One stage batch test at a liquid-to-solid ratio of 10 l/kg for materials with particle size below 4mm (without or with size reduction): BS EN 12457-2[S]. London: Standards Policy and Strategy Committee, 2002.

[67] Dutch Environmental Agency. Determination of the availability for leaching of inorganic components from granular materials: NEN 7371[S]. Delft, the Netherlands: Netherlands Normalisation Institute Standard, 2004.

[68] Côté P, Bridle T R, Benedek A. An Approach for Evaluating Long-Term Leachability from Measurement of Intrinsic Waste Properties[J]. Hazardous and Industrial Solid Waste Testing and Disposal, 1986, 6: 63-78.

[69] Macias F, Perez-Lopez R, Caraballo M A, et al. Management strategies and valorization for waste sludge from active treatment of extremely metal-polluted acid mine drainage: A contribution for sustainable mining[J]. Journal of Cleaner Production, 2017, 141(10): 1057-1066.

[70] US EPA. Applicability of the Toxicity Characteristic Leaching Procedure to Mineral Processing Wastes: Method 1311[S]. Washington, DC: the United States: Environmental Prontection

Agency, 1992.

[71] Griepink B. Improvement in the Determination of Extractable Contents of Trace Metals in Soil and Sediment prior to Certification: Chemical Analysis Report EUR 14763 EN[S]. Brussels: Community Bureau of Reference Infomation, 1992.

[72] Hegedüs M, Sas Z, Tóth-Bodrogi E, et al. Radiological characterization of clay mixed red mud in particular as regards its leaching features[J]. Journal of Environmental Radioactivity, 2016, 162-163.

[73] Characterisation of waste-Leaching Behaviour Tests-Influence of pH on Leaching with Initial Acid/base Addition: CEN/TS 14429[S]. Brussels: Technical Committee CEN/TC 292, 2005.

[74] Tessier A, Campbell P, Bisson M. Sequential extraction procedure for the speciation of particulate trace metals[J]. Analytical Chemistry, 1979, 51(7): 844-851.

[75] 牛学奎, 吴学勇, 吴文卫, 等. 典型鼓风炉铅冶炼废渣重金属浸出特性及化学形态分析[J]. 环境工程, 2019, 37(10): 174-177+184.

[76] 国家环境保护总局. 固体废物 浸出毒性浸出方法 硫酸硝酸法: HJ/T 299—2007[S]. 北京: 中国环境科学出版社, 2007.

[77] 环境保护部. 固体废物 浸出毒性浸出方法 水平振荡法: HJ 557—2009[S]. 北京: 中国环境科学出版社, 2010.

[78] Torras J, Buj I, Rovira M, et al. Semi-dynamic leaching tests of nickel containing wastes stabilized/solidified with magnesium potassium phosphate cements [J]. Journal of Hazardous Materials, 2011, 186(2-3): 1954-1960.

[79] ANSI. Measurement of the leachability of solidified lowlevel radioactive wastes by a short-term test procedure: ANSI/ANS 16. 1[S]. USA: American Nuclear Society, 1986.

[80] ASTM. Standard test method for accelerated leach test for diffusive releases from solidified waste and a computer program to model diffusive, fractional leaching from cylindrical waste forms: C1308-95 [S]. USA: ASTM Committee on Standards, 2001.

[81] Martina V, Vojtěch E, Martin M, et al. Effect of sample preparation on contaminant leaching from copper smelting slag[J]. Journal of hazardous materials, 2011, 197: 417-423.

[82] 郭朝晖, 程义, 柴立元, 等. 有色冶炼废渣的矿物学特征与环境活性[J]. 中南大学学报(自然科学版), 2007(6): 1100-1105.

[83] 代群威, 郭军, 陈思倩, 等. 铜冶炼烟尘中重金属的赋存状态及浸出分析[J/OL]. 安全与环境学报: 1-7. [2022-01-29]. http://kns. cnki. net/kcms/detail/11. 4537. X. 20210830. 1345. 002. html

[84] A M K M, B H F, B S R, et al. Assessment of metal risks from different depths of jarosite tailing waste of Trepa Zinc Industry, Kosovo based on BCR procedure [J]. Journal of Geochemical Exploration, 2015, 148: 161-168.

[85] Hakanson L. An ecological risk index for aquatic pollution control. a sedimentological approach [J]. Water Research, 1980, 14(8): 975-1001.

[86] Yun P, Wu Z, Zhou J, et al. Chemical characteristics and risk assessment of typical municipal

solid waste incineration (MSWI) fly ash in China[J]. Journal of Hazardous Materials, 2013, 261(15): 269-276.

[87] Perin G, Crabole Dd A L, Lucchese L, et al. Heavy metal speciation in the sediments of Northern Adriatic Sea. A new approach for environmental toxicity determination [C]. International Conference "heavy Metals in the Environment", 1985: 454-456.

[88] 薛珂, 闵小波, 柴立元, 等. 锌冶炼中和渣的重金属环境活性和生态风险评价[C]. "第五届重金属污染防治及风险评价研讨会"暨重金属污染防治专业委员会 2015 年学术年会, 2015: 245-252.

[89] 尹鑫, 周广柱, 王翠珍, 等. 者海铅锌渣中重金属的赋存形态及环境风险评价[J]. 地球与环境, 2016, 44(4): 478-483.

[90] 国家环境保护总局, 国家质量监督检验检疫总局. 危险废物鉴别标准 浸出毒性鉴别: GB 5085.3—2007[S]. 北京: 中国环境科学出版社, 2007.

[91] 王黎阳. 基于产生源共性分类的有色冶炼固废资源环境属性研究[D]. 重庆: 重庆交通大学, 2020.

[92] Inyang H I, Onwawoma A, Ba E S. The Elovich equation as a predictor of lead and cadmium sorption rates on contaminant barrier minerals[J]. Soil and Tillage Research, 2016, 155: 124-132.

[93] Filipe O, Costa C, Vidal M M, et al. Influence of soil copper content on the kinetics of thiram adsorption and on thiram leachability from soils[J]. Chemosphere, 2013, 90(2): 432-440.

[94] Fan Y, Liu Y, Niu L, et al. Reductive leaching of indium-bearing zinc ferrite in sulfuric acid using sulfur dioxide as a reductant - ScienceDirect [J]. Hydrometallurgy, 2019, 186: 192-199.

[95] 王翼文. 模拟酸雨条件下硫化矿尾矿中重金属的溶出特性及其固化研究[D]. 南宁: 广西大学, 2020.

[96] 李淑君. 垃圾焚烧飞灰中重金属浸出行为及磁学诊断[D]. 桂林: 广西师范大学, 2017.

[97] 邝薇. 垃圾焚烧飞灰中重金属的污染特性、热特性及浸出动力学[D]. 桂林: 广西师范大学, 2012.

[98] 王琳洁. 焚烧炉渣路用集料重金属浸出规律及数值模拟研究[D]. 杭州: 浙江工业大学, 2020.

[99] 王希尹. 固废生产建材中重金属浸出方法研究[D]. 重庆: 重庆交通大学, 2018.

[100] 廖亚龙, 彭志强, 周娟, 等. 高砷烟尘中砷的浸出动力学[J]. 四川大学学报(工程科学版), 2015, 47(3): 200-206.

[101] 史公初. 铜冶炼渣氧压硫酸浸出铜、分离铁的研究[D]. 昆明: 昆明理工大学, 2020.

[102] Corma A, Mifsud A, Sanz E. Kinetics of the acid leaching of palygorskite: influence of the octahedral sheet composition[J]. Clay Minerals, 1990, 25(2): 197-205.

[103] 白猛, 郑雅杰, 刘万宇, 等. 硫化砷渣的碱性浸出及浸出动力学[J]. 中南大学学报(自然科学版), 2008(2): 268-272.

[104] 王新宇. 黄铜矿浸出动力学及机理研究[D]. 武汉: 武汉理工大学, 2017.

[105] 姚治榛. 畜禽粪污资源化利用模式的区域适宜性评价研究[D]. 北京：中国农业科学院，2020.

[106] 刘豹，许树柏，赵焕臣，等. 层次分析法——规划决策的工具[J]. 系统工程，1984(2)：23-30.

[107] 许树柏. 实用决策方法——层次分析法原理[M]. 天津：天津大学出版社，1988：230.

[108] Zheng G, Zhu N, Zhe T, et al. Application of a trapezoidal fuzzy AHP method for work safety evaluation and early warning rating of hot and humid environments[J]. Safety Science, 2012, 50(2)：228-239.

[109] Topuz E, Talinli I, Aydin E. Integration of environmental and human health risk assessment for industries using hazardous materials：A quantitative multi criteria approach for environmental decision makers[J]. Environment International, 2011, 37(2)：393-403.

[110] Jz A, Min A A, Njs B. Application of a fuzzy based decision making methodology to construction project risk assessment[J]. International Journal of Project Management, 2007, 25(6)：589-600.

[111] 温皓淳. 基于多层次模糊综合评价法的生态环境影响研究[D]. 南昌；南昌大学，2019.

[112] 王清，陈安燕，兰明章，等. 层次分析法综合评价工业固体废物综合利用技术[J]. 生态经济，2013(3)：102-105.

[113] 黄菊文，李光明，王华，等. 层次分析法评价固体废弃物的资源化利用[J]. 同济大学学报(自然科学版)，2007(8)：1090-1094.

[114] 武威. 火电厂固废综合利用及效益评价研究[D]. 北京：华北电力大学，2019.

[115] 任倩. 粉煤灰特性分析及资源化利用评价[D]. 西安：西南交通大学，2012.

[116] 宋海燕，崔宝霞，牛建刚，等. 钢铁业固体废物资源化效益评价模型与应用[C]. 第25届全国结构工程学术会议，2016：484-488.

[117] 孙鑫. 典型大宗工业固体废物环境风险评价体系研究[D]. 昆明：昆明理工大学，2015.

[118] 中华人民共和国生态环境部. 国家危险废物名录(2021年版)[EB/OL]. (2020-11-27)[2021-03-30]. http：//www.mee.gov.cn/xxgk2018/xxgk/xxgk02/202011/t20201127_810202.html.

[119] US EPA. Mass Transport Rates of Constituents in Monolithic or Compacted Granular Materials Using a Semi-dynamic Tank Leaching Procedure：Method 1315[S]. Washington, DC, the United States：Environmental Prontection Agency, 2013.

[120] 邓友华. 危险废物焚烧残渣稳定化/固化技术研究[D]. 杭州：浙江工商大学，2012.

[121] 费讲驰. 含砷废渣固化体环境稳定性及其潜在风险评价[D]. 长沙：中南大学，2019.

[122] Davidson C M, Duncan A L, Littlejohn D, et al. A critical evaluation of the three-stage BCR sequential extraction procedure to assess the potential mobility and toxicity of heavy metals in industrially-contaminated land[J]. Analytica Chimica Acta, 1998, 363(1)：45-55.

[123] Håkanson L. An ecological risk index for aquatic pollution control：a sediment ecological approach[J]. Water Research, 1980, 14(8)：975-1001.

[124] 徐玉霞，彭囿凯，汪庆华，等. 应用地积累指数法和生态危害指数法对关中西部某铅锌

冶炼区周边土壤重金属污染评价[J]. 四川环境, 2013, 32(4): 79-82.

[125] 梁雅雅. 铅锌矿尾矿库重金属污染风险评价技术规范制定研究[D]. 广州: 华南理工大学, 2018.

[126] 潘钟. 粉煤灰资源化利用评价与案例研究[D]. 厦门: 厦门大学, 2008.

[127] 徐平坤. 耐火材料循环利用的意义与发展[J]. 再生资源与循环经济, 2018, 11(5): 24-28.

[128] 陈皓菁. 生活垃圾焚烧飞灰中 Zn、Pb、Cu 的浸出特性[J]. 上海应用技术学院学报(自然科学版), 2008, 8(4): 307-310.

[129] 袁丽, 刘阳生. 铅锌尾矿中重金属在模拟酸雨淋溶下的浸出规律[J]. 环境工程, 2012, 30(S2): 586-590+292.

[130] 李鑫, 秦纪洪, 孙辉, 等. 炼油行业废催化剂中重金属源释放特征及其影响因素[J]. 环境化学, 2021, 40(4): 1147-1156.

[131] 宋学东, 李晓晨. 浸提时间对污泥中重金属浸出的影响[J]. 安徽农业科学, 2008(9): 3842-3843+3885.

[132] 崔洁, 杜亚光, 刘芫, 等. 工业硫化砷渣的性质研究与环境风险分析[J]. 硫酸工业, 2013(2): 41-46.

[133] 李媛媛, 吴平霄, 党志. 模拟酸雨对大宝山尾矿淋滤实验研究[J]. 环境污染与防治, 2012, 34(8): 5-9.

[134] 李娟英, 李振华, 陈洁芸, 等. 污水污泥中重金属污染物的溶出过程研究[J]. 环境工程学报, 2014, 8(8): 3437-3442.

[135] 北京师范大学无机化学教研室, 等. 无机化学 · 下[M]. 北京: 高等教育出版社, 2003: 680.

[136] Dickinson C F, Heal G R. Solid-liquid diffusion controlled rate equations[J]. Thermochimica Acta, 1999, 340: 89-103.

[137] 李媛媛. 尾矿重金属淋溶污染及其抑制技术研究[D]. 广州: 华南理工大学, 2010.

[138] Zhang Y, Cetin B, Likos W J, et al. Impacts of pH on leaching potential of elements from MSW incineration fly ash[J]. Fuel, 2016, 184: 815-825.

[139] Yao L W, Min X B, Xu H, et al. Physicochemical and environmental properties of arsenic sulfide sludge from copper and lead-zinc smelter[J]. Transactions of Nonferrous Metals Society of China, 2020, 30(7): 1943-1955.

[140] 杜栋, 庞庆华, 吴炎. 现代综合评价方法与案例精选[M]. 北京: 清华大学出版社, 2005: 206.

[141] 胡永宏, 路芳. 数据无量纲化和指标相关性对 DEA 评价结果的影响研究[J]. 经济统计学(季刊), 2017(2): 56-72.

[142] 陈豫. 西北地区以沼气为纽带的生态农业模式区域适宜性评价[D]. 咸阳: 西北农林科技大学, 2008.

[143] 许婕. 对象—关系数据库继承理论及复杂对象实现的研究[D]. 南昌: 江西师范大学, 2003.

[144] 彭广亮. 关系数据库的对象化工具[D]. 上海: 复旦大学, 2013.
[145] 从明. 对象/关系数据库的研究与应用[D]. 天津: 天津大学, 2005.
[146] 张添玉. 基于 Python 的智能应用系统的设计与实现[D]. 南京: 东南大学, 2016.
[147] 董海兰. 基于 Python 的非结构化数据检索系统的设计与实现[D]. 南京: 南京邮电大学, 2017.
[148] 凌昱. 集中运维管理系统的设计与实现[D]. 成都: 电子科技大学, 2011.
[149] 王译庆. Flask 框架下成品油销售系统设计与实现[D]. 西安: 西安电子科技大学, 2015.
[150] 陈忠菊. 基于 SQLAlchemy 的研究和在数据库编程中的应用[J]. 电脑编程技巧与维护, 2015(1): 62+85.
[151] 蒋洪磊, 王骜. SQLAlchemy 的达梦数据库方言设计与实现[J]. 计算机与网络, 2015, 41(15): 48-50.
[152] 汤景文. SKS 铅冶炼过程有害元素砷流向研究[D]. 长沙: 中南大学, 2014.

图书在版编目(CIP)数据

重金属固废资源环境属性解析与界定 / 王云燕，唐巾尧，柴立元著. —长沙：中南大学出版社，2024.1

(有色金属理论与技术前沿丛书)

ISBN 978-7-5487-5299-8

Ⅰ. ①重… Ⅱ. ①王… ②唐… ③柴… Ⅲ. ①重金属污染物—固体废物利用—研究 Ⅳ. ①X705

中国国家版本馆 CIP 数据核字(2023)第 043635 号

重金属固废资源环境属性解析与界定

ZHONGJINSHU GUFEI ZIYUAN HUANJING SHUXING JIEXI YU JIEDING

王云燕　唐巾尧　柴立元　著

□责任编辑　史海燕
□责任印制　唐　曦
□出版发行　中南大学出版社
　　　　　　社址：长沙市麓山南路　　　邮编：410083
　　　　　　发行科电话：0731-88876770　　传真：0731-88710482
□印　　装　湖南省众鑫印务有限公司

□开　　本　710 mm×1000 mm　1/16　□印张 21.25　□字数 426 千字
□版　　次　2024 年 1 月第 1 版　□印次 2024 年 1 月第 1 次印刷
□书　　号　ISBN 978-7-5487-5299-8
□定　　价　128.00 元